博碩文化

輕鬆學習 DraftSight

2D CAD工業製圖 [第二版]

吳邦彥、李志良、趙榮輝、黃枝森
邱莠茹、黃淑琳、武大郎 —— 著

步驟詳解DraftSight指令、設定和應用

直覺式的介面減少學習門檻，完全自修一點都不難
無痛移轉過往的CAD操作習慣，
業界工程師都該有的技術工具書

19年以上教學經驗
專業引導快速上手

迅速繪製DWG檔
3D CAD搭配應用

SolidWorks論壇
範例學習不中斷

作　　　者：吳邦彥、李志良、趙榮輝、黃枝森、邱莠茹、
　　　　　　黃淑琳、武大郎
責 任 編 輯：Cathy

董 事 長：蔡金崑
總 經 理：古成泉
總 編 輯：陳錦輝

出　　　版：博碩文化股份有限公司
地　　　址：(221) 新北市汐止區新台五路一段 112 號
　　　　　　10 樓 A 棟
　　　　　　電話 (02) 2696-2869　傳真 (02) 2696-2867

發　　　行：博碩文化股份有限公司
郵 撥 帳 號：17484299
戶　　　名：博碩文化股份有限公司
博 碩 網 站：http://www.drmaster.com.tw
服 務 信 箱：DrService@drmaster.com.tw
服 務 專 線：(02) 2696-2869 分機 216、238
　　　　　　（週一至週五 09:30 ～ 12:00；13:30 ～ 17:00）

版　　　次：2018 年 1 月初版一刷

建議零售價：新台幣 880 元
I S B N：978-986-434-276-1
律 師 顧 問：鳴權法律事務所 陳曉鳴

本書如有破損或裝訂錯誤，請寄回本公司更換

國家圖書館出版品預行編目資料

輕鬆學習 DraftSight 2D CAD 工業製圖 / 吳邦彥
等作 . -- 二版 . -- 新北市：博碩文化，2018.01
　面；　公分

ISBN 978-986-434-276-1(平裝)

1. 電腦輔助設計 2. 電腦輔助製造

440.029　　　　　　　　　　　　106025436

Printed in Taiwan

博碩粉絲團

歡迎團體訂購，另有優惠，請洽服務專線
(02) 2696-2869 分機 216、238

SolidWorks 原廠－達梭（Dassaul）於 2010 年 6 月推出 DraftSight。強調免費下載，讓工程師、學生以及教育者，用來查看、溝通、編輯 DWG/DXF，研究與手邊 CAD 有何不同，甚至成為見面討論話題：你下載 DraftSight 了嗎？

本書介紹 DraftSight 所有指令、選項設定包含應用的字典，完全依照 DraftSight 功能表介面依序說明。適合毫無經驗使用者，書中內容經教學與實務驗證，反應業界需求以及初學者學習問題，不是純理論書籍，而是業界實戰手冊。若已學過 2D CAD，本書讓你有重大發現，更改變以往陋習，保證讓你相見恨晚。

好軟體要有強而有力專門書籍輔助學習，第一版歷經 2 年編寫，於 2014 年 1 月 24 日正式推出。我們很榮幸再為您介紹，這本書於 2018 年 2 月改版上市，書名為《**輕鬆學習 DraftSight 2D CAD 工業製圖 第二版**》，右圖。

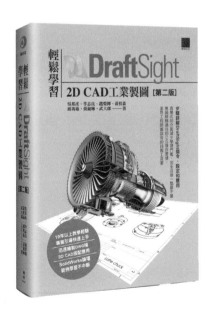

新版特色

　　2017 年初出版社通知書賣完，經這幾年推廣 DraftSight 已經很有名氣，大郎對這書籍銷售更有信心。這是改版書籍，以 DraftSight 2018 介面編寫，界面、功能與靈活性提升。先前反應過於艱澀，本版特別修飾，圖片表達也力求整潔大方主題明顯，改版紀事如下：

- 互動：SolidWorks 論壇與讀者討論
- 增加：新增章節、增加主題說明、圖片翻新，與更多範例
- 模組：本次說明 DraftSight Professional 專業版模組說明：Toolbox 以及專門指令。
- 大版：先前 18K（寬 17*高 23 cm），改以大本 16K
- 潤飾：避免艱澀難懂、過多文字，改以簡易說明，容易閱讀
- 資料：收錄書中彩色圖片到投影片，取消隨書光碟，以雲端讓同學任意下載
- 圖示：加強圖示說明與剪裁，與文字更直覺對應
- 新版：增加新版操作說明，更明白新版效率

系列叢書

　　連貫出版工程師訓練手冊，保證對 SolidWorks 出神入化、功力大增、天下無敵。

自 2010 年 6 月以 V1 版本開頭，2015 年為正式版本，開始以年份對應，例如：最新版為 2018。DraftSight 於 2015 以後更穩定，效能、速度讓使用者更放心，套用先前 CAD 習慣，與其他軟體搭配，更方便管理圖檔。

DraftSight 是可被普及的軟體，大郎曾為警察刑案協助，該分局無法開啟 DWG，雖然大郎只是降版本轉檔而已，卻是改造槍支證據，當下推薦大量部署 DraftSight，更可直接應用在偵防上，很多公部門已經重視 DraftSight 帶來的優勢。

很多工程顧問公司都有 VBA（API）程式編寫需求，想賺錢可試試 DraftSight，市場比你想像大好幾百倍。

DraftSight 得力助手

DraftSight 是上戰場軟體，不要與坊間 Viewer 比較，就太小看它了。DraftSight 最大優勢免費，目前為止超過 1000 萬用戶，靠數據不能否認其普世價值，免費下載是達梭成功策略，對操作過 2D CAD 的你，一定會為操作便利感動許久。

DraftSight 知識

加入 DraftSight Community 眾多專業知識拉拔著你學也學不完，SolidWorks 論壇何嘗不是如此，現在是社群網路社會，夥伴們！加油。

如果不是很熟，還真分不出來

以上介紹好的，以下也有不好的。本書要符合字典式排列精神，又要滿足好找尋，這點大郎吃足苦頭。以圖塊來說，包含建立、編輯以及儲存，這些功能分散在下拉式功能表繪製、修改與檔案，圖塊指令在工具列與功能表位置跳來跳去，你絕不會喜歡這樣。

說好聽功能強大，說難聽沒效率，若你沒有相當 CAD 背景，還真分不出來。

隱藏版指令

指令多不打緊，副選項有如迷宮，甚至還有隱藏版指令，除非無意間發掘到，否則絕對不知道有這項功能。有些指令不在功能表，只在工具列。

有些指令，功能表與工具列都沒有，只好靠神仙幫，真不知軟體工程師心裡想什麼？除非你是高手，不然誰知道這些指令，還只能靠老師或書籍宣傳，所以書中沒寫到的還真不要怪我。例如：導線（SmartLeader），又稱智慧型導線。

其實也有導線指令 Leader，沒有 ICON 也不在下拉式功能表，只能用 Keyin。SmartLeader（智慧型導線）與導線（Leader）差在哪？現今有誰這麼認真認識差異。

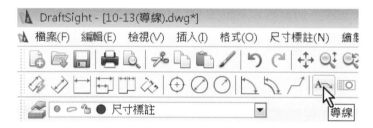
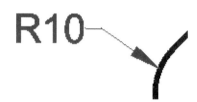

矛盾現象

2D CAD 很難用，可是佔有率很高，這代表有一定市場需求。你會 SolidWorks，還必須要會 2D CAD 溝通與編輯，忍受它的不便卻又莫可奈何。

很簡單，只在於會的程度。3D 時代必須以 SolidWorks 為主，萬不得已就以 DraftSight 為輔。不要過度鑽研 DraftSight，只要到會的程度就好。

大郎為何敢這麼說，因為 SolidWorks 和 DraftSight 書是我寫的，相當清楚 2D CAD 與 3D CAD 差異，100%可用 SolidWorks 完成，甚至可以和你分享導入沒有陣痛期。

不見得要用 SolidWorks，用你熟悉的 3D CAD 成就生涯，2D CAD 只是輔助工具。

指令細如牛毛

寫書要耐心，DraftSight 讓我感到更有耐心，也寫得要死，因為指令與設定細如牛毛還真麻煩，例如：指令就像走迷宮＋子選項，說明子選項又還有孫選項，必須想辦法串連起來。還好書寫完了，否則還真想死一死算了。

懷念 SolidWorks 便利

你會懷念 3D 便利性，當你回到 SolidWorks 作業時，會感到依賴與忠誠，甚至使用 SolidWorks 是幸福的。

強烈推薦 SolidWorks 為主

大郎想我是少數作者說 DraftSight 好，又說 DraftSight 差的，DraftSight 應該會很討厭大郎，因為實在受不了 2D 作業。

我的想法不會因改版而改變，因為 DraftSight 體質就是如此。當你用 SolidWorks 後，你會排斥使用 DraftSight。心裡想改圖忍耐就算了，趕緊回到 SolidWorks 懷抱。

強烈推薦以 SolidWorks 為主設計方式，那 DraftSight 到底用來做什麼？它用來維護、應付 DWG 作業就綽綽有餘了，以導入觀點，DraftSight 是配套（緩衝）。

無法包含所有指令

指令實在太多，就算這次改版加了很多指令，還是無法全面寫出，例如：而 DraftSight 可進行模型打光作業，但本書並沒有 Light 光源介紹。

大郎這次把常用指令一次補足，已經讓 DraftSight 95％指令寫入。大郎秉持先求有再求好，先上市後改版。

至截稿為止，2017 年 11 月 DraftSight 2018 推出，大郎直接以 2018 銜接，至於先前用 2017 寫的文章，就等大郎重頭開始潤稿再抽換圖片或加新內容。

硬著頭皮找答案

寫書過程遇到大郎能力不足，大郎也非 AutoCAD 所有指令用過，遇到冷門只好硬著頭皮找答案，可是就找不太到。只好多方查閱 AutoCAD 書籍、網路來尋找蛛絲馬跡以及找 AutoCAD 老師來幫忙，這部分花很多時間。

系統書

本書包含環境介面、軟體操作、圖學與檔案管理...完整的且有系統實在很難寫，每項指令你都要摸過、醞釀才有辦法下筆。回想起來先前著作屬於單科，研究上就顯得相對幸福了。

大郎一開始也沒想到 DraftSight 寫成一本書，本來要被放在 SolidWorks 訓練手冊某幾章內容，後來決定要寫就寫完整些，所以書就這樣來的。

簡單且有效擴充

用最簡單圖形，讓你學會常見的指令操作，本書沒有說明複雜的幾何圖形畫法。若要學習複雜圖形，坊間 AutoCAD 書幾乎都有，補足你想要的部份。

網路是資料參考來源

拜網路之賜，有很多靈感由網路得知，完全沒想到 FaceBook 也可成為資料收集來源。只要一有靈感馬上開啟 DraftSight 文章下筆，所以書中內容都讓讀者感到貼切。

網路還是有找不到答案的情形，AutoCAD 參考書是最佳來源，書籍內容有很多在網路沒有。現在求知習慣由書本轉換到網路，分享訣竅，唯有善用網路＋書籍，邁向比別人強的捷徑。

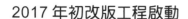

2017 年初改版工程啟動

自 2014 年 1 月上市以來忙於其他書籍寫作，就沒再碰 DraftSight。自 2017 年初由助理協助改版作業，先將版面調整更容易閱讀，進行新增功能資料收集，這就算大工程了，大郎也好在有助理 YOYO 能傳承大郎意念，大郎將寫作方式一一指導。

2017 年 3 月 SolidWorks 模型轉檔與修復策略上市

讓助理做中學，大郎把改版方向告訴助理將內容整理，大郎持續進行 2016 年下半年的書籍，在 2017 年 3 月讓 SolidWorks 模型轉檔與修復策略上市。

2017 年 4 月徬徨

由於是改版書，所以能在半年寫完，這半年間經歷能源不穩定，全球局勢改變，IS 作亂，川普上台的旋風，我們這老百姓能求安居樂業就不錯了。

很多人以為寫書很賺，現在誰還在買書，很多作者乾脆不寫書商也不出了，因為專業書銷售量不高，絕大部分寫書不賺錢，作者與書商都靠使命感把書上市。

寫書很佔時間，寫書是最沒效率賺錢方式，書籍也很競爭，寫不好馬上滯銷給你看。大郎多年來第一次徬徨，到底要不要寫下去。好在大郎對 SolidWorks 相關的軟體很有興趣與信心，大郎會繼續下去，希望各位買書讓作者能永續經營。

2017 年 5 月 SolidWorks 專業工程師訓練手冊[1]－基礎零件改版

由於助理未整理完成，大郎於 3 月將比較簡單 EDRAWINGS 與檔案管理改版，預計 7－8 月上市，沒想到 5 月中接到通知 SolidWorks 專業工程師訓練手冊[1]－基礎零件也缺貨。

自 5 月下旬停下來進行 SolidWorks 專業工程師訓練手冊[1]－基礎零件[第 2 版]，於 9/15 稿件完成，已於 10/20 上市。

2018 年 2 月書籍上市

大郎很開心 DraftSight 2018 功能提升不少，迫不急待和同學介紹。力求詳盡介紹但還是有未達之處，歡迎到 SolidWorks 論壇尋找答案或留下問題，相信可補足書中內容。

新書預告

和各位預告下本改版書籍，原書名 SolidWorks 效能調校訓練手冊（2007 年發行）更改為 SolidWorks 專業工程師訓練手冊－系統選項與文件屬性[8]。

2007 年當時書名應該為 SolidWorks 系統選項，由於大郎沒名且專業書很難賣，只好將書名改為淺顯易懂（不過還是很難賣）。

這本睽違 12 年會優先改版，本書改版幅度更大，目前已請助理整理，大郎 12 月下旬接手，預計 2018 年 4－5 月上市。

感謝有你

實在要感謝博碩出版社大力支持專業書籍，即使不如校園教科書這麼暢銷，也要讓讀者有機會接受學習延續，不拿銷售量的使命感與精神，可說是用心經營出版社。

愛妻支持犧牲假日與空閒時間，大小兒子上小學不再煩我，讓大郎可專心寫作。

作者群

協助本書成員：德霖技術學院機械系吳邦彥、李志良，通識中心趙榮輝。SolidWorks助教邱莠茹、黃淑琳，以及 SolidWorks 論壇會員們提供寶貴測試與意見。

- 德霖技術學院機械系，吳邦彥，bywu@dlit.edu.tw
- 德霖技術學院機械系，李志良，LCL52925@dlit.edu.tw
- 德霖技術學院通識教育中心，趙榮輝，cjh@dlit.edu.tw
- 勞動部勞動力發展署桃竹苗分署幼獅訓練場，黃枝森，treeson@wda.gov.tw
- 幾何電腦 CAD/CAM 原廠訓練中心，www.geocadcam.com.tw
- SolidWorks 專門論壇 www.solidworks.org.tw

幾何科技有限公司
私立幾何電腦短期補習班

主任 鍾 隆 嘉
0939-915174

AUTHORIZED Training Center

📞 03-488-0567
✉ service@geocadcam.com.tw
📍 32643桃園市楊梅區文德路14號 (楊梅後火車站 7-11旁)

SOLIDWORKS 原廠訓練中心　統編:28886018

SOLIDWORKS 國際認證中心
SOLIDWORKS 工業設計教育論壇
SOLIDWORKS 專業工程師養成訓練
SOLIDWORKS 技術導入與管理顧問
SOLIDWORKS 書籍作者與技術研究
海關-公司-工廠廢五金回收老字號

SOLIDWORKS 原廠訓練中心

參考文獻

書中所引用之圖示或網站僅供讀者參考識別之用，圖示與商標為所屬相關軟體公司所有，絕無侵權之犯意。

1. SolidWorks 美國原廠網站；www.solidworks.com
2. 實威國際技術通報；www.swtc.com
3. DraftSight 官網；www.3ds.com/products-services/draftsight-cad-software

4. DraftSight FACEBOOK；www.facebook.com/DraftSight

5. DraftSight YouTube；www.youtube.com/user/DraftSight

6. AutoCAD Mechanical 2012、AutoCAD 2004、AutoCAD 2013～2017

7. AUTODESK 原廠網站；www.autodesk.com

8. ARES FACEBOOK；www.facebook.com/pages/ARES/284720278231900

9. 維基百科；zh.wikipedia.org/zh-tw/

10. 3D 軟體消息網站；www.deelip.com

11. Onshape 雲端軟體

目錄

1 課前說明

2 DraftSight 背景、優勢與導入

3 DraftSight 精采體驗

4 DraftSight 環境與設定

5 檔案功能表

6 編輯功能表

7 檢視功能表

8 插入功能表

9 格式功能表

10 尺寸標註功能表

11 繪製功能表

12 修改功能表

13 工具功能表

14 視窗功能表

15 說明功能表

16 自訂－指令

17 自訂－介面

18 自訂－滑鼠動作

19 自訂－鍵盤

20 自訂－UI 設定檔

21 選項－檔案位置

22 選項－系統選項

23 選項－使用者偏好

29 編輯註解

30 圖層－圖層工具

31 列印

32 Toolbox 標準

33 Toolbox 五金器具

34 Toolbox 螺釘連接

35 Toolbox 鑽孔

36 Toolbox 符號

37 Toolbox 零件號球

38 Toolbox 零件表

39 Toolbox 修訂表格

40 Toolbox 設定－註記

41 Toolbox 設定－五金器具、鑽孔

42 Toolbox 設定－表格

43 Toolbox 設定－圖層

44 DraftSight 下載與安裝

01

課前說明

　　這是專門設計給毫無基礎使用者的參考書，依初學角度與心理編寫，由淺入深帶領，將指令詳細解說，以過來人經驗介紹 2D CAD 技術議題，避免艱澀難懂術語，達到最有效率學習。

　　本書由 2017 年 1 月開始改版，很開心用 2018 介面編寫，讓書中添加更多教學元素。DraftSight 自 2014 以來指令圖示上增加不少，讓視覺感提升。

　　對 SolidWorks 用戶而言，有了 DraftSight 讓 DWG 處理有完整解決方案，不再尋求其他軟體來維持 DWG 穩定性，避免公司付出無形成本與極大代價。

　　只希望快速找到要的功能，這本字典協助你快速領讀。要迅速學會很簡單，從頭到尾用看的，更可以對 2D CAD 有更完整認識和正確方向，增加特殊專業技能，減少自行摸索的操作損失。

1-1 本書使用

依功能表介面介紹所有指令，適合毫無 CAD 經驗使用者→依序進階學習工程處理能力→工程溝通與 3D 設計軟體搭配→未來為公司規畫導入 DraftSight。

自修還是到班上聽課，學習效果不同。絕大部分靠自修習得，我們盡量彌補自修帶來的盲點，文字無法表達之處，用媒體來協助不讓你感到憂慮。

書中穿插職場議題，加強設計與繪圖認知，例如：圖學、選項設定，以及業界要求。對進階者而言，書中強調沒注意到的盲點，可打穩基礎更可和初學者區隔。

由於 DWG 使用率極高，必須和其他設計軟體搭配應用，這本書可以讓你擁有以下能力：DWG 轉檔、圖面溝通、2D CAD 製圖與編輯技術、搭配性設計、為公司省錢。

1-1-1 閱讀身分

適合學術單位和在職人士專業參考書，留在公司隨時翻閱。大郎將多年教學、研究心得，加上業界需求歸納，期望對學術研究帶來效益，替業界解決問題。

1-1-2 分享權利

所有文字、圖片、模型、PowerPoint…等內容歡迎轉載或研究引用，只要說明出處即可，不要將時間花費在怕侵權而修改文章，授課老師不必再費心準備教材。

1-1-3 訓練檔案

為了環保沒有光碟片，檔案放在 Google 雲端硬碟。→書中檔案下載主題（箭頭所示），點選檔案下載連結。

連結到雲端硬碟→點選上方↓圖示，下載後會得到輕鬆學習 DraftSight 2D CAD 工業製圖-光碟.ZIP，解壓縮即可得到所有檔案。

步驟 1 SolidWorks 論壇（www.solidworks.org.tw/forum.php）

步驟 2 點選 65-24 輕鬆學習 DraftSight 2D CAD 工業製圖[第 2 版]

步驟 3 點選 1.書中檔案與投影片下載，點選檔案下載連結

也可以掃描 QRCODE，直接進入 GOOGLE 雲端硬碟。

步驟 4 下載後會得到輕鬆學習 DraftSight 2D CAD 工業製圖[第 2 版].ZIP

 solidworks 專業工程師訓練手冊[1]-基礎零件 第2版.zip

步驟 5 解壓縮即可得到所有檔案

第02章 eDrawings 好處與能力　第03章 DraftSight 精彩體驗　第04章 DraftSight 環境介面　第05章 檔案功能表

第06章 編輯功能表　第07章 檢視功能表　第08章 插入功能表　第09章 格式功能表

第10章 尺寸標註功能表　第11章 繪製功能表　第12章 修改功能表　第13章 工具功能表

第14章 視窗功能表　第15章 說明功能表　第16章 自訂 - 指令　第17章 自訂 - 介面

第18章 自訂 - 滑鼠動作　第19章 自訂 - 鍵盤　第21章 選項 - 檔案位置　第23章 選項 - 使用者偏好

1-1-4 完全自修

本書讓你完全自修，沒有地域落差、交通往返、更不需給付學費。毫不隱瞞想盡辦法把本班授課內容直接移植，毫不擔心只買書不參加本班訓練。

我們還希望你買書後不用到本班訓練，就可達到 100%學習成效。由於這本書寫得太好，還真的沒人來上課，當初目標達成了。

書中還教導善用網路資源，例如：YouTube、FaceBook、DraftSight 社群...等。

1-1-5 先講觀念再講技術，傳達思考能力

本書教導指令觀念，詳細說明使用方法與注意事項，並利用議題讓讀者有思考能力，舉一反三。

1-1-6 不再是業界專業技術與 Know How

希望將 DraftSight 普及化，不是高級工程師才會的專業與 Know How，或永遠學不太到的江湖技術，而是有興趣都可學會。

要深入研究 DraftSight，可參考坊間資源最廣的 AutoCAD 書籍或線上說明。

1-1-7 DraftSight 適用 Professional 或 Enterprise

書中節錄適用 Professional 或 Enterprise 功能，讓同學知道與 DraftSight 免費版的差異。

> **DraftSight** ✕
>
> QUICKMODIFY 是可用於 DraftSight Enterprise 和 Professional 版本的高階功能。如需更多資訊，請點選此連結，以造訪連結目標位置：按一下此處
>
> 確定

1-1-8 論壇 DraftSight 2D CAD 結合

書籍與論壇搭配學習，有問題上網問或找答案破除盲點，於書中連結論壇位置。

投影片在 SolidWorks 論壇，DraftSight 2D CAD。以 QRCODE 掃描論壇連結，追蹤學習成效不成為孤兒。

無法詳盡之處或書籍推出後，有新技術會在論壇發表。論壇讓你感受有如化外之境，專業知識取之不盡，24 小時全年無休。

1-1-9 QRCODE 與電子書連結

這次突破傳統，於書籍加上 QRCODE 與電子書連結，於書中使用手機掃描可連結到論壇，節省找論壇找時間，例如：左下方文字連結（電子書）與右下方 QRCODE 手機掃描。

論壇投影片：

18-2-90 DraftSight 優勢與產品特點

DraftSight 優勢與產品特點

2017/9/22

1/106

18-90-2 DraftSight 優勢與產品特點

1-2 閱讀階段性

本書分 5 大階段，階段閱讀可快速進入狀況，依號碼順序為閱讀步驟。章節安排有階段性、順序性、口訣性以及專業課題，並透過範例加深觀念和印象。

1-2-1 第 1 階段：認識 DraftSight 環境與下載安裝

先初步認識 DraftSight 特點並進行下載作業，對於後續導入會比較有信心。

1-2-2 第 2 階段：DraftSight 功能表

介紹功能表所有指令，看過一遍可認識 70%指令。

1-2-3 第 3 階段：自訂視窗設定

說明自訂視窗控制，包含：工具列指令規劃、快速鍵設定...等。

1-2-4 第 4 階段：選項視窗設定

選項設定：檔案路徑、系統選項、工程圖設定...等。

1-2-5 第 5 階段：深度應用

圖塊、區域剖面線、ToolBox。

1-3 書寫圖示說明

為力求簡便閱讀，常態性文字以圖形代表並增加閱讀樂趣。

1-3-1 2018 X64 介面

以最新版介面說明，不必擔心介面，因為新舊版本介面都相同。以最新 DraftSight 2018 SP1 X64 編排，新版本擁有最新技術和靈活操作，絕對可提升效率。

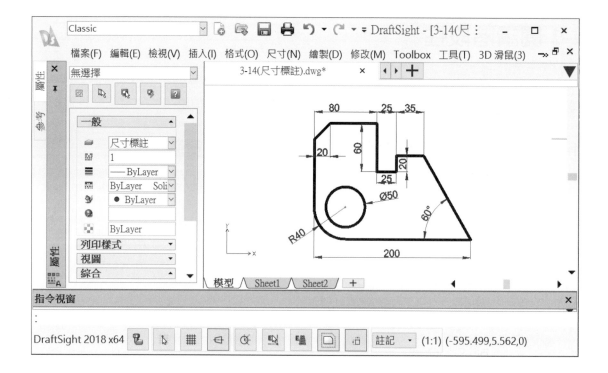

1-3-2 DraftSight 縮寫 DS、SolidWorks 縮寫 SW

書中大量使用軟體名稱,因排版需要 DraftSight 縮寫為 DS、SolidWorks 縮寫為 SW。

1-3-3 專業名詞中英文對照

專業名詞(術語)標上英文對照,避免中文翻譯不同認知。有時英文會比中文還好理解,例如:不規則曲線(Spline),在知識查詢和閱讀上比較統一。

突伸公差區域(Projected Tolerance Zone),至少有了中英文對照,就能理解 Projected 應該翻譯成投影會更適當。

1-3-4 →下一步

→代替下一步,例如:在多邊形右鍵→聚合線編輯。

1-3-5 開啟或關閉選項

書中不會有開啟或關閉文字，統一以下
圖示代替開啟或關閉。

☑ 開啟、□ 關閉

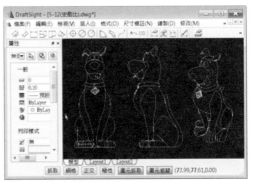

抓取設定
　□ 啟用抓取(E)(F9)
類型
　⦿ 標準 (抓取至網格)
　◯ 徑向 (RSnap)(R)

1-3-6 Enter 和確定

指令視窗中✔代表確定，Enter 使用率極高，↵表示鍵盤 Enter。

1-3-7 Icon 表達文字

避免大量且重複使用文字造成閱讀枯燥，例如：選項＝🔧。

1-3-8 刪除或 ESC 取消

取消視窗有 2 種方式：1. 點選✖或 2. ESC 鍵。刪除就用鍵盤 Delete，千萬別用右鍵。

1-3-9 背景為白色

背景預設黑色，閱讀上顯得吃力也增加印刷油墨浪費，所以背景為白色。

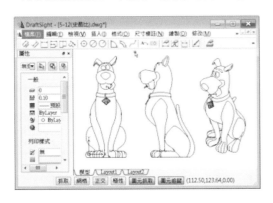

1-3-10 加註（預設開啟）（預設關閉）

DraftSight 針對使用者習慣與系統效率，將選項預設開啟或關閉。

在標題後方加註（預設開啟），例如：4-8 啟用滑鼠手勢（預設開啟），加註的好處，加深開啟或關閉用途。

1-3-11 選擇性閱讀☆

標題後方標示☆，為選擇性閱讀，屬於進階者閱讀，說明比較深入，讓有興趣的同學自行閱讀，老師不必講解直接跳過。

1-3-12 副檔名大寫

檔案副檔名預設小寫，為了強調顯示統一改大寫，例如：*.DWG。

1-3-13 術語大小寫的改變

指令預設大寫，為了加速識別改變大小寫。大小寫改變後可看出 2 單字相加形成的指令，幫助記憶或學習，例如：EXPORTDRAWING＝ExportDrawing。

1-3-14 標題名稱（英文指令，快速鍵）指令圖示

為了便利學習與索引，在標題名稱後加註（英文指令，快速鍵），與指令圖示，例如：直線（Line，L）。

1-3-15 視窗裁切顯示

若視窗很大無法表達重點，將視窗裁切以凸顯重點。

1-3-16 顯示相鄰圖示

將相鄰圖示顯示方便找尋,例如:尺寸屬性很長篇幅,延伸線之延伸 ⊔ᵣ,顯示上下相鄰欄位。

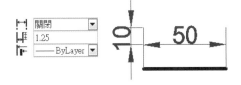

1-3-17 三方軟體指令對應

本書將 DraftSight、SolidWorks 與 AutoCAD 三方指令進行對應,無論你熟悉哪套軟體,直接套用所學觀念並加深印象。

DraftSight	SolidWorks	AutoCAD
3D 聚合線 ⧠ (Polyline 3D)	穿越參考點曲線 ⧠	3D 聚合線 ⧠ (3DPoly)

1-3-18 不贅述

有些指令在其他地方出現過,不重複解說以免閱讀不便,甚至以為不同指令。指令說明以前面章節為主,例如:22-8 **預設比例清單**有介紹過,24-6 **工程圖比例清單**,不贅述。

1-3-19 選項介紹為主

選項是設定集中區域,下圖左,會與選項重複設定幾乎在**屬性窗格**,例如:尺寸標註在選項和屬性窗格都有設定。

選項屬於預設（變化少）、屬性窗格屬於臨時性（變化多），所以指令或功能說明會以選項為主，讓同學好查閱。

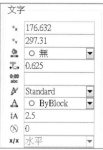

1-3-20 標題文字會加大或術語加粗

標題是重點也是快速索引，標題會加粗與加大，術語在內容加粗可以醒目。

1-3-21 P1→P2→P3 標示步驟

畫圖過程由於步驟很多，統一以 P 作為代號說明步驟，例如：1. 選擇起點 P1→2. 中心點 P2、P3→3. 終點 P4。

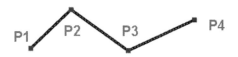

1-3-22 指令流程圖

指令要搞懂真的很難，特別是尺寸標註或繪製指令細如迴圈，本書獨創指令流程圖，透過箭頭來指引，例如：矩形。

很抱歉大郎實在很難解釋清楚，很多指令細如迴圈必須簡化流程，如果只是用看一定會看不懂，除非你是 AutoCAD 熟手，否則你必須對照這本書才看得懂。

RECTANGLE
選項: 導角(C), 高度(E), 圓角(F), 厚度(T),
指定開始的角落》c

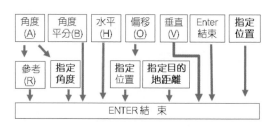

1-4 心理扶持

這本書可提升專業能力，讓你減少實務錯誤，閱讀過程可能遇到挫折。還好大郎有 AutoCAD 經驗並過工廠，才有辦法寫下 DraftSight。

寫書過程大郎常遇到挫折，因為還真的沒用到這麼細，這些挫折被大郎克服轉換為文字，成為經驗讓同學吸取，減少學習時間。

1-4-1 Windows 操作＝DraftSights 操作

DraftSight 有很多指令和 Windows 相同，不熟會嚴重影響操作，例如：儲存 Ctrl+S、複製 Ctrl+C、貼上 Ctrl+V…等。

這不是 DraftSight 技巧，反省自己這部分是電腦操作，自己先前沒注意，是該留意的時候到了，這樣學習才會釋懷。書中會提醒這是 Windows 作業，到時就容易分辨了。

1-4-2 先找看得懂

先找看得懂議題來建立觀念，本書 30%講觀念，70%操作，透過實務操作驗證觀念，因為觀念是不變的。遇艱深議題先擱著，待 DraftSight 經驗更成熟後再回來閱讀，這體會代表學習更上層樓。

1-4-3 點選所有 icon 學起

花 2 小時將所有 icon 全部點一遍，靜下心輕鬆看每個指令視窗或提示，入門技巧。

1-4-4 英文翻譯

有許多章與網路操作有關，會要求登入資訊與下載檔案，要有電腦基礎以及網路頻寬，否則過慢瀏覽速度會帶來困擾。

技術文件或官方網站幾乎都是英文，如果英文底子不好，可透過翻譯來查詢。Google Chrome 的網頁翻譯很不錯，只要進入英文頁面，由點選翻譯成中文（繁體中文）即可得到中文的頁面，游標放到中文句可得到原文說明。

1-4-5 投資自己

不必拋棄原來作業方式，將經驗直接套用在 DraftSight 是可以的。DraftSight 對你幫助很大，花錢買下這本書是值得的，至少不必花時間上網找答案。

現今不像以前，除了專業外更要懂得行銷自己，最好方法就是與眾不同有所區隔。你要懂 SolidWorks 與 DraftSight 作業，當別人還在一知半解，就會發覺區隔定義了。

大郎學生多半工程師，常告誡除了份內工程做好外，加上管理就是與別人區隔，例如：利用免費優勢，主動評估效益，說服公司接受建議，讓你來主導導入 DraftSight。

02

DraftSight 背景、優勢與導入

　　DraftSigh 於 2010 年 6 月推出，造成業界極大震撼，主要原因免費。推出至今讓全球瘋狂下載，相繼研究與先前常用 CAD 系統有何不同，甚至成為見面討論話題。

　　DraftSight 提供 DWG/DXF（以下簡稱 DWG）維護與溝通，不需仰賴 Reader 或 Viewer 更可建立 3D 模型和 2D 工程圖。除此之外：免費下載、多平台作業系統、多國語言、相容性高、程式小安裝快速、可 API 開發...等，還真數不完。

　　本章完整介紹歷史背景、優點、工程使用、效果以及導入... 等，快速領略帶來好處。讓你不只認識 DraftSight，還知道開放設計聯盟（ODA）以及軟體生態。協助你為公司提出建言，導入 DraftSight 並為公司帶來強大經濟效益，讓老闆對你感到強烈存在價值。

2-1 DraftSight 背景

很多人一看到 DraftSight〔dræft`salt〕不太念得出來，照字面翻是草圖景象，這樣講怪怪的，就如同 SolidWorks 也沒人說出他的中文。

我們會說 DraftSight 是免費 2D CAD，可直接檢視或編輯 DWG，操作上與 AutoCAD 相同，這樣大家就懂了。任何一家 2D 廠商會宣傳與 AutoCAD 操作一樣和 DWG 相容畫上等號。

DraftSight 無人不知不曉，很多傳聞在不具體下被扭曲，例如：聽說 DraftSight 是一家公司被達梭買下、聽說是軟體聯盟（ODA）開發、達梭自行研發...等。

大郎特別整理讓讀者全面認識，對學習會更有向心力，再者認識 DraftSight 之前必須由歷史說起，好好說明 DraftSight 由來，能了解軟體生態和軟體商策略。

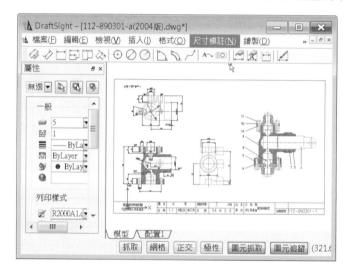

2-1-1 聯想到 AutoCAD

AutoCAD 應用在各行各業老字號，人人都能朗朗上口的行話，連學餐飲表弟即使沒看過沒用過也知道 AutoCAD，而 DWG 又是工程人員經常使用的檔案格式。

2-1-2 前身 DWGSeries

DWGSeries 是 SolidWorks 早期免費軟體，用來檢視、編輯與繪製 DWG，包含 3 大成員：1.DWGgateway、2.DWGviwer、3.DWGeditor。

由於 **DWGeditor** 與 **DWGgateway**，宣傳上造成 DWG 攀附行銷爭議，達梭將這 2 項產品下架，本節簡略說明這 3 項軟體。

A DWGgateway

免費 DWG 版本轉換軟體，附加在 AutoCAD 功能表，進行新舊 DWG 版本開啟與降版本儲存，可將 DWG 產生 PDF，下圖左。

B DWGviewer

就是 eDrawings，檢視 DWG 或其他圖檔並提供列印，下圖右。

C DWGeditor

為了 SolidWorks 與 CATIA 客戶需求，希望也能處理他們的 DWG 圖檔。當時達梭想了許多方法甚至開放來源碼（Soure Code），客戶不希望花時間編寫，外掛在下拉式功能表中，只需 2D CAD 產品。

然而 DWGeditor 在達梭與 CADopia、IntelliCAD（箭頭所示）合作下誕生，自 2005 推出以來，隨 SolidWorks 一同安裝，配合 SolidWorks 進行 3D 與 2D DWG 設計搭配。

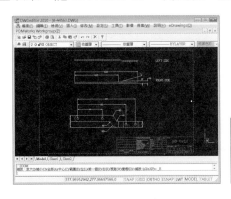

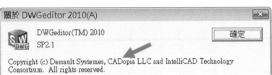

DWGeditor 強烈以 AutoCAD 和 DWG 行銷，例如：without expensive AutoCAD software upgrades（不需要昂貴 AutoCAD 升級費用）。這部分對 AutoDESK 來說是刀刀見骨很不是滋味（針對性廣告用語）被 Autodesk 控告。

DWGeditor 限定 SolidWorks 或達梭客戶，例如：Three DWGeditor license are provide with each SolidWorks License（每 1 套 SolidWorks 可使用 3 套 DWGeditor）。以下畫面是安裝過程出現提醒。

當時很多人不知道 SolidWorks 有搭配 DWG 軟體服務，即使課堂上賣力宣傳，也無法滿足 2D CAD 需求，操作還是無法與 AutoCAD 相同。這部分實在吃了很多年悶虧，因為 SolidWorks 是全球第 2 套擁有自己的 DWG 軟體。

第 1 套是 Inventor 搭配同一家公司推出 AutoCAD，先前還推出買 3D 送 2D 口號。其實 SolidWorks 也可以說買 3D 送 2D，無奈這個 2D（DWGeditor）實在太弱了。

DWGeditor™ is an editing tool lets you maintain DWG legacy data without expensive AutoCAD software upgrades
DWGeditor is a standalone editing tool for SolidWorks users and their colleagues, who occasionally need to create, share, and edit native DWG files. As a former AutoCAD user, you'll find that DWGeditor offers an easy-to-use, familiar interface and it allows you to maintain legacy 2D data without having to install or upgrade to the latest version of AutoCAD. **Three DWGeditor licenses are provided with each SolidWorks license**, so you can offer DWGeditor to two of your coworkers and save on costs, while protecting your organization's investment in DWG data.

2-1-3 SolidWorks 2D Editor

承上節，AutoDESK 堅稱 DWG 屬於 AutoCAD 軟體代表，軟體名稱不能有 DWG，再來 DWGEditor 安裝過程有挑釁字眼。所以達梭放棄 DWGeditor，另外改名 SolidWorks 2D Editor，前身是 DWGeditor。

自 SolidWorks 2010 SP3.0（2010 年 4 月）DWGeditor 正式更名 **SolidWorks 2D Editor**。該軟體不再隨 SolidWorks 安裝，僅由維護合約內用戶，於 SolidWorks 原廠 Customer Portal 網頁下載。

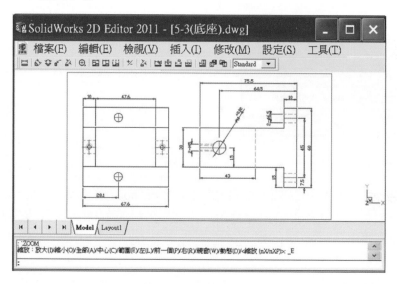

2-1-4 與 Graebert 發表合作聲明

2010 年 6 月，Dassault 與 Graebert 發表合作聲明，共同推出 ARES 核心 DraftSight，至今全球超過 1 千萬下載量。DraftSight 是 Graebert 產品，向 Graebert 付費後取得程式碼，經修改公開發售，開發商要在銷售時帶上 LOGO。

DraftSight 關於頁面就列出：Portions of this software 2004-2013 Gräbert GmbH（有部分是 Gräbert GmbH）。後來 SolidWorks 宣布：2011 年 10 月後 SolidWorks Customer Portal 移除 SolidWorks 2D Editor 下載連結。

為能與新 2D 產品 DraftSight 有更好配合，淘汰 SolidWorks 2D Editor。

2-1-5 Graebert 的 ARES 核心

DraftSight 繪圖引擎 ARES。由德國 Graebert 採用 Open Design Alliance（ODA，開放設計聯盟）引擎為基礎，歷經五年開發全新 ARES，讓 ARES 成為全世界與 AutoCAD 相容最佳 CAD 引擎。

ARES 核心於 2010 年 2 月推出，擁有多國語言與跨平台 Windows、Mac 或 Linux 支援，這也是 DraftSight 為何支援跨平台作業系統的原因。Graebert 專門為客戶 OEM，該公司以自己 ARES 繪圖核心，為客戶開發 CAD 系統，得到額外功能和解決方案。

- 利用 ARES 核心創造屬於你專屬解決方案
- 使用自己公司和產品名稱，可獨立推廣及銷售
- 由 Graebert 開發團隊不斷更新技術，取得全面技術和支持與 DWG 標準相容
- 由你來決定何時更新，讓利潤最大化，對客戶提供更有競爭力價格

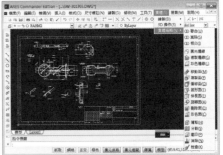

2-1-6 產品線

DraftSight 分成 3 大產品線（Offer），分別為：1. 個人、2. Prefessional、3. Enterpreice，本節介紹之間的差異。

對使用採取免費策略，而使用 Prefessional 或 Enterpreice 服務要收費，其價值主要來自於兩項：1. 開發新客戶、2. 出售技術和 API 授權可程式開發。

尤其是 API 開發，程式設計公司可以免費取得 DraftSight 主程式，並自行開發 API 來銷售並附加在 DraftSight，靠授權 API 每套版權來獲利。

對客戶而言，DraftSight 是免費的，可彈性選擇開發公司，設計專屬且額外的功能，客戶只須給付開發費用，不須額外購買 DraftSight 主程式。

A 個人

提供免費的 DraftSight 下載與使用，沒有任何使用限制。

B Professionl 專業

對於工程師，建築師和 CAD 用戶，他們需要專業級 2D 設計和繪圖解決方案，其中包括生產力工具 ToolBox 模組和 API。從 DraftSight 2017 SP1 推出，一年$99 美金。

C Enterprise 企業

提供 DraftSight 部署、發行與客製化服務、包含以下服務：電話和電子郵件、網路部署精靈，協助大量安裝 DraftSight 或升級、獲得 DraftSights API 和 API 更新。

DraftSight Download

A straight-forward 2D design and drafting solution.

> Download Now

DraftSight Professional

For engineers, architects and CAD users who need a professional-grade 2D design and drafting solution with productivity tools and an API. Now available starting at $99 for 12 months with DraftSight 2017 SP1.

DraftSight Enterprise

For large organizations who need the power of DraftSight Professional plus network licensing and technical support.

With its API's, organizations can quickly create applications to customize their

2-1-7 為何免費

達梭策略希望用戶免費使用 DraftSight，藉由特點並實質優惠（免費）使用者，在銷售行為是常見手法。

2-1-8 合法版權

補帖時代已經過去，企業接受正版帶來優勢，不會冒風險安裝補帖。DraftSight 提供免費且合法使用，當你還在思考到底要買哪一套 2D CAD 時，或憂慮軟體預算不足、升級費用、租約時間... 等，錢是企業最敏感關鍵字，DraftSight 提供解決方案。

若需要開 DWG 檔案或要開更新版 DWG，甚至只為考試練習，皆可滿足需求。

2-2 行銷策略

　　行銷是產品決勝關鍵，透過媒介拉近使用者距離，提升滿意度以及專業形象。DraftSight 解決 2D 用戶問題，達梭不會全力以赴開發多樣功能，因為 2D 已經發展極限，DraftSight 的推出重點是說服 2D 用戶認識並購買 SolidWorks 或 CATIA。

　　更不會思考要你購買 DS，在使用者身上獲取微薄利益，以下是達梭開發 DraftSight 策略，全世界唯一能在短時間風靡全球，算是行銷成功。

　　除了可以給工程人員用，還可以讓行銷人員展示技術文件、線上產品型錄、工作流程（RFQ、PO、RFC、PDM），所以 DS 是行銷利器。

2-2-1 滿足使用者 2D 需求

　　舊圖總不能因為導入 3D 不再使用吧！還是有維護 DWG 需求。eDrawings 雖然可以檢視與工程應用，不過無法編輯。

　　用戶希望像 eDrawings 能免費且更完整需求，達到 DWG 溝通作業。希望能有免費且官方開發的 DWG 產品，而非自行解決，例如：購買坊間多款式的 DWG 產品。

2-2-2 新軟體開發

DraftSight 已經成為達梭的產品服務項目。

2-2-3 開發新客戶

DraftSight 並未限制只能 Solidworks 或 CATIA 用戶使用，任何人皆可下載使用，藉由 DraftSight 為溝通橋梁，順帶認識達梭產品並得到整合。

2-2-4 協助產品推廣

DraftSight 屬附加產品，對主要產品 SolidWorks 或 CATIA 銷售上有絕對加分作用。

SolidWorks 最大競爭對手 AutoCAD，開發 DraftSight 吸收潛在用戶以及瓜分現有客戶，當然無法扳倒 AutoCAD，畢竟 AutoCAD 市場耕耘有很長時間。SolidWorks 與 CATIA 市占率高，DraftSight 推廣上有這兩位老大哥站台，就有很大加乘影響。

2-2-5 同時擁有 2D＋3D

只要購買 SolidWorks，就可以同時擁 2D＋3D CAD，這部分很吸引人。換句話說達梭是全球除了 AutoDesk 以外，同時擁有自己的 2D＋3D CAD 軟體的集團。

達梭在 2010 年以前不如 AutoCAD＋Inventor 擁有自家 2D＋3D 繪圖系統，長期以來這部份行銷上很吃虧。自 DraftSight 後，讓 DraftSight＋SolidWorks 或 DraftSight＋CATIA 也擁有自家的 2D＋3D 繪圖系統。

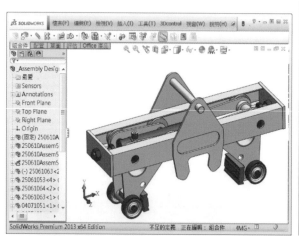
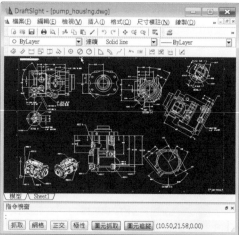

2-2-6 隨 SolidWorks 安裝？

答案是否定的。DS 不同於 eDrawings，DS 可以檢視、編輯甚至創造 DWG 文件，屬於創造軟體。而 eDrawings 只是**檢視＋工程應用**屬於檢視軟體。

SolidWorks 強調他們是分開產品，將 DraftSight 列為 DWG 解決方案。

2-2-7 獲利來源

未來雲端市場不可能以軟體賺錢，是以教育訓練與技術服務是獲利來源，例如：DraftSight Professional 提供的技術支援要收費。

2-2-8 策略競賽

公司一定有所謂競爭對手，相對 SolidWorks 也是其他軟體競爭對手，面對 AutoCAD 這位大怪獸，也迫使達梭更加緊腳步來面對。

AutoDesk 不可能淡定看待，一定有相對策略迎戰，對消費者而言是場好戲，最後得利一定是消費者，再者如何迎合消費者口味，誰就贏了。

2-2-9 最大贏家

坊間許多 2D CAD 軟體，無不強調以 AutoCAD 為名進入市場，有些軟體小到聽都沒聽過，必須旁人點醒，給你相關資料才會頓悟原來有這套軟體。

軟體市場會走向免費或低價，不再靠軟體獲利，而是周邊利益，例如：印表機很便宜，可是碳粉很貴。除非軟體走價值路線，例如：SolidWorks 不會走向免費或是低價。

DraftSight 沒要求只能 SolidWorks USER 才可下載，即便是 PRO/E、UG、SolidEdge 使用者，藉由 DraftSight 了解達梭產品，開發可能的客戶。

享用 DraftSight 同時，可感受背後許多想法，還認為只是騙安裝，30 天後會向你索價。就小看達梭，達梭不會看這筆小錢，更何況花心力索價，還不如開發更高端產品線。

2-3 開放設計聯盟 ODA

ODA（Open Design Alliance，開放設計聯盟，以下簡稱 ODA），成立於 1998 年為非營利組織，2003 年 10 月更名為 OpenDWG Alliance（ODA 聯盟）。

軟體開發是 ODA 工作，目前核心名稱為 Teigha，為會員提供工程解決方案的一個最佳開發平台，致力開放標準並提供 OpenDWG 工具庫給會員以較低成本引導軟體開發。

透過 OpenDWG 核心讓會員開發 DWG 軟體，例如：開發 DraftSight 後，可進行 DWG 編輯/檢視與開啟。

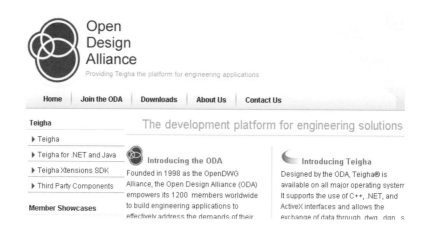

2-3-1 自由軟體市場

AutoCAD 是全世界主流,其 DWG 是大家公認 AutoCAD 代表,那 DraftSight 檔案格式為何還可使用 DWG,不怕被 AutoDesk 控告?主要是美國為自由軟體市場。

2-3-2 反托拉斯

1890 年提倡自由與鼓勵市場競爭,預防反競爭商業合併與企業經營,執法目標是維護讓軟體能多元化發展。

由於反托拉斯法(AntiTrust)定義很深廣,例如:軟體相容性與開發易受到著作權限制,無法進行多元化發展環境,避免軟體壟斷造成安全瑕疵。

當企業濫用獨占市場力量,企圖剝削消費者或是排除競爭對手時,政府會動用反托拉斯法加以制裁。

2-3-3 壟斷嫌疑

全球性的軟體到一定規模(公司大小和軟體能力)就要避免壟斷嫌疑,例如:微軟將作業系統與瀏覽器綁在一起銷售,被歐盟控告反托拉斯,這部分不是我們消費者可以理解的,一切是商業競爭。

早年 DWGeditor 隨 SolidWorks 安裝;2DEditor 由合約客戶自行網路下載。換句話說大郎認為 DraftSight 不會隨 SolidWorks 安裝,是為了避免壟斷嫌疑。

2-3-4 開放原始碼

程式原始碼(souce code)必須公開,讓大家自由取得進行更改,讓發展更廣泛。最著名代表 Google 的 Android 系統,由 Google 成立 Open Handset Alliance(OHA,開放手持設備聯盟),免費透過該系統來開發 APP,Google 想法就是讓大家使用 Android。

開放原始碼在過去不可能，程式碼是設計師智慧結晶，更是企業資產。資訊開放趨勢下，連微軟都鬆口表示願意開放程式碼（Open Source）。

2-3-5 執行案例

1995 年，Windows 95 全球占有率超過 90%，開始將 IE 瀏覽器（Explorer）免費搭載使用，讓原本幾乎獨占的作業系統市場更擴及網際網路，微軟就因為 IE 瀏覽器搭配販售被歐盟以反托拉斯法裁罰。

對企業主來說投入相當財力開發軟體，攻城掠地提升佔有率何罪之有？不過反托拉斯法就不允許這行為，藉由國家法律來抑制獨占行為與保護市場自由發展。

後來微軟開放原始檔後，讓外在程式人員自行修改漏洞或提高安全性，就是自由軟體的作業一環。2016 年 11 月 14 日防毒軟體卡巴斯基表示，微軟正利用作業系統優勢，打壓所有獨立的第三方程式開發者。

這最終將使使用者面臨危險，例如：防毒軟體單一化，將讓駭客更容易侵入使用者電腦，因為他們只要對付一個軟體就好。

2-4 使用 DraftSight 理由－介面篇

DraftSight 介面簡便、多項工程應用、整合性強、相容性高、功能卓越、安全性高、安裝容易。沒有人會抗拒這麼簡潔介面，這些表現讓客戶有種被尊重感受，也得到更多青睞和討論，本節說明為何 DraftSight 在業界這麼受歡迎原因。

2-4-1 簡潔介面

介面與指令文字按鈕，操作相當簡便與微軟定義相同帶來共通性，更可省去學習時間，例如：下拉式功能表、快速鍵、檔案、檢視、編輯...說明相當好辨識...等。

除了與微軟介面相同外，更與 AutoCAD 介面、功能、操作 90%都相同，把經驗直接套用到 DS，不必改變舊有習慣也不必額外花時間學習。

2-4-2 快速鍵

除了微軟預設快速鍵，Ctrl＋O（開啟舊檔）、Ctrl＋S（儲存檔案）、Ctrl＋P（列印）...等，還支援自訂快速鍵。

2-4-3 滑鼠手勢

使用滑鼠手勢作為指令捷徑，甚至下意識操作，類似快速鍵。

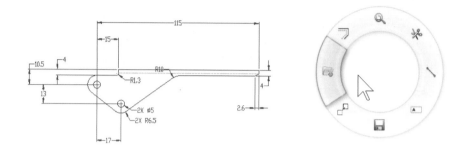

2-4-4 滑鼠操作

與 SolidWorks 滑鼠操作全部相同，例如：左鍵拖曳、中鍵按住移動，中鍵滾動拉近/拉遠、或右鍵快顯功能表。

2-4-5 檢視器

DraftSight 就是完整程式，不只是 Reader 或 Viewer 只用來檢視，更可直接編輯不需轉檔傳遞 DWG 資料。省去溝通時還要準備一套 Reader 或 Viewer，這與 PDF 還要安裝 Reader 才可以讀取 PDF 是不同的。

2-4-6 對應指令

與 AutoCAD 指令絕大部分相通，對 AutoCAD 使用者來說，可直接使用 DraftSight。

2-4-7 簡單操作

以初學者或非工程人員而言，絕大部分只用在**檢視**和**列印**功能，所以基本操作絕對沒問題，讓業務、行銷、採購、生管、廠務...等單位非工程人員直接操作工程指令。

2-4-8 多國語言

DraftSight 支援 20 多國語言，相當難得支援**繁體中文**。出差切換當地語言講解設計，對客戶而言多了份親和力，下圖為日文 DraftSight。

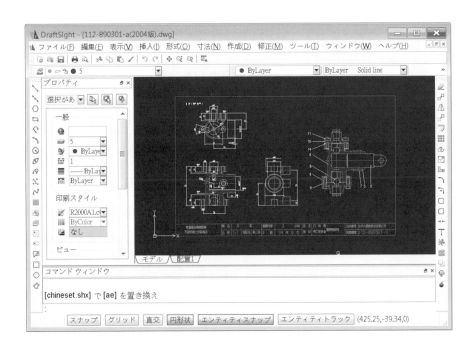

2-4-9 3大系統

以 Windows 主要支援，其次為 Mac 與 Linux，推薦使用 Windows 系統。目前 MAC 用戶除了 AutoCAD，再來就是 DraftSight，這點對 MAC 用戶來說是好消息。

2-4-10 64 位元

支援 Windows 7、Windows 8、Windows 10 X64 位元，不再有記憶體容量限制，對複雜圖形可以有完整解決。開啟工程圖速度超快，64 位元 DraftSight 是極佳的效率搭配。

2-4-11 說明主題

繼承 SolidWorks 完整說明主題，CHM（Compiled Help Manual）算是電子書。以網頁說明簡介、功能以及詳盡指令操作，圖文並茂相當在地化，不會有看不懂的翻譯用語。

2-5 使用 DraftSight 理由－工程應用篇

很多公司都讓工程助理使用 DraftSight，分擔工程師工作，例如：DWG 設計修改、輸入與輸出，說明書文件製作、列印圖面...等。

2-5-1 多個 DraftSight 比對

開啟多個 DraftSight 輕鬆比對文件，不必擔心消耗電腦資源，特別適用多螢幕，例如：DraftSight 開啟 DWG，協助 SolidWorks 比對圖面，這樣的工作效率就值得了。

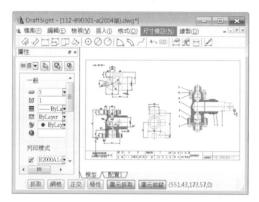 

2-5-2 雙向評論

大方在圖面進行雲狀註解，這些訊息讓對方進行回應，這種雙向溝通方式可破除盲點並增加討論氣氛。

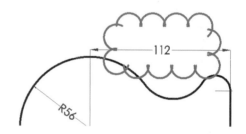

2-5-3 高解析圖片

儲存 EMF 圖片檔或 SVG 向量，助理工程師製作文件時，不必再麻煩工程師提供圖面。

2-5-4 自動更新

DraftSight 每 3 個月更新，於工作窗格可看出最新消息，一有新版本點選連結上網更新或自動出現更新訊息。這代表相信 DraftSight 會持續改進，並非發表到此為止。

DraftSight 來自官方支持，有品牌價值，不是網友提供的免費軟體這麼不具體。

2-5-5 沒有浮水印

正式版不會有出圖列印的浮水印或教育版宣告的 Mark。

2-5-6 API

DraftSight 支援 LISP（LISt Processor）列表處裡語言，客製化需求。API 包含了上百種 Visual Basic（VB）、Visual Basic for Applications（VBA）、VB.NET、C＋＋、C#呼叫函數，使程式人員存取 DraftSight 功能。

以 LISP 的 API 開發功能，吸引 ThirdParty 廠商進行功能開發，例如 Graebert、IntelliCAD、Caddie Software…等。

2-5-7 標準與訂製介面

承上節，DraftSight 提供標準介面給使用者，當使用者（特別是公司）想要特殊介面，使用 DraftSight Premium 來滿足功能上的需求。

被訂製的介面不能免費提供給以外的人，要留意許可協議書第一項授權。

就好像你買 SolidWorks，不能複製給別人使用。基於著作權為動產，我們所購買的只是使用權，不是著作權本身。

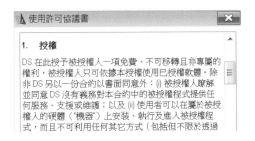

2-5-8 PC 或 NB

NB 跑 DraftSight 絕對不是問題，PC 效能一定比 NB 來得好。

2-5-9 安裝迅速

免費下載不是新聞，下載容易並快速安裝，過程中不會有繁複的註冊程序，且安裝完成後立即使用，這都是 DraftSight 最大特色。

2-5-10 大量佈署

市售 2D CAD 90%功能、免費授權、不受套數安裝。

2-6 使用 DraftSight 理由－整合篇

DraftSight 與 SolidWorks、eDrawings…多方軟體整合，讓 DWG 有完整解決方案，不再為溝通、查看、編輯 DWG 而尋求其他 CAD，甚至採取沒效率方法，造成公司無形損失。

2-6-1 與 SolidWorks 整合

DraftSight 可完整呈現 SolidWorks 轉出 DWG/DXF 圖形。

2-6-2 與 eDrawings 整合

直接發佈圖形到 eDrawings，因為 eDrawings 可以開啟 DWG，強化 DWG 處理能力。eDrawings 有獨立書籍介紹。

2-6-3 DWG 檢視、轉檔、維護

很多人把它當 DWG VIEWER，可開啟：DWG、DXF、DWT 以及附加程式（*.DLL）。

將圖形輸出 CAD 圖檔（R12～R2013 DXF/DWG）、圖片檔（BMP、JPG、PNG、SVG、TIF）、圖形檔（PDF）、立體檔（STL）或投影片（SLD）、PostScript（EPS）…等格式。

與 2D CAD 進行圖形複製、貼上，通用快速鍵、別名，讀取樣版檔*.DWT、線型檔*.LIN、快捷鍵*.PGP、圖塊...等，讓您之前辛苦設定不付諸流水，通通可轉進來。

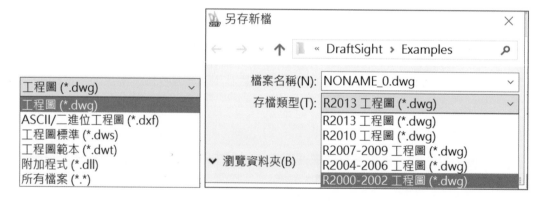

2-6-4 OLE 控制

在 Word 或 PowerPoint 中插入 DraftSight 控制，將文件資訊如估價單、說明書、操作手冊或型錄整合傳遞。

2-6-5 EnterPrise PDM

　　DraftSight 專用的 Enterprise PDM 產品資料管理，不需使用 Windows 檔案總管就能存取來源控制和工作流程工具。

　　可讓多人同時編輯同一個工程圖面，還能管理工程圖參考，確保載入的參考是最新的。

2-6-6 認證

　　未來將積極推廣 DraftSight 認證，對於學生或職人士多了一套證明自己能力的方法。

2-6-7 3D 滑鼠

　　DraftSight 支援 3Dconnexion 的 3D 滑鼠，協助移動整個工程圖面。

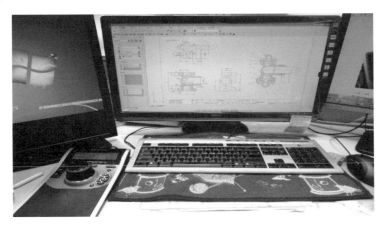

2-7 豐富線上資源

　　DraftSight 強調開放、全球線上社群，協力創造、專注於設計環境，開創各種新可能，相互溝通以尋求需要的答案。

　　在達梭官網 DraftSight 頁面，擁有豐富線上資源，可分享 DraftSight 經驗，學習和問題地方。採用社群進行線上支援與資料分享。

鼓勵用戶到 swym.3ds.com 學習、提問、功能建議，有各式各樣的學習資料。以下所介紹的 DraftSight 頁面網路速度不快，不是你的網路慢。

2-7-1 3DswYm Community（社群）

線上 SwYm 社群。以設計為中心的環境，免費提供全球 CAD 用戶學習並與社區成員互動，提供意見來關注或挑戰特定主題，這部分和坊間的 FaceBook 一樣。

3D SWYM（See What Your Mean，明白你的意思）創新的社群平台。在網路分享想法，得到反饋並驅動設計，著眼於知識和價值創造，允許貢獻在社區內共享豐富經驗。

2-7-2 加入 DraftSight Community

建立 DraftSight SwYm 帳號，才可進入 DraftSight Community 頁面。

步驟 1 註冊帳號（Create an Account）

產生新的帳號，在右方輸入你的 EMAIL→Register。

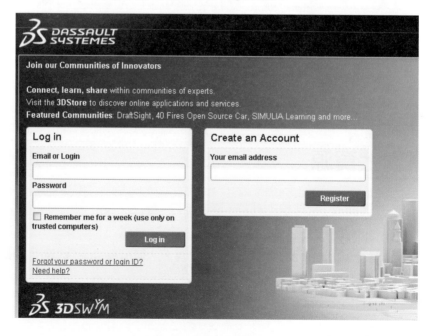

步驟 2 建立基本資料

耐心註冊建立你個人 ID，建議用英文填寫完成→Submit。

步驟 3 輸入密碼

密碼至少要 8 位元，且包含 1 個大寫英文或 1 個數字，例如：Solid008，下圖左。

步驟 4 啟用你的連結

系統會寄一封 Registration 信件，代表註冊成功，下圖右。

步驟 5 Log in

回到 Community 首頁，輸入帳號密碼→Log in。

步驟 6 進入 Communities 頁面

2-7-3 Resource Center

資源中心是最讓大家感興趣的頁面，提供影音教學、研討會、技巧分享、新聞文件、PDF 資源…等，點選左邊 Resource Type 展開項目，下圖左。

2-7-4 YouTube

於 YouTube 搜尋 DraftSight 關鍵字，得到 DraftSight 相關影音，下圖右。

2-7-5 Facebook

到 Facebook 網站搜尋關鍵字，可以得到 DraftSight 相關消息。

2-7-6 新版特徵影片

每個新版本推出會以影片和 PDF 介紹新增功能，以最快速度學習與舊版差異，成為追版次慾望。

New Features in DraftSight 2018

Quick Input Methods
Provide a command entry interface near the cursor to input

Placing Dimensions with Dimension Widgets
Place dimensions automatically

Copying/Pasting Entities to the Active Layer
Copy/paste selected entities with

2-7-7 版本差異

承上節，DraftSight 分：免費、Professional（專業）、Enterprise（企業），網站會表列功能差異，當然專業與企業版是要額外付費的。

DraftSight 2018 New Features Include:	DRAFTSIGHT INDIVIDUAL	DRAFTSIGHT PROFESSIONAL	DRAFTSIGHT ENTERPRISE
USABILITY ENHANCEMENT TOOLS			
Entity Highlighting	✔	✔	✔
Hatch Layer	✔	✔	✔
Tooltip Display over the Status Bar	✔	✔	✔
Print Configuration Manager Improvement	✔	✔	✔
Block - Redefine Base Point	✔	✔	✔
Block - Remove Attribute		✔	✔
Pasting to Active Layer		✔	✔
Arrow Key Nudging Entities		✔	✔
PRODUCTIVITY TOOLS			
Dimension - Clicking Anywhere to Re-Position		✔	✔
Dimension - Bounding Box		✔	✔
Dimension - Placing automatically with Widgets		✔	✔
Smart Dimension Improvements		✔	✔
Quick Input Methods		✔	✔
Curved Text		✔	✔
G-code Enhancements		✔	✔
Helix		✔	✔
CUSTOMIZATION TOOLS			
Ribbon Interface API		✔	✔
ENTERPRISE			
Technical Support			✔
Network Licensing			✔
Deployment Wizard			✔

2-8 DraftSight 導入

本節介紹 DraftSight 導入經驗和導入觀念，自己再依需求補充內容即可。很多企業方向錯誤，花大把銀子把重點放在 2D CAD。導入有許多困難要克服，導入過程有很多不可預期問題，部分是失敗例子。導入失敗原因很多，不是靠努力就能解決，好比說對方沒有電腦、不能上網、對方非常排斥...等原因，這些都不是導入者能夠控制的。

初次導入是挑戰，DraftSight 可成為 SolidWorks 導入前哨戰，因為 SolidWorks 導入比 DraftSight 複雜。只要用心閱讀本章，可成為 DraftSight 導入顧問。對非 CAD 人員也可利用本章協助導入，大郎將導入 eDrawings 經驗套到 Solidworks 與 DraftSight，沒想到幾乎都相通。

2-8-1 兩大原則

導入掌握 2 大原則：1. 將心比心、2. 循序漸進。你的感受就是別人感受，將心比心才能化解溝通障礙，導入過程不要急躁並情緒性用語：就是要這樣，否則會被取代。

2-8-2 同理心

沒聽過 DraftSight？有聽過 TeighaViewer 嗎？它是優秀且簡單的 DWG 看圖軟體，如果你對介面排斥，說不定客戶也是對 DraftSight 很排斥。

導入過程，很多意見都是排斥的昇華，導入遇到問題要靠同理心克服。

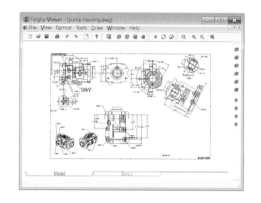

2-8-3 說服安裝

導入成敗來自對方是否安裝，安裝成功 80%。說服自己容易，說服別人不簡單。一開始要對方用 DraftSight，很多人不能接受。不要自己沒安裝過 DraftSight 麻煩了。

不要求好心切急於一時，讓對方醞釀你提過的 DraftSight 後，由別人教育他，別人有可能是客戶的客戶、朋友或同行。

客戶被教育後，感覺 DS 好像很好用，他會回想你是對的，這時目地會達到，未來會靜下心聽你說或以後還會再找你。只要婉轉表達專業，不要太堅持與起衝突。

2-8-4 還是 PDF？

對方就是需求，對方只是看看沒有要更改或極少量溝通，就用普及率高的 PDF。讓 DS 展現專業，轉 PDF 不就和別人一樣了嗎？話說回來，很多人習慣用手機看 PDF 就沒話講了，除非 DraftSight 推出手機版。

2-8-5 免費或付費

導入第一個問題就是多少錢，會不會被抓。DS 是免費軟體，這點就很吸引人。還是很多人不知 DraftSight 也不知免費，不能自認很少用，或用的不深，冒風險安裝盜版軟體，DraftSight 可一勞永逸解決。

朋友曾問大郎有沒有 CAD 補帖，朋友是 PM，看 DWG 圖也要參與設計，大郎連結 DraftSight 網址讓對方下載與安裝，大郎不擔心對方不會安裝或被抓盜版，大郎可以很不負責任把這件事推給 DraftSight。

大郎不必費心尋找高達 5G 補帖，一件事無法立即解決。朋友是上市公司不能安裝補帖，DS 免費授權，更不擔心來源或使用問題，這部分朋友很雀躍也建議公司導入 DS。

2-8-6 先找工程師

工程師最大優點就是接受度很高，遇到好東西會想辦法變得很會用，工程師是你的活廣告，無形中會在旁幫你推。

2-8-7 導入責任

RD 最熟 DraftSight，RD 擁有主導與決定。絕不是 MIS、業務或採購來決定，否則容易失敗。要主動提出導入計畫，因為沒有人比你更懂 DraftSight，如何讓對方也使用這就是你厲害地方。

2-8-8 不要內疚

失敗不要氣餒，不要放棄或是找其他方法突破，一定要堅持使用 DraftSight。一灰心會影響當初熱忱與抱負，甚至回到過去溝通方式（好像大家比較能接受）來安慰自己。

只要遇到客戶使用付費 2D CAD，你會手癢幫客戶導入 DraftSight，導入成功或失敗都是難得經驗，就算失敗又不會怎樣，經驗將是下回導入動力來源。

2-8-9 立場與背後支持

導入過程會遇到很多問題，將這些問題一一突破是導入工程師的專業。主動把握機會導入，讓自己學到導入軟體經驗，這些經驗別人無法替代。

其實背後很多人在支持你，都很想改變舊方法，只是沒說出來，沒說出來不代表反對。

2-8-10 高度及熱誠

導入最重要要對軟體很熟，還要有高度熱誠。導入前先想想你最滿意軟體哪些地方，例如：直接開啟 DWG 檔案、免費、好下載安裝…等。

DraftSight 是你的專業也是萬事通，要很強得以服人，除了專業外要懂得填補知識。

2-8-11 導入 3D 前哨站

DraftSight 導入會比 SolidWorks 還來得單純，若 DraftSight 導不成功就別指望導入 SolidWorks 或其他 3D CAD。公司要導入 SolidWorks，可先試導 DS 試試水溫，特別是 2D CAD 用很久的企業，這些導入經驗可完全移植 SolidWorks。

能把 DraftSight 發揮並導入，是工程師與主管的責任也是企業對你的期望，並不是有人指派，主動起身來主導 DraftSight，這過程很辛苦很多要面對。

也可以不導入照樣過生活，無形中這機會讓給別人，當別人拿出來導入時，這時已喪失領導先機而是追隨，這是你要的嗎？特別是你不喜歡別人管你。連 DraftSight 都導不起來，就別奢望能導入 3D。

2-8-12 沒人要的經驗

沒人要 2D CAD 經驗，反而要 DraftSight 經驗。坊間 2D CAD 一大堆人都會，粉多人想問與 DraftSight 操作差異，主要原因還是免費。

2-9 API 市場

DraftSight 市場很大，如果能想辦法關聯，都是賺錢機會。透過免費號召，讓 2D 用戶無需投入大把銀子，即可完成工作和大量部署。對 2D 業者帶來極大威脅，紛紛改變策略來因應，例如：更容易取得試用版。DraftSight 可用來設計開發、編輯與查看 DWG 作業，很多程式開發公司以她為平台，配合客戶需求外掛模組，所以 DS 運用廣度相當大且多元。

2-9-1 靠這賺錢

很多客戶沒有 CAD 軟體又要求看圖面，這時就發揮相當大實力。DraftSight 相當好上手外，看起來很專業，客戶滿意度相對會提高。當客戶願意付費取得更好的價值，會用金錢來獲取利益。

2-9-2 龐大 2D 需求

DraftSight 比模具、加工、設備…等市場大好幾百倍，只要有 VBA（API）再加上有 2D CAD 使用經驗的人就可進行 LISP。

2-9-3 沒有 2D CAD 成本

國外有許多程式開發公司都透過 DS 進行程式開發，例如：倉儲管理系統網路版附加在 DraftSight，用戶只要購買這套系統，不必額外添購 2D CAD。

A 系統	B 價格/U（最低 5 套）	C 總價	D 決議
1 倉儲管理系統	5 萬*5 套	25 萬	
2 DraftSight	0	0	
3 2D CAD	8 萬*5 套	40 萬	
		1＋2＝$25 萬	✓勝選
		1＋3＝$65 萬	

2-10 各版本 DraftSight

DraftSight 每年會有 4 版本：2 月、4 月、7 月和 10 月。2 月會推出新版 SP0，以此類推 SP1～SP3。每年 10 月會推出下一年度的 BETA 版讓各位測試。

2-10-1 各版本發行

版本	發行時間	版本	發行時間
DraftSight 2018 SP0	2017/10	DraftSight V1R5.1	2014/04
DraftSight 2018 BETA	2017/07	DraftSight V1R5.0	2014/02
DraftSight 2017 SP3	2017/08	DraftSight V1R4.0	2013/10
DraftSight 2017 SP2	2017/05	DraftSight V1R3.2	2013/07
DraftSight 2017 SP1	2017/02	DraftSight V1R3.1	2013/01
DraftSight 2017 SP0	2016/10	DraftSight V1R3	2012/10
DraftSight 2016 SP2	2016/07	DraftSight V1R2.1	2012/10
DraftSight 2016 SP1	2016/04	DraftSight V1R2	2012/05
DraftSight 2016 SP0	2016/02	DraftSight V1R1.4	2012/02
DraftSight 2015 SP3	2015/07	DraftSight V1R1.3	2011/11
DraftSight 2015 SP2	2015/04	DraftSight V1R1.2	2011/9
DraftSight 2015 SP1	2015/02	DraftSight V1R1.1	2011/6
DraftSight 2015 SP0	2014/10	DraftSight V1R1	2011/2
DraftSight V1R5.2	2014/07	DraftSight V1	2010/6

2-10-2 BETA 版本

版本推出之前會有 BETA 版提供用戶嘗鮮，並回饋問題。

DraftSight 2018 Beta

Welcome to the DraftSight 2018 Beta. Thank you for participating and for helping us improve DraftSight. Click on the version below that is 2018 and get started. Submit your feedback on the product to us by emailing us at DraftSight2018Beta(at)3ds.com.

Before downloading the Beta version, please read the FAQ

CLICK HERE »

DOWNLOAD
FOR WINDOWS®
(64-BIT)

Download DraftSight
2018 for Windows
64bit (Beta)

2-11 認識 ARES

ARES 簡單說是 DraftSight Premium，客製化或直接購買該產品使用，給你有別於 DraftSight 不同面向。要得到更多有關 DraftSight 相關消息或技術發展，到 www.graebert.com 下載 ARES，免費試用 30 天。

本節帶領下載並安裝 ARES，查看該軟體強大功能，或許 ARES 是你的解決方案，也可以與 DraftSight 同時部署它。

2-11-1 開始下載

於 graebert 官網點選 ARES Commander Edition→Download，美金 250 元（約 1 萬台幣）。

2-11-2 選擇下載版本 Windows 7、Windows 10 X64

請至 www.graebert.com/en/component/productselect/downloads 下載完成後可得到版本資訊，例如：ARES_CE_2017 SP2。

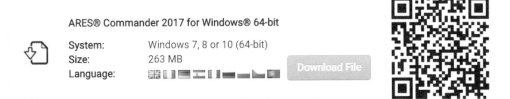

⊕ Select your download

Please filter setups using the buttons below.
Use your installation as **30-days trial version** or activate by entering a license purchased.

ARES® Commander 2017 for Windows® 64-bit

System: Windows 7, 8 or 10 (64-bit)
Size: 263 MB
Language:

Download File

ARES_C_2017_SP2_2017.2.1.3158_2182_x64.exe

2-11-3 安裝 ARES

1. 安裝程式後→2. 我接受授權合約中的條款→3. 下一步→4. 完成。會發現和 DraftSight 一樣，甚至也有繁體中文，接下來介紹不同處。

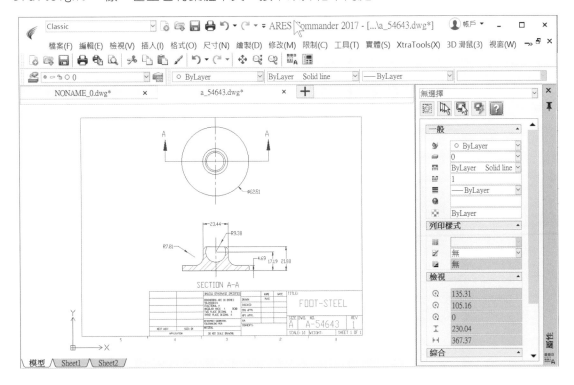

2-11-4 支援 DWF

DWF 為由 Autodesk 開發開放、安全文件格式,將檔案給需要查看、審核或列印這些數據的任何人,其功能類似 eDrawings,下圖左。

2-11-5 插入、格式功能表

2-11-6 實體功能表

03

DraftSight 精彩體驗

迫不及待使用對吧，本章快速了解作圖基本功能，基礎部分就在本章說明，未來章節不再說明細節，對 DraftSight 整體架構可以有 60%～70%理解，業界常用的就是這些。例如：對術語、啟動、環境介面、滑鼠操作、檔案管理、範例繪製…等會有概念。

體驗指令操作順序：1. 先選指令→2. 再選圖元，或 1. 先選圖元→2. 再選指令差異。會發現 DraftSight 和 2D CAD 都是先選指令居多，否則會很亂，而 SolidWorks 就沒這問題。

如果你是 SolidWorks USER，會發現 SolidWorks 比較好學，也印證坊間 SolidWorks 為主，DraftSight 為輔設計作業。

本章最後有練習題做為學習作業，由老師引導加快學習時間。

3-1 開啟 DraftSight 程式

有 2 種方式開啟 DraftSight：1. 桌面、2. Windows 開始功能表，最常用桌面啟動，不必學一定會。

3-1-1 桌面 DraftSight 圖示

1. 桌面快點 2 下 DraftSight 啟動圖示，這種方式最快且最有效率。

3-1-2 Windows 開始功能表

比較少人由 Windows 程式開啟，因為步驟多。通常是桌面圖示不見或捷徑圖示被刪除，會在這啟動。

步驟 1 開始功能表

步驟 2 Dassault Systems

步驟 3 DraftSight

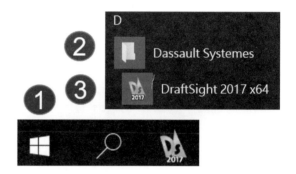

3-1-3 安裝目錄☆

可在安裝目錄找出啟動圖示，特別是啟動捷徑不見或開不起來。DraftSight 路徑比較特殊 C:\Program Files\Dassault Systemes\DraftSight\bin\DraftSight.exe。

3-1-4 圖示旁有版本

會發現圖示右下角旁有版本，因應同一台電腦多版次需求。

3-1-5 啟動 DraftSight 快速鍵

設定快速鍵開啟 DraftSight，以最快速度進入 DraftSight，適用進階者。

步驟 1 進入內容視窗

ALT＋快點 2 下桌面圖示，進入內容視窗，於捷徑標籤定義快速鍵與執行項目。

步驟 2 快速鍵

建議快速鍵複雜些，如 Ctrl＋Alt＋D，避免不小心按到。

步驟 3 執行

由清單設定最大化，將 DraftSight 最大化視窗開啟。

3-1-6 製作 Icon 到 Windows 工具列

將 Icon 釘選到工作列，更快速、更有效率開啟 DraftSight。1. DraftSight 圖示右鍵
→2. 釘選到工作列，在作業系統工具列可見 DS 圖示。

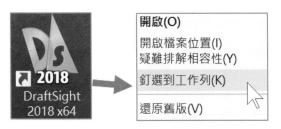

3-2 進入 DraftSight

進入 DraftSight 自動產生 NONAME_0.dwg。之後每開啟新檔案，檔案名稱後數值加 1，例如：NONAME_1.dwg。為何有這檔案呢，由選項的範本路徑與指定檔案而來。

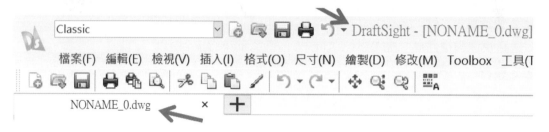

3-2-1 新 DraftSight 文件

承上節，將檔案關閉會見到無畫面的 DraftSight，這時就要 1. 新增 → 2. 進入指定範本視窗。我們推薦你 CTRL＋N→↵，是否俐落了呢？

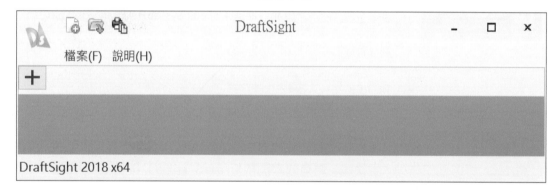

3-2-2 DraftSight 介面

了解介面減少摸索期，常用順序：1. 繪圖區→2. 工作窗格→3. 功能表→4. 工具列→5. 指令視窗→6. 狀態列。中間繪圖區域最常使用、指令包含：功能表、工具列。

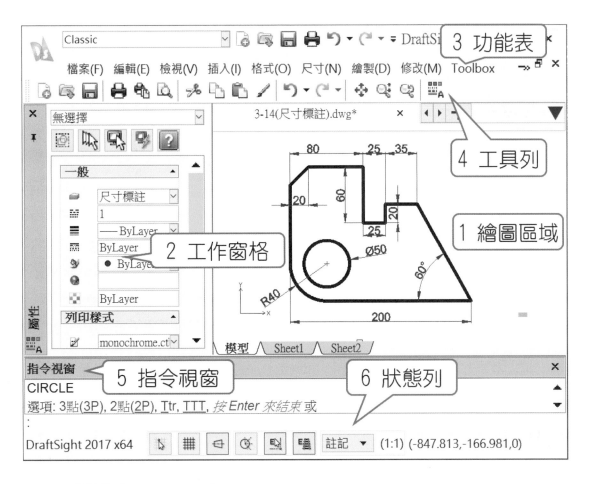

3-2-3 網格（Grid，F7）▦

由網格協助圖形定位。於狀態列開啟：1. 抓取、2. 網格、3. 極性、4. 圖元抓取，特別是極性，可推斷角度顯示（箭頭所示），這些設定會隨檔案儲存。

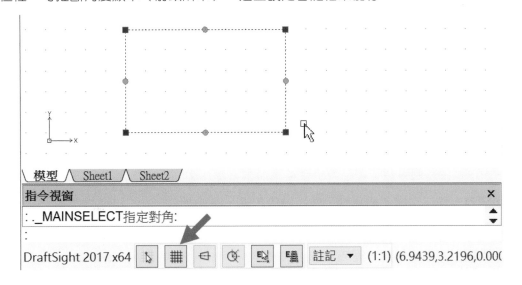

3-2-4 查詢時間（Time）

查詢目前時間、總編輯時間、自動儲存間隔時間…等時間資訊。

3-3 直線繪製

直線使用率最高也簡單繪製。本節介紹常見畫法，有 7 種定義線長度和位置：1. 隨機選擇點、2. 對齊選取點、3. 相對位置、4. 輸入相對座標、5. 輸入絕對座標、6. 重新設定座標系、7. 建構法。

先說明指令執行與結束用法：執行指令習慣按空白鍵、取消指令按 ESC。

3-3-1 隨機選擇點

任意點選 2 點 P1＋P2 完成直線。

步驟 1 選取直線＼或快速鍵 L→↵

步驟 2 ENTER（或空白鍵）

步驟 3 任意點選 2 點 P1＋P2

步驟 4 完成後 ENTER（或空白鍵），結束指令

P1 · · · · · · P2 ·

3-3-2 對齊選取點

由網格精確繪製直線，先前已設定水平與垂直網格間距 10，由滑鼠感受網格點手感。

步驟 1 繪圖區域任選第 1 網格點，做為線段起點，完成 P1

步驟 2 點選右方第 9 格點，完成 P2

步驟 3 點選上方第 5 格點，完成 P3

步驟 4 依序完成到 P6

步驟 5 由 P6 與 P1 連接-↲↵，結束

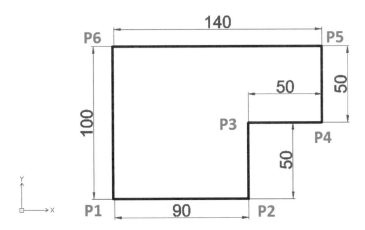

3-3-3 相對位置

　　承上節，網格點很難繪製小數點長度，例如：15.8，這時要學會其他畫法。相對位置繪製比較簡單，只要 1. 游標放置在指定方向（不得點選），2. 輸入線段長。

步驟 1 圖面任選第 1 個網格點，完成 P1

步驟 2 游標放右方，輸入 90，完成 P2

步驟 3 游標放上方，輸入 50，完成 P3

步驟 4 依序完成到 P6

步驟 5 P6 與 P1 連接→↵，結束

3-3-4 相對座標

　　透過@＜＝距離＋角度，完成與前一點的相對距離繪製，例如：@40<0＝40 長水平線。

步驟 1 指定起點 P1：10,10

步驟 2 指定下一點 P2：@40<0

步驟 3 指定下一點 P3：@10<90

步驟 4 指定下一點 P4：@20,30

　　其中 20＝（60-40），30＝Y 軸尺寸。

步驟 5 指定下一點 P5：@-60<0

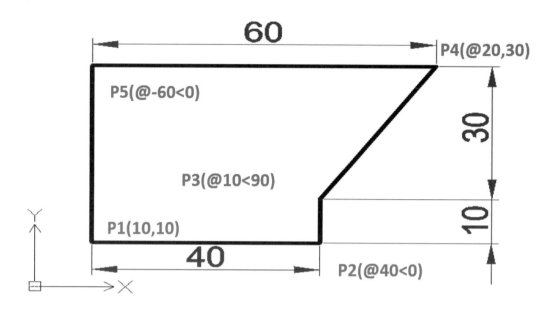

3-3-5 絕對座標

以座標系統為原點，包含數字與角度，輸入 XY 座標值，加強空間與邏輯思考。輸入 X, Y 座標或角度值，例如：10, 10 或 10<90，依這觀念繪製以下圖形。

步驟 1 指定起點 P1：10,10→↵

步驟 2 指定下一點 P2：50,10→↵

步驟 3 指定下一點 P3：50,50→↵

步驟 4 指定下一點 P4：10,50→↵

步驟 5 關閉(C)：C，封閉圖形

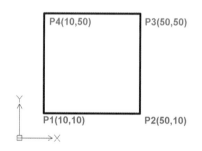

3-3-6 座標系統（CCS）

CCS 可直接定位在圖元上，達到座標歸零。不必擔心忘記輸入 @，和絕對座標計算，特別是角度誤判而重新繪製，用直線完成以下圖形。

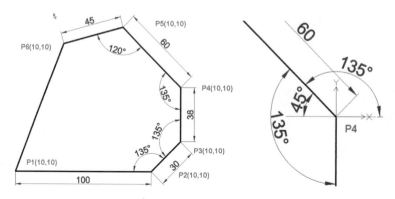

步驟 1 指定起點 P1

10, 10→↵。

步驟 2 指定下一點 P2

@100<0→↵↵。

步驟 3 改變座標系統至 P2

輸入 CCS→↵，指定 P2 點→↵，可見到座標系統被移至上方，下圖左。

步驟 4 繪製 P3 線段

L→↵，30<45→↵↵。由於 45 為 135 度補角，所以輸入 45。

步驟 5 改變座標系統至 P3

輸入 CCS→↵→指定 P3 點↵，可見到座標系統被移至上方，下圖中。

步驟 6 繪製 P4 線段

於直線指令直接輸入 38→↵。

步驟 7 改變座標系統至 P4

輸入 CCS→指定 P4→↵，可見到座標系統被移至上方，下圖右。

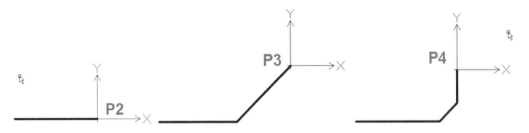

步驟 8 繪製 P5 線段

L→↵，60<135→↵↵。於基準線算出 135 補角 45 度，所以 180-45＝135。

步驟 9 改變座標系統至 P5

輸入 CCS→↵，指定 P5→↵，可見到座標系統被移至 P5，圖左。

步驟 10 繪製 P6 線段

L→↵。60<195→↵↵。於基準線算 165 補角 195，所以 360-195＝135，圖右。

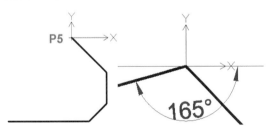

步驟 11 連接線段 P6 到 P1，完成繪製

3-3-7 建構法

由建構線段相交或線段延伸做為參考，隨後連連看繪製，使用率最高。

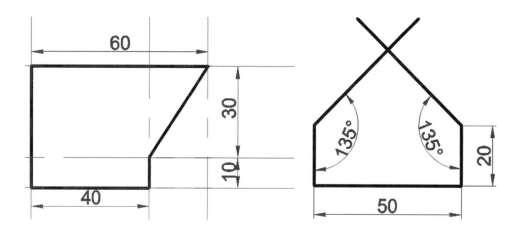

3-3-8 滑鼠操作

不必點選指令由滑鼠滾輪拉近/拉遠🔍，快點 2 下適當大小🔍、按住中鍵移動圖形✛。

3-3-9 上一步（Ctrl＋Z）

萬一畫錯上一步回復上一個狀態。

3-3-10 儲存檔案🖫（Ctrl＋S）

儲存檔案並放置桌面，檔案名稱為 3-3（直線），未來不會說明這步驟。

3-4 修改檔案

將已知的圖檔進行修改。學會刪除、畫弧、畫圓、大量選取、移動圖元…等指令。

3-4-1 開啟檔案（Ctrl＋O）

用 Ctrl＋O 快速鍵開啟檔案是最快且常用方式。

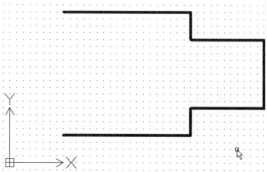

3-4-2 刪除

點選不要圖元→Delete。

3-4-3 畫弧（A）

繪製中心點弧。

步驟 1 或快速鍵 A

步驟 2 中心點或指定起點：C

步驟 3 指定中心點：點選兩條水平線的中點 P1

步驟 4 指定起點

點選右下角端點 P2，當作弧起點，要由上方作為起點也可以。

步驟 5 選項：角度、弦長或指定終點

點選短水平線的右上角端點 P3，當作弧終點。

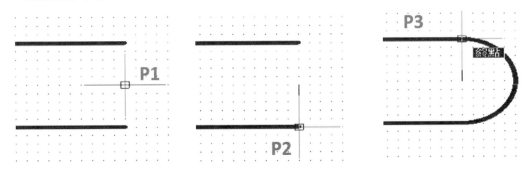

3-4-4 畫圓（C）

圓畫法很多種，最常用中心半徑，本節教導如何在屬性視窗修改圓直徑/半徑。

步驟 1 或快速鍵 C

步驟 2 3 點(3P)，2 點(2P)…或指定中心點

指令後方是預設作業，不輸入（）內文字。預設指定中心點，透過抓取得圓心。當游標接近圓會出現抓取提示，也可以找到圓心位置，下圖左。

步驟 3 選項直徑(D)或指定半徑

指定半徑為 30→↵畫圓。也可在圖面點選完成圓，不需要輸入半徑值，下圖右。

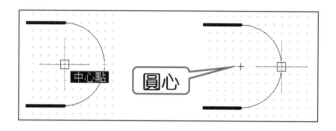
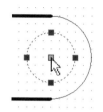

步驟 4 修改圓直徑/圓半徑

點選圓，於屬性窗格找到直徑與半徑圖示。

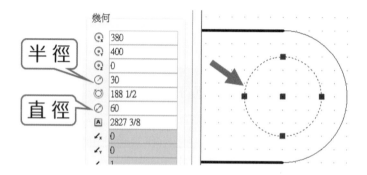

3-4-5 另存新檔（Save As）

保留目前檔案，以另存新檔完成新檔案。1. 檔案→2. 另存新檔→3. 輸入檔案名稱為 3-4-5(畫圓).dwg。

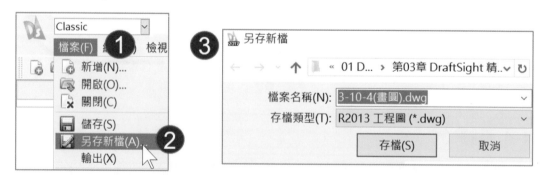

3-5 圖層（Layer）

圖層具有可重疊與管理，類似透明投影片。將圖元置於指定圖層，定義該圖層名稱、顯示與隱藏、色彩、線條樣式、線條寬度…等。

例如：視圖線條，組合件的零件分別置於圖層管理。

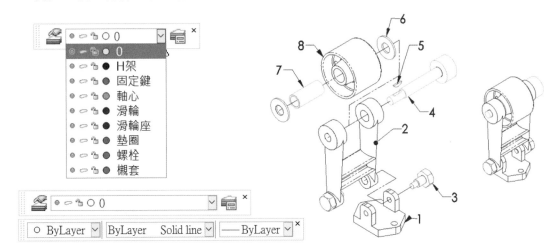

3-5-1 圖層管理範圍

圖層可供管理範圍分別為：名稱、顯示/隱藏、凍結、鎖定、線條色彩、線條樣式、線寬、列印樣式、列印控制…等。

圖層管理員

新增(N)　刪除(D)　啟動(A)

使用中的圖層:0。定義的圖層總數:5。顯示的圖層總數:5。　　　　　　　　　　　濾器表

狀態	名稱 ▲	顯示	已凍結	鎖定	線條色彩	線條樣式	線寬
→	0	◎	—	🔒	● 白色	連續　Solid line	—— 預設
⊖	1.模型輪廓	◎	⌒	🔓	○ 白色	連續　Solid line	—— 0.50 mm
⊖	2.中心線	◎	⌒	🔓	● 紅色	CENTER　…__ _ _	—— 預設
⊖	3.尺寸標註	◎	⌒	🔓	● 藍色	連續　Solid line	—— 預設
⊖	4.虛線	◎	⌒	🔓	● 綠色	DASHDOT …__ . __	—— 0.35 mm

3-5-2 DWT 範本包含圖層

開啟先前儲存的 A4L.DWT，將圖層建立在範本中。

3-5-3 圖層 0

圖層 0 又稱標準圖層、第 0 層。為第 1 順位，擁有不可刪除、不可重新命名、但可以應用特性。工程圖會有圖層，圖層 0 是因應沒有建立圖層時，所有物件都套用到圖層 0。

3-5-4 定義圖層計畫

定義常用的圖層,我們來定義 4 個圖層,分別為:1. 模型輪廓、2. 中心線、3. 尺寸標註、4. 虛線。背景為白色的情況下,線寬以實際列印後再微調。

圖層名稱	色彩	線條樣式	線寬
1. 模型輪廓	白	連續(Solid Line)	0.5mm
2. 中心線	紅	中心線(Center Line)	0.2mm
3. 尺寸標註	藍	連續(Solid Line)	0.2mm
4. 虛線	綠	虛線(Dashdot Line)	0.35mm

3-5-5 新增圖層

本節建立圖層並定義色彩、線條樣式、線寬…等,先定義圖層名稱。按下,依序輸入 1. 輪廓、2. 中心線、3. 尺寸標註、4. 虛線。

3-5-6 線條色彩、線條樣式、線寬

依序指定色彩、依序指定線條樣式、依序指定線寬。

名稱 ▲	顯示	已凍結	鎖定	線條色彩	線條樣式	線寬
0	◉		🔒	● 白色	連續 Solid line	—— 預設
1.模型輪廓	◉	〇	🔒	〇 白色	連續 Solid line	—— 0.50 mm
2.中心線	◉	〇	🔒	● 紅色	CENTER …__ _ _	—— 預設
3.尺寸標註	◉	〇	🔒	● 藍色	連續 Solid line	—— 預設
4.虛線	◉	〇	🔒	● 綠色	DASHDOT …_ . _	—— 0.35 mm

3-5-7 圖層加入與套用

物件放置圖層有 2 種方法:1. 套用圖層、2. 加入圖層。一定要有節奏,否則一下標註,一下中心線,圖層使用就顯得沒效率。由顏色可看出是否使用到正確圖層。

A 加入圖層

口訣:1. 先選圖層→2. 再選指令=標準作法。先選尺寸標註圖層,接下來都是尺寸標註作業,不會指令切來切去。

B 套用圖層

把套用錯誤的圖層改回來。1. 點選已標註尺寸→2. 切換圖層=事後作業,沒效率速度慢。例如:1. 選擇一堆尺寸→2. 切換尺寸標註圖層。

3-6 板手演練

將 2 分開圓＋直線連接，學會修改圖元大小、複製、修剪圖元、導圓角、鏡射…等。

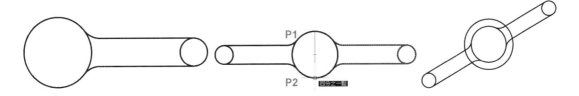

3-6-1 繪圖前置作業

開啟抓取、網格、正交、圖元抓取以利製圖（箭頭所示），熟練的話可隨時開關抓取，不被設定控制。

3-6-2 繪製 Ø50 圓

於模型輪廓圖層中繪製 Ø50 大圓，用改的。

步驟 1 切換模型輪廓圖層

步驟 2 在繪圖區域任何位置畫圓，大小不拘

步驟 3 修改圓直徑＝50

點選圓，於左方幾何欄位的圓直徑＝50，箭頭所示。

3-6-3 右邊 Ø20 圓

複製大圓，向右放置 100，將 Ø50 圓改為 Ø20。快速鍵 CO

步驟 1 點選圓

步驟 2 點選複製圖元⌐ᵖ，或輸入 CO→↵

步驟 3 指定來源點

點選圓心 P1→↵。

步驟 4 指定第二個點

游標向右輸入 100→↵→ESC，下圖左。

步驟 5 改變第 2 個圓大小

點選圓，透過左方窗格更改直徑，例如：更改直徑為 20，圓會隨著參數更改，下圖右。

步驟 6 連接 2 圓之間線段

透過直線分別在小圓四分點上，往左繪製直線到大圓上，完成以下圖形。

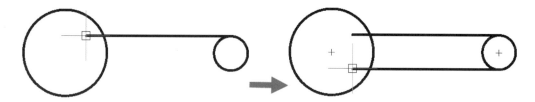

3-6-4 修剪圖元（快速鍵 TR）✂

當圖元交錯，修剪多餘線段。對有 SolidWorks 經驗的你，本節會覺得很麻煩，因為 SolidWorks 強力修剪只要 2 步驟，只要點選不要圖元即可。

步驟 1 點選修剪圖元✂或輸入 TR→↵

步驟 2 指定切割邊線

由右到左選擇要修剪的參考邊線 P1、P2、P3→↵。

步驟 3 要移除的線段

點選多餘 P1、P2 線段，點選過程線條立即刪除。

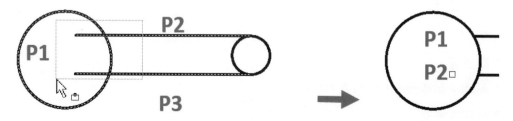

3-6-5 圓角（快速鍵 F）

圓畫 2 線段角落並產生切線弧，完成 R15 導圓角。

步驟 1 點選圓角或輸入 F→↵

步驟 2 指定第一個圖元

輸入 R＝半徑→↵。

步驟 3 指定半徑

輸入 15→↵。

步驟 4 指定第一個圖元

游標在圓上方位置，點選大圓 P1。

步驟 5 指定第二個圖元

游標在線上方位置，點選小圓 P2，立即完成圓角。

步驟 6 自行完成下方第 2 個圓角

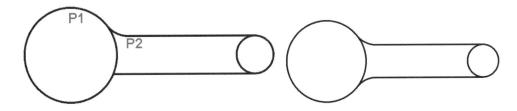

3-6-6 鏡射（快速鍵 MI）

複製選取圖元到鏡射軸對邊。

步驟 1 點選鏡射或輸入 MI→↵。

步驟 2 指定圖元

選擇全部圖元→↵。

步驟 3 指定鏡射線的起點

抓取圓 4 分點，作為鏡射參考起點 P1。

步驟 4 指定鏡射線的終點

點選點選鏡射的參考起點 P2，這時可以見到預覽。

步驟 5 是否刪除來源圖元?

輸入 N→↵，可以見到結果。

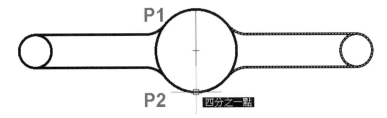

3-6-7 旋轉（快速鍵 RO）

將圖形旋轉指定角度，這部分無法用移動或複製來完成，所以她是必要指令。

步驟 1 點選旋轉或輸入 RO

步驟 2 指定圖元

選擇所有圖元→↵。

步驟 3 指定樞紐點

點選旋轉基準，例如：圖元抓取中間圓心點，這時會見到旋轉預覽。

步驟 4 指定旋轉角度

輸入 30→↵。

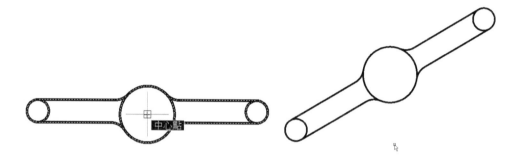

3-6-8 移動圖元（快速鍵 M）

搬移圖元到指定位置，也可用最快方法，Ctrl＋X→Ctrl＋V 完成移動圖元。

步驟 1 點選移動或輸入 M→↵

步驟 2 指定圖元

CTRL+A 或壓選來選擇所有圖元→↵，下圖左。

步驟 3 指定來源點

指定移動的基準，例如：圓心，這時會見到移動預覽。

步驟 4 指定目的地

輸入數值或滑鼠點選位置，這裡不介意移動距離，下圖右

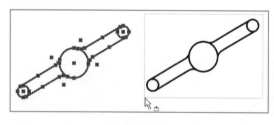
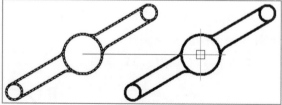

3-6-9 偏移（快速鍵 O）

將現有圖元平行複製 10mm。

步驟 1 點選偏移 或輸入 O

步驟 2 指定距離

輸入 10→↵。

步驟 3 指定來源圖元

選擇中間大圓。

步驟 4 指定目的地的邊

點選偏移方向，例如：點選圓外，可得到向外偏移→↵，可以見到結果。

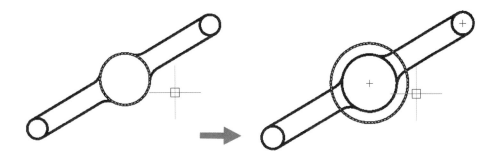

3-6-10 比例（快速鍵 SC）

將圖元放大 2 倍。

步驟 1 點選比例 或輸入 SC→↵

步驟 2 指定圖元

選擇所有圖元→↵。

步驟 3 指定基準點

指定比例基準，例如：圓心，可以見到預覽。

步驟 4 指定縮放係數

輸入比例數值 1.5→↵。輸入比例數值過程，不須將游標往左下角輸入比例數值。

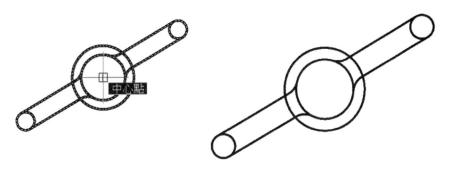

3-7 複製排列（Pattern，PAT）

複製排列分為：環狀與線性（直線），可在同一視窗中進行，是複製排列常見指令。

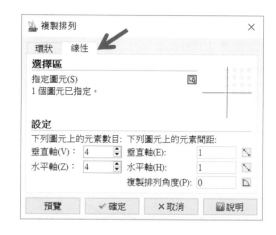

3-7-1 環狀複製排列

進行圓形環狀複製排列。

步驟 1 點選 或輸入 PAT→↵

步驟 2 選擇環狀複製類型→環狀

步驟 3 選擇圖元

於繪圖區域點選被複製排列的圓→↵，這時回到複製排列視窗。

步驟 4 複製排列基於→之間角度及元素總數

簡單說是等分，例如：360 環狀複製排列，4 等分。

步驟 5 之間角度＝90

步驟 6 總數＝4

步驟 7 軸點，選取

在螢幕點選環狀複製基準＝大圓心，這時回到複製排列視窗。

步驟 8 預覽

可以看出被複製排列結果→↵，完成複製排列。

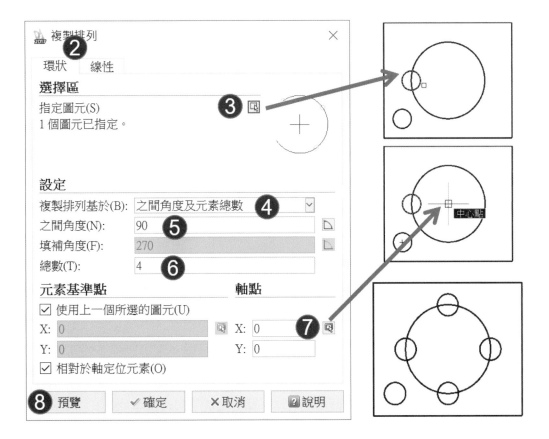

3-7-2 線性複製排列

進行圓的直線複製排列。

步驟 1 輸入 PAT→↵

步驟 2 選擇環狀複製類型→線性

步驟 3 選擇圖元 ▣

於繪圖區域點選被複製排列的圓→↵，回到複製排列視窗。

步驟 4 設定

輸入水平與垂直軸的數量 2

步驟 5 元素間距

設定垂直軸 80、水平軸 100→↵，完成複製排列。

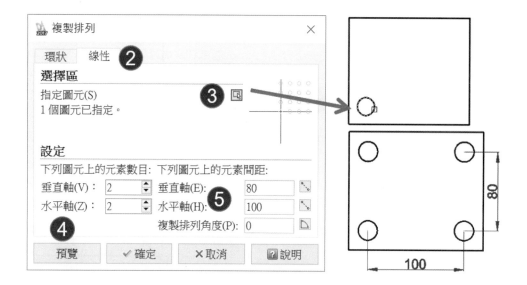

3-8 尺寸標註

尺寸標註重要操作之一，本節介紹常見標註：線性⌀與座標標註⌀，並學會如何修改尺寸屬性。完成本節之前先開啟尺寸標註工具列，在工具列上方右鍵→尺寸。

3-8-1 線性

智慧型⌀標註是常見手法，會發現與 SolidWorks 標註⌀操作相同。

步驟 1 ⌀

該指令可以重複標註。

步驟 2 指定圖元

游標直接點選線段，無論水平、垂直或圓、弧。

換句話說，不是點對點選擇。

步驟 3 指定尺寸線位置

原則放置圖形外。

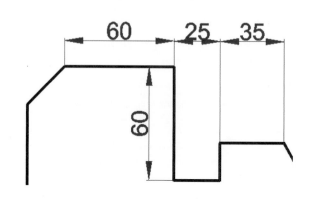

3-8-2 座標

以 0 為基準由引線顯示 X 或 Y 座標值,適合加工圖面。預設絕對座標,且圖形不見得由原點開始繪製,尺寸一定不會是我們要的,先透過座標標註選項,將圖元 P1 設定 0。

本節講解比較簡單的 1. 座標標註完成基準 0→再由連續標註完成。

步驟 1 座標標註

步驟 2 指定基準位置

選擇 P1 為圖形基準位置。

步驟 3 設為零

按下 Z→↵,這時可以見到剛才指定的線段=0,將目前尺寸放置位置。

步驟 4 連續標註

透過連續標註,指定尺寸後,有系統計算相對位置→選擇圖元端點,完成標註。

步驟 5 指定尺寸

接續上步驟,點選 0 尺寸,讓系統計算基準。

步驟 6 指定特徵位置

依序點選圖元端點完成 20、80→↵↵。

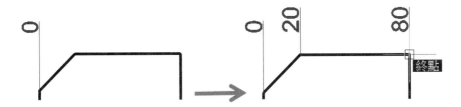

3-8-3 直徑、半徑

將圓、圓弧以直徑或半徑標註。

步驟 1 ⊘或⌒

步驟 2 點選圖元

選擇圓與圓弧,完成直徑或半徑標註。

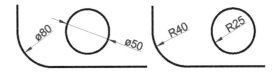

3-8-4 角度

選擇非平行的邊線進行角度標註。

步驟 1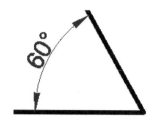

步驟 2 指定圖元

步驟 3 指定第二條線

分別選擇第 1 和第 2 條線，選擇第 2 條線後會出現預覽。

步驟 4 指定尺寸位置

放置角度。

3-8-5 導角

DraftSight 沒有導角標註，必須透過智慧型導線，輸入數值。

步驟 1

步驟 2 指定起點

利用抓取點選斜線中點，也就是箭頭位置，這時會見到導線預覽。

步驟 3 指定下一個頂點

在圖面上指定導線擺放角度→↵。

步驟 4 指定註解寬度：100

步驟 5 指定文字

C20→↵↵，完成導角標註。

3-8-6 尺寸屬性

點選尺寸變更屬性，常用一般、線條與箭頭、文字和公差欄位。

一般		線條與箭頭		文字		公差	
⊜	尺寸標註	⊕	標記	°x	-276.324	ₓₓₓ/ₓₓ	下
▦	1	⊕	2.5	°Y	-87.708	00.00	否
≡	── ByLayer	⊢	開啟	⚓	○ 無	00.00	是
▦	ByLayer Soli	⊣	開啟	且	0.625	0'00"	是
🎨	● ByLayer	≣	── ByBlock	0.00 abc	◇	0 00"	是
⬤		≣	ByBlock	🖋	🌐 ISO-60	‡A	1
▨	ByLayer	≣	○ ByBlock	Α	○ ByBlock	x.xx	無
		↔	封閉填補				

🅐 一般

常用於切換圖層、改變粗細、色彩。

🅑 綜合

常用於切換尺寸樣式標準。

🅒 線條與箭頭

常用於尺寸線、尺寸界線、箭頭設定。

🅓 文字

常用於設定尺寸文字的顏色、位置和高度。

🅔 公差

常用於公差設定，例如：對稱、偏差。

對稱	偏差	限制	基本
10.2	10±0.5	10.2$^{+0.05}_{-0}$	10.5 9.5

3-9 圖塊

將多個圖元聚集一起形成單一圖元，圖塊製作 3 大步驟：1. 繪製圖元→2. 產生圖塊→3. 圖塊定義。本節說明圖塊定義視窗的簡易用法。

3-9-1 產生圖塊

分別將三視圖製作成圖塊。

步驟 1 點選或輸入 B→↵

進入圖塊定義視窗。

步驟 2 在圖面中選擇

框選前視圖圖形→↵，回到圖塊定義視窗。右上角預覽視窗見到，前視圖已經進來。

步驟 3 輸入圖塊名稱

於名稱欄位輸入**前視圖**。

步驟 4 基準點

定義插入圖塊基準。選擇⬚，回到繪圖區域，點選前視圖左下角，選完後系統會自動回到圖塊定義視窗→↵。

步驟 5 在圖面中選擇

回到步驟 2，分別完成右視圖與上視圖圖塊。

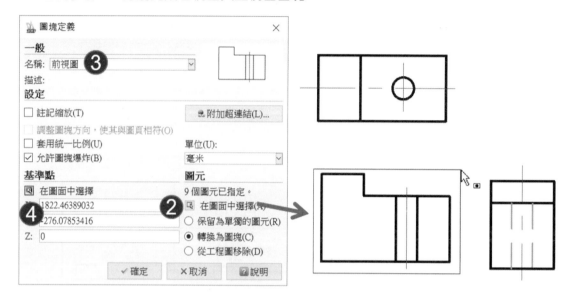

3-9-2 移動圖塊

圖塊具群組性，點選圖塊後可直接拖曳。

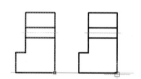

3-9-3 圖塊屬性

點選圖塊，透過左方工作窗格變更比例和旋轉圖塊。

A 比例 ⬚

顯示或設定圖塊 XYZ 相對比例，例如：X、Y、Z＝2 就是放大 2 倍。

B 旋轉圖塊 ⬚

顯示或設定圖塊絕對角度，例如：90 度。

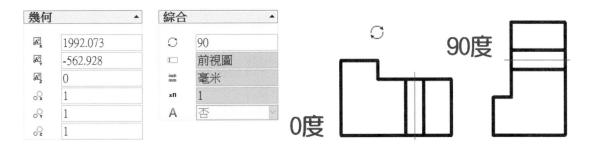

3-10 剖面線（快速鍵 H）

加入剖面線到封閉圖元中，剖面線為剖面視圖必要元素。快點 2 下剖面線，可回到剖面線視窗，該視窗有經過修剪，以利閱讀。

步驟 1 輸入 H→↵進入剖面線/填補視窗

步驟 2 指定點 ⠿

到繪圖區域點選封閉區域 P1，系統會自動計算邊界→↵。

步驟 3 預覽

回到剖面視窗→預覽，看出剖面區域是否正確。

步驟 4 ESC 返回或↵

如果不是你要的，ESC 回到剖面視窗，如果是↵完成剖面。

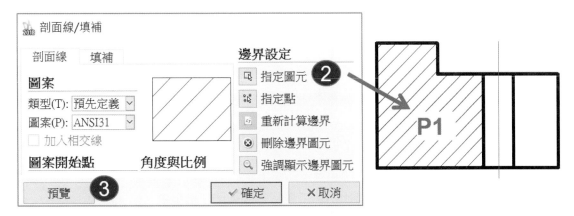

3-11 列印（Print，Ctrl＋P）🖨

將使用中的工程圖列印，指定印表機、紙張大小、幾何方向，以下介紹常用手動設定。

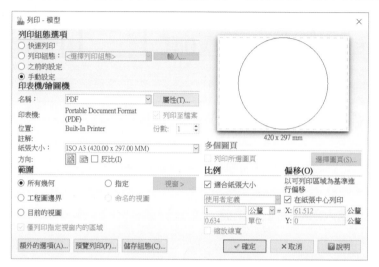

3-11-1 印表機名稱、紙張大小、幾何方向

常用選擇要列印的紙張大小（常用 A4），還可以縱向、橫向列印（箭頭所示）。

印表機/繪圖機

名稱：	SHARP MX-2010U	屬性(T)...
印表機：	SHARP MX-2010U	☐ 列印至檔案
位置：	192.168.0.151	份數：1
註解：		
紙張大小：	A4	
方向：	📄 📄 ☐ 反比(I)	

3-11-2 列印範圍、列印比例

常用指定：到繪圖區域指定列印範圍（箭頭所示），例如：指定 P1、P2。☑適合紙張大小：配合紙張大小，自動以適當比例將工程圖完整列印在紙張中（箭頭所示）。

3-11-3 彩色或黑白列印

很多人問彩色或黑白列印怎麼設定，點選 1. 額外的選項→2. 其他列印選項視窗→3. 展開列印樣式表格。設定無＝彩色，Monochrome＝強制以黑白列印，（箭頭所示）。

3-11-4 預覽列印

查看列印設定的輸出結果，以節省不必要的紙張輸出，下圖右。

3-12 範本檔 DWT

範本副檔名＝DWT。定義環境、參數，讓將來隨時叫出來使用，減少重複規劃。範本建立相當重要，除了個人環境，可成為公司製圖規範，讓同仁使用，本節介紹製作空白範本。

工程圖呈現資訊相當嚴謹，任何線條、尺寸與文字敘述攸關圖面正確性。所以建立尺寸箭頭、文字字型、日期格式必須有一定規範。

範本允許不同類型文件，例如：公制和英制單位範本，讓範本指定路徑組織管理，例如：在選項指定工程圖範本檔案位置。

建立 A4 大小、公制、mm 毫米範本，以利接下來學習更有效率。DWT 範本包含：圖塊、設定系統單位、繪圖邊界、對齊與網格。

3-12-1 指定範本視窗（Drawing Template）

於標準工具列點選 1. 新增→2. 進入指定範本視窗。點選預設範本（*.DWT），這些範本是國家標準，例如：standard.dwt→↵。

如果只是練習畫圖就沒差，用在工作這範本絕對不是你要的，因為有很多還要規劃。

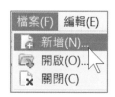

3-12-2 設定 DWT 環境

進行狀態列和建立圖層。狀態列項目設定：1. 開啟圖元抓取、2. 圖元追蹤。建立 4 個圖層，分別為：1. 模型輪廓、2. 中心線、3. 尺寸標註、4. 虛線，圖層先前有說明。

3-12-3 拿預設 DWT 範本來改

DraftSight 預設範本來自國家標準，常用 standardiso 公制或 standardansi 英制。例如：開啟指定 standardiso，更改完後再儲存。

3-12-4 範本包含選項設定

範本除了 DWT 檔案，還會包含選項設定。部分選項設定與指令相通，例如：工程圖邊界選項設定與工程圖邊界指令相通，實務上會先做 1. 選項→2. 再做 DWT 範本。

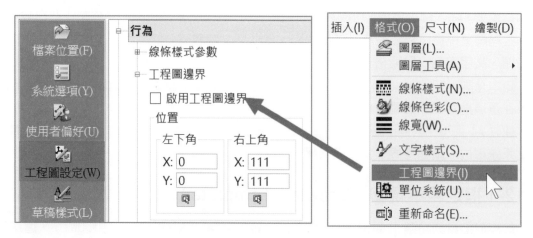

3-13 選項範本設定

　　透過選項 6 大項：檔案路徑、系統選項、工程圖設定…等，進行常用設定與規劃。在繪圖區域右鍵→選項。

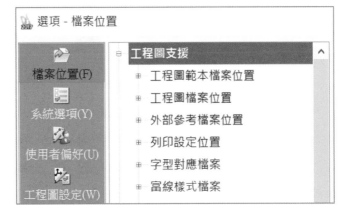

3-13-1 檔案位置

　　就是開啟或儲存路徑，路徑設定後可減少用開啟舊檔找尋檔案時間。

A 工程圖範本檔案位置

　　設定開啟的範本路徑，本次練習將路徑改為桌面。

B 工程圖檔案位置

　　1. 檔案位置→2. 工程圖支援→3. 工程圖檔案位置，快點 2 下路徑，瀏覽工程圖路徑，例如：D:\SolidWorks Publisher (書籍內容)。

3-13-2 系統選項

　　系統選項很多元，本節說明常用：1. 顯示、2. 開啟/另存新檔、3. 自動儲存與備份。

A 顯示

　　螢幕顯示設定。

A1 螢幕選項

　　☑顯示捲軸列，增加繪圖區域。☑使用大圖示，讓 ICON 放大，減少眼睛負擔。

A2 元素色彩

設定模型背景與圖頁背景＝白色（預設為黑色），白色背景的圖形可減少修圖時間。

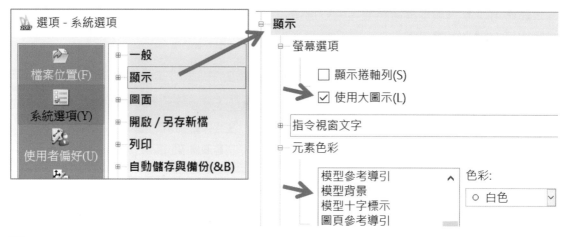

B 開啟/另存新檔

設定預設開啟/儲存檔案的類型以及範本。

B1 預設檔案類型

設定最常開啟的檔案格式＝DWG。設定預設的儲存檔案格式＝R2013。

B2 用於智慧新增的範本檔案名稱

設定最常用的工程圖範本，新增文件時就會開啟該檔案，例如：常用範本在桌面，A4L.DWT。預設 C:\Users\23\AppData\Roaming\DraftSight\17.0.1197\Template。

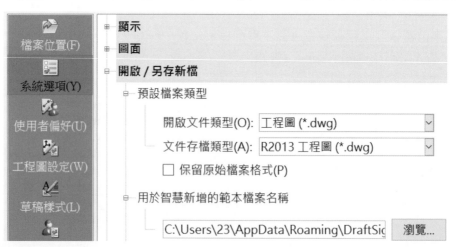

C 自動儲存與備份

定義自動儲存位置與時間。

C1 自動儲存檔案位置

設定自動儲存檔案的資料夾，以防臨時 DraftSight 錯誤，到時還可挽救。

C2 自動儲存/備份

設定自動儲存與備份機制，可設定時間或額外的備份檔案。1. ☑啟用自動儲存、2. 儲存文件，每隔 10 分鐘、3. ☑每次儲存時儲存備份，會產生 BAK 檔案。

3-13-3 使用者偏好

設定繪圖習慣，在草稿選項設定常用設定。

A 草稿選項→指標抓取→圖元抓取（Esnaps）

圖元抓取在繪圖時，可自動選取圖元並提升製圖效率。1. ☑啟用圖元抓取、2. 幾何圖元網格、3. 參考圖元抓取設定。

B 草稿選項→顯示→圖元追蹤

繪圖過程進行圖元追蹤導引，類似 SolidWorks 推斷提示線。

C 草稿選項→顯示→網格設定

設定網格間距，我們設定水平與垂直各為 10。

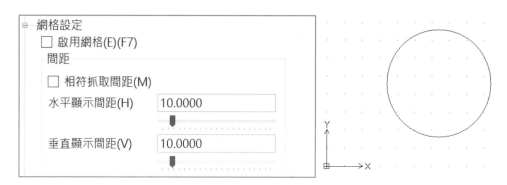

3-13-4 工程圖設定

設定尺寸行為與工程圖邊界。

A 啟用相對尺寸

拖曳圖元，尺寸會跟著改變，可以不必重新標尺寸。

B 工程圖邊界

啟用工程圖邊界，讓工程圖於指定的大小中畫圖，例如：A4 橫的圖頁範圍＝左下角（0，0），右上角（297，210），練習就不必設定工程圖邊界。

3-13-5 草稿樣式

認識草稿樣式的文字、尺寸、複線和表格設定。本節輕鬆看待，展開可以看到預設樣式，這裡只能看不能改變，要了解坦白說蠻累的，下圖左。

3-13-6 設定檔

將先前的設定透過新增儲存起來，讓未來可以使用，下圖右。

3-14 練習題

本節舉常見圖形，前面有步驟比較簡單，後面沒步驟是讓看完這本書後練習的題目。

3-14-1 無角度

手寫座標不靠電腦，寫完後上機輸入座標驗證圖形對不對，這題難度在@-負值。

步驟 1 P1（10,10）

步驟 2 P2（@100<0）

步驟 3 P3（@20<90）

步驟 4 P4（@-40,50）

步驟 5 P5（@-60,-40）

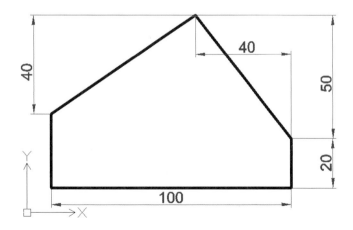

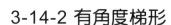

3-14-2 有角度梯形

角度線段輸入相對座標@<，例如：@10<90，完成以下圖形。

步驟 1 指定起點 P1：10,10

步驟 2 指定下一點 P2：@100<0→↵

步驟 3 指定下一點 P3：@60<45→↵

步驟 4 指定下一點 P4：@-100<0→↵

步驟 5 C 封閉圖形

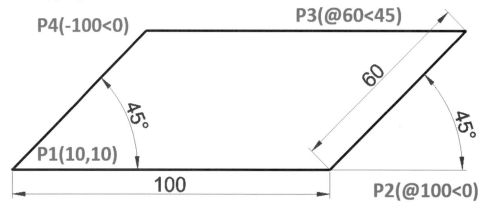

3-14-3 負值三角形

負值角度定義還有點難，關鍵在於起始角度定義以及負負得正的角度值。

步驟 1 指定起點 P1：10,10→↵

步驟 2 指定下一點 P2：@100<0→↵

步驟 3 指定下一點 P3：@-70<-30→↵

步驟 4 C 封閉圖形

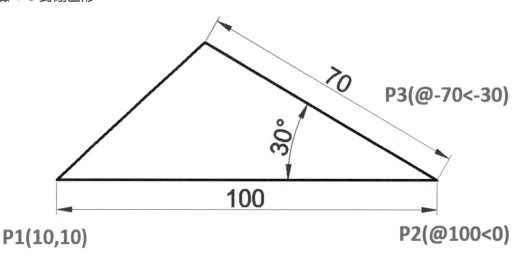

3-14-4 角度定義

基準線 X 軸是角度換算，@是關鍵。預設角度以 X 軸正向 0 度，逆時針方向旋轉，例如：P1 為<30。若要反向 30 度<-30，例如：@-70<-30。

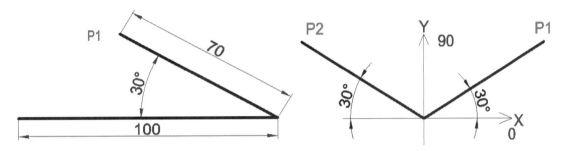

3-14-5 負值角度梯形

P1～P4 完成梯形，這題有兩個角度，故意由繪圖順序讓圖形有負值。

其中 P3～P4 長度 70。

角度 135 是由-45 度計算而來。

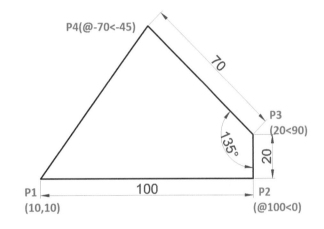

3-14-6 正角度梯形練習

完成梯形練習，故意繪圖順序讓圖形有兩個正角度。

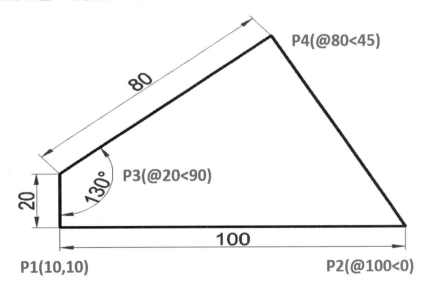

3-14-7 旋轉直線角度

將直線旋轉完成角度。角度除了換算，很多人旋轉直線來取得角度，因為這樣比較快呀，就不必計算補角。本節先完成旋轉 2 條線段，再水平線連接。

步驟 1 指定起點 P1，繪製 80 直線到 P2

直線繪製完成連按↵↵。80 只是超過 60 高度，你要畫 100 也可以。

P1 ━━━━━━━━━━━━━━━P2

步驟 2 旋轉直線

輸入 RO（旋轉指令），將該直線旋轉 45 度。

步驟 2-1 指定圖元

選擇直線→↵。

步驟 2-2 指定樞紐點

選擇 P1 作為旋轉中心。

步驟 2-3 指定旋轉角度

輸入 45 度，這時會結束指令。

步驟 3 繪製 100 水平直線 L，下圖左

步驟 4 複製斜線

以下步驟透過 CTRL＋C→CRTL＋V。

步驟 4-1 點選 L1 線段 CTRL＋C

步驟 4-2 CTRL＋V 以後，點選 P2 位置完成 45 度線段放置

步驟 5 複製下方直線到上方，自行完成，下圖右

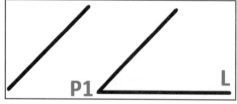

3-14-8 移動直線

透過移動完成有角度的圖形。

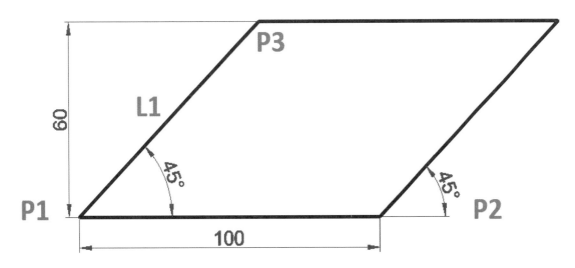

步驟 1 指定起點 P1

繪製直線過程，任選一點為 P1 起始點。

步驟 2 P1 繪製 45 度直線到 P2

直線指令 @80<45，其中 80 只是超過 60 高度而已。

步驟 3 由 P1 繪製 100 線段到 P3

@100<0。

步驟 4 複製 L1 到 P3

點選 L1 線段 CTRL＋C→CTRL＋V→點選 P3 端點。

步驟 5 完成 60 高度直線

該直線可以大量運用滑鼠來完成，不見得一定要透過指令。

步驟 5-1 點選長度 100 直線 CTRL＋C→CTRL＋V

步驟 5-2 指定目的地

將游標置於 100 線段上方，輸入 60↵，這時線段放置在上方 60 位置。

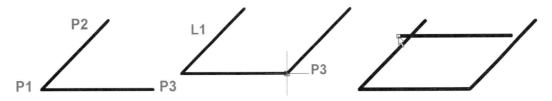

步驟 5-3 連接直線

　　拖曳端點來移動圖元並連接完成，例如：M1 端點移動到 M2 位置。必須關閉正交來移動圖元並連接，也可以利用修剪完成圖形。

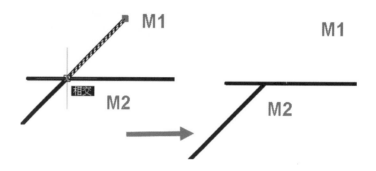

3-14-9 圓形、3-14-10 狹槽板

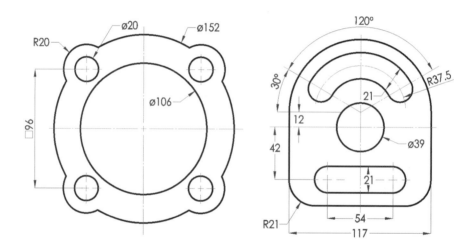

DraftSight 環境與設定

學軟體要先認識環境，環境不只介面，更包含基本操作與術語認識。看起來很簡單，不過很少人重視，學軟體和看書一樣，先閱讀大綱再閱讀章節。

不要急，先對介面認知後再回來畫圖，對進階操作更有效率。環境介面更勝指令認識，千萬別小看，甚至環境介面就是解決方案。

別忽略 Windows 作業，DraftSight 90％是 Windows 作業。試想你是軟體開發者，要改變使用者習慣，還是沿用原本微軟就已經規劃好且持續多年習慣。

本章除了 6 大繪圖區域，還包含：1. 模型與圖頁空間、2. 指令視窗、3. 圖元顯示（繪製點）、4. 電腦與滑鼠環境設定、5. 語言介面...等，算是進入 DraftSight 前哨站。

4-1 繪圖區域（**Graphics Area**）

繪圖區是最大且最常用位置，呈現模型或工程圖地方，預設背景黑色。本區包含 2 大項目：1. 座標系統、2. 模型、圖頁標籤。

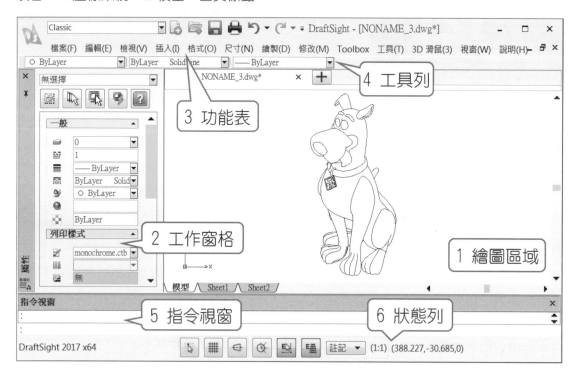

4-1-1 座標系統

以直角座標 XY 平面為主，位於繪圖區域左下角。座標軸 XYZ，每軸相交於原點 0，箭頭為正向。座標符號是繪圖視覺參考，座標系統圖示不會被列印。

WCS 原點方塊，UCS 加號＋，下圖左。2D 或 3D 座標符號，下圖右。

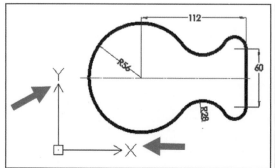 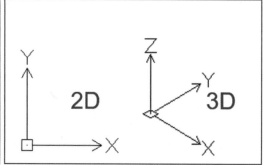

4-1-2 模型和圖頁空間

提供 2 種工作環境：1. 模型、2. 圖頁，又稱**模型空間**或**圖紙空間**。新版 DraftSight 不以標籤型式，改以按鈕方式呈現，下圖左。右邊為以前的型式。

模型和圖頁空間不易說明，本章後方有詳盡解說。

4-1-3 水平或垂直捲軸

圖面大於繪圖區域時，捲動顯示調整，不進行比例縮放。

捲軸常被滑鼠中鍵取代所以不常用，除非是大型圖面，由捲軸檢視可提升效率。

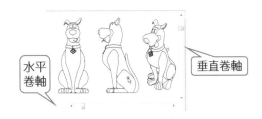

4-2 工作窗格

工作窗格位於繪圖區域左邊，存取 DraftSight 資源、屬性或整合中心。標題上右鍵增加標籤，例如：屬性、首頁、工具矩陣、參考、光源。

實務上，會留下**屬性**和**工具矩陣**標籤，讓工作窗格發揮功效（箭頭所示）。

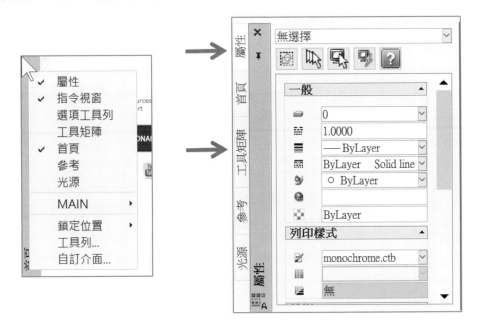

4-2-1 工作窗格與工具列

並非每個項目都是工作窗格管轄，只有 5 種：1. 屬性、2. 首頁、3. 工具矩陣、4. 參考、5. 光源（箭頭所示），其餘為工具列。

換句話說，在工作窗格右鍵與工具列上右鍵內容相同，下圖右。

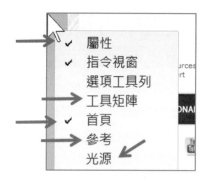 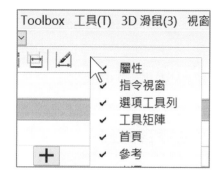

4-2-2 開啟或關閉窗格

關閉工作窗格讓繪圖區域變大，強烈建議使用 Ctrl+1。有 5 種方式：1. Ctrl+1、2. 關閉✗、3. 浮動、4. 輸入指令 HideProperties、5. 在保持顯示圖示上右鍵➔自動隱藏。

 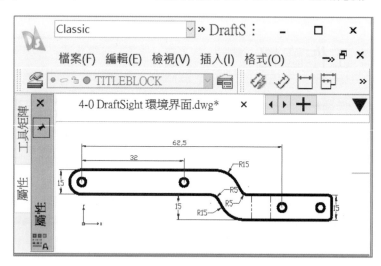

4-2-3 固定於右側

預設窗格於左邊，可以將窗格擺放到理想區域方便對照，例如：使用雙螢幕，左邊 DraftSight、右邊 SolidWorks，這時工作窗格在右邊比較理想。

視窗左側是大眾習慣，想挑戰就放置於右邊試試，說不定從此改變這習慣。

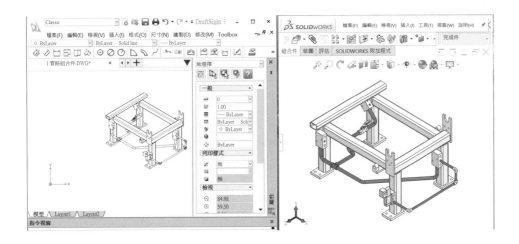

4-2-4 工作窗格位置

有 3 種方式調整工作窗格位置：1. 拖曳標題、2. 快點 2 下標題、3. 右鍵→鎖定位置。

4-2-5 調整窗格大小

拖曳窗格調整繪圖區域大小，調整過程可感受最小位置，也是標準位置。

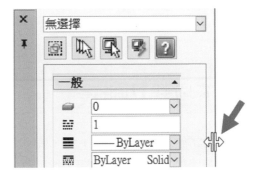

4-2-6 自動隱藏屬性調色盤

游標離開調色盤後可自動收折，靠近左邊灰色條狀會自動展開，下圖左。點選箭頭可收折欄位，下圖右。

4-2-7 首頁標籤

顯示最新消息，點選連結可以到 DraftSight 官方網站查看更多訊息，下圖左。實務上，為節省空間或簡潔環境，會把首頁關掉。

4-2-8 屬性標籤

又稱屬性管理員，所選物件的屬性，可快速查閱或修改圖元，使用率高相當受使用者歡迎，下圖右。屬性窗格不易說明，本章有詳盡解說。

要開啟屬性標籤有 2 種方式：1. CTRL＋1、2. 工具→屬性，快速鍵比較直覺。

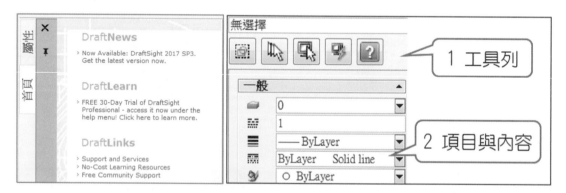

4-3 下拉式功能表

簡稱功能表，於螢幕最上方，90％指令在功能表中，指令位置不因版本或語言有所改變。顧名思義採傳統往下展開，以微軟定義位置最多 3 層：1. 檢視→2. 移動→3. 動態。

　　功能表最大好處條理分明，初學者快速辨別指令方向。很多人以為一開始要認識工具列指令，這是不對的，因為工具列是給環境認識後，步入主題學習用。

　　功能表要一層層進入才可選到指令，有些指令沒有 ICON，也只好由功能表找尋。

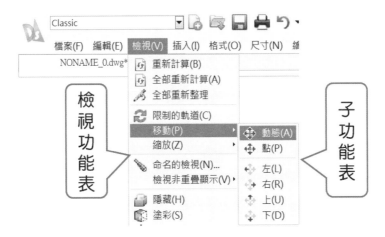

4-3-1 傳統與功能區介面

　　自 2017 以後，預設 RIBBON 介面（Drafting and Annotation），也可以切為傳統（Classic）下拉式功能表。

　　功能區介面讓指令更容易尋找，取代傳統功能表列和工具列。很多人習慣傳統介面，好家在可切換為 Classic，下回開啟 DraftSight 不必重新切換呦。

4-3-2 通則與 Windows 相同

　　大部分與 Windows 相同，不增加學習困擾，例如：檔案、編輯功能表。

檔案(F)　編輯(E)　檢視(V)　插入(I)　格式(O)

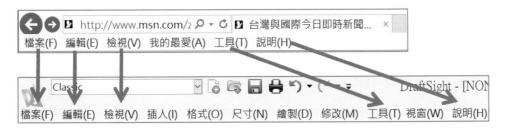

4-3-3 快速鍵 ALT

ALT 加速點選功能表。功能表旁字母就是快速鍵，例如：工具（T），快速鍵 ALT＋T。，當功能表展開過程輸入 Q，例如：ALT+V→Q，可以點選**查詢**並展開子選項。

4-3-4 功能表子項目

指令旁黑色箭頭表示有相關選項（又稱子功能表）：**查詢**選項有：計算面積（A）、計算距離（D）…等。

承上節，ALT+V→Q→D，可迅速執行**計算距離**。

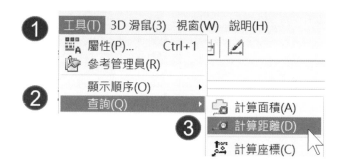

4-3-5 開啟視窗...

指令尾端…表示開啟視窗，例如：插入→圖塊…，可以見到插入圖塊視窗。

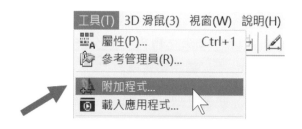

4-3-6 每個功能表快速領讀

每個項目都是下拉選單，將滑鼠移到項目上點選，系統會自動向下展開，例如：點選檢視→可見到檢視下的指令。ESC 或在畫面點一下都可取消展開功能表。

A 檔案

檔案管理一定用得到。例如：開啟檔案、儲存、列印、輸出。

B 編輯

行政作業。物件的復原、剪下、複製、貼上和刪除。

C 檢視

和看有關。重新繪製、拉近、拉遠、局部放大、重疊顯示。

D 插入

加入物件。插入圖塊、超連結、參考影像。

E 格式

定義物件屬性。圖層、線條樣式、…樣式和單位。

F 尺寸

尺寸標註。

G 繪製（萬物之始）

圖元繪製。直線、矩形、圓、弧、不規則曲線、表格、文字。

H 修改

圖畫完了要修改圖元與註記修改。鏡射、複製排列、導角、移動、延伸、爆炸。

I ToolBOX 工具箱

市購件的圖形、符號與表格。

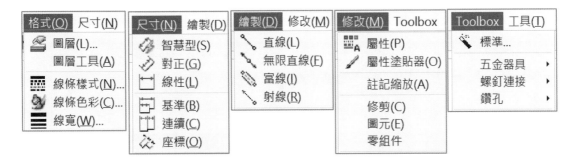

J 工具

一些雜七雜八的東西。這部分要常用才會想到在這裡有東西。

K 3D 滑鼠視窗

DraftSight 支援 3D 滑鼠的搭配，可以進行設定。

L 視窗

視窗排列。關閉、全部關閉、非重疊顯示。

M 說明

線上教學與版本查詢。

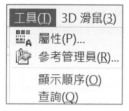

4-4 工具列

工具列是 Icon 集中處，最常用的位置與操作，有別於下拉式功能表，不必一層層選擇。不是每個指令都有 Icon，沒有 Icon 不會在工具列，沒 Icon 指令分布在：1.功能表、2.指令視窗、3.滑鼠右鍵快顯視窗。

4-4-1 工具指令提示

滑鼠移到圖示上，系統顯示該指令文字，會在狀態列看到指令使用說明與指令名稱。

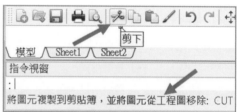

4-4-2 新增/移除工具列

工具列上右鍵，有 2 個地方新增或移除工具列：1.MAIN、2.工具列。

A 單次新增/移除工具列，MAIN

點選工具列項目，單次新增或移除工具列，下圖左。

B 大量新增/移除工具列，工具列

進入指定工具列視窗，大量☑新增或☐移除工具列，下圖右。

4-4-3 移動/關閉工具列

拖曳工具列左邊▦圖示→游標會出現移動✛符號，工具列會被移動放置到你要的位置。當工具列浮動，於工具列右上角關閉✕工具列。

4-4-4 鎖定位置

將繪圖區域的工具列進行浮動或固定。在工具列上右鍵→**鎖定位置**，進行浮動或固定工具列。換句話說，工具列在上方工具列區域中，無論選擇浮動或固定都沒效果。

理論上浮動＝移動工具列，不過指令好像相反，例如：浮動＝無法移動工具列、固定＝移動工具列。本項功能給進階者用，讓工具列保持位置，避免游標快速拖曳到工具列並改變位置，到時又要移回來的不便。

當浮動工具列無法移動，很多人不知道且很困擾，常問工具列如何移動。這時設定為固定工具列。差別在工具列左方有沒有粗度手把 ▦▦▦▦▦✕（箭頭所示）。

浮動工具列　　　　　固定工具列

4-4-5 工具列排列

　　將工具列擺放到右邊（上方不擺放工具列），24 吋寬螢幕上下邊窄，比較沒有視覺壓迫感。建議不要放左側，因為離右手滑鼠很遠。

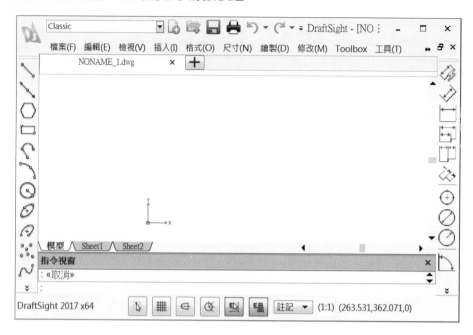

4-4-6 工具矩陣

　　集中放置工具列，節省工具列排列增加繪圖區域。通常不會把常用的修改、繪製、尺寸標註工具列加進來，畢竟指令以橫向排列比較好識別。

　　於工作窗格左側標籤 1. 右鍵→2. 工作矩陣（工具矩陣開啟）→3 工具列加入矩陣中。

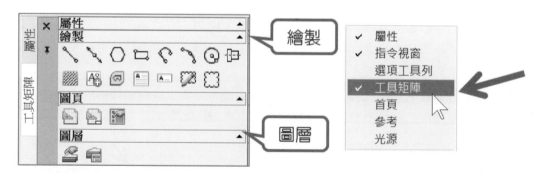

Ａ 加入工具列

　　將工具列拖曳至**工作矩陣**即可（箭頭所示）。不過要留意工具列不能有任何設定，否則無法拖拖曳工具列至**工具矩陣**。

B 工具列標題

展開/摺疊工具列標題可以使用或收納,下圖左。

C 工具列標題順序

拖曳工具列標題可進行順序排列,下圖右。

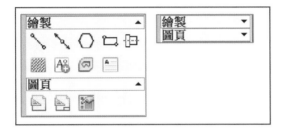
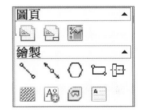

4-5 指令視窗（Command Window）

又稱訊息列位於底部,提供輸入指令與繪圖溝通。可追溯指令紀錄及提示進一步訊息,例如:快速鍵 C 或點選⊙,會出現完整指令和選項。

預設顯示 3 行,如果要更多範圍,上下拖曳分隔棒⇕,改變窗格大小。該視窗可以嵌入（預設）或浮動,下圖右。

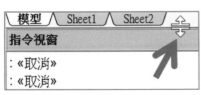
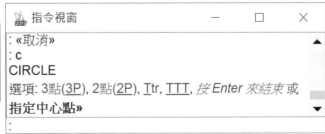

4-5-1 獨立指令視窗

按 F2 顯示或關閉視窗,拖曳調整視窗大小、位置、吸附視窗角落。獨立視窗可抬頭操作(有些人不喜歡低頭作業),或把視窗置於另一個螢幕,加大主螢幕繪圖區域。

4-5-2 關閉/顯示指令視窗

點選指令視窗右上角 X,系統出現提示,按下 Ctrl+9 會再顯示指令視窗。

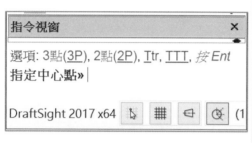
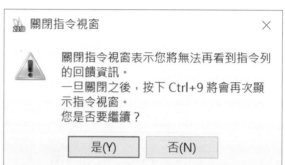

4-5-3 放回視窗下方

拖曳下方指令視窗標題,浮動指令視窗。快點 2 下指令視窗,復原位置。很多人不小心把指令視窗變成浮動,想用拖曳置螢幕下方,卻無法吸附,本節可以解決。

4-5-4 指令選項輸入

選項提供方法,例如:圓選項包含:3 點(3P),2 點(2P)...或指定中心點。輸入()內的提示例如:3 點(3P),輸入 3P 就是 3 點畫圓(箭頭所示)。

4-5-5 尾端說明就是預設

指定中心點，位於圓指令尾端，就是圓指令預設，可直接在圖面上點選指定中心點。

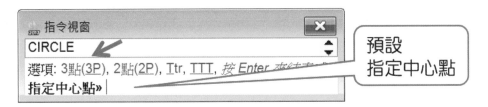

4-5-6 預設參數

指令記憶先前設定，指令過程可得知先前設定作為參考，可避免**重複**出現不要的預設值，造成使用不便，例如：Richline 指令可見到預設參數。

4-5-7 輸入數值

有些指令需要輸入數值來定義圖元大小，例如：圓指令的直徑（D）或指定半徑，因為指令半徑在指令尾端，輸入 30 就是半徑 30。可點選當作範圍完成圓，不需輸入半徑。

4-5-8 歷史紀錄（CommandHistory）

透過滑鼠滾輪捲動查詢指令作業過程歷史紀錄。

4-5-9 上、下鍵查詢指令

用鍵盤上下查詢之前使用過的指令（箭頭所示）。

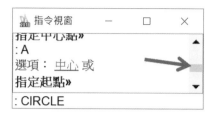

4-5-10 指令視窗選項

在指令視窗右鍵快顯功能表可以見到複製功能、**選項、草稿選項**。複製可用 CTRL＋C→CTRL＋V 完成（方框所示），下圖左。選項與繪圖區域右鍵相同，下圖右。

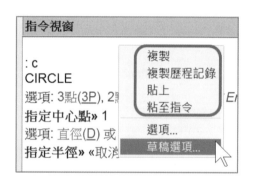
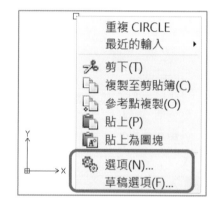

4-5-11 指令視窗＝SolidWorks 屬性

DraftSight 由指令視窗交談，而 SolidWorks 透過左邊屬性進行，例如：伸長填料過程，由選項交談。

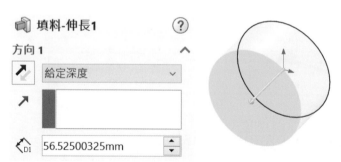

4-6 狀態列（**Status Bar**）

狀態列在視窗最下方，顯示所選物件的相關資訊，分成 3 個區域：1. 工具提示、2. 製圖工具、3. 座標顯示，雖然不起眼，但若善用將會得到意想不到效果。

4-6-1 工具提示（Tool Tip Display）

工具提示於狀態列左邊，顯示指令敘述與指令名稱。當游標移到工具列指令圖示或功能表指令會顯示指令敘述。

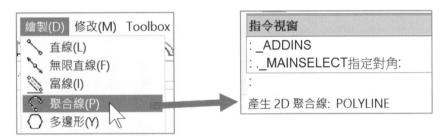

4-6-2 製圖工具（Draft Tools）

製圖工具於狀態列中間為切換開關，可在指令啟用下使用，可說是透明工具，提升製圖效率、速度與準確度。

製圖工具分別為：**抓取**（F9）、**網格**（F7）、**正交**（F8）、**極性**（F10）、**圖元抓取**（F3）和（F11）。

製圖工具早期文字後來圖示呈現也有快速鍵，不過順序有點亂，希望改進。

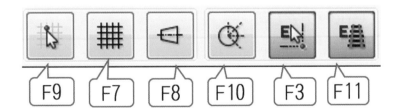

4-6-3 目前座標顯示（Current Cooriinate Display）

顯示絕對（Absolute）或相對（Relative）座標值，預設絕對座標。例如：直線過程，在座標顯示上按右鍵，切換**絕對座標**或**相對座標**。

A 絕對座標顯示

絕對座標為對原點座標，例如：X、Y、Z（55,10,0）或距離＜角度（75<45）。

B 相對座標顯示

承上節相對座標要在數字輸入@，指定相對距離或角度。相對符號應該為△＝Delta，因為鍵盤不好輸入，@比較容易輸入。例如：@30,60、@75<45。

4-6-4 抓取（Snap，F9）

抓取網格位置，又稱**網格抓取**。游標只選擇網格上的點，滑鼠手感類似一格格，屬於精確選擇。無論是否有顯示網格，都可啟用抓取指令。

在右鍵，進行網格抓取開啟、極性抓取開啟、關閉，關閉抓取、設定...。很少人在這選擇，除非點選**設定**...→進入抓取選項。

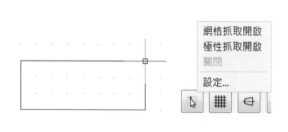
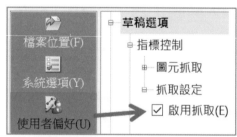

4-6-5 網格（Grid，F7）

顯示與關閉網格顯示，網格間距預設相等。DraftSight以點為網格顯示，使圖元相對比例、距離、角度看的清楚。如果圖面太大，網格太密無法顯示，網格是繪圖輔助工具不是圖元，不會被列印出來。

在右鍵進行網格抓取開啟、關閉、設定..，很少人在這選擇，除非點選**設定**...→進入**網格設定**選項。

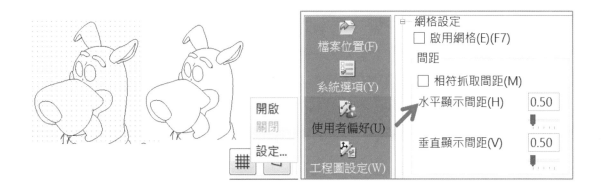

4-6-6 正交（Orthogonal，Ortho，F8）⊣

限制游標水平或垂直移動，類似丁字尺與三角板。例如：直線繪製過程水平或垂直放置更為容易，即使游標有點偏，不會畫成傾斜的。尤其圖形在視圖投影位置，上下左右移動圖形，可以更容易且穩定。

正交必須在圖元啟用下，否則游標會自由移動。畫圖過程 Shift 可臨時使用正交，這招很好用。在 ⊣ 右鍵，進行開啟、關閉、設定..。

4-6-7 極性（Polar，F10）⏰

繪圖過程正交提示抓取圖元，例如：已繪製直線，繼續繪製過程，系統提示與上一圖元的水平或垂直虛線，類似 SolidWorks **推斷提示線**，**極性**與正交不能同時使用。

A 設定

在 ⏰ 右鍵，進行網格抓取開啟、關閉、設定..，進入**極性導引**設定，通常會在選項定義角度，例如：45 度極性導引。

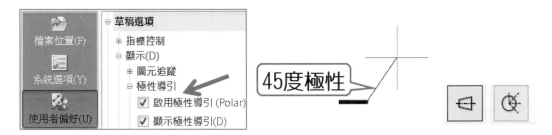

4-6-8 圖元抓取（Esnap，F3）

畫圖過程容易抓取圖形元，抓取顯示的符號並非實際圖元，而是繪圖參考。例如：繪製直線過程，游標於圓上方時，圖元抓取會提示抓取名稱並顯示符號，四分之一點。

在右鍵，進行**圖元抓取**開啟、關閉、設定...。很少人在這選擇，除非點選**設定...** → 進入**圖元抓取**選項。

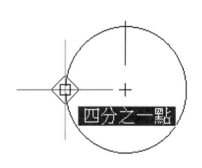 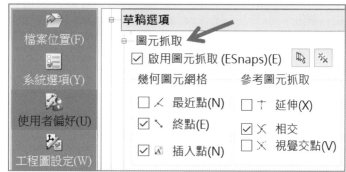

4-6-9 圖元追蹤（Etrack，F11）

畫圖過程顯示虛線追蹤。例如：繪製直線後，系統會引導與上一圖元精確位置和角度，類似 SolidWorks 推斷提示線（箭頭所示）。圖元追蹤與圖元抓取要同時開啟。

在右鍵，進行**圖元追蹤**開啟、關閉、設定...。很少人在這選擇，除非點選**設定...** → 進入**圖元抓取**選項。

Ⓐ 圖元追蹤與極性差別

圖元追蹤，圖元抓取的導引極性，僅提示上一圖元的導引。

4-7 模型和圖頁空間

繪圖區域切換 2 種工作環境，分別為：1. 模型（Model）、2. 圖頁（Sheet）。預設 3 個標籤，分別為：**模型**、Sheet1、Sheet2。

模型與**圖頁空間**很多人搞不清楚，之間最大差別在於關聯性，**模型空間**是源頭，會影響圖頁；反之更改**圖頁空間**，原則不影響**模型空間**內圖形。

4-7-1 模型（Model）

模型空間為設計圖面，也是最常用地方，透過 1:1 完成 2D 或 3D 模型繪製。模型空間有許多唯一，1 個工程圖檔案 1 個模型標籤，無法刪除、新增、移動、複製與重新命名。

4-7-2 圖頁（Sheet）

圖頁＝圖紙空間，可多元表達模型狀態，1 個 DWG 檔案可擁有多張圖頁。常用於比對圖面、不同圖頁比例、局部且獨立放大區域、配置視角…等。

預設有 2 個圖頁：Sheet1、Sheet2，有些軟體稱為 Layout 或配置。範本可預設只有 1 個圖頁標籤。

實務上很少用到圖頁，皆由模型空間放置大量圖形，並儲存於 1 個 DWG 檔案中。而非 1 個零件 1 個圖頁，或是 1 個零件一個檔案。

A 圖頁標籤組成

1. 圖紙大小，虛線顯示、2. 繪圖區域，也是列印區域、3. 座標系統，三角形圖示和先前所建的 UCS 圖示不同、4. 可列印區域，虛線、5. 圖頁背景，灰色用來襯托圖紙大小。

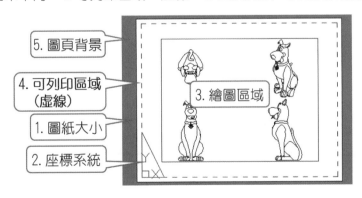

5. 圖頁背景
4. 可列印區域（虛線）
1. 圖紙大小
2. 座標系統
3. 繪圖區域

4-7-3 編輯圖頁

啟動繪圖區域進行編輯,會影響模型空間圖形。快點 2 下繪圖區域,這時有黑色邊框,畫圓或尺寸標註會帶到模型空間。

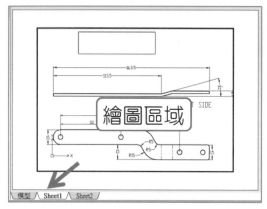
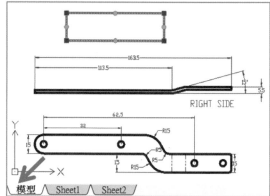

4-7-4 圖頁選項

於指令視窗輸入 Sheet 或標籤右鍵進入選項:新增、複製、刪除、重新命名…等作業,後續分節說明。也希望選項指令後方有快速鍵可以按,就不必用游標點選。

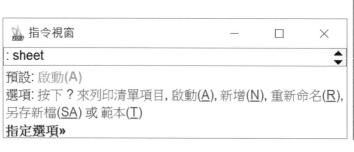

4-7-5 圖頁選項－新增

產生新圖頁,系統會自動命名為 Sheet3,一次僅新增一個,例如:圖頁 1。圖頁名稱必須不同,最多可建立 255 張圖頁,下圖左。

自 DraftSight 2018,在圖頁右方按下＋比較直覺。

4-7-6 圖頁選項－從範本

從檔案指定範本視窗,選擇 DWT 範本成為新圖頁標準,下圖右。

4-7-7 圖頁選項 – 刪除

將不要的圖頁刪除，可以重新製作。設計過程經常**新增圖頁**作為草稿，有些人會把設計紀錄保留，或是覺得不需要的就刪除圖頁，下圖左。

刪除過程會出現**確認視窗**，不過無法完全刪除圖頁，1 個檔案必須包含 1 **個模型**與 1 **個圖頁**標籤。

4-7-8 圖頁選項 – 重新命名

由重新命名視窗，輸入新圖頁名稱，例如：123。也可以在標籤上快點 2 下更改圖頁名稱，下圖右。

4-7-9 圖頁選項 – 移動或複製

調整圖頁順序，在**移動/複製視窗**下，可同時移動和複製圖頁。本視窗適合跳躍移動圖頁，對於圖頁前後移動，用拖曳比較直覺與常用，例如：點選**圖頁** 1 向前移動至 sheet2 位置。使用本功能不需**啟用圖頁**，更直覺與快速。

🅐 移動圖頁

1. 游標在圖頁 1 上右鍵→2. 點選移動複製，進入視窗→3. 點選 Sheet1→4. ↵，可以見到圖頁 1 被移動到在 Sheet1 左邊。記得要☐**複製圖頁**（箭頭所示）。

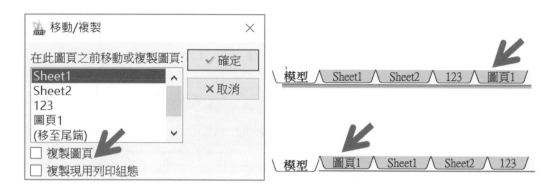

B 移至尾端

將所選圖頁移動至最後一圖頁位置,對於大量圖頁不必用拖曳方式移動到後方。

C 複製圖頁

將所選圖頁複製,常用在複製後修改成另一份圖頁,功能與**另存新檔**相同。複製後的圖頁名稱會(2),例如:圖頁1(2)。

D 複製現用列印組態

複製圖頁過程連同列印組態一起複製。

4-7-10 圖頁選項 – 啟動前一圖頁

啟用先前所使用的圖頁,而非排序順序,例如:先前使用 sheet2,目前為 sheet4,啟動前一圖頁會啟用 sheet2,而非 sheet3。

4-7-11 圖頁選項 – 啟動模型標籤

適用於多圖頁不想捲動圖頁捲軸時,直接點選模型標籤。

4-7-12 圖頁選項 – 列印組態管理員

進入列印組態管理員視窗,下圖左。

4-7-13 圖頁選項 – 列印

進入列印視窗進行目前**圖頁**列印,下圖右。

4-7-14 圖頁選項－隱藏圖頁與模型標籤

同時隱藏圖頁與模型標籤。隱藏標籤可讓繪圖區域加大，該設定會在下方多了模型與圖頁按鈕，來分別切換（箭頭所示），下圖左。

4-7-15 圖頁選項－顯示圖頁與模型標籤

模型與圖頁標籤的按鈕上方 1. 右鍵→2. 顯示圖頁與模型標籤，將模型與圖頁標籤顯示於繪圖區域中，下圖右。

4-8 屬性標籤解說

屬性標籤又稱屬性管理員，所選物件的屬性，可快速查閱或修改圖元，使用率高，相當受使用者歡迎，本節說明屬性介面操作。

屬性介面分 2 大項：1. 工具列、2. 項目與內容。

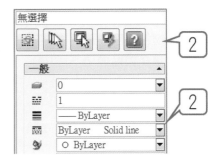

屬性工具列用來顯示選擇項目或選擇功能設定，而**智慧選擇**篇幅過大，於下一章介紹（箭頭所示）。

點選每個物件系統自動出現不同屬性欄位，這部分於指令過程同時介紹比較好，例如：點選圓或圖塊，會出現屬性欄位不同，這些屬性項目過多，介紹會過於冗長且不直覺。

屬性管理員在繪圖過程會嚴重依賴，還好蠻直覺也好認識，例如：游標在圖示上方會顯示欄位名稱，不用擔心學不會，只要輕鬆閱讀即可。

4-8-1 點選物件

點選物件會自動對應該屬性內容，例如：圓或圖塊屬性不同。

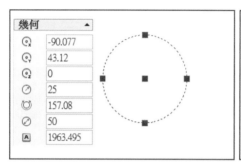

4-8-2 手動進入屬性

有 2 種手動方式進入屬性窗格：1. 點選物件→右鍵屬性、2. 標準工具列點選。很麻煩不常用，知道就好，因為系統會自動對應並顯示屬性。

4-8-3 自動顯示對應屬性欄位

點選物件會自動跳到對應屬性欄位。例如：點選圓會對應到**幾何**，下圖左、點選尺寸會對應到**線條與箭頭**，下圖中。

不過選擇多個會出現一般，並出現*變化*（箭頭所示），下圖右。

4-8-4 只顯示圖示、標籤或圖示與標籤

設定欄位顯示，通常會將圖示與標籤（文字）同時顯示。屬性欄位上右鍵：1.顯示圖示、2.顯示標籤、3.顯示圖示及標籤。

建議切換為顯示圖示及標籤，比較容易識別，除非螢幕太小，或是很熟 DraftSight，這時就**僅顯示圖示**。

4-8-5 屬性工具列－顯示選擇項目

顯示選擇物件名稱與數量，例如：選擇 1 個圓、點選尺寸。點選繪圖區域會得到**無法顯示**，下圖右。

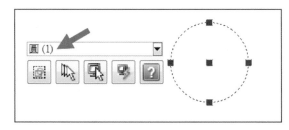 

4-8-6 圖元群組選擇

是否選擇被**圖元群組**的圖元。圖元群組類似圖塊，於工具→圖元群組→快速群組製作出，例如：將小圓和圓弧成為圖元群組，整個會被選擇，下圖左。

由於按鈕為切換顯示，不容易識別，很難看出目前啟用指令是哪一個。

A 啟用圖元群組選擇 🔲

點選被群組的圖元加速選擇。例如：系統同時點選到小圓和大圓弧，並出現灰色虛線框（箭頭所示）。

B 停用圖元群組選擇 🔲

可以點選被群組其中圖元，適合不希望點選整個群組，例如：點選到小圓。

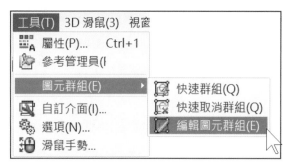
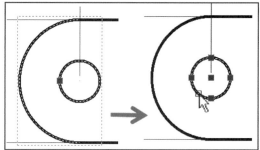

4-8-7 加入/取代目前的選擇組 🔲 🔲

執行單選🔲或複選🔲作業，預設為複選。

A 加入目前的選擇組 🔲

點選下一個圖元，上一個會取消選擇。例如：左邊圓選完→選右邊圓，左邊圓會被取消選擇。按 SHIFT 可臨時複選，下圖左。

B 取代目前的選擇組 🔲

執行複選，下圖右。

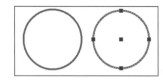
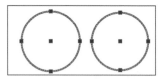

4-8-8 選擇圖元（Pselect）🔲

進行進階選擇圖元，使用過程輸入？，可以帶出選項。

步驟 1 指定圖元»?

步驟 2 指定一個點或視窗(W)，最後一個(L)，交錯(C)，單一(SI)...等。

4-8-9 屬性項目分類

屬性項目分為 3 大類：1. 預設屬性、2. 物件屬性、3. 共同屬性。

A 僅顯示屬性

未選擇物件屬性項目，藍色欄位只能看無法更改屬性，例如：圓的檢視項目只能看。

B 物件屬性

點選物件可直覺看出並更改所有屬性，例如：點選圓，會出現**幾何**屬性項目，尺寸標註會隨之更改，可減少編輯與量測作業，下圖左。

C 共同屬性

同時選擇超過 1 個以上物件，屬性窗格會顯示共同屬性。例如：點選圓和尺寸標註，其共同屬性為**一般**，且欄位會出現<<變化>>無法正確顯示（箭頭所示），下圖右。

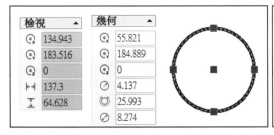 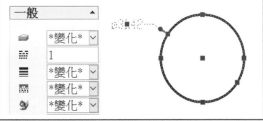

4-8-10 常見的屬性

本節說明常見屬性，這些屬性會自動顯示與隱藏，不會全部標列。簡單 2 大區分：1. 未點選物件、2. 點選物件，出現欄位會不同。

A 未點選物件

未點選任何物件出現：一般、列印樣式、檢視、綜合欄位。

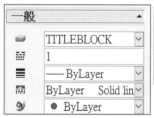

B 點選物件－圓、尺寸

點選圓出現幾何欄位。點選
尺寸，出現線條與箭頭欄位。

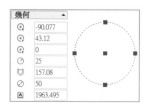
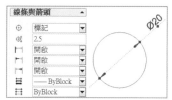

4-9 智慧選擇（SmartSelect）

大量且精確過濾選擇，適用大型且複雜圖面。例如：要找尺寸標註 15，某圖層圖元、
顏色，甚至可以調整運算找出>15 的尺寸標註。屬性就是智慧型選擇功能，項目越多功能
越大。配合下方的運算符進行過濾，完成後↵可以見到選擇結果。

的進階指令 filter 屬於隱藏版指令，只能用輸入 filter 啟動該視窗，礙於篇幅不
介紹，下圖右。

4-9-1 套用至

清單切換：1. **整個工程圖**或 2. **目前選擇**，會影響下方圖元項
目的顯示，下圖左。

A 整個工程圖

所有圖面的物件運算。顯示這份工程圖所有物件，例如：圖元、尺寸、註解...等。

B 目前選擇

在圖面中選擇🗔、加入選擇組的搭配。

4-9-2 選擇結果

加入或排除所選物件，這部分不好認識。有 2 種方式選擇：1. 圖面中選擇物件🗔，作為過濾範圍、2. 選擇圖元清單項目，分別設定移除或加入，下圖右。

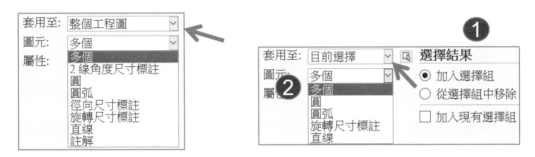

A 加入選擇組

在圖面選擇圖元，作為過濾項目，不過只能選擇一次。

步驟 1 點選在圖面中選擇 🗔

步驟 2 加入所選物件

繪圖區域選擇尺寸標註和圓弧→↵

步驟 3 回到智慧選擇視窗

步驟 4 查看圖元清單

可見多個圖元被選擇。

B 從選擇集中移除

移除圖元清單中的項目，目前套用至＝整個工程圖。例如：選擇圓，除了圓以外的物件都會被選擇。

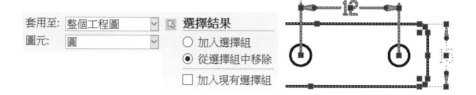

C 加入現有選擇集

承上節，是否累加圖元清單的項目。

C1 加入現有選擇組

指定圖元項目，累加至現有的圖元群組，例如：目前已選擇圓，在圖元清單選擇圓弧項目，這時繪圖區域會加上圓弧，下圖左。

C2 □ 加入現有選擇組

相反的已選擇**圓**＋**圓弧**，在圖元清單選擇**圓弧**，這時繪圖區域會把**圓弧**取消，下圖右。

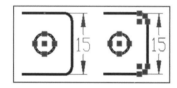 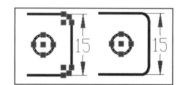

4-9-3 屬性

承上節，選擇要定義的圖元顯示屬性，例如：圓，顯示該圓線條色彩、圖層、線寬…等，進行以下運算符與值設定。

換句話說，屬性依上方圖元而來，例如：圓會有直徑、半徑、面積。尺寸標註有箭頭大小、箭頭高度、量測…等，在下方值輸入 32，就能查出 32 尺寸標註，被查出來的尺寸會以選擇狀態呈現。

 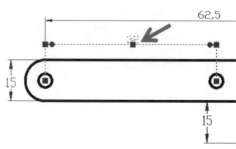

4-9-4 運算符

由上方屬性類別設定等於＝、不等於<>、大於
>、小於<或指定所有，過濾值顯示。

並非每個屬性都有這麼多元的運算符，例如：圖
層只有部分的運算。

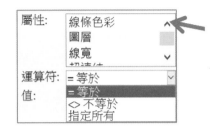

4-9-5 值

指定值來過濾選擇繪圖區域的物件。例如：尋找尺寸標註圖層，箭頭所示的設定就能
找出圖面上所有尺寸。

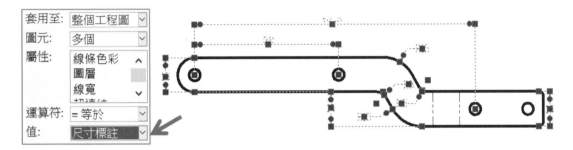

🅐 值的影響

1. 上方圖元項目會影響下方 2. 屬性類別、3. 運算符與 4. 值。例如：找出註解，會發
現值僅有顏色可以選擇。相對的圖層，值就是圖層。線寬，值就是線條粗細。

  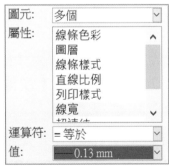

4-10 滑鼠點選作業

DraftSight 必須透過 3 鍵滑鼠，並將 3 隻手指置於鍵上，使用適合手掌滑鼠，太大或太小都不好。以指法下意識作業，拇指與小指夾住滑鼠兩旁，食指、中指、無名指分別放在左鍵、中鍵和右鍵，簡單的說 3 指操作滑鼠。

滑鼠中鍵有什麼好學的，嘿嘿！大郎看你用滑鼠中鍵就知道能力在哪，滑鼠中鍵是用中指還是食指操作，中鍵不能用食指，食指負擔太重會得關節炎場。

絕大部分同學使用 2 爪，食指點選左鍵和中鍵，大郎巡堂會要求同學改過來。大郎很重視這段，這是專業態勢，中指中鍵靈活運用。

4-10-1 滑鼠左鍵

左鍵用食指使用率最高。又分**點放**（左鍵點一下➔放掉），或**拖曳**（左鍵壓著不放）。

4-10-2 滑鼠中鍵（滾輪）

滑鼠中鍵常用來拉近/拉遠、平移圖形，我們要求用中指按中鍵，這樣才會同步。

4-10-3 滑鼠右鍵（快顯功能表）

滑鼠右鍵用無名指來顯示快顯功能表或其他可用選項。早期軟體必須大量依賴右鍵點選指令，隨軟體幾十年進步現在不必這麼做，因為沒效率，要知道使用時機。

為何說右鍵沒效率呢，因為要在快顯清單找指令，每次內容或指令位置不同，例如：刪除位置每次不一樣，還好 DraftSight 不太常用右鍵。

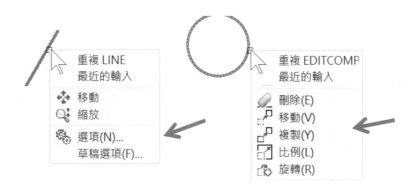

4-10-4 點放（Click，點選）

點放就是左鍵點一下→點一下，為連續繪製圖形，例如：直線繪製。你會發現 DraftSight 以點放為主要操作，點放＝連續圖形，心理輕鬆，但無法繪製非連續圖形，且圖形不精準，例如：直線＼畫大交叉（X），必須分別 2 次＼。

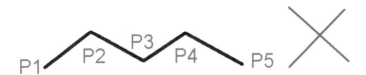

4-10-5 壓放（拖曳）

移動圖元可以用點放或壓放，拖曳在 DraftSight 不常用。例如：1. 點選線段→2. 拖曳線端端點。SolidWorks 可以直接拖曳線段端點，不用先點選線段。

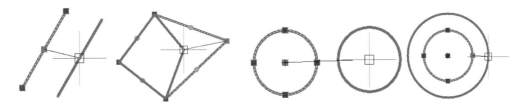

4-10-6 單選

一次只能點選 1 個圖元，選下一個，上個會不見，圖元會以虛線＋掣點強調顯示。預設複選，不進行設定還試不出，由屬性管理員點選**加入至目前的選擇組** ，下圖右。

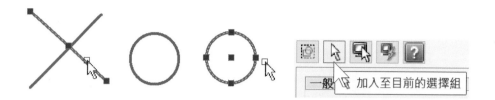

4-10-7 複選

複選又稱**連續選擇**。點一下圖元→再點下一個圖元，以上圖元都是選擇狀態，例如：點選 P1、P2 線段，下圖左。

4-10-8 窗選（Window）

窗選又稱完全選擇，游標由左到右定義選擇區域，出現藍色實線矩形框，游標右下角出現▣符號，只有框內才算選到，像捕魚。

由左到右沒有分左上或左下，凡左邊都拖曳都算，下圖右上。

4-10-9 穿越（Cross）

由右到左點定義角落區域，出現綠色虛線矩形且游標右下角會出現▣，壓到算選到。框選和壓選都屬於複選，又稱大量選擇，下圖右下。

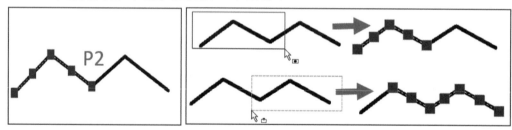

4-10-10 全選（Ctrl+A）

選擇所有圖元。很常用呦！不用像以前要縮小畫面＋框選，以前沒這功能還真麻煩。

4-10-11 刪除圖元（Delete，快速鍵：E）

鍵盤 delete 直接刪除圖元，沒想到 E 也可以刪除對吧。

4-10-12 取消所選

取消圖元對下一段編輯很常用，有 6 種方式取消圖元選擇：1. ESC、2. ENTER、3. 空白鍵、4. 點選下一個指令、5. 滑鼠右鍵、6. Shift＋選擇。

A ESC

最簡單與常用，可以取消所有圖元。每套軟體取消皆為 ESC，用左手也比較好按，所以 ESC 排第一名。

B Enter

按一下 Enter 可取消所有圖元選擇。不建議 Enter，會造成重複上一個指令。

C 空白鍵

空白鍵＝Enter，和 Enter 有關很多人用空白鍵，因為大且好按，通常會用拇指按。

D 滑鼠右鍵

在繪圖區域 1. 右鍵→2. 全部取消選擇，下圖左。若圖元沒有被選擇狀態，右鍵快顯功能表就沒有全部取消選擇項目。

E Shift＋選擇＝取消選擇

圖形有多項選取，有些不是你要的，Shift 可解決問題。實務上，ESC 全部取消，又要重選一次，利用 Shift＋單選或 Shift＋矩形大量選擇，都可取消被選取圖元。

例如：選擇 2 個圓，要取消其中 1 個圓，按 Shift 點選圓，就可以被取消，下圖右。這也難為了，因為 DraftSight 沒支援全部選擇＝取消，而 SolidWorks 有。

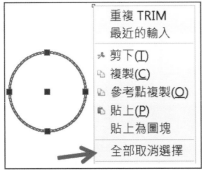
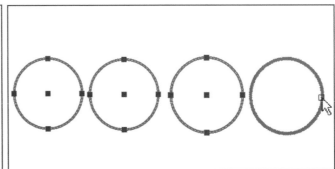

4-11 選擇指令

本節探討指令選取過程，很少人仔細面對這些，都是習慣成自然，例如：1. 快速鍵執行指令，2. 先選條件→再選指令、3. 先選指令→再選條件、4. 指令選取、5. 取消指令、6. 結束指令...等。

本節與下節**鍵盤輸入規則**相呼應，屬於看過就會的議題。

4-11-1 滑鼠游標 Cursor ▷

指令選取時游標成為十字線╬。指令未選取，游標呈現典型 Windows 箭頭▷。

4-11-2 單次指令開關

點選 Icon 到底是點 1 下還是點 2 下？答案點 1 下。比較特殊的只能執行單次指令，無法連續使用，例如：點選直線，直線畫完要再畫下一條，必須重選直線，或空白鍵、ENTER。

4-11-3 取消指令

指令做完或選擇錯誤就是取消指令，常用 ESC。

4-11-4 結束指令

有多種方法結束指令，依指令特性操作會不同：1. ESC、2. ↵、3. ↵↵、4. 自動、5. 右鍵。

A Esc、終止指令

所有指令都可以 ESC 鍵來結束，系統會出現《取消》字樣。

```
CIRCLE
選項: 3點(3P), 2點(2P), 按 Enter 來結束
指定中心點» 《取消》  ⬅
```

B ↵鍵終止指令

絕大部分指令按↵可結束指令，系統不會出現《取消》字樣。

C 連按 2 次↵

有些指令要按↵2 次才能結束指令，例如：直線繪製。

D 自動取消

當指令完成，系統自動結束指令，例如：C（畫圓），下圖左。

E 右鍵取消

指令啟用狀態，在圖面中右鍵→取消✗，下圖右。

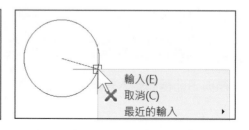

4-11-5 快顯功能表（Pup up）

指令狀態或檢視狀態的快顯功能表不同。指令過程按右鍵選單的效率，甚至比指令視窗輸入來得快速。

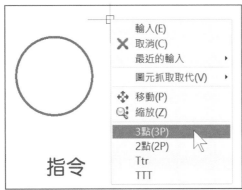

4-11-6 快速鍵

快速鍵有 1 個、2 個或 3 個縮寫字母。例如：畫圓 Circle，快速鍵 C、複製 Copy（CO）、矩形 Rectangle（REC），不過嚴格講起來是縮寫不是快速鍵。

建議使用 Windows 預設快速鍵，例如：Ctrl+O 開啟舊檔、Ctrl+S 儲存檔案、Ctrl+X 剪下、Ctrl+C 複製，自訂快速鍵，於自訂－鍵盤介紹。

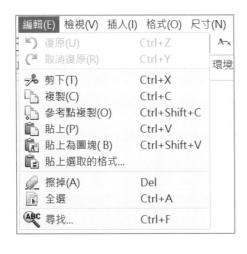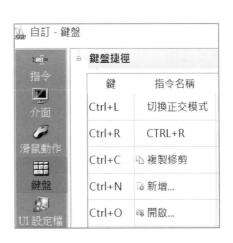

4-11-7 選擇指令順序

大部分習慣快速鍵點選指令，不過選擇指令有多種方法，以下是選擇指令順序：

A 快速鍵

由系統預設或自行設定快速鍵,是高手最常做的事。

B Icon 指令

不可否認 Icon 是最簡便作業,當習慣 Icon 點選,就應該轉為快速鍵。

C 功能表

由功能表找指令,是很熟手才會做的事。初學者往往找不到指令放哪裡,由功能表選指令的時間會比點選 Icon 圖示更久。

D 滑鼠右鍵快顯功能表

軟體操作最忌諱滑鼠右鍵快顯功能表,誤以為速度很快,比 Icon 指令或功能表找還快是吧!滑鼠右鍵會讓你累,右鍵會因環境不同或指令不同,快顯功能表項目一定不同。那該怎麼辦?用快速鍵呀!

4-11-8 先選條件→再選指令

絕大部分軟體以 Windows 標準,也就是先選條件再選指令,例如:要將圖元搬移,先選要搬移的圖元→再選 MOVE 指令,或是複製→貼上,這樣操作有幾項優點:

A 條件滿足再操作指令

畫好搬移圖元→搬移。否則先選搬移,才發現圖元還沒畫完,這時指令是白選的。

B 初學者適用

初學者無法判斷圖形是否完成,會有:先選指令再選條件,這樣很容易亂,所以建立先選條件再選指令觀念很重要。

C 比較踏實

圖畫完→指令,指令完成就是圖畫完,這樣心裡比較踏實也有節奏。不是指令完成還考慮是否有些圖元沒畫到。

4-11-9 先選指令→再選條件

承上節,先選條件→再選指令,有些指令不適用,DraftSight 絕大部分要**先選指令**才可以做事或比較順,例如:圖塊、複製排列、尺寸標註。

4-12 鍵盤輸入規則

鍵盤輸入是精確數據或資料，精確完成圖元。常用 4 大天王：1. ESC、2. 空白鍵、3. ENTER、4. DELETE，這些在本節探討，不過不討論 DELETE 呦。

DraftSight 會大量使用鍵盤下指令，或由數值定義大小，這部分有特殊符號來定義。

4-12-1 ESC

ESC 取消指令或結束指令。不過少部分指令不能按 ESC，在 SPLINE **不規則曲線**過程中，若按 ESC 必須重畫。

怎麼分辨哪些指令用 ESC，那些指令用 ENTER，那些指令用空白鍵，還是看到螢幕不是自己要的結果，迅速找回印象，由 ESC 改按別鍵，對初學者來說這很難學。

4-12-2 空白鍵（Space Bar）

其實空白鍵＝ENTER，方便使用者選擇。

4-12-3 ENTER

指令過程中你覺得完成，按下 ENTER 定義結束。

4-12-4 小數點

使用點作為小數點，例如：2.5。

4-12-5 逗號

使用逗號分隔軸的值，例如：0, 2.1, 3.25（X、Y、Z）。

4-12-6 角度值

在角度值之前使用＜，例如：＜30 表示角度 30°。

4-12-7 大小寫

指令輸入沒有大小寫之分。

4-12-8 指令過程？

有些指令可以在執行過程輸入？，可見其他選項，例如：選擇圖元（Pselect）使用過程中輸入？帶出選項。

步驟 1 指定圖元»？

步驟 2 指定一個點或視窗(W)，最後一個(L)，交錯(C)，單一(SI) ...等。

4-12-9 指令前撇號

執行指令時，在指令名稱前鍵入撇號（´Zoom），使用完 Zoom，回到直線指令。

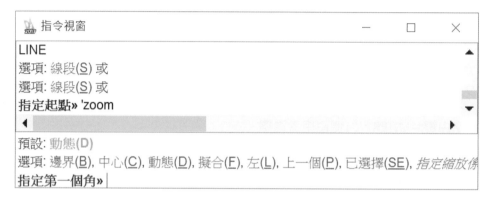

4-12-10 指令前－

在指令名稱前輸入－，透過指令視窗直接設定項目，例如：輸入 TextStyle 進入文字選項，下圖左。而-TextStyle，利用指令視窗執行選項設定，下圖右。

進階者對常用習慣的設定，幾乎背起來情況下，就不必進入選項，用指令視窗執行。

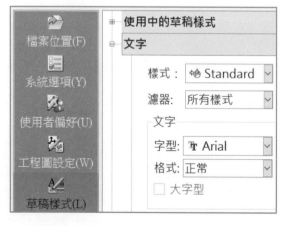

4-12-11 指令前_

執行工具列或功能表的 Icon 指令，例如：點選圓指令，出現_CIRCLE。

4-12-12 功能鍵列表（Function）

功能鍵 F1～F12 作為快速鍵使用，可以參考線上說明的鍵盤捷徑。

功能鍵	描述	相關指令
Esc	取消指令	—
F1	顯示線上說明	Help
F2	個別指令視窗	CommandHistory、HideCommandHistory
F3	開啟和關閉 圖元抓取	EntitySnap、-EntitySnap
F4	—	—
F5	等角視切換下一個平面	IsometricGrid
F6	—	—
F7	開啟/關閉 網格顯示	Grid
F8	開啟/關閉 正交	Ortho
F9	開啟/關閉 抓取	Snap
F10	開啟/關閉 極性導引	—
F11	開啟/關閉 圖元追蹤	—
F12	—	—
Ctrl+F4	退出工程圖但不結束程式	Close
Alt+F4	結束程式	Exit

4-13 透明指令

類似插入例如：直線指令執行時，仍可拉近/拉遠指令→完成後，直線將會繼續。

4-13-1 變更圖面的檢視

拉近、拉遠、局部放大、移動。

4-13-2 控制工程圖精確度

網格、正交、抓取、圖元追蹤。

4-13-3 查詢資訊或設定

量測、選項。

4-14 掣點（Grip）

掣點顯示於圖元上，又稱圖元掣點（EGrip），顯示掣點後，不能使用指令。掣點形狀為小正方形，例如：點選直線圖元，會出現端點與中點；點選圓，會出現四分點與圓心點。

ESC 清除所選的圖元掣點，同時也是清除所有選擇。

4-14-1 啟用掣點

點選或窗選圖元，皆可啟用掣點，例如：點選直線可見到三個掣點。掣點啟用過程，Shift 可複選掣點，被選擇掣點以紅色方塊顯示，也就是熱掣點。

4-14-2 移動圖元

拖曳掣點進行圖元位置或大小移動，例如：拖曳直線、斜線，也可以訓練手感。點選掣點中間拖曳，可以移動圖元，例如：向上移動，下圖左。

4-14-3 複製圖元

CTRL＋拖曳掣點端點，可複製圖元。例如：CTRL＋拖曳直線右邊掣點→點選放置，可以得到下一條直線，下圖右。

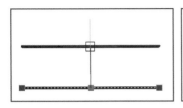
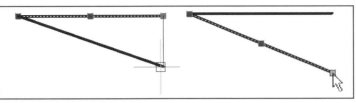

4-14-4 掣點之伸展（Stretch）

拖曳掣點，系統會自動進入伸展（Stretch）┗並進入其選項，選項：基準點(B)、複製(C)、復原(U)、結束(X) 或伸展點。

不過點選伸展┗並不會出現以上選項，以下選項是掣點專用。

A 基準點(B)

指定伸展基準點 P1 不動，拖曳移動到 P2。

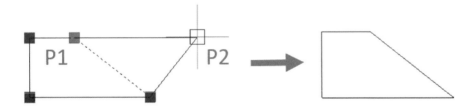

B 複製(C)

透過掣點來複製圖元。在圖面中點選位置進行圖元複製。

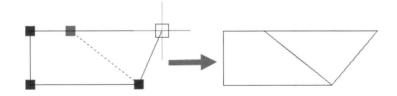

C 復原(U)

選擇掣點時，取消先前對掣點編輯動作，例如：基準點或複製。如果沒有進行基準點或複製復原和結束是一樣的意思。

D 結束(X)

拖曳掣點時,立即終止目前拖曳的掣點編輯,不過圖元掣點仍然顯示。本節與 ESC 不同,ESC 會完全取消所有圖元選擇。

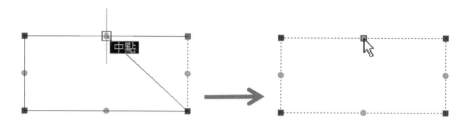

E 伸展點

點選矩形掣點後→置放於一點,就是伸展點。

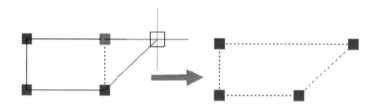

4-14-5 點掣點後壓空白鍵

選取圖元後點選任一掣點(變為紅色)為基準,按不同次數空白鍵可得到移動、鏡射、旋轉、縮放,這屬於隱藏版技巧,沒有顯示在指令視窗內。

A 一下空格

移動圖元,不必輸入移動(M)指,下圖左。

B 二下空格

鏡射圖元,不必輸入鏡射(Mirrow)指令,下圖中。

C 三下空格

旋轉圖元,不必輸入旋轉(Rotate)指令,下圖右。

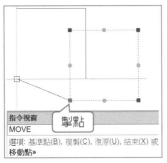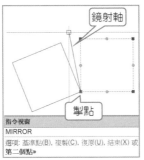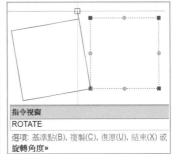

D 四下空格

縮放圖元，不必輸入縮放（Scale）指令，下圖左。

D1 5 下空白鍵

回到選項初始狀態，下圖右。

選項: 基準點(**B**), 複製(**C**), 復原(**U**), 結束(**X**) 或
伸展點»

4-15 更換語言介面

　　本節體驗英文版 DraftSight。icon 位置與指令圖示沒變，不必擔心英文介面帶來困擾。很多人 DraftSight 用到閉著眼睛都會，故意換成介面可順便學英文，或英文好的同學，很滿意擁有英文介面。開啟速度好像變快了，沒錯啟動速度和操作些微變快，英文版沒有語言轉譯，系統相對穩定，有些人要穩定作業，就會設定英文版環境。

　　DraftSight 安裝過程包含中/英文雙語系統，1. 英文（必要安裝）、2. 繁體中文（作業系統語言），所以可直接切換英文版。於指令視窗輸入 Language 代碼改變語言介面，例如：中文變英文介面。早期更改語言只能輸入指令，但現在可由選項變更，重新啟動 DraftSight 即可，不用重開機呦。

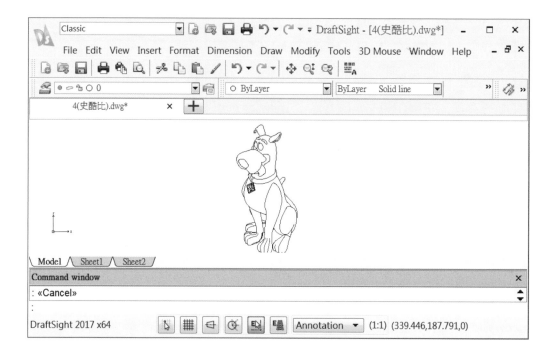

4-15-1 語言支援

輸入 Language→?，可查詢語言代碼。由表得知英文代碼＝2→↵，會出現提示視窗，關閉 DraftSight 重新啟動，顯示變更的語言，下圖左。

由於德文不支援 Language 指令，必須翻譯德文的 Language，例如：英文 language＝德文 Sprache。

0 預設 安裝 DraftSight 的語系			
1 German	德文	11 Spanish	西班牙文
2 English	英文	12 Greek	希臘文
3 Turkeish	土耳其文	13 Korean	韓文
4 Hungarian	匈牙利文	14 Vietnamese	越南文
5 Polish	波蘭文	15 Catalan	卡達隆尼亞文
6 Japanese	日文	16 Thai	泰文
7 French	法文	17 Dutch	荷蘭文
8 Chinese(Traditional)	繁體中文	18 Russian	俄文
9 Chinese(Simplified)	簡體中文	19 Portuguese	葡萄牙文
10 Italian	義大利文	20 Czech	捷克文

4-15-2 由選項更改語言

以前要以輸入指令方式切換語言，現在可以從 1. 系統選項→2. 一般→3. 應用程式語言更改，下圖右。

4-16 DraftSight 環境設定

環境設定是市面上很少提到的課題，進行 DraftSight 前最好先做環境設定，調整好繪圖介面，讓畫圖或學習不要有負擔更可以生理保健。

環境設定課題市面上很少提到，畫圖相當耗費體力與精神，這體力指的是眼部、肢體的消耗和疼痛，而精神是指心情。進行 DraftSight 前最好先做環境設定，調整好繪圖介面，讓畫圖不會有負擔。

4-16-1 DraftSight 大圖示設定

預設圖示大小已滿足所需，不過在寬螢幕與高解析度下，圖示按鈕會變得比較細膩不易辨別，心裡會有壓迫感，所以要調整成大圖示按鈕。

於選項→系統選項→顯示→☑大圖示→✔，可立即看到效果。

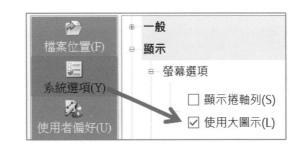

4-16-2 白色繪圖區域

預設繪圖區域黑色，把繪圖區域變更為白色，為何如此？長期間繪圖黑色底容易與其他顏色對比，好處是容易判斷顏色，缺點傷眼睛。

絕大部分繪圖軟體都是白色底，例如：SolidWorks、office。製作文件時，將黑色底繪圖區域的圖形剪下，列印會很難看也很不環保，還是白色底比較好。

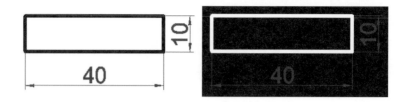

4-16-3 快速鍵

依自己喜好或需求新增自訂快速鍵，例如：選項＝ALT+Q 是大郎常用的指令。

4-16-4 雙手並用

雙手繪圖。左手鍵盤、右手滑鼠，讓繪圖更積極，也得到好心情不會累。

4-16-5 滑鼠手勢

雙手繪圖。左手鍵盤、右手滑鼠，讓繪圖更積極，也得到好心情不會累。

 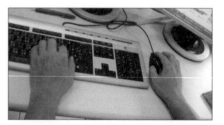

4-17 Windows 環境設定

Windows 是作業系統也是軟體平台，會影響所安裝的軟體顯示。本節重點放在螢幕顯示效果，原則以明顯大方，關閉動畫、螢幕特效、陰影...等項目，讓螢幕單純無負擔。

Windows 環境設定屬全面性，嚴重影響 DraftSight 效能，特別是顯示速度。因應高齡化與手機依賴的文明病，保護眼睛議題越來越常見。過小文字使眼球過度使用，花很大心力理解螢幕內容。

　　一開始你不覺得，時間一久眼壓過高（感覺眼睛脹脹的，要按太陽穴來釋壓），長期下來眼睛會病變，是不可逆生理現象，與其看眼科不如將 Windows 設定好。

　　本節說明：1. 螢幕解析度、2. 字型大小、3. 視覺效果、4 螢幕更新頻率...等，立即感受視覺改變，工作有續航力。40 歲人生高峰，學會保養身體，這些改變將影響一輩子。

4-17-1 Windows 螢幕解析度

　　解析度影響精緻度，依螢幕大小調整**最佳解析度**，反之，會影響螢幕顯示效果與速度，在低解析度下繪圖，顯示會過於粗糙不利繪製與編輯。

　　在桌面 1. 右鍵→2. 螢幕解析度，變更顯示器外觀中，透過清單調整螢幕解析度。22、24 吋 LCD 最佳解析度為 1920*1080，系統也會出現建議字樣。

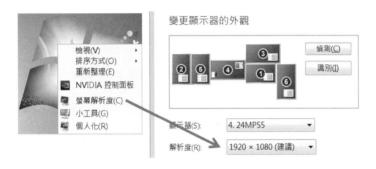

4-17-2 字型大小

　　本節最重要，因應大螢幕且高解析度螢幕，預設字體與圖示太小不容易檢視，造成眼睛負擔與疲勞，提高文字 DPI（Dot Per Inch）將文字加大。

　　1. 於螢幕解析度視窗→2. **改變文字和其他項目大小**，定義：中（125％）或大（150％）。用 4K 螢幕就要設定 150%甚至 200%符合視覺所需，相信未來 4K 螢幕會很常見。

Ⓐ 設定改變文字和其他項目大小

　　在桌面 1. 右鍵→2. 螢幕解析度→3 設定改變文字和其他項目大小，該視窗提供三個選項，分別為：小-100％、中-125％、大-150％。

　　DPI 設定完成後，所有程式文字大小都會改變，因為都在 Windows 系統下。22 吋以上螢幕解析度要設定為 125%（120DPI），特別是長時間繪圖，字體太小會造成不易辨讀。

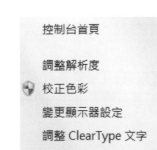

B 小-100%、中-125%、大-150%差異

必須登出才可以見到設定效果。

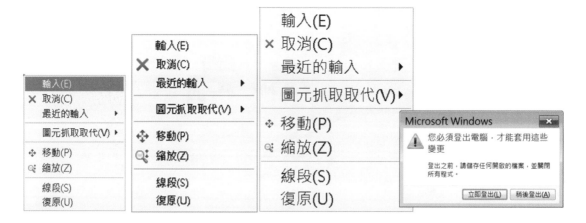

C 小-100%（預設）

100%＝96 DPI。螢幕尺寸越來越大，解析度也提高趨勢下，100%顯示狀態不適合使用，很容易讓眼睛增加閱讀負擔。

D 中-125%

125%＝120 DPI。我們建議的設定，因為不會有些軟體不支援 125%。

E 大-150%

150%＝144 DPI。絕大部分覺得太棒了，特別是長者有老花，這畫面最舒適。

F 調整 ClearType 文字

ClearType（清晰模式）可以讓文字在 LCD 螢幕的文字可讀性。讓電腦文字看起來和紙張列印的文字一樣清楚。

ClearType 是 Microsoft 開發 ClearType 是 Microsoft 開發
膝上型電腦螢幕、Pocket PC 膝上型電腦螢幕、Pocket PC
ClearType 字型技術，電腦螢 ClearType 字型技術，電腦螢

G 自訂 DPI 設定 200%

DPI（Dot Per Inch，每英吋點距），也可調整習慣的 DPI 百分比，像有些人會調到 130 或 200DPI。

不過 200%大小，有些軟體會超出顯示範圍，例如：SolidWorks 有些項目文字是超出的。話說回來萬一不能解決，也只好調回到中 125%。

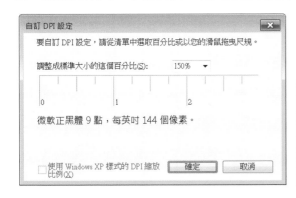

4-17-3 螢幕更新頻率（Scanning Frequency）

每秒對畫面更新的次數，更新頻率越高，畫面越柔和、眼睛不會覺得螢幕在閃爍，原則上越高越好。

市售為消費性 LCD 螢幕皆以 59-60HZ 之間，超過 60 以上更新頻率要工業等級才有。當然也只能設定到 60HZ，至少不要 59HZ。建議設定 72HZ，眼睛就不易有閃爍感。

現在 LCD 都採用 LED 顯示，不是專業人士還分不清 60HZ 和 72HZ 差別，換句話說 60HZ 可滿足所需。我們曾遇到，圖元突然消失不過可以選得到，提高更新頻率 59MHZ→60MHZ 就解決，主要原因顯示卡更新速度太慢導致。

1. 於螢幕解析度視窗，快點 2 下螢幕圖示，進入顯示器內容→2. 點選監視器標籤→3. 設定 60HZ（赫茲）以上。

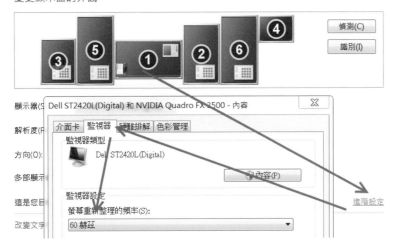

4-17-4 視覺效果

關閉不必要效果，不需要這些效果來吸引你用 Windows，看似華麗工作並不實用，特別是長時間操作，調整這些效果會嚴重影響整體速度。

關閉不必要的效果可降低 CPU 和電池使用，只要介面有任何動作即使是滑鼠游標，都會讓 CPU 負載，電力也會消耗，對筆電使用者有極大幫助。

A 進入視覺效果標籤

檔案總管，1. 電腦🖳右鍵→2. 內容→3. 進階系統設定。

或快速鍵 Windows⊞+Pause Break，進入控制台首頁。

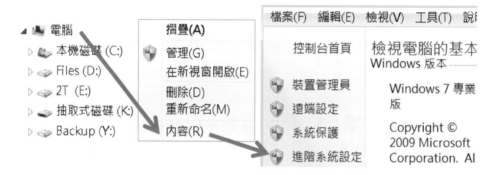

1. 於**系統內容**視窗**進階**標籤→2. 設定→3. 進入**效能選項**視窗→4. **視覺效果**標籤，☑自訂，原則在**視窗和按鈕上使用視覺樣式**、**顯示縮圖而非圖示**、**其他**不要的陰影、動畫→按視窗下方**套用**，查看設定前後效果。

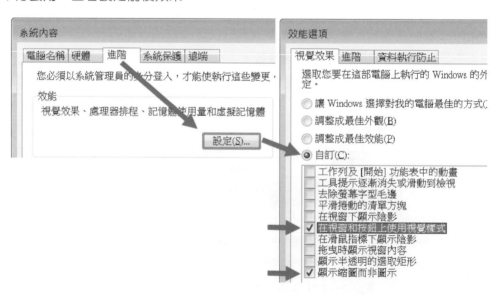

B 在視窗和按鈕上使用視覺樣式

以 Windows 7 華麗視覺樣式，否則為 Windows 2000 簡易樣式。對進階者而言，犧牲華麗視覺樣式，顯示速度會比較快，這部分越來越少人用了，因為感覺不太出來，除非電腦很爛，約 10 年前 2008 年買的電腦，這時大郎會要你把電腦丟了，換台新的。

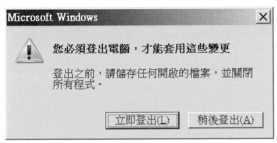 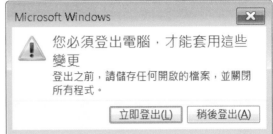

C 顯示縮圖而非圖示

於模型顯示檔案總管縮圖或 SolidWorks 系統圖示，模型縮圖比較直覺。

3-14(尺寸標註).dwg　　　　3-9-5A(絕對座標位置-方

4-17-5 多螢幕

多螢幕會比寬螢幕來得更有效率，多螢幕的效率是無限大，很神奇的可得到愉快的工作心情，我們推薦你用多螢幕，例如：大郎用 1 台電腦接八個螢幕。

現在的顯示卡都有 2 個螢幕輸入，所以接上雙螢幕後不必安裝驅動程式，Windows 會自動抓到第二台顯示器。

多螢幕比寬螢幕更有效率，效率是無限大的，可得到愉悅工作心情，我們推薦用多螢幕，例如：大郎用 1 台電腦接八個螢幕。

現在的顯示卡都有 2 個螢幕輸入，接上多螢幕後不必安裝驅動程式，Windows 會自動抓到第二台顯示器。

4-18 滑鼠設定

顯示器朝多螢幕與寬螢幕發展，滑鼠移動範圍越來越大，將滑鼠移動速度＝快。本節說明滑鼠速度、游標大小設定，屬於立竿見影效果。

4-18-1 滑鼠內容

1. 開始→2. 控制台→3. 硬體和音效→4. 滑鼠，進入滑鼠內容→5. 指標。

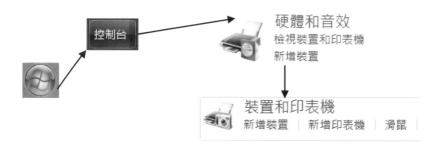

4-18-2 指標

將滑鼠游標變大。游標是眼睛最常追蹤的圖示，預設游標太小，將它設定最大可減少眼睛負擔。由配置清單最下方，Windows **標準配色（超大型字）**，套用後立即顯示效果。

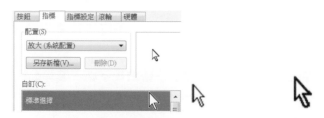

4-18-3 滑鼠指標速度

將**指標移動速度**設定到**快**，增加滑鼠移動速度。對進階者，我們建議再加強移動速度，買好一點的滑鼠外，還要由滑鼠驅動程式，設定滑鼠**敏感度**與**移動速度**。

4-18-4 反轉滑鼠滾輪縮放方向（預設關閉）

DraftSight 滾輪**拉近/拉遠**方向設定，向前推＝拉遠（放大）；後推＝拉進（縮小）。當 2 套軟體交互使用，縮放方向和 SolidWorks 反應不過來。

思考哪套軟體使用次數較多，另套軟體配合它。例如：SolidWorks 用比較多，在 DraftSight 設定反轉滾輪縮放方向，很多軟體都有這功能。

1. 工具→2. 選項→3. 使用者偏好→4. 滑鼠選項→5. 反轉滾輪縮放方向。

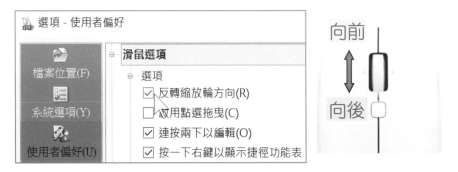

4-19 選項概論

進行**系統設定**與**範本建立**。選項設定屬於整體改變與指令操作，影響工作效率。

4-19-1 自訂

設定指令、介面、滑鼠動作、鍵盤和 UI 設定檔，下圖左。

4-19-2 選項視窗

檔案位置、系統選項、使用者偏好、工程圖設定...等整體性設定,下圖右。

4-19-3 選項設定 VS 屬性設定

選項設定=整體;屬性=個別,這觀念分清楚就不會搞混。例如:草稿樣式的線條寬度在選項也可以在屬性中更改。

很多人習慣直接到屬性設定,沒到選項設定。屬性設定重工很沒效率,心裡想一下子就好,無法一勞永逸解決,這是人性很難改變。

例如:線條寬度希望 0.5mm,只是臨時性更改還無所謂,常態性更改就顯得沒效率。只能靠自己自發性將工作效率變得俐落,別無他法。

4-19-4 選項學習技巧

每節上課,大郎引導學生到選項設定,讓學生熟悉與面對。選項學習相當容易,於認識文字,只要看得懂字就學會 80%,例如:先看懂大標題→項目→內容,就可以大略判斷該選項用意。

如果你對選項設定有興趣想要研究結果,一直進入選項也不覺得麻煩,那就好了。

檔案功能表

　　檔案顧名思義處理檔案的地方，有沒有感覺使用率最高：新增、開啟、儲存、另存新檔與列印…等，每次畫圖一定被使用。

　　檔案功能表更有**檢查錯誤**與**修復檔案**功能，這點與 SolidWorks 有很大不同，SolidWorks 放在工具功能表。

　　本章詳細介紹和檔案功能表所有主題，有些主題和轉檔有關，增加檔案認知。

　　列印有很多設定，以獨立章節完整介紹，不會覺得本章閱讀很吃力。

　　開啟舊檔和另存新檔有很多模型轉檔觀念，於這本書完整介紹 SolidWorks 工程師訓練手冊[9]**模型轉檔與修復策略。**

5-1 新增（New，Ctrl+N）

新增又稱開新檔案，產生新工程圖。新增使用率高，不要沒效率點選指令，Ctrl＋N最好。首先進入**指定範本視窗**，快點 2 下範本 standardiso.dwt 即可開啟，下圖左。

5-1-1 切換檔案類型

開新檔案也可選擇開啟 DWG，如同開啟舊檔，下圖右。

5-1-2 選擇性開啟

點選開啟按鈕右方三角形箭頭，進行不帶範本的公英制檔案，重點在不帶範本開啟，類似安全模式。

讓檔案沒載入額外資訊，找出 DWG 錯誤的準則。

5-1-3 工程圖範本檔案位置

於系統選項，設定範本與路徑，例如：桌面\A4L.DWT，這部分**選項→檔案位置**有介紹。

5-2 開啟（Open，Ctrl＋O）

又稱開啟舊檔或開啟檔案，由開啟舊檔視窗右下檔案清單看出支援能力，格式越多能力越高。例如：DWG、DXF、DWS、DWT、DLL 或所有檔案。

1. 左邊樹狀結構找出檔案位置→2. 中間視窗選擇檔案→3. 右邊預覽視窗縮圖。點選要開啟的檔案快點 2 下或↵，不必按右下角開啟按鈕，一定要強迫自己改變沒效率操作。

不見得要使用右方縮圖，因為佔據空間，實務上，看中間檔案縮圖即可。開啟檔案過程系統會記憶上個開啟位置，甚至可以在選項，設定經常開啟路徑，以減少切換路徑時間。

本節詳盡說明這些格式原理，明白這些格式帶來的軟體溝通與整合作業，例如：SolidWorks 與 DraftSight 整合。

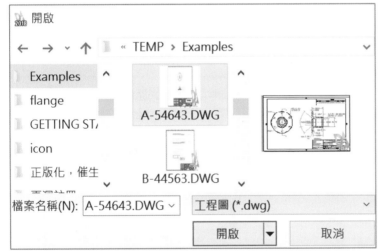
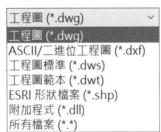

5-2-1 工程圖（*.DWG）

DWG（Drawing）為全世界使用率最高 AutoCAD 儲存格式，所有 2D CAD 開發商無不以 DWG 為相同格式產出，DWG 已成為 CAD 數據交換標準。

最高支援開啟 R2018 版，可向下相容開啟舊版本 DWG。R2018 不是 2018 版，他是 ACIS 核心版本，關於 DWG R2018 於另存新檔統一介紹。萬一該檔案有特定資訊無法開啟，例如：外部參考、圖塊，這時將檔案轉 DXF 嘗試。

開檔案後指令視窗出現版本，例如：開啟 R2004 工程圖檔案，下圖左。DXF/DWG 可以是 2D 或 3D，例如：DraftSight 完成 3D DXF，SolidWorks 開啟就為 3D 模型，很可惜由副檔名看不出是 3D 還是 2D 格式。

5-2-2 ASCⅡ/二進位工程圖（*.DXF）

DXF（Drawing Exchange Format）圖形交換格式，副檔名 DXF。DXF 為 ACIS 核心結構，分 2 種類型：1. ASCⅡ、2. 二進位，可由記事本觀看並修改。關於 ASCⅡ和二進位，於另存新檔說明。

DXF 擁有跨版次優點，坊間軟體雙向 DXF 輸入和輸出，互通性不用懷疑。不像 DWG 有版本高低相容性，軟體商無不想辦法提高 DWG 相容性，隨軟體演進 DXF 使用率大大降低。

例如：SolidWorks 零件、組合件、工程圖可以轉 DXF，讓 DraftSight 開啟，達到整合互通。或是 DraftSight 2018 降轉 R2010 DXF，讓舊版本的 2D CAD 讀取。

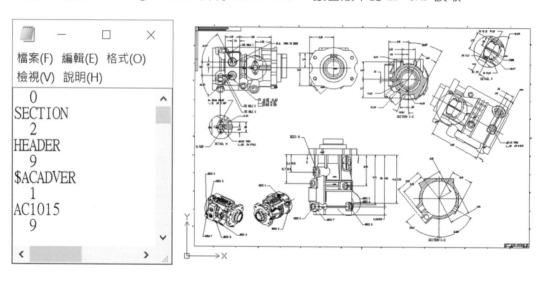

5-2-3 工程圖標準（*.DWS）

將已經製作完成的標準檔開起來修改、查看，算是維護之用。標準檔為維護圖檔一致性，定義標準檔案執行程圖標準檢查功能，用來比對文件，這部分於其他章節說明。

5-2-4 工程圖範本（*.DWT）

開啟範本，也可以透過新增開啟範本。DWT 範本不是 DWG 繪圖檔案範本只是設定紀錄，不是繪圖檔案。例如：開啟 A4L.DWT 範本時，預設檔名為 noname.dwg，而非 A4L.DWG。

5-2-5 ESRI 形狀檔（*.SHP）

ESRI Shapefile（shp）簡稱 shapefile，由美國環境系統研究所公司（Environmental Systems Research Institute, Inc.，ESRI）開發的空間數據開放格式。

shapefile 是 Esri 向量儲存格式，用於儲存地理圖徵位置、形狀和屬性。該格式成為地理軟體開放標準。正式的 shapefile 必須有 3 個檔案組成：*.shp、*.shx、*.dbf。

Shapefile 可以儲存井、河流、湖泊等幾何位置，也可儲存物件屬性，例如：河流名字，城市溫度等等。台灣行政區界資料－村里 http://data.gov.tw/node/5968

5-2-6 附加程式（*.DLL，_ADDINS）

DLL（Dynamic Link Library），將資料庫直接載入到 DraftSight。AddIns（附加程式），又稱外掛（插件）模組。

將寫好的程式編譯成 DLL 後，由開啟舊檔開啟 DLL，與 DraftSight 整合在一起。

常遇到網路下載檔案，沒有 SETUP 或 INSTALL 安裝檔，會以為檔案不完整，利用開啟舊檔來載入 DLL，還真沒想到。

5-2-7 所有檔案

一次檢視所有格式，想看目前資料夾有哪些檔案，類似檔案總管環境，算是不進入檔案總管的配套。

實務上會用開啟舊檔，點選要開啟的檔案查看小縮圖，或誤以為資料夾沒有 PDF 檔案，利用所有檔案查看有沒有 PDF，不必用到檔案總管。

54643.DWG　　A4L.dws　　HOUSE.pdf　　housing.dxf　　Network.dll　　standard.dwt　　行政區界.SHP

5-2-8 選擇開啟－以唯讀開啟

於開啟旁點選三角形按鈕，進行選擇開啟。開啟相同工程圖檔案，系統會出現是否以唯讀方式開啟此檔案，唯讀開啟的檔案無法儲存。

A 是

第 2 份工程圖檔案以唯讀開啟,在檔案旁顯示唯讀字樣。

B 否

系統不會開啟所選檔案,而是要求開啟另一個檔案。

5-2-9 選擇開啟 - 帶編碼開啟

指定工程圖 ACSⅡ編碼,這是給進階用的,特別是會寫 AUTOLISP 或 DraftSight API。
透過以編碼開啟視窗,由清單選擇該工程圖編碼,例如:中文(台灣)代碼頁 950。

不同編碼容易造成文字亂碼,更嚴重造成圖元錯亂,非必要不需要進來選擇。

5-2-10 大量選擇檔案

窗選或全選檔案，一次性大量開啟→↵，下圖左。

5-2-11 DWG/DXF 格式縮圖

將檔案大圖顯示比較容易辨識。在檔案清單上 Ctrl＋滑鼠滾輪中鍵，可快速縮放圖示顯示。由縮圖直覺看出這 3 格式，不必透過副檔名，下圖右。

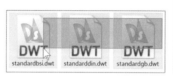 

5-2-12 範例檔案

C:\ProgramData\Dassault Systemes\DraftSight\Examples 內容和數量沒有那麼豐富。

5-3 關閉（Close，Ctrl＋F4；Ctrl＋W）

將目前開啟檔案關閉，而非關閉 DraftSight。關閉使用率很高，透過快速鍵 Ctrl＋W 是最好方式。關閉也可由上方檔案標籤 X（箭頭所示）。

5-3-1 是否儲存變更

工程圖有變更，會出現是否儲存變更，按是→儲存並關閉，下圖左。若為新檔案未儲存過，會出現另存新檔視窗，要你為該檔案命名，下圖右。

5-3-2 工作管理員強制將 DraftSight 關閉

開啟的檔案比較多，即使執行全部關閉，系統會分別問你檔案是否要儲存，不要這麼麻煩，於工作管理員強制將 DraftSight 關閉，會比較快。

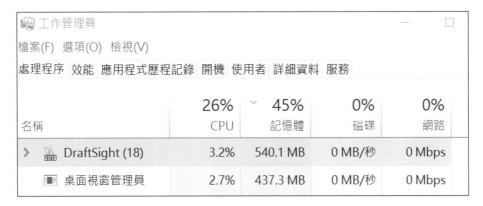

5-4 儲存（**Save，Ctrl＋S**）🖫

儲存又稱儲存檔案，把目前文件儲存，預設儲存 DWG，常用快速鍵 Ctrl＋S。為了避免不預期情況，強烈要求隨時儲存，確保停電、當機，圖畫一半結果沒存檔慘劇。

很早以前 DraftSight 尚未中文化，會要同學檔案名稱最好英文，現在不需這樣了。

5-4-1 工程圖檔案有防寫保護

保留圖面完整性避免被修改，可以在檔案總管將檔案標記唯讀。唯讀檔案，系統無法直接儲存，必須另存新檔→更改檔名才可。

5-4-2 第一次使用檔案

儲存過程檔案第一次使用（未命名），會以另存新檔視窗儲存，下圖左。

5-4-3 最記憶儲存

開啟舊檔以最後儲存開啟，例如：模型空間儲存，下回開啟就是模型空間。

5-4-4 8.3 格式儲存

早期 DOS 作業系統有 8.3 格式儲存限制，例如：12345678.DWG，超過 8.3 字元檔名會無法辨識，現在沒這樣限制。

5-4-5 儲存所有開啟工程圖（SaveAll）

於指令視窗輸入 SaveAll，可大量儲存目前開啟工程圖，被儲存的文件不會被關閉。

5-5 另存新檔（Saveas，Ctrl＋Shift＋S）

另存新檔不必多說明，很多人用來降版本轉檔或開檔之用。另存新檔有很多妙用，例如：1. 切換格式、2. 更改檔名、3. 儲存到另外一處備份或複製、4. 查看目前檔案路徑。

由另存新檔右下方清單看出支援格式，格式越多支援能力越高，支援格式有：R12 至 R2013 DWG/DXF、工程圖範本 DWT、工程圖標準 DWS、ESRI 形狀檔案。

5-5-1 DWG

於存檔類型中會發現 DWG 項目在最上層，且工程圖轉 DWG 可滿足所需，主要原因所有 CAD 軟體 DWG 相容性更勝以往，儲存至 DXF 是多餘或不得已才轉。將 DXF 儲存為 DWG 可縮小檔案大小，例如：PUMP. DXF 原本 1.6M，轉成 PUMP. DWG 變成 380KB。

5-5-2 DXF

早期 CAD 轉 DWG 相容性不高，都會要求轉 DXF。或是以 DWG 為主，DXF 為輔，每份文件都轉 2 種檔案。如此增加作業人力，以前沒人覺得這有何不妥，現在不需要這麼麻煩，只要轉 DWG 即可。

DraftSight 儲存檔案為 R2013 DWG，不能讀取未來版次。由於 DXF 為 ACIS 核心格式，沒有檔案版本問題，不過嚴格講起來是有的。

5-5-3 ASCII 和 Binary 差異

圖檔資料可分 2 種：1. 文字格式、2. 二進位格式，下表說明差異。

	優點	缺點
文字檔 （ASCII 碼）	◦ 轉檔處理速度快 ◦ 相容性高	◦ 模型資料量大 ◦ 模型執行速度較慢 ◦ 精度容易誤差
二進位檔 （BIN）	◦ 資料結構緊密，模型資料量小 ◦ 模型執行速度快 ◦ 小數點精度可完整保留	◦ 轉檔處理速度慢 ◦ 相容性低

5-5-4 DWG/DXF 的 R 版本

清單切換 DWG/DXF 版本 R12～2013，這些都是內部版本，常聽到 AutoCAD 2018 是外部版本。轉檔之前最好知道對方使用版本，再轉出對應的。很多人直覺以 R12＝AutoCAD R12、R2013＝AutoCAD 2013，其實不能這麼看，由於不太出問題就約定俗成了。

格式版本	產品
R12	AutoCAD 12
R13	AutoCAD 13
R14	AutoCAD 14
R2000-2002	AutoCAD 2000、2000Ⅰ，2002
R2004-2006	AutoCAD 2004、2005、2006
R2007-2009	AutoCAD 2007、2008、2009
R2010	AutoCAD 2010、2011、2012
R2013	AutoCAD 2013、2014、2015、2016、2017
R2018	AutoCAD 2018

5-5-5 工程圖標準（*.DWS）

為維護圖檔一致性，建立標準檔案做為檢查標準，標準檔很像範本。這部分本書有說明標準檔的使用方式。

5-5-6 工程圖範本（*.DWT）

DWT（Drawing Template），將工程圖建立重複性設定，成為繪圖環境，將這些製作成範本並管理，例如：預先定義圖層、標註型式及視景。

5-5-7 版本跨距太大

雖然可以向下儲存 DWG 版本，但版次跨距太大有可能導致資料遺失，因為新版功能舊版無法對應，例如：DraftSight 2018 儲存至 R12。

5-5-8 不同名稱儲存

對相同檔案格式皆為 DWG，不同版本情況下，建議使用不同名稱儲存。例如：原圖底座蓋→另存為底座蓋-R12.DWG，以避免覆蓋目前圖面。

5-5-9 儲存高容量的圖檔

太舊版本不支援過大圖檔，例如：大於 210MB，所以降版本轉檔再開啟看是否有問題。

5-6 輸出

不經另存新檔額外輸出非 DWG/DXF/DWT/DWS 格式，例如：BMP、STL、PDF…等，以及輸出圖塊（輸出工程圖），本節分別說明這些格式用意。

輸出就是把列印部分項目移到檔案功能表→輸出，與列印配合，因為列印控制圖面大小，物件位置，例如：圖面置中，避免留白。

以效率來說，除非列印沒有支援，否則與列印相同項目就由列印來作業。

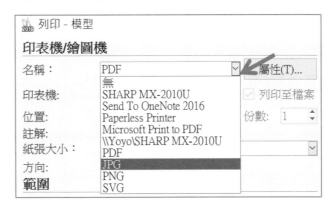

輸出項目有 3 項：1. 輸出、2. PDF 輸出、3. 輸出工程圖。希望這些項目整合另存新檔，否則轉檔項目分布在另存新檔、輸出、列印… 這樣很難學習。

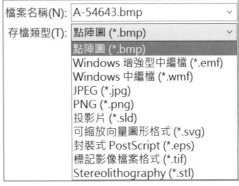

5-6-1 輸出（Export）

將工程圖輸出為圖片 BMP、JPG、PNG、PDF、SVG 向量…等檔案。輸出過程選擇要輸出物件或輸出所有內容，圖片格式就是將目前畫面儲存。

A 點陣圖（*.BMP，ExportBMP）

Bitmap（BMP）是 Windows 推出格式，支援黑白到 24 位元色彩，不支援檔案壓縮，檔案較大，不建議將工程圖儲存成 BMP。

B Windows 增強型中繼檔（*.EMF，ExportEMF）

EMF（Enhanced Metafile），微軟開發 32 位元格式，包含向量及點陣資訊，向量是重點，可避免放大縮小圖形失真。常用在 DWG 轉 EMF，貼到 word 不失真和自動去背，反之用 jpg、png、bmp 等會失真，也有背景。

C Windows 中繼檔（*.WMF，ExportWMF）

WMF（Windows Metafile），微軟開發 16 位元檔案格式，功能如同 EMF。WMF 與 EMF 差別在於，WMF 檔案較小。

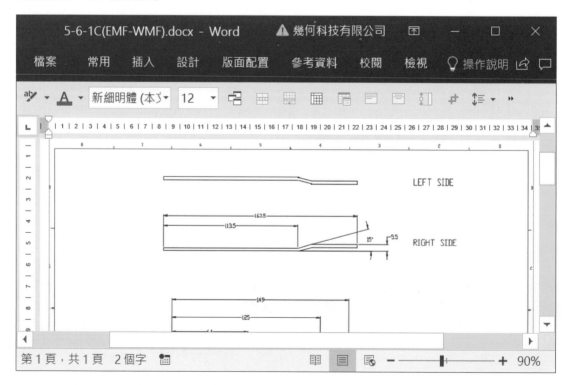

D JPEG（*.JPG，ExportJPG）

JPEG（Joint Photographic Experts Group）聯合圖像專家小組，有檔案小優點，但影像會失真。有時為了方便，轉圖片是最方便也讓對方好開，實務上，只是要看畫面，並非要進行工程加工。很多人部分畫面螢幕截取，抓到 PowerPoint 不用轉檔。

E PNG（*.PNG，ExportPNG）

PNG（Portable Network Graphics）可攜式網路圖形，是一種高壓縮、高品質的點陣圖圖形格式，常用於網路傳輸（放在網站上）。

品質與容量介於 TIF 和 JPG 之間，PNG 支援去背，例如：蜜蜂和 SolidWorks 合成。

F 投影片（*.SLD，ExportSLD）

Slide（SLD），投影片檔案類似圖片，不過不能編輯。當工程圖重新整理或使用其他指令，檢視的投影片會消失，類似螢幕擷取。

ViewSlide 或 Script（工具→執行 Script）檢視投影片檔案。

G 可縮放向量圖形格式（*.SVG，ExportSVG）

SVG（Scalable Vector Graphics）可縮放向量圖形格式。支援 SVG 軟體不多，IE 瀏覽器可直接開啟 SVG 格式。

該格式不論在網路、列印能提供高品質影像。

H 封裝式 PostScript（*.EPS，ExportEPS）

EPS（Encapsulated）可將文字及圖元指定為向量。PostScript 支援印表機列印檔，不需要 DraftSight 等 CAD 繪圖軟體，可直接開啟並列印檔案。

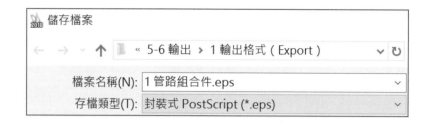

I 標記影像檔案格式（*.TIF）

TIF/TIFF（Tagged Image File Format），與 BMP 不同，不破壞檔案處理方式，讓影像不失真，檔案比較大，適合大圖輸出。如果圖形比較小時，未壓縮看不出來壓縮差異。

J Strerolithograghy（*.STL）

STL（立體平版印刷）。3D 圖形輸出為 STL 模型，過程要指定圖元，否則無法輸出。

*等角視

5-6-2 PDF 輸出（ExportPDF）

PDF 可攜式文件，常見工程圖交換格式。檔案管理中，DWG 以外第 2 格式就屬 PDF。

PDF 不用繪圖程式即可開啟，可解決 DWG 開不起來或列印問題，好處多多。

PDF 設定與列印說明相同之處，本節不贅述。

A 名稱和圖頁

指定要輸出的檔案名稱與位置，瀏覽改變路徑。指定要輸出圖頁，可以包含模型空間與圖頁空間，下圖左。

B 紙張大小

由清單選擇預設或自行輸入紙張大小。可以由標準清單設定圖紙大小，下圖中。自訂指定寬度、高度和單位，單位可毫米或英吋，下圖右。

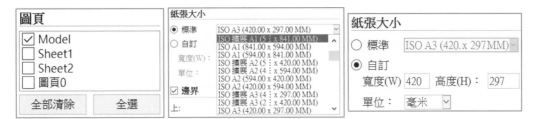

C 邊界

邊緣＝圖紙邊界，這部分和列印的 PDF 屬性相同，不贅述。

D 選項

指定列印色彩和品質。

D1 使用列印樣式表格

將圖層或圖元色彩對應，可以為單色、灰階或彩色。實務上，monochrome.ctb，單色列印最常用。

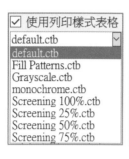
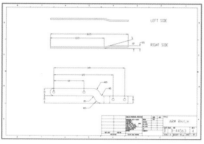
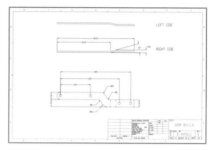

D2 使用 PDF 檔案（PDF v1.5）中的圖層

將圖層傳遞到在 PDF 中，如此會增加檔案大小。實務上，會將圖層轉到 PDF 方便查閱。PDF V1.5 為 2003 年 PDF 第 4 版的修訂，可以讓圖片、多媒體、表格附加到 PDF 中。

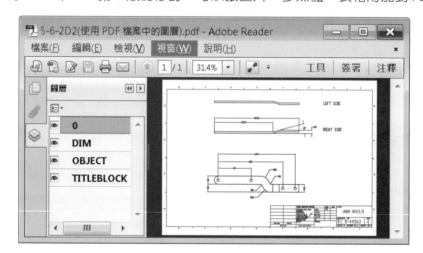

D3 自訂點陣圖解析度

電腦螢幕圖片抓取 96 DPI，但影像會顯示鋸齒線，調高 DPI 讓輸出品質提高，高品質線條比較細。PDF 以溝通為主，96 DPI 就夠了，否則調高至 150 或 300DPI 即可。

D4 TrueType 字型

將 TrueType 嵌入在 PDF 中，以確保對方到 PDF 時，能得到和 SolidWorks 文件一樣的文字。在有文字工程圖會比較明顯看出內嵌字型差異。

D4-1 內嵌

將字型以 TrueType 呈現，會增加 PDF 檔案大小。

D4-1-1 已最佳化

是否將 True Type 最佳化，最佳化會增加轉檔時間。已最佳化，可選到文字，下圖左。

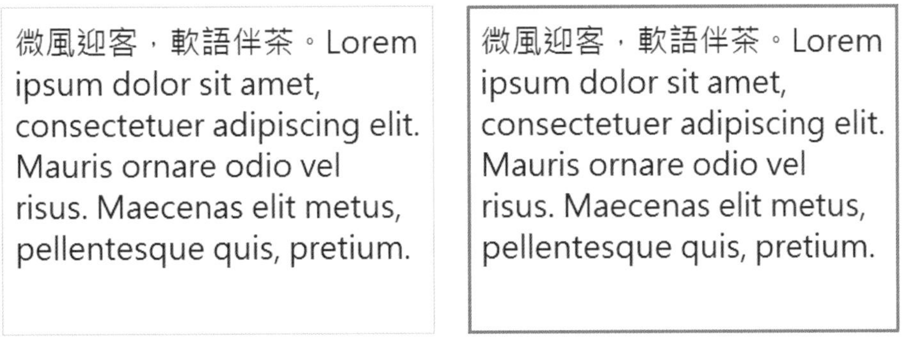

微風迎客，軟語伴茶。Lorem ipsum dolor sit amet, consectetuer adipiscing elit. Mauris ornare odio vel risus. Maecenas elit metus, pellentesque quis, pretium.

微風迎客，軟語伴茶。Lorem ipsum dolor sit amet, consectetuer adipiscing elit. Mauris ornare odio vel risus. Maecenas elit metus, pellentesque quis, pretium.

D4-2 作為幾何

使用 TrueType 字型的註記轉換為外框幾何，不得選文字，下圖右。

SolidWorks 萬萬歲　　SolidWorks 萬萬歲

E 文件屬性

紀錄文件資訊，並輸出到 PDF 的檔案內容中。

文件屬性

作者(A)：	武大郎
關鍵字(K)：	DE
標題(T)：	連接板
主旨(S):	裁切機
建立者：	DraftSight
製作人：	PDF Export Teigha® 4

- 作者：輸入文件建立者名稱

- 關鍵字：對縮小搜尋範圍十分有用

- 標題：也是關鍵字

- 主旨：目的和意義，例如：連接板用在裁切機

- 建立者（自動產生）：製作 PDF 檔案應用程式

- 製作人（自動產生）：建立 PDF 檔案轉換程式

☑ 儲存至 PDF 文件屬性資料
☑ 儲存回工程圖屬性資料

E1 儲存至 PDF 文件屬性資料

將文件屬性儲存在 PDF 內容，下圖左。

E2 儲存回工程圖屬性資料

將指定的資料儲存在工程圖屬性中，工程圖屬性＝檔案➜屬性，下圖右。

5-6-3 輸出工程圖 (ExportDrawing)

將目前工程圖圖塊或圖元儲存至新工程圖檔案 (*.DWG)，適合拆圖作業。例如：組合件 3 視圖有大量圖塊和圖元，指定所選的內容分別儲存出來。

ExportDrawing 類似 MakeBlock 用於輸出圖塊，不是在工程圖定義圖塊。

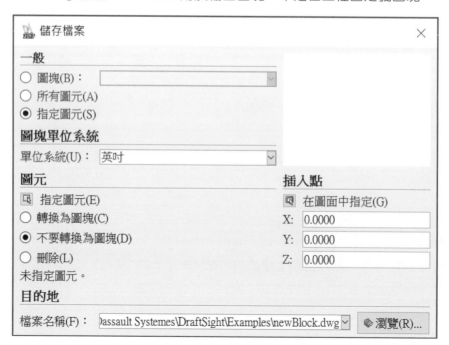

Ⓐ 一般

選擇要儲存的圖塊、所有圖元或指定圖元，由右邊預覽看出所選的物件。

A1 圖塊

由清單選擇圖塊為狗頭，下圖左。

A2 所有圖元

將整個工程圖儲存檔案，這比較少用，功能和另存新檔一樣，下圖中。

A3 指定圖元

由下方指定圖元 ⬚，將選取圖元寫入圖塊，下圖右（箭頭所示）。

Ⓑ 圖塊單位系統

由清單選擇輸出單位。未來將 DWG 插入工程圖時，系統會自動轉換圖元大小，例如：1 英吋自動轉換為 2.54cm，還好不會影響實際大小。

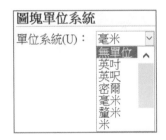

Ⓒ 圖元

適用於所選圖元，指定工程圖內物件作為輸出對象。

C1 指定圖元 ⬚

點選⬚，回到工程圖選擇要輸出圖元→✔️→回到儲存檔案視窗，由預覽視窗看到被選擇圖元，下圖右。

C2 轉換為圖塊

將所選圖元成為圖塊，例如：上視圖，並於工程圖中消失。

C3 不要轉換為圖塊

將圖元獨立儲存後，維持目前工程圖的狀態。

C4 刪除

將圖元獨立儲存後，於工程圖中消失。

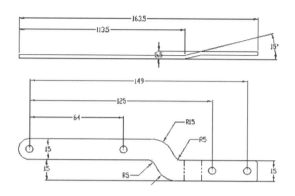

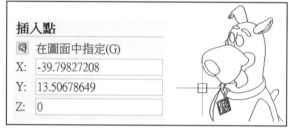

D 插入點 🔍

適用於指定圖元,在圖面中指定被選擇圖元的基準點,系統會顯示所選 XYZ 值,下圖
左。

E 目的地

點選瀏覽,將所選圖元儲存至指定位置。在 SolidWorks 叫所選圖元輸出,下圖右。

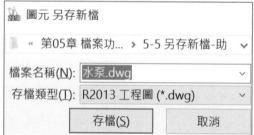

5-6-4 ExportX 指令

本節所說的輸出格式,有沒有發現都有共通性,Export＋檔案格式就是指令,例如:
ExportEMF 就是輸出 EMF 檔案。

5-6-5 輸出、儲存和另存新檔差異

輸出對很多人都不陌生，不過能分辨輸出、儲存和另存新檔差異者不多。

作業	輸出	儲存	另存新檔
儲存範圍	部分或整張圖面	整張圖面	整張圖面
檔案格式	可選擇要輸出的格式	DWG	可選擇要輸出的格式

5-7 發佈 eDrawings（eDrawings）

將工程圖傳遞至 eDrawings，讓對方能夠產生、檢視與共用 3D 模型和 2D 工程圖，電腦一定要安裝 eDrawings。

eDrawings 與 DraftSight 高度搭配不在話下，隨著 eDrawings 版本提升，功能性也強化許多。重度使用 eDrawings 你，好到會感動到流淚，迫不及待新版出現，讓作業更流暢。藉 eDrawings 表達專業，也是行銷利器。本節簡單說明 DWG 在 eDrawings 常用地方。

5-7-1 eDrawings 支援格式

eDrawings 可以開啟常見 3D 軟體檔案，例如：SolidWorks、Inventro、CATIA、PRO/E、IGES、STEP，重點可以見到 DWG/DXF（箭頭所示）可說是一大便利。

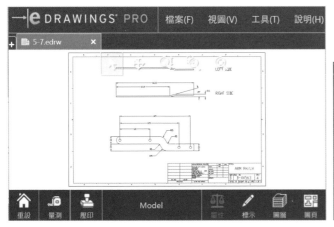

5-7-2 支援模型與圖紙空間

切換模型（Model）空間與圖紙（Layout）空間。

5-7-3 支援圖層/圖塊

控制圖層開關，圖塊看不出來，因為打散在圖形中。

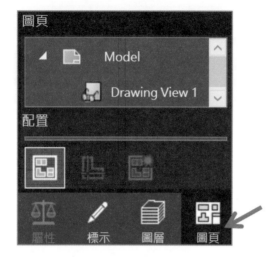 

5-7-4 郵件存取

第一次產生 eDrawings 過程或出現郵件存取→取消，下一次就不會問你了。

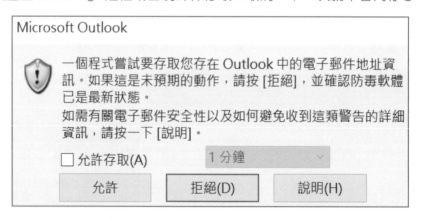

5-8 圖頁（**Sheet**）

提供 2 種方法產生新圖頁：1. 產生新圖頁、2. 從範本建立圖頁。很少人會在這裡新增圖頁，通常在圖頁右方按＋（箭頭所示）。

5-8-1 新圖頁（預設圖頁 0）

新增空白圖頁，過程中會詢問圖頁名稱，下圖左。

5-8-2 從範本建立圖頁

從檔案指定範本視窗中選擇範本檔案，並成為一個新圖頁，下圖右。

5-9 列印組態管理員（Printconfiguration）

由於列印視窗內容龐大，對不同檔案出圖原則要重新設定，包含：印表機、紙張大小、列印比例與範圍、方向、邊界偏移...等。

先了解視窗運作流程，就知道該視窗用來做什麼了，簡單的說：1. 新增→2. 列印視窗中設定→3. 儲存→4. 套用（列印視窗套用列印組態），接下來詳細說明。

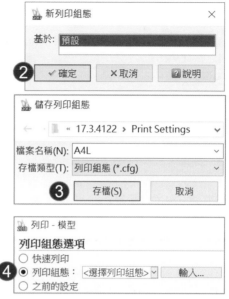

5-9-1 一般

顯示列印組態被套用在模型還是圖頁與列印組態名稱。

套用列印組態：模型空間

目前圖頁的列印組態：預設

5-9-2 新增 ⊕

新增列印組態並輸入列印組態名稱，過程蠻多的，以步驟說明。

步驟 1 新列印組態視窗

指定其中組態作設定基準，例如：預設，下圖左。

步驟 2 儲存列印組態視窗

承上節，按下確定後，進入儲存列印組態視窗，定義組態名稱 A4L→存檔，下圖右。

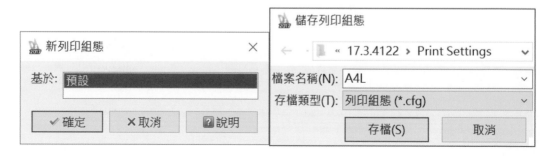

5-9-3 編輯

　　回到列印組態視窗，定義列印組態，例如：紙張大小、指定列印比例...等→儲存，回到本節列印組態管理員。

5-9-4 輸入

　　由開啟舊檔視窗，載入工程圖或列印組態檔案（*.CFG）套用為組態列印。由於列印設定可以會隨工程圖一同儲存，輸入功能就在於此，下圖左。

5-9-5 啟動

　　啟動又稱套用。由清單指定其中一個列印組態→啟動列印組態，下圖右。

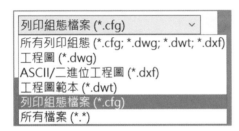

5-9-6 指定給（適用圖頁）

　　將列印組態分配給圖頁？下圖左。

5-9-7 設定

　　顯示所選列印組態設定，包含印表機名稱、類型、位置和列印大小/方向，下圖右。

5-9-8 產生新圖頁時顯示對話方塊

產生新圖頁時，顯示列印組態管理員，例如：產生 SHEET2 圖頁，出現列印組態管理員。

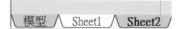

5-9-9 請勿將相同名稱的圖頁跟組態關聯

是否將列印組態套用在相同的圖頁名稱中，例如：圖頁 1 已經套用列印組態 A3，刪除圖頁 1→新增圖頁，圖頁名稱要相同（圖頁 1）。

A ☑ **請勿將相同名稱的圖頁跟組態關聯**

新的圖頁 1 套用 A3 列印組態。

B ☐ **請勿將相同名稱的圖頁跟組態關聯**

新的圖頁 1 套用預設列印組態。

5-9-10 列印組態右鍵

在列印組態右鍵可進行：啟動、重新命名、刪除。也可快點 2 下清單名稱進行命名作業，無法對預設進行命名。

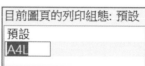

5-10 預覽列印（Preview，PRE）

預覽列印減少列印錯誤損失，與開啟列印視窗的時間。透過上方檢視工具列查看下方縮圖（箭頭所示）。你會發現所有軟體都有預覽列印，且存在列印視窗中，只是預覽列印少了進入列印視窗步驟。

很多人列出來才發現印錯，例如：紙張方向錯誤，造成圖形列印超出範圍、線條粗細、尺寸漏標、圖印錯...等，所以預覽列印最大價值就是破除盲點。

試想，列出來不見得馬上取圖會先忙一陣子，等到拿圖才發現圖印錯，又要回到電腦開啟圖檔再印一次，其實大郎也不會每次列印都執行🔍。

和各位分享一個技巧，預覽列印不見得是列印，由預覽畫面可以找到看不到的盲點呦！比別人降低錯誤率，這就值得了。

5-10-1 檢視縮圖

預覽視窗提供向量縮圖，可以利用上方檢視工具來控制圖形範圍，拉近不會有鋸齒狀。將游標放在圖形上方，可以透過滑鼠按鍵來替代檢視工具。

中鍵滾輪：拉近/拉遠、按住中鍵滾輪：平移。

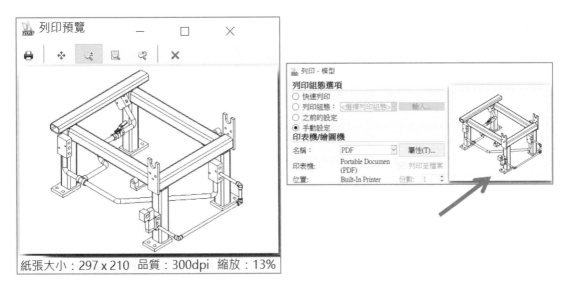

5-11 列印（**Print，Ctrl＋P**）🖨

將目前工程圖透過列印視窗列印至印表機，閱讀本節你會發現設定很細，以獨立一章介紹，再增加內容說明。

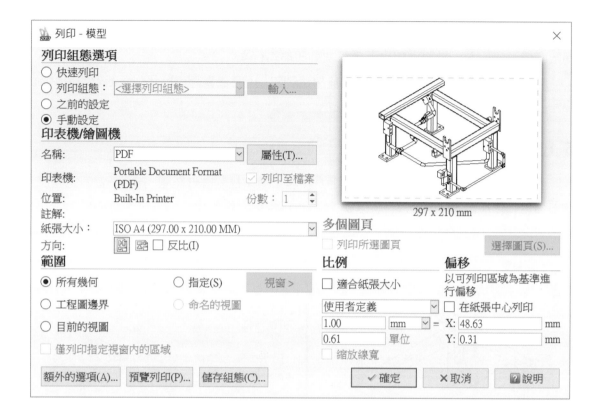

5-12 批次列印（**BatchPrint**）

　　將多張圖紙發佈至繪圖機、印表機、DWF 或 PDF。實務上，都是一張列印，花費大量時間和重複操作。功能就像把 LPT 檔案，用介面執行列印工作，和 SolidWorks 工作排程器，適用 Professional 或 Enterprise。

5-12-1 新增檔案/新增資料夾

指定檔案或資料夾中所有檔案新增至列印工作清單,系統會針對工程圖每個圖頁,分別新增項目至列印工作清單。。

5-12-2 輸入/儲存

輸入先前儲存的列印檔案,下圖左。將列印工作清單儲存至*. BPL 檔案,下圖右。

5-12-3 移除圖頁

從列印工作清單中,移除所選檔案。

5-12-4 選擇全部/清除清單

選擇全部要列印的項目。

一般					
列印	檔案名稱 (圖頁名稱)	列印組態	狀態	群組	份數
☐	12-1-2(pump hou...g).dwg (Sheet1)	啟用:預設	無列印組態	☐	1
☐	13-21(桌子).DWG (Model)	啟用:預設	印表機不可用	☐	1

☐ 選擇全部(A)　新增檔案(A)...　新增資料夾(O)...　輸入(I)...　儲存(S)...　移除圖頁(R)　清除清單(L)

5-12-5 內建印表機輸出的檔案位置

路徑會設定資料夾,以便將輸出檔案儲存至內建印表機(例如:*.pdf、*.jpg 和 *.dwf)。

5-13 屬性(DrawingProperties)

也是檔案屬性,用來檢視或編輯目前工程圖資料,例如:作者、主旨、建立時間,也可自訂屬性。於 PDM 或 ERP 而言,檔案屬性是必備的,透過工程圖範本(*.DWT)建立相關資料,就不必重複輸入。

5-13-1 摘要

檢視基本屬性。摘要包含:作者、關鍵字、註解、標題與主旨,這部分和 PDF 輸出說明相同,不贅述,本節謹說明統計資料。

由統計資料可顯示工程圖檔案建立日期、時間、儲存時間,及上次存檔使用者名稱。顯示格式依據 Windows 地區及語言視窗,切換日期及時間格式。

A 建立時間

第一次存檔時間,該時間無法修改是歷史紀錄。

B 上次儲存時間

紀錄上次儲存時間,可追蹤修訂時間。

C 上存檔儲存者

紀錄上次儲存人員,可紀錄由誰修改。

5-13-2 自訂

定義工程圖的屬性。自行輸入名稱或從清單選擇名稱,輸入對應值,例如:於名稱欄位輸入圖號,值輸入 20170501,下圖左。

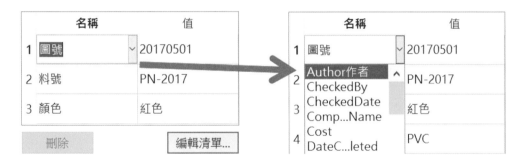

5-13-3 編輯清單

進入自訂屬性視窗,新增、刪除或修改屬性名稱,可以節省人員輸入或找尋項目時間,例如:修改 Vendor (供應商),給名稱欄位使用。

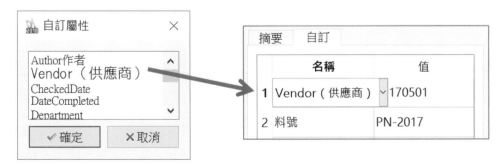

5-14 錯誤檢查（Check）☑

診斷工程圖完整性並更正錯誤，圖檔損毀時恢復部分或全部資料。使用過程會出現命令提示，對任何偵測結果，都會在指令視窗說明，下圖左。

5-14-1 *.ADT 的 ASCII 檔案

錯誤檢查會產生*.adt 的 ASCII 檔案，包含偵測到錯誤報告，檔案和工程圖位於同一個資料夾。如果檢查正確工程圖，不會產生錯誤報告。

5-14-2 錯誤檢查好處

錯誤檢查也可確定工程圖完整性，例如：感覺工程圖怪怪的，錯誤檢查後得到資訊：找到 0 錯誤，是否覺得心安呢？

```
指令視窗                    —    □

但記錄沒有 SymAttDefs 應為 設為假 (測試:不等)
錯誤:BlockTableRecord(15C): hasSymAttDef 旗標為
真，但記錄沒有 SymAttDefs 應為 設為假 (測試:不等)
錯誤:BlockTableRecord(170): hasSymAttDef 旗標為
真，但記錄沒有 SymAttDefs 應為 設為假 (測試:不等)
資訊:455 物件查核
資訊:在檢查過程中總共找到 9 錯誤，更正了 9
```

```
指令視窗                    —    □

預設: 否(N)
確認: 自動更正工程圖資料庫錯誤嗎？
指定 是(Y) 或 否(N)» Y
資訊:830 物件查核
資訊:在檢查過程中總共找到 0 錯誤，更正了
```

5-15 清除（Clean）✎

清除已定義或載入，未使用的圖塊、圖層、線條樣式...等物件，和 2D CAD Purge 指令相同。清除可省去不必要判斷，例如：過多圖層或圖塊會影響別人判斷。

清除可大幅減少檔案大小，例如：原本 1M→300KB。曾經有同學將圖塊刪除，但插入同名稱新圖塊後卻還是舊圖塊內容，使用清除就可以解決。

不能刪除：圖層 0、有工程圖圖元圖層、線條樣式、文字樣式、表格樣式和富線樣式。

5-15-1 顯示未參考的圖元/顯示參考的圖元

分別切換以上 2 大項目，看出可捨棄或不可捨棄的圖元。換句話說，顯示未參考的圖元＝可捨棄或不可捨棄的圖元。顯示參考的圖元＝不可捨棄的圖元。

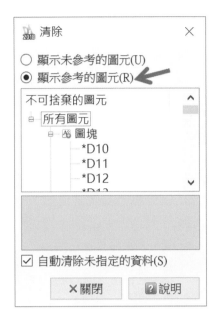

5-15-2 刪除/全部刪除

點選上方項目刪除不要的。也可以什麼都不要想→全部刪除,大郎蠻常用全部刪除。

清單下有內容才可以被刪除,否則那只是項目名稱,例如:圖層之下的 CENTER 圖層未使用,可以被刪除,線條型式就不行(箭頭所示)。

5-15-3 刪除相關的圖元

是否刪除連同被參考的圖元,例如:尺寸有標註圖塊,刪除圖塊過程會連尺寸刪除。刪除過程是否要出現確認刪除視窗。

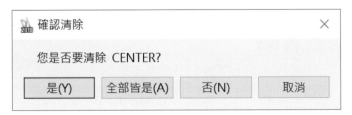

5-15-4 自動清除未指定的資料

清除上方沒有指定的項目，例如：圖塊、尺寸樣式、圖層...等，系統會自動幫你清除。

5-16 修復（**Recover**）

由開啟舊檔開啟因復原而損壞的工程圖檔案，於指令視窗顯示修復訊息，例如：找到 34 錯誤，更正 34，判斷錯誤數量和有沒有完全修復。通常：

1. 開啟 DWG 備份檔*. BAK

2. 修改為*. DWG 後

3. 再進行修復。

指令視窗	— □
已移除 (測試:無效)
錯誤:ProxyObject(1B23): 參考 (92) 的重複所有權
已移除 (測試:無效)
錯誤:ProxyObject(1B23): 參考 (97) 的重複所有權
已移除 (測試:無效)
資訊:4594 物件查核
資訊:在檢查過程中總共找到 34 錯誤，更正了 34

5-16-1 毀損視窗

畫圖畫到一半，出現檔案毀損訊息。

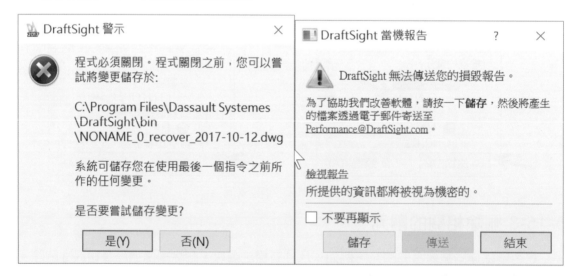

5-17 最近瀏覽清單

最近文件清單可容納 10 個項目，且最近使用的檔案位於頂部，選擇項目即可開啟，可減少不斷開啟舊檔找尋檔案，下圖左。

5-18 瀏覽最近的文件（**F4**）

承上節，瀏覽最近的文件（Preview Recent Documents），該視窗以縮圖顯示，可容納 10 個項目。功能上可以：1. 點選縮圖開啟文件、2. 開啟資料夾、3. 保持顯示，下圖右。

這部分未來會整合為瀏覽最近的文件，不再以左圖方式呈現，因為佔據螢幕空間。

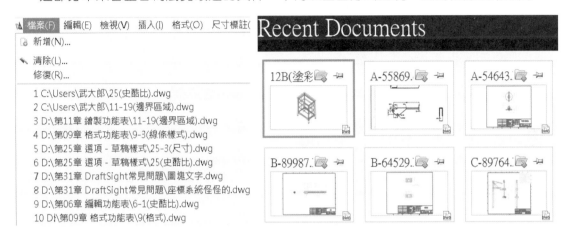

5-19 結束（**Exit**）

關閉 DraftSight 並關閉已開啟的文件，功能如同右上角的關閉。遇到正在使用的文件，系統會詢問是否儲存變更→關閉 DraftSight。

5-20 輸入 Import

DraftSight 擁有輸入 SAT 3D 檔案能力，SAT 為 ACIS 核心 3D 格式。該指令不在功能表或工具列中，必須在指令視窗輸入 Import 或 ImportSAT、ACISIN、SATIN。

會開啟視窗讓你指定 ACIS（*.SAT）模型。

5-20-1 支援 SAT 1.05 至 10.00

　　DraftSight 支援 SAT 版本很舊,必須在輸出過程降版本,例如:在 SolidWorks 輸出選項→ACIS 版本,調整版次為 10.0。

5-21 輸出 ExportSAT

　　DraftSight 繪圖核心為 ARES,可以將 2D 和 3D 內容儲存在 DWG 中。ExportSAT 將所選區域、實體或本體輸出至 SAT,與 2D CAD 不同的是,DraftSight 必須輸入完整名稱 ExportSAT 才可執行。

5-21-1 3D 格式

　　ACIS 核心 3D 副檔名有 2 個:1. SAT 文字檔(Txt)、2. SAB 二進位檔(Binary),遇到對方要 3D 模型檔,轉 SAT 就對了,因為 SAT 比較常見。

5-21-2 2D 格式 DXF

2D 副檔名 DXF（Drawing Exchange Format），DXF 用在 ACIS 核心軟體：AutoCAD、CADKEY、MicroStation。

5-21-3 將 3D 模型輸出 SAT

步驟 1 exportSAT

步驟 2 指定區域、實體或本體，在繪圖區域選擇要輸出圖元

步驟 3 在建立 ACIS 檔案視窗儲存檔案

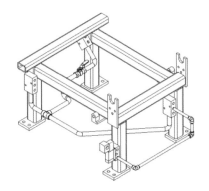

5-22 檔案標籤

被開啟的檔案會以標籤形式呈現，本節特別獨立出來說明檔案標籤功能，有些是額外功能，很多人不知道。

5-22-1 展開檔案清單

若檔案過多標籤被淹沒，按右邊向下三角形（箭頭所示），展開檔案清單，選取其中一個檔案後呈現出來（箭頭右所示）。

5-22-2 跳躍切換

游標在標籤上，還可指定（跳躍）圖頁開啟，例如：目前開啟 27-4 圖塊，游標在左方 7-6 縮放的檔案標籤上，由提示直接切換到 LAYOUT 空間（箭頭左所示）。

這項好處破除以往啟用圖頁後，再點選下方的 LAYOUT 標籤的時間。

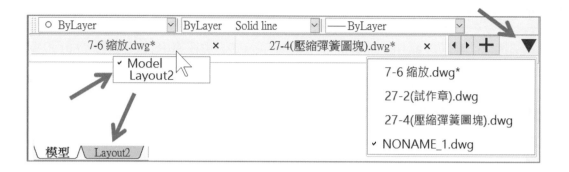

5-22-3 右鍵功能

於標籤上右鍵可見檔案標籤額外功能,這很多人不知道,接下來說明比較特殊的功能。

A 緊密

緊密=關閉,應該是翻譯錯誤。

B 全部關閉

視窗→全部關閉也有,這裡提供便利。

C 關閉其他工程圖

目前開啟的圖面保留,其餘的檔案全部關閉,這功能還不錯用。

D 設為第一/最後一個標籤

將游標上的圖頁放在第一頁或最後一頁,不必利用拖曳。

E 開啟包含的資料夾

將所選圖頁開啟該檔案路徑,就不必另存新檔來查看工程圖的路徑,這功能不錯用。

編輯功能表

本章介紹編輯工具，包含指令技巧。軟體都有編輯功能表，功能差不多，會發現都是 Windows 操作，不必擔心學不會。

畫圖過程是編輯，實務上常用快速鍵最方便也是人性，例如：複製 CTRL＋C→貼上 CTRL ＋V。CTRL＋Z 復原，查看被復原圖形，若發現超過了，利用 CTRL＋Y 復原一個個查看。

編輯很多指令在**標準工具列**，本章以**編輯功能表**順序為主。

編輯(E)	檢視(V)	插入(I)	格式(O)

↶	復原(U)	Ctrl+Z
↷	取消復原(R)	Ctrl+Y
✂	剪下(T)	Ctrl+X
📋	複製(C)	Ctrl+C
📋	參考點複製(O)	Ctrl+Shift+C
📋	貼上(P)	Ctrl+V
📋	貼上為圖塊(B)	Ctrl+Shift+V
📋	貼上選取的格式	
🧽	擦掉(A)	Del
📄	全選	Ctrl+A
ABC	尋找...	Ctrl+F

6-1 復原（Undo，U，Ctrl＋Z）

逐一回復上一步作業。本節說明復原選項，不會就算了，會 Ctrl＋Z 就好，其餘是功能面，因為指令太細不常用。復原包含甚至包含視角，這部分和 SolidWorks 不同，SolidWorks 復原不包含視角。復原使用率高，Ctrl＋Z 會比 U 更常用，因為很少人知道 U。

6-1-1 Undo 選項

進入選項：自動（A），後（B），
開始（BE），控制（C），結束（E），
標記（M）或指定要復原操作數。

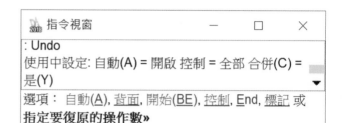

6-1-2 自動（A）

系統提示開啟或關閉復原的自動模式，下圖左。

A 關閉（OF）

一步步復原。

B 開啟（ON）

所有動作集合成群組一同復原，例如：先前一條條刪除小狗身上線條，這時小狗線條會全部恢復原狀，下圖右。

6-1-3 背面（B）

承上節，功能類似不建議認識。

6-1-4 開始（BE）

將步驟集合成群組，可一次復原一組步驟。使用開始選項後，接下來作業會記錄成群組直到使用結束（E）選項。復原過程會出現 U 群組，不建議使用蠻麻煩的。

6-1-5 控制（C）

可控制復原的處理程序，所有步驟統一紀錄、部分記錄、刪除所有步驟。

Ⓐ 所有

所有步驟記錄下來，以備復原。

Ⓑ 合併

是否將多個縮放與移動合併成單一動作，作為復原或取消復原之用。

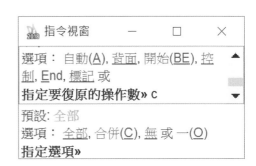

Ⓒ 無

刪除所有復原步驟，無法使用復原。

Ⓓ 一個

僅最後一個步驟可以被復原。

6-1-6 結束（E）

將步驟集合成群組。使用終止選項定義群組步驟結束位置，不建議使用蠻麻煩的。

6-1-7 標記（M）

用圖元標示要被復原圖元，未被標示的圖元就不被復原，不建議使用蠻麻煩的。

6-1-8 指定要復原的操作數

輸入要復原步驟值，1 個指令＝1 步驟，有點像設定被復原次數。例如：分 3 次刪除多個圖元，系統只當 1 個操作數。輸入較大數字，例如：999，回復到剛開啟未更改狀態，省去關閉不重啟檔案的麻煩，下圖左。

6-1-9 沒有要復原的動作

復原步驟停止，再度執行復原動作，系統會顯示沒有要復原動作訊息。

6-2 取消復原（Redo，Ctrl＋Y）↻

取消先前的復原操作，可取消多個復原步驟，透過快速鍵最好，這指令沒有選項。

6-3 剪下（Cut，Ctrl＋X）✂

將所選圖元剪下，剪下圖元會消失，利於後續貼上編輯。快速鍵最好，這指令沒選項。被剪下圖元會被刪除並留在記憶體（RAM）中，剪下與貼上會共同使用。

6-4 複製（Copy，Ctrl＋C）📋

將所選圖元複製，利於後續貼上編輯，快速鍵是最好方式。課堂上要同學先按 CTRL 再按 C，因為常發生先按 C 再按 CTRL 的，畢竟 Ctrl＋C，CTRL 在前面。

被複製的圖元會保留在工程圖中，複製與貼上會共同使用。

6-5 參考點複製（**CopyWithReferencePoint**）

所選圖元及參考點從工程圖複製，利於後續貼上有基準，Ctrl＋Shift＋C最好。Ctrl＋Shift＋C在Windows定義為複製格式，例如：文字複製過程連同字型、顏色一起複製。

6-5-1 先睹為快，參考點複製

本節說明如何將左下方狗頭進行參考點複製。

步驟 1 選擇要複製的圖元

步驟 2 Ctrl＋Shift＋C

步驟 3 於圖形左下角指定複製基準 P1

步驟 4 CTRL＋V 可以見到製作的基準

6-6 貼上（**Paste，Ctrl＋V**）

將被剪下或複製的物件貼上，快速鍵是最好方式。

6-6-1 DraftSight 圖形貼到 SolidWorks

將 DraftSight 圖形複製→直接貼到 SolidWorks 草圖或工程圖。對於已繪製過的圖形，不必由 SolidWorks 重新繪製。

6-6-2 SolidWorks 圖形貼到 DraftSight

承上節，無法將 SolidWorks、AUTOCAD 圖元貼到 DraftSight，因為 DraftSight 無法相容與解析 SolidWorks 圖形，希望 SolidWorks 與 DraftSight 支援雙向複製與貼上。

6-7 貼上為圖塊（PasteAsBlock）

將複製或剪下圖元貼至工程圖作為圖塊。不必事後將圖元產生圖
塊，是相當好用的工具，透過 Ctrl＋Shift＋V 是最好方式。

6-8 貼上選取的格式（PasteSelectedFormat）

嵌入檔案或連結檔案會更新連結，在 OFFICE 稱為選擇性貼上。將物件複製到剪貼簿
中，資訊會以所有可用格式儲存與選擇，這是 OLE 技術，例如：將 WORD 文字貼到 DraftSight。

可以將 WORD 的文字、圖片或檔案直接 CTRL＋C→CTRL＋V 貼到 DraftSight，不必透
過該視窗，這樣比較快。利用視窗只是貼上功能提高，以及快點 2 下被貼上的物件，可以
會回到該視窗。這項功能與插入→物件相同，下圖右。

6-8-1 來源

顯示包含複製資訊的文件名稱，還可展示複製文件的指定部分。

6-8-2 貼上

將剪貼簿內容貼上到目前圖面中做為內嵌物件。

6-8-3 貼上連結

將剪貼簿內容貼到目前圖面中。如果來源應用程式支援 OLE 或資料連結，則會建立至原始檔的連結。當原始文件更新，DraftSight 內容也會跟著更新。

6-8-4 結果

顯示將剪貼簿內容貼到目前圖面時，所能使用各種格式。

6-8-5 以圖示顯示

插入應用程式圖片而不插入資料，請按兩下圖示編輯資料，例如：WORD 圖示，下圖左。

6-8-6 物件連結

快點 2 下物件，連結到該程式，例如：繪圖區域會見到 WORD 並編輯文字，下圖右。

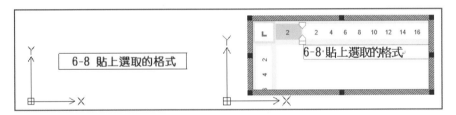

6-9 擦掉（**Erase，Del**）

使用 Delete 移除圖元，我們習慣刪稱呼，透過 Delete 快速鍵是最好方式。

6-9-1 還原刪除 Undelete 或 OOPS

Undelete 或 OOPS 復原被誤刪圖元，OOPS 僅復原上一次刪除，無法連續復原，OOPS 就是英文的糟糕。不過還是建議 Ctrl＋Z 比較好用，OOPS 不常用。

6-9-2 點選掣點刪除

教學過程常遇學員不知哪學來的刪除方式，先點選圖元→刪除掣點，因為掣點必須先選圖元才會顯示。

6-9-3 右鍵刪除

雖然點選圖元後右鍵→刪除也可以，但不是有效率方法。

6-10 全選（SelectAll，Ctrl＋A）

將工程圖所有圖元選擇起來，進行後續編輯。

很多人習慣用框選選擇圖元，這是壞習慣，一定要改掉。

6-11 尋找（Find，Ctrl＋F）

尋找或取代工程圖文字，節省大量重複編輯時間。

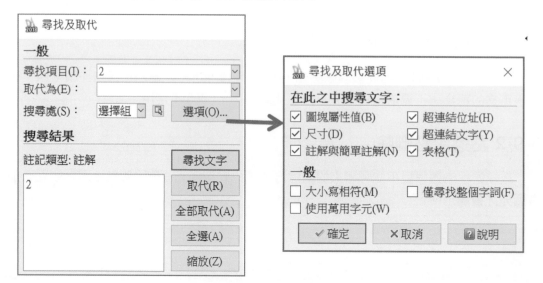

6-11-1 尋找項目

在欄位中鍵入要尋找的文字，例如：2。

6-11-2 取代為

在欄位中輸入要取代搜尋後的文字，例如：搜尋 25，取代 2，系統會將所有 25 文字變更為 2。如果只想要搜尋文字而不要取代，可以保留空白。

6-11-3 搜尋處

透過清單指定尋找文字位置。

A 使用中的圖頁/區域

在目前圖頁中尋找/取代文字。

B 整個工程圖

對工程圖所有圖頁中尋找/取代文字。

C 選擇組

回到繪圖區域選擇要尋找文字，可點選或框選。

6-11-4 選項

指定要搜尋圖元類型，屬於限制尋找範圍，例如：尺寸、註解、表格…等。設定搜尋選項，例如：大小列相符、僅尋找整個字詞。

A 圖塊屬性值、尺寸

搜尋圖塊屬性文字、搜尋尺寸標註文字。

B 註解&簡單註解

搜尋單行和多行文字。

C 超連結位址、超連結文字

搜尋超連結 URL 網址、搜尋超連結文字。

D 表格

搜尋表格內文字。

E 大小寫相符

搜尋文字大小寫限制,例如:搜尋 R 就不能找到 r。

F 僅尋找整個字詞

僅尋找完全相符的文字。例如:Draft,無法找到 DraftSight。

6-11-5 搜尋結果

顯示尋找項目結果並透過尋找文字、取代、全部取代…等設定進行搜尋後的作業。

A 註記類型

分別顯示搜尋內容以及取代後結果。例如:尋找項目 9➔尋找文字,上文得到註記類型:94 年 9 月。再按一次尋找,下文顯示沒有找到更多的發生事件。

B 尋找文字

點選尋找文字,在上文顯示找到文字內容,可多按幾次尋找來得到循環式結果,例如:R,可以得到未標示之圓角皆為 R2、SolidWorks 的結果。

C 取代

取代所有找到文字,例如:1. 尋找項目 R➔2. 以此取代 1➔3. 尋找文字,直到沒有找到更多發生事件,就可知道已經取代完成。

D 全部取代

取代所有找到文字,不必一一取代。

E 全選

將尋找後內容全部選起來。

F 縮放

縮放尋找出的文字區域方便查看，例如：

1. 尋找項目 R

2. 尋找文字

3. 縮放，可以得到 R 附近區域。不過，無法縮放大小。

筆記頁

檢視功能表

檢視聯想和看有關，畫圖下意識檢視圖面，不得已才會點選指令。檢視包含：重新計算、縮放、重疊顯示、座標系統…等，指令分散在不同工具列，想認識的人也不多，因為拉近、拉遠、適當大小被快速鍵或滑鼠中鍵取代，不太按指令。

3D DWG 塗彩操作上不夠直覺也單調，建議 DWG 轉 SAT，由 SolidWorks 處理塗彩會比較有效果，這就是整合。本章說明檢視工具列指令，它們很簡單，沒有過多選項要認識，只要閱讀有印象即可。

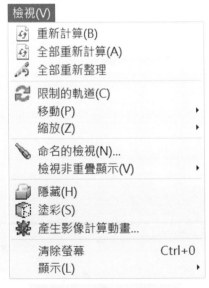

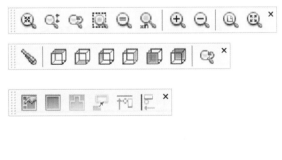

7-1 重新計算（Rebuild，RE）

計算目前工程圖，儲存檔案或切換圖頁系統會自動執行重新計算，Rebuild＝Regen。

7-1-1 螢幕更新頻率

22 吋螢幕更新頻率多半是 59～60 之間，預設為 59，推薦將頻率提高到 60MHZ，避免不斷使用重新計算，下圖左。

7-2 全部重新計算（RebuildAll）

重新計算所有圖形。大量編修過程需要更有效率時，圖形解析不須這麼完整是可以的。圖形編修完成後→，會稍微比對一下圖形沒注意到地方，下圖右。

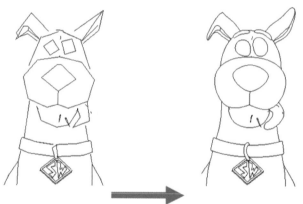

7-3 全部重新整理（Refresh）

移除螢幕光點殘留，整理時間比少，Refresh＝AutoCAD Redraw。光點不是真實圖形不會被列印，光點是繪圖過程，例如：修剪圖元留下來的殘影。

以上發生在 CRT 螢幕，LED 螢幕不再發生，即使有也極少見，以下圖形用草圖點示意光點殘留。

7-3-1 重新整理 ≠ 重新計算

軟硬體效能提升下,不需區分重新整理與重新計算時間,反而直接重新計算即可。

	重新整理	重新計算
理論	圖面上的表面整理(計算)	深層計算同時也包含重新整理
作為	◦ 平移、複製 ◦ 畫圖元,例如:直線 ◦ 拖曳圖元	◦ 拉近拉遠 ◦ 製作剖面線 ◦ 爆炸

7-4 限制的軌道(**RollView**,**Shift** + 中鍵)↻

旋轉 3D 模型,推薦 Shift + 中鍵是最好方式,不過要適應一下才會上手。

7-4-1 顯示弧度球

旋轉過程畫面顯示 4 個象限球,滑鼠於圓中任意軸向旋轉。每個象限各有一個小圓,用來限制水平或垂直軸向旋轉。

7-5 移動(**Pan**,中鍵)

移動又稱平移,檢視繪圖區域外圖形。平移會顯示🖐游標,可四面八方移動,例如:向上拖曳會使圖面向上移動,滑鼠畫圈用來上下左右。按住中鍵即時移動畫面,例如:直線過程,直接移動畫面,移動不會變更工程圖圖元位置或縮放,下圖左。

於功能表可以見到包含:動態、點、上下左右…等,下圖右。

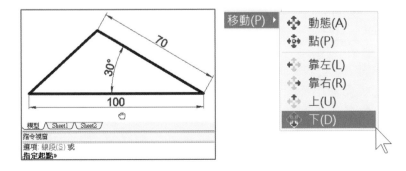

7-5-1 動態（Dynamic，滑鼠中鍵）

工作中最常用就是動態（又稱平移）。指令啟用後透過左鍵或中鍵拖曳，進行上、下、左、右平移顯示。

7-5-2 點

使用 2 點作為移動工程圖距離與方向。透過輸入數值精確移動。

步驟 1 指定基準點或距離

在繪圖區域點選要移動基準 P1。

步驟 2 指定第二個點

點選移動距離（或輸入距離）與方向 P2，完成整個圖面移動。

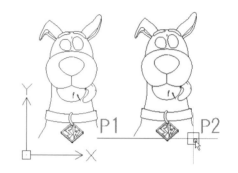

7-5-3 左、右、上、下

分別向左、向右... 移動一個距離位置，這 4 個指令不太好用，知道即可。

7-5-4 右鍵快顯功能表

移動過程右鍵，由清單進行類似檢視作業，下圖左。

7-5-5 水平或垂直捲軸

當圖面大於繪圖區域時，透過捲軸水平或垂直移動，可快速與細部平移，下圖右。

7-6 縮放（ZOOM，Z）

拉近/拉遠變更顯示比例。縮放如同相機變焦鏡頭，增加或減少觀看範圍，實際大小不會改變。可用快速鍵 ALT＋V（檢視）→Z（縮放）→C（中心），快速進入該指令。

🅐 縮放工具列

功能表可見到縮放工具，包含：動態、中心、係數…等，下圖左。縮放工具列就是選項，以指令來說明，下圖右。

🅑 縮放選項

於指令視窗輸入 Z，得到縮放選項：邊界（B）、中心（C）、動態（D）…等，過程中有些選項無法用快速鍵，下圖中。

🅒 縮放快顯功能表

執行縮放過程右鍵，可以見到快顯功能表，下圖右。

7-6-1 動態（ZoomDynamic，中鍵滾輪）

左鍵拖曳平滑拉近/拉遠顯示，點選指令後游標會變為，使用滑鼠滾輪代替。

🅐 拉近/拉遠

滾輪向前推動放大顯示，反之亦然。

🅑 與滑鼠中鍵差異

為動態縮放比較平滑，中鍵會一格格頓頓縮放。

7-6-2 中心（Zoom Center）

指定中心點作為縮放基準，定義放大值為量化縮放。數值小＝放大圖形，數值大＝縮小圖形，縮放參數常參考指令過程的預設，數值這部分不太好用，有耐心了解的人不多。

例如：把預設值設定 100，定義放大或縮小圖形，例如：50＝放大 2 倍、200＝縮小 2 倍。

A 使用

步驟 1 指定中心點

點一下定義縮放基準。

步驟 2 指定放大率或高度

這時會出現預設，輸入 100，這 100 是基準不管圖形放大為何。

步驟 3 再使用

步驟 4 指定中心點

點一下定義縮放基準。

步驟 5 指定放大率或高度

這時會出現預設 100，輸入 50，可以見到圖形放大 2 倍了。

B 重新置中

指令過程按下 Enter，將工程圖重新置中，會見到角落座標在圖面中間，下圖右。

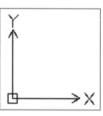

7-6-3 係數（ZoomFactor，ZFA）

以指定縮放係數相對（NX）或絕對（NXP）放大圖面。以 1 為基準，大於 1＝放大、小於 1＝縮小。輸入 2＝放大 2 倍、輸入 0.5＝縮小 2 倍。

NX 和 NXP 最大差別，NX＝絕對，NXP＝相對。NX 輸入 2＝放大 2 倍，再輸入 2＝畫面不會變動。NXP 輸入 2＝放大 2 倍，再輸入 2＝可以持續放大 2 倍。

A 絕對放大（NX）

NX＝數字＋X，以目前畫面 1:1 為基準，進行放大/縮小。例如：輸入 2 會比目前再放大 2 倍。可以省略輸入 X，直接輸入 2 即可（箭頭所示）。

B 相對放大（NXP）

NXP＝數字＋XP，以目前畫面 1:1 為基準可以再縮放，不能省略輸入 XP。例如：輸入 2XP，輸入 2 會比目前再放大 2 倍→再輸入 2＝可持續放大 2 倍。（箭頭所示）。

7-6-4 上一個（Zoom Back 或 Zoom Previous，ZB）

復原上一個縮放畫面，最多可恢復前 10 個畫面。移動、旋轉、拉近/拉遠...等檢視作業，可被記錄視角。目前沒有後一個視角，例如：不小心前一視角過頭，這時只好算了。

以直覺視角查看模型，若要回到印象中視角，這時快速鍵 Ctrl+ZZZZ 回到印象視角。不過 CTRL＋Z 不是專門視角回復，會把你的繪圖過程給復原呦。

7-6-5 已選取（Zoom Selected）

放大所選圖元或文字，這項功能好用，例如：狗牌，下圖左。

7-6-6 視窗（ZoomWindow，ZW）

矩形局部放大所選範圍，在繪圖區域點一下，定義矩形對角 P1 與對角 P2，與 Solidworks 局部放大相同，下圖右。

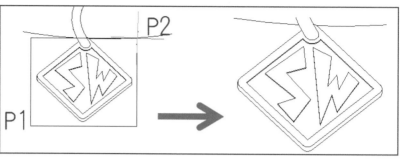

7-6-7 放大（ZoomIn，ZI）🔍、縮小（ZoomOut，ZO）🔍

相對比例放大 2X 或縮小 0.5X，每按一次指令，畫面會增量/縮小顯示，輸入 ZI 或 ZO 會比較快。這部分和滑鼠中鍵滾輪不同，滾輪沒有量化放大縮小功能，只能憑感覺。

7-6-8 邊界（Zoom Bounds）🔍

完整顯示所有物件，例如：圓故意在座標左邊，會被顯示出來，下圖左。

7-6-9 擬合（ZoomFit，ZF、快點兩下中鍵）🔍

承上節，完整顯示物件，縮放至適當大小（上下、左右範圍相等），常用快速鍵 Z→A。擬合在 SolidWorks 稱適當大小。

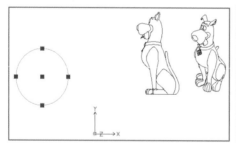
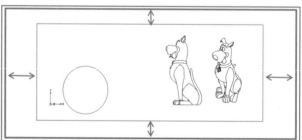

7-7 命名的檢視（Named Views）✏️

將常用視角（畫面）儲存，重新取回以減少檢視次數。模型和圖紙空間都可儲存視角並予以命名。命名的檢視在 SolidWorks 稱為方位視窗，下圖左。

本節重點在新增，先閱讀該視窗有何功能後，再學習會比較容易，下圖右。

7-7-1 檢視類型

　　分別在模型、圖頁（圖頁空間）以及預設切換顯示，每種類型會顯示標準視圖清單。視圖工具列比較接近本節，點選圖示進行視角切換，這樣比較快。

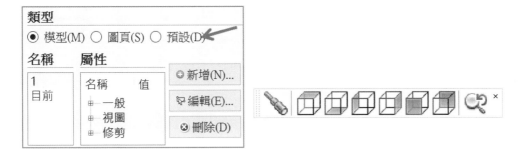

A 模型

　　顯示模型空間的視圖名稱。點選已經定義好的視圖名稱，例如：等角→✔️，可以看到已經放大到等角畫面。

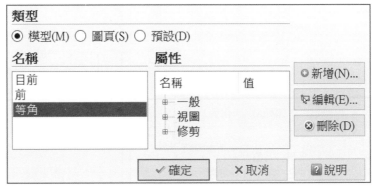

B 圖頁（適用圖頁空間）

顯示圖頁視圖名稱，適用圖頁空間，新增的名稱會歸類到模型類別。

C 預設（適用 3D 模型）

適用模型空間和 3D 模型顯示
世界座標視角，預設 6 個標準視
角：上、下、左、右、前、後、SW
等角視…等。

點選 SW 等角視→✔，可看到
視圖被切換。

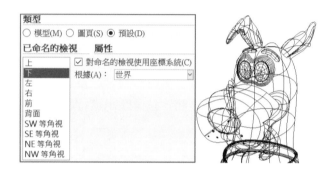

7-7-2 屬性

依類型不同，選擇視圖名稱後查看其屬性，下圖左。

7-7-3 新增 ⊕

新增檢視方位。類似照相能記憶方位，下回還可利用，也有人將要改良、干涉的地方
依序記憶起來，就不會忘記哪些沒被改到。

1. 新增→2. 進入檢視視窗→3. 在名稱中輸入前視→✔，下圖右。

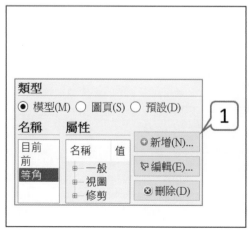

7-7-4 編輯（適用圖頁標籤）

重新定義已定義的視圖邊界，例如：1. 點選視圖名稱（TEST）→2. 編輯→3. 回到繪圖區域，重新選擇視圖邊界→↵。

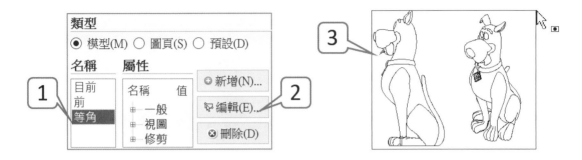

7-7-5 刪除

刪除已命名視圖，不能刪除目前或預設視圖。

7-7-6 視圖視窗

新增一個檢視位置的過程定義名稱、位置或背景，屬於命名視圖的第 2 階段。

A 名稱

鍵入視角名稱，例如：前視圖。

B 類別

輸入新類別或選 1 個類別，例如：基本視圖，下圖左。

C 邊界

定義視角方式，可以為目前顯示畫面或稍後指定，例如：定義矩形區域→↵，下圖中。

D 背景

設定視窗背景。要指定其他色彩，☑忽略預設值，進入格式化背景視窗，下圖右。

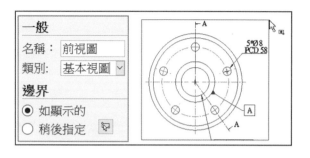

7-7-7 格式化背景

切換背景色彩或指定影像，例如：實體、漸層以及影像。

A 類型－實體

為填實色彩背景。1. 點選色彩→2. 進入色彩調色盤→3. 定義色彩→✔。色彩分為：1. 標準、2. 自訂色彩。色彩於格式→線條色彩，統一說明。

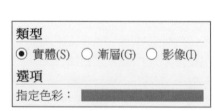

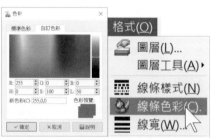

B 類型－漸層

使用 2 種或 3 種色彩，進行漸層背景調色。

B1 兩種色彩

上層和下層所構成的漸層色彩。

B2 角度

由 0～90 度設定色彩顯示角度。

C 類型 – 影像

透過瀏覽找出圖片成為背景。點選修改，進入格式化背景影像視窗，進行圖片位置、比例與偏移，例如：常用擴展，將圖片佈滿為整張圖片。

7-8 檢視非重疊顯示（View Tiles）

將繪圖區分成多個視窗來檢視圖面，每區獨立顯示，一次只能使用一區。視埠很多人不會用，或完全沒用到，因為不知價值在哪，例如：方便對圖或迅速講重點來提高會議效率。

視埠可得極佳檢視效率，取決螢幕大小。視埠太多會影響工作效率，一般分割 4 個視埠。本節有獨立工具列，有些指令適用模型、有些適用圖頁空間，坦白說不好學。

7-8-1 檢視視埠管理員（ViewTiles）

　　由管理員將視窗進行視埠排列並預覽，可以新增檢視排列，並由已命名來指定。初學者一開始不要進入本管理員，先單一、2 個、3 個非重疊顯示…開始用起，下圖左。

A 類型－新增（適用模型空間）

　　由下方預設組態清單選擇視埠，右方預覽看出排列模式，下圖右。新增＝製作過程，不是用來切換顯示。新增必須切換方位切換與視圖取代，定義檢視排列，例如：上方＝SW等角視。定義後輸入名稱→儲存，才算完成。沒按儲存雖然可套用，不過下回無法繼續使用。

B 已命名

切換已命名樣式。新增排列無法存在預設組態中，要在已命名切換，這部分不便利。

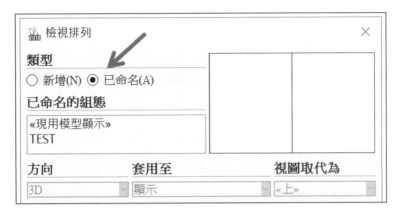

C 預設組態

選擇要使用檢視排列，常用 4 個等距，查看預設組態檢視排列。

D 方向（適用新增）

點選右上方的排列，切換為 2D 或 3D 視埠顯示。2D＝工程圖檢視排列、3D＝定義正投影視圖與等角視圖，例如：4 個等距，分別定義前、上、右、SW 等角視。

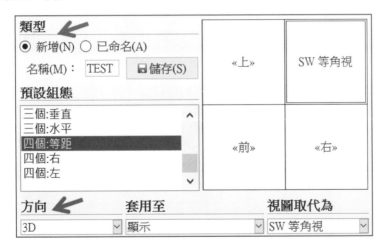

E 套用至

切換使用中視圖並排顯示或顯示，適用 3D。

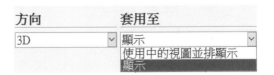

E1 使用中的視圖並排顯示

進一步細分已分割的視埠排列狀態。

步驟 1 點選已分割視埠,系統進入檢視排列視窗

步驟 2 切換組態＝兩個垂直(箭頭所示)→↵

回到繪圖區域可以見到結果。

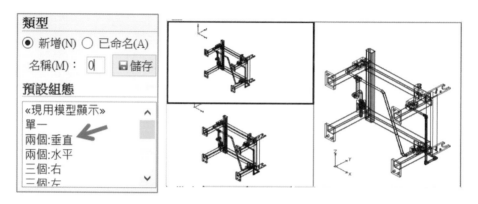

E2 顯示

將預覽排列套用至整個工程圖,不過無法再度分割視埠,這項作業比較常用。

F 視圖取代為(適用模型空間)

先指定視埠→由清單切換視圖,例如:在模型空間將 3D 模型分別指定:前、上、SW 等角視。

7-8-2 單一視埠(S)

回到預設單一視窗(最常用),在模型空間通常以單一呈現。

7-8-3 2 個視埠（2）

　　將視窗排列 1 分為 2，可分為垂直與水平。垂直分割左右視角，適用直向模型。水平分割上下視角，適用橫向模型

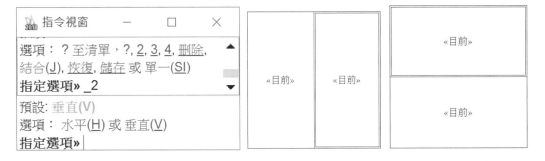

7-8-4 3 個視埠（3）

　　將視窗分成 3 個檢視排列，例如：上方。選取該功能指令視窗出現輸入提示：上方（A），下方（B），水平（H）…等。萬一不清楚這些排列方式，可由預設組態查看。

7-8-5 4 個視埠（4）

　　將視窗呈現田字形排列。例如：在模型空間或圖頁空間呈現 4 個視埠範圍。

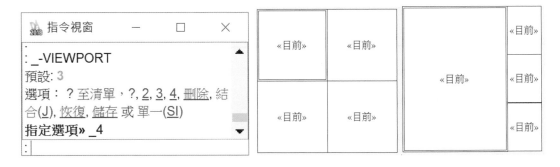

7-8-6 多邊形視埠（適用圖頁空間）

在圖頁用直線畫出多邊形空間成為新視埠，呈現模型空間圖形與圖頁並存，下圖左。

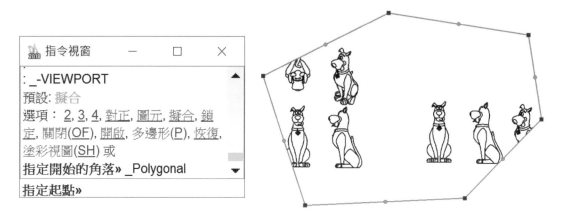

7-8-7 圖元視埠（適用圖頁空間）

圖頁中繪製比較規則的圖元成為新視埠，例如：1. 在圖頁中先畫矩形→2. 點選圓→3. 圖元視埠，可見到模型空間新視埠。

7-8-8 水平對正 /垂直對正（適用圖頁空間）

透過圖元對正兩視埠，例如：水平對正。分別在 2 視埠，指定對正基準點 P1 和 P2。

7-8-9 結合（適用模型空間）

將所選 2 個視埠合併成 1 個大視埠，所選視埠必須不同。

步驟 1 指定主要排列的檢視

選擇保留的視窗，例如：A。

步驟 2 指定要結合的檢視排列

選擇被結合的視窗，例如：B，可以見到視窗被合併為一個。

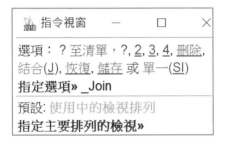

7-8-10 在模型或圖頁空間製作方式不一樣

製作分割視埠過程容易產生圖元重疊，主要是模型空間或圖頁空間呈現方式不同。

A 模型空間

模型空間可以直接分割視窗。

B 圖頁空間

由於新圖頁會複製模型空間圖元，所以 1. 先刪除圖頁空間的圖元→2. 執行非重疊顯示作業，例如：4 個非重疊顯示→3. 指定對角畫出視角區域。

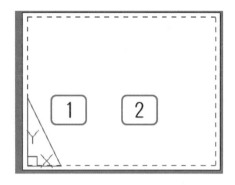 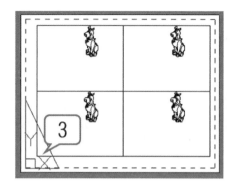

7-8-11 啟用視埠

視埠為獨立狀態，只能在一個視圖工作，也就是目前視圖。被啟用的視埠會有黑色邊框，於模型或圖紙空間啟用方式不同。

Ａ 模型空間

直接點選要啟用的視埠。

Ｂ 圖紙空間

快點 2 下視埠內的區域啟用視埠，快點 2 下視埠外區域結束視埠。

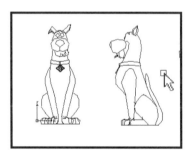 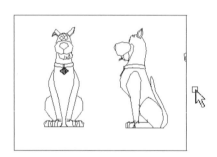

7-8-12 模型與圖頁空間的視埠圖元選擇

在 2 個空間圖元選擇是否同步。例如：模型空間可同步點選圖元，圖頁空間無法。

7-9 隱藏（Hide View，HI）

將 3D 模型移除隱藏線，以線架構呈現，適用
模型空間，隱藏不適用曲面模型。利用塗彩可回
復非隱藏狀態。

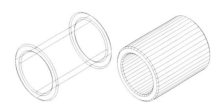

7-10 塗彩（ShadeView，SHA）

塗彩顯示 3D 模型，適用模型空間。透過選項進行 2D，3D 線架構：隱藏（H），平坦
（F），Gouraud，帶邊線平坦（L）或帶邊線 gOuraud（O）。

3D 塗彩很耗效能，看不太出來差異，不建議使用。

7-10-1 2D

使用直線和曲線代表邊界，也就是未塗彩線架構狀態，下圖 A。

7-10-2 3D 線架構

使用代表邊界直線和曲線，會顯示材料色彩，下圖 A。

7-10-3 隱藏

移除隱藏線表示模型，下圖 B。

7-10-4 平坦

顯示為平坦塗彩，模型不平滑顯示，下圖 C。

7-10-5 帶邊線平坦

顯示為帶有邊線平坦塗彩，下圖 D。

7-10-6 Gouraud 著色法

Gouraud（高洛德）著色法一樣以發明人來命名，比平坦塗彩圖元更為平滑也更具真實感，遊戲最常使用的著色方式，下圖 E。

7-10-7 帶邊線 Gouraud

顯示帶邊線的 Gouraud 塗彩，下圖 F。

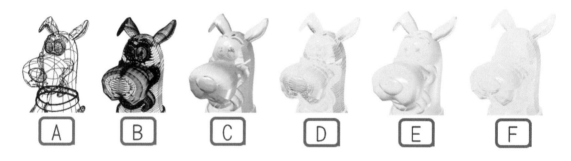

7-11 產生影像計算動畫（ARender）✱

動態顯示模型。承上節，只能靜態檢視模型。

7-11-1 全螢幕（F）

整個螢幕顯示塗彩，下圖左。

步驟 1 按 Enter 指定所有圖元

步驟 2 全螢幕（F）

F→↵，開啟全螢幕視窗，透過滑鼠進行檢視作業。

7-11-2 視窗（W）

以新視窗顯示模型，這比較常用。

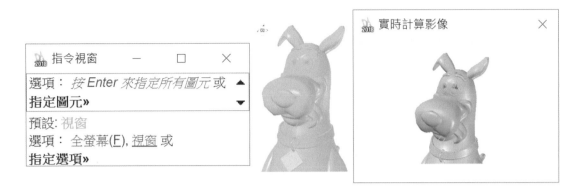

7-12 清除螢幕（Clean Screen，Crtl＋0）

清除螢幕應該稱為全螢幕，清除工具列和圖頁標籤，使繪圖區域加大，再按 Crtl＋0 恢復原狀。

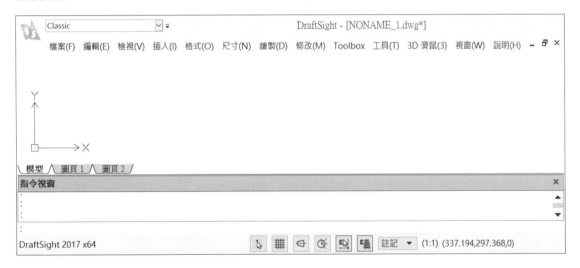

7-13 顯示（Display）

透過子選項指定圖塊屬性、指令歷程記錄以及 CCS 圖示。

7-13-1 圖塊屬性

控制圖塊屬性顯示，下圖左。

A 正常

根據圖塊屬性定義顯示或隱藏。

B 開啟/關閉

強制顯示或隱藏所有圖塊屬性，下圖右。

壓 縮 彈 簧	
外徑	10
線徑	1.2
自由長度	30
有效圈數	6
座圈數	1
尾端型式	閉式+研磨
材質	SUS304

外徑	
線徑	
自由長度	
有效圈數	
座圈數	
尾端型式	
材質	

7-13-2 指令歷程記錄（F2）

按 F2 鍵顯示與隱藏指令歷程記錄視窗，下圖左。

7-13-3 CCS 圖示（CSIcon）

控制座標系統或原點圖示顯示。可同時顯示座標系統與原點，也可 2 個同時關閉，下圖右。

模型空間

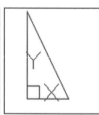

圖頁空間

7-14 檢視屬性

繪製圖元後（不選擇圖元），系統自動顯示檢視屬性，查看圖元相對圖面位置，檢視屬性與座標無關。透過檢視數據表現目前空間大小，如果數據過大，線條比例也會相對大，檢視屬性只能看，不能改，下圖左。

　　畫圖前不要過度放大或縮小繪圖區域，否則一樣是畫圓，認為只要畫直徑 10 的圓，等到畫完圓後標上尺寸，才發現圓太大，下圖右。

7-14-1 中心 X、Y、Z、寬度、高度

　　由螢幕中心得知，滑鼠滾輪拖曳放大或縮小座標位置。

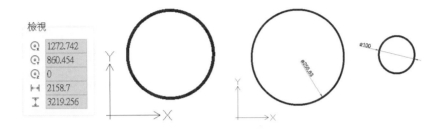

7-15 檢視方向（**ViewDirection**）

　　設定 3D 空間檢視方向（或角度）與視點一致。

7-15-1 檢視角度

　　指定 XY 基準面中與 X 軸角度。

步驟 1 檢視角度（V）＝V

步驟 2 指定 XY 基準面中與 X 軸的角度＝45

步驟 3 指定在目標之上或之下的角度＝45

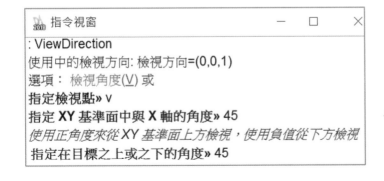

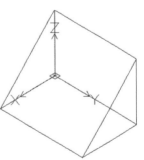

7-15-2 指定檢視點製作

利用軸向作為指定觀測點。接下來介紹視點定義，視點以 0、1 區分。看看就好，不好用，厲害的人會背起來，例如：等角視＝1，1，1。

A 0＝可見軸向、1＝向量正視自己，簡單說不可見

1，0，0（X 軸不可見）	0，1，0（Y 軸不可見）	0，0，1（Z 軸不可見）
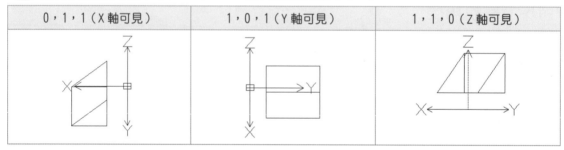		

B 軸非向量正視於（1，1），1 軸向量正視於（0）

0，1，1（X 軸可見）	1，0，1（Y 軸可見）	1，1，0（Z 軸可見）

C 1，1，1（3 軸可見），使用率最高

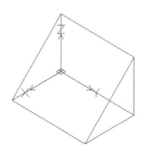

08

插入功能表

　　將物件加到工程圖中，協助工程圖更加完整。本章介紹插入項目：圖塊、超連結、參考工程圖、參考影像、欄位、物件…等。

　　插入有專屬工具列，不過指令很少，本章以功能表指令順序為主。由於圖塊製作與應用分散在不同功能表，本書後面以單獨一章說明，換句話說本節不說明圖塊。

　　有 2 個指令適用 DraftSight Professional：1. PDF **參考底圖**、2. DGN **參考底圖**（方框所示）。有部分指令視窗項目先前已說明，本章不贅述。

8-1 圖塊（InsertBlock，I）

將圖塊插入工程圖中。插入圖塊過程可決定位置、調整比例與旋轉角度，圖塊於後續獨立詳細介紹。

🐾 插入圖塊		✕

一般

名稱(N)： 狗頭 ☑ 瀏覽(B)...

路徑： C:\ProgramData：xamples\狗頭.dwg

位置	**比例**	**旋轉**
☐ 稍後指定(S)	☐ 稍後指定	☐ 稍後指定(E)
X: 0	X: 1	角度(A): 0
Y: 0	Y: 1	**圖塊單位**
Z: 0	Z: 1	單位： 毫米
☐ 爆炸圖塊(B)	☐ 套用統一比例(A)	係數： 1

✓ 確定　　✕ 取消　　❓ 說明

8-2 超連結（HyperLink，Ctrl+K）

檔案連結快速開啟檔案。超連結得到高效率開啟效率，不必一一找尋常用檔案。超連結使用率很高，透過快速鍵 Ctrl+K 是最好方式。本節操作和 Windows 一樣，因為 Windows 也有這功能。

超連結一定要在圖面指定物件，才會出現超連結視窗，例如：點選文字、圖形或照片...皆可。

8-2-1 連結至：文字

輸入超連結說明。輸入上方文字和定義下方地址連結，這功能才可以使用，也才算完成超連結。結束後回到工程圖，當游標在超連結圖元上時，系統回饋🔗讓你知道此物件有超連結，例如：游標在圓上方出現 TEST。

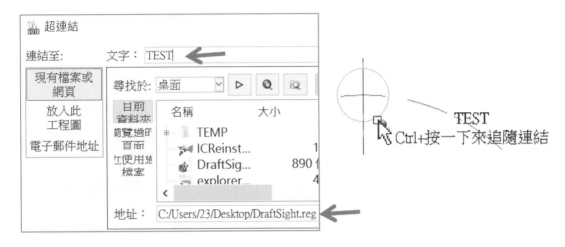

8-2-2 現有檔案或網頁

將超連結現有檔案或網頁並開啟。

A 目前資料夾

由檔案總管指定磁碟或資料夾後，下方清單顯示檔案內容，例如：指定 D:\，顯示 D 槽下資料夾路徑，可過濾找尋要連結檔案。

A1 資料夾上一層 ▷

回到上一層資料夾,不必透過資料夾點選。

A2 開啟 Web 瀏覽器

開啟 DraftSight 官方網站,不知為何有這樣功能,與超連結視窗搭不上邊,除非官網提供網路空間可將檔案上傳,讓功能類似雲端硬碟,下圖左。

A3 瀏覽尋找檔案

由開啟舊檔找尋檔案,不習慣清單尋找(畫面太小)或想用檔案總管功能時,下圖右。

A4 目標頁框

適用 DWG/DWT/DXF,連結 DWG/DWT 檔案並開啟模型或圖頁空間。

B 瀏覽過的頁面

選擇最近瀏覽網址,例如:點選 www.solidworks.org.tw,可以將圖元連結至網站。
也可以下方位址輸入網址,不必透過瀏覽過頁面。

C 最近使用過的檔案

從清單選擇最近使用過檔案作為連結,也可以在下方位置輸入或貼上檔案位置。

8-2-3 放入此工程圖(適用 DWG/DWT/DXF)

連結開啟此工程圖圖頁,例如:點選圖元會自動連結到模型或 SHEET1 圖頁空間。

8-2-4 電子郵件地址

點選連結，系統會建立填有地址、主旨和訊息文字的電子郵件。

8-2-5 開啟超連結檔案

開啟超連結檔案必須按住 CTR＋點選圖元，就可以開啟超連結檔案。

8-2-6 編輯超連結

指定要編輯超連結圖元→Ctrl+K，進入超連結視窗。

8-2-7 無法找到超連結目的地

超連結位置中斷，系統無法連結至目地，下圖左。

8-2-8 超連結 ≠ 外部參考

超連結只是快速開啟檔案；外部參考取得關聯性資料，這 2 者間不同。

8-2-9 放大或縮小視窗

拖曳超連結視窗角落，可進行該視窗放大與縮小。

8-2-10 超連結屬性

點選超連結，由一般欄位超連結可看出連結路徑，下圖右。

8-3 參考工程圖（ReferenceDrawing）

　　將工程圖加至目前工程圖（又稱外部參考），所加入之工程圖為圖塊顯示，觀念就像組合件。開啟檔案時，參考工程圖同時被載入，複製貼上僅是加入，無法形成外部參考關聯。

　　外部參考會載入記憶體，會影響系統效能。

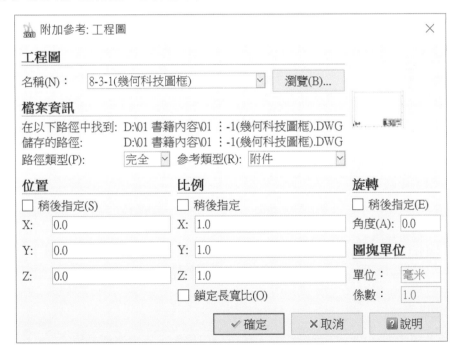

8-3-1 使用參考工程圖

　　由選擇檔案視窗→找出參考工程圖，例如：8-3-1（幾何科技圖框）。進入附加參考視窗，並設定以下項目。

8-3-2 工程圖名稱

顯示已指定的工程圖名稱進行以下作業，由名稱看出是否為你要的圖檔。由清單選擇先前附加工程圖，如果這是第一張工程圖，清單只有一個檔案。

也可以點選瀏覽，由檔案總管找出其他工程圖（箭頭所示）。

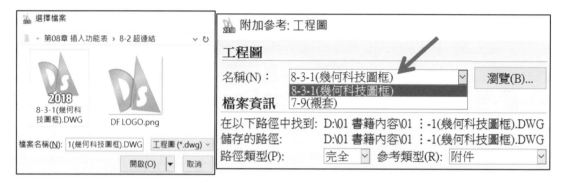

8-3-3 預覽與檔案資訊

視窗右上角顯示所選工程圖小縮圖，左方顯示路徑與參考類型。

A 在以下路徑中找到

顯示外部參考的工程圖檔案路徑。

B 儲存的路徑

顯示目前工程圖檔案路徑。

C 路徑類型

承上節，指定如何顯示工程圖路徑。這項目只是看，不會影響結果。

C1 完全

顯示工程圖完整路徑，例如：D:\第 08 章插入功能表\8-3-1（圖框）.DWG。

C2 無

僅顯示檔案名稱，例如：8-3-1（幾何科技圖框）.DWG。

儲存的路徑:	8-3-1(幾何科技圖框).DWG	
路徑類型(P):	無	參考類型(R): 附件

C3 相對

顯示工程圖相對路徑。如果 2 個工程圖都位於相同資料夾，則只有工程圖檔案名稱會顯示，例如：8-3-1（幾何科技圖框）.DWG。

儲存的路徑:	.\8-3-1(幾何科技圖框).DWG	
路徑類型(P):	相對	參考類型(R): 附件

D 參考類型

加入工程圖時，是否要連結更新，例如：圖框設計變更時，是否更新。附件＝連結、重疊＝不連結，不更新。

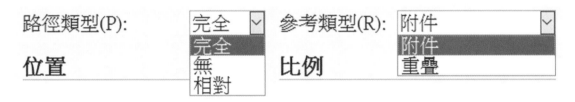

8-3-4 指定插入點、比例、旋轉、圖塊單位

與圖塊說明相同不贅述，下圖右。

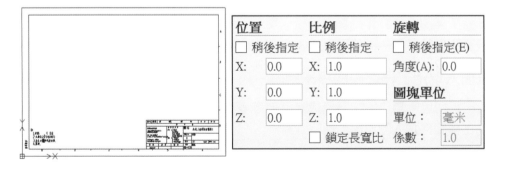

8-3-5 使用參考工程圖好處

參考工程圖＝外部參考，具關連性及保護性，不必擔心工程圖被他人變更，好處如下：

A 外部參考關聯

多人執行相同專案時，確保最後版本顯示在已開啟工程圖。例如：圖面被其他人刪除尺寸→儲存過程會出現，工程圖檔案有寫保護，這樣確保圖面不被變更。

當外部參考遺失，系統會出現 XREF 文字，並保留參考路徑作為紀錄。

B 組合圖製作

從不同工程圖零件檔案，插入並產生組合件工程圖，下圖右。

C 不能加入本身的文件

目前開啟 BOM 工程圖 13-3 參考管理員.DWG，就不能加入 13-3 參考管理員.DWG，會造成循環參考工程圖。

D 無法炸開外部參考

由於外部參考有關聯性，無法進行爆炸。

8-3-6 參考工程圖與圖塊差異

工程圖 A 與圖塊 A→皆可被插入工程圖 B，不過工程圖與圖塊之間有差別。

1. 參考工程圖不須製作圖塊，直接引用、2. 圖塊不是工程圖，只是工程圖一部分、3. 參考工程圖不能被炸開，圖塊可以。

A 無法加入現用工程圖中的標準圖塊

圖塊已經使用，無法附加圖塊成為外部參考，例如：目前工程圖有齒輪圖塊，就無法透過附加工程圖來加入圖塊。

8-3-7 參考管理員

由參考窗格進行附加工程圖作業，參考窗格要自行加入。左邊屬性窗格右鍵→參考，查看階層與屬性、修改項目、載入參考，不必重新製作，這部分和工具→參考管理員連結。

8-4 參考影像（ReferenceImage）

承上節，插入參考工程圖，本節為插入圖片，支援檔案類型：BMP、PNG、JPG 和 TIF。
關於圖片位置、大小、角度... 等，建議到屬性調整比較快，後面有介紹。

8-4-1 先睹為快，參考影像

做法很簡單，1. →2. 選擇檔案→3. 快點兩下插入圖片，進入附加參考：影像圖視窗。

8-4-2 影像/檔案資訊

顯示影像名稱進行以下作業。由圖片名稱和右方預覽，查看是否要的圖檔，下方顯示路徑與參考類型。

8-4-3 位置

定義插入圖片座標位置，也可直接在工程圖中指定或指定影像 X、Y、Z 座標。

8-4-4 比例

調整圖片比例，也可直接在工程圖指定圖片比例、縮放影像比例，數字越大圖片大。

8-4-5 旋轉/移動圖片

指定角度旋轉圖片。拖曳圖片來移動。

8-4-6 圖片屬性－影像調整

進行光亮度、對比度、漸變圖片變化。

A 光亮度（預設 50）

輸入 0～100 範圍，數值越高越亮。

B 對比度（預設 50）

顯示或修改圖對比。輸入 0～100 範圍，數值越高對比越大。

C 漸變（預設 0）

漸變又稱漸層，讓圖片色彩漸濃或漸淡。0～100 範圍，數值越高對比越大。

8-4-7 圖片屬性－幾何

修改圖片位置、大小、角度、比例，下圖左。

8-4-8 圖片屬性－綜合

修改圖片透明度與修剪程度角度，並顯示圖片名稱、圖片路徑，下圖右。

A 透明（預設否）

切換顯示或不顯示圖片透明度，點選影像邊框才看得出效果。

B 顯示修剪（預設是）

是否顯示圖片邊框，圖片邊框也就是圖片邊界，可以凸顯圖片。

C 顯示影像（預設是）

顯示或不顯示圖片。

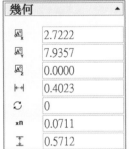

8-5 PDF 參考底圖（PDFUnderlayOptions）

將 PDF 文件附加到工程圖，常用在說明手冊與圖面整合。視窗功能說明插入工程圖相同，不贅述，適用 Professional 或 Enterprise。

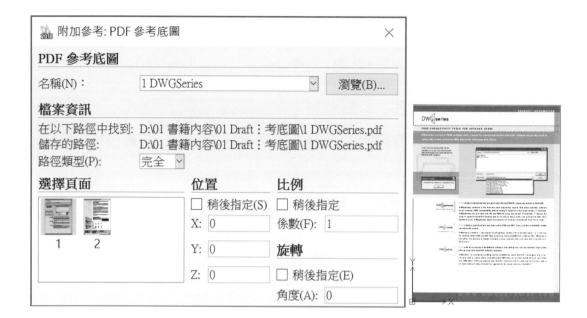

8-5-1 附加的工程圖

於參考屬性窗格可以見到附加的 PDF 檔案，下圖左。

8-5-2 綜合屬性

點選 pdf 圖示，於綜合屬性可以控制參考的 pdf 底圖顯示或隱藏（箭頭所示）。

8-6 DGN 參考底圖（DGN Underlay）

將 DGN 工程圖檔案（DesiGN，*.DGN）作為參考底圖附加至工程圖，DGN 為 MicroStation 建築軟體。本節僅說明選擇設計模型、換算單位、將工程圖轉換為，其餘不贅述。

適用 Professional 或 Enterprise，關於 DGN 檔案可以到 www.q-cad.com 網站下載。

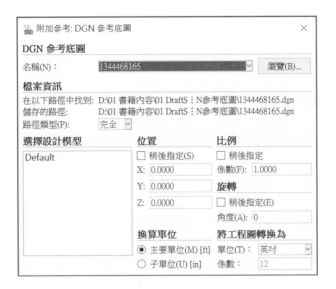

8-6-1 選擇設計模型

工程圖可分離為多個設計模型，每個模型個別工作空間。

8-6-2 換算單位

主要單位和子單位定義測量單位之間關係，例如：英呎和英吋或公尺和毫米。子單位不得大於主要單位，定義測量單位前後有括弧。

8-6-3 將工程圖轉換為

將 DGN 檔案輸入至現在開啟工程圖檔案單位。

8-7 欄位（Field）

新增註記屬性連結，常用在工程圖標題欄，由系統自動更新，減少人工輸入錯誤風險。儲存、列印或重新計算工程圖（檢視→重新計算），欄位會自動更新。

例如：更新修改日期、工程圖名稱或作者…等屬性連結，讓工程圖註記一致性。

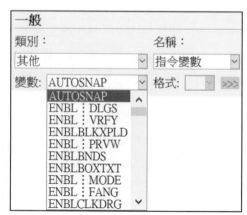

8-7-1 類別

選擇大分類欄位名稱，例如：切換日期與時間並設定名稱。

8-7-2 名稱

由類別引申名稱項目，例如：儲存日期。

8-7-3 格式

指定顯示文字格式，例如：大小寫或日期格式等。

8-7-4 放置註記

欄位設定後✔，在螢幕上放置註記，成為屬性連結，下圖左。

8-7-5 變數

可藉由變數欄位得到相關名稱做為更深入的屬性連結，下圖右。

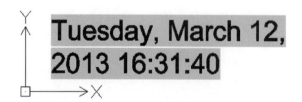

8-7-6 新增、編輯欄位屬性

透過工程圖屬性（檔案→屬性），進行新增、編輯欄位屬性，下圖左。點選文字可顯示與修改文字與幾何屬性，下圖右。

8-8 重新計算欄位（**RebuildField**）

更新所指定的註記，可指定手動或自動計算。這功能不常用，推薦重新計算，進行工程圖整體性計算。

8-9 物件（**InsertObject**）

將其他程式或資料插入 DraftSight，屬於 OLE（Objects Linking and Embedding）物件連結與內嵌。當物件更新，外部參考也會更新，例如：SolidWorks 複製物件→DraftSight 貼上就是 OLE 技術。

OLE 是老技術，相容性高但不穩定，例如：工程圖作業時有可能發生 DraftSight 程式當機或有些物件無法隨工程圖列印。

難道 OLE 不好嗎？不是的，除非是程式內建式的整合才會建議使用，例如：外掛的 3D 滑鼠，由安裝得到程式，下圖右。本節有很多說明與編輯→貼上所選格式相同，不贅述。

 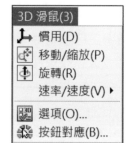

8-9-1 建立新物件

將應用程式功能嵌入 DraftSight 中,例如:將 PDF 嵌入,結果底下軟體簡短描述,下圖左。

8-9-2 從檔案建立

瀏覽插入的檔案,這比較好用,例如:圖片。也可☑連結內嵌檔案關聯性,下圖右。

 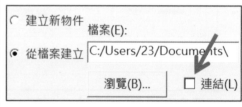

8-9-3 以圖示顯示

希望應用程式圖示出現在工程圖中而不是出現資料,下圖左。

8-9-4 物件屬性

點選物件查看幾何與綜合屬性,下圖右。

Ⓐ 幾何

設定 X、Y、Z 座標或比例大小。

Ⓑ 綜合

設定物件品質、應用程式與類型。

B1 列印品質

清單切換設定物件顯示品質,分別為:單色、低解析度、高解析度。

B2 來源應用程式

顯示物件開啟程式,例如:圖片由小畫家開啟。

B3 類型

顯示物件類型,例如:內嵌或連結。

8-9-5 重新製作

做錯只能刪掉重來,沒有修改機制,例如:希望以圖片顯示,目前顯示為物件,這時就要重來,下圖左。改為調色盤圖片,就能圖片顯示,下圖右。

8-10 DGN 輸入（ImportDGN）🖼

將來 DGN 作為圖塊插入至工程圖中或大量轉換 DGN 檔案到 DWG 中（箭頭所示）。

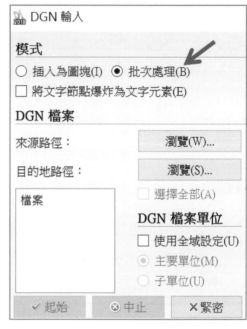

09

格式功能表

本章介紹格式功能表，格式就是物件設定。工程圖包含：圖層、線條、尺寸標註、文字…等，這些就是物件，原則這些設定在選項完成。

設定繁瑣也很細，小到字高、箭頭大小、線條樣式或線條粗細…等和圖學有關。只要準備圖學課本，按需求設定即可，任何 CAD 皆有這方面設定。

初學者會覺得學不起來，要有人教比較快。進階者看得快，因為知道圖學要求什麼，也接受這些要求，畢竟這些為工程圖組成要素。

很多指令為快速選單，例如：圖層、尺寸標註樣式⊿、比例清單...等。大郎認為這樣反而更亂，因為選項只要範本製作好不會常改，有需要的人自行到選項設定即可。所以這些項目避免階層太細，本章不說明，以獨立一章以利閱讀。

有些指令適用 Professional 或 Enterprise，例如：PDF 圖層、DGN 圖層（方框所示）。

9-1 圖層（**Layer**）/⬚

本書後面有獨立章節介紹，下圖左。

9-2 圖層工具（**Layer Tools**）

這本書後面有獨立章節介紹，下圖右。

9-3 PDF 圖層（**LayersPDF**）

將圖面中的 PDF 在圖層中，控制圖層顯示狀態。本節與插入→PDF 參考底圖連結，適用 Professional 或 Enterprise。

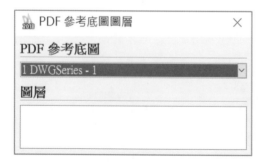

9-3-1 PDF 參考底圖

顯示指定 PDF 參考底圖名稱，由清單選擇其他先前附加 PDF 檔案。

9-3-2 圖層

將 PDF 以製作的圖層載入到 DraftSight，不必重新製作圖層。

9-4 DGN 圖層（**DGN Layer**）

承上節，將圖面中的 DGN 在圖層中，控制圖層顯示狀態。本節與插入→DGN 參考底圖連結，適用 Professional 或 Enterprise，下圖左。

9-4-1 清單選單

由清單選擇其他附加 DGN 檔案，下圖右。

9-4-2 圖層

將 DGN 以製作的圖層載入到 DraftSight，不必重新製作圖層。

9-5 線條樣式（**LineStyle**）

載入與設定線條樣式。線條樣式用來區別圖元差異與性質，依場合套用規定樣式。可用樣式有很多種，不過常用沒幾個，常用為：1. 連續、2. 中心、3. 虛線。

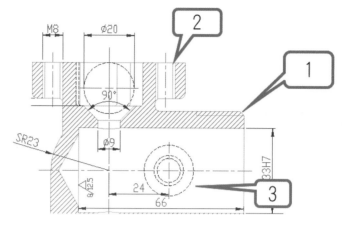

9-5-1 顯示

清單選擇要使用或查看線條樣式：1. 所有線條樣式、2. 線條樣式使用中、3. 引用的線條樣式，下圖左。

A 所有線條樣式

顯示所有線條樣式，下圖中。若是空白圖檔，系統會有 1. 連續、2.ByBlock、3.ByLayer 的實體線，下圖右。

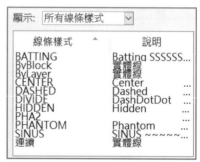

B 線條樣式使用中

過濾顯示目前使用線條樣式，你會發現有些樣式沒有被顯示，因為沒在使用。

C 引用的線條樣式

被外部參考使用線條樣式，例如：壓縮彈簧的圖塊所使用的線條樣式。

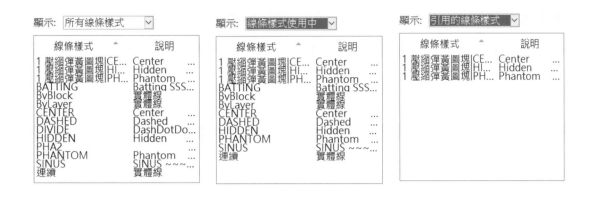

9-5-2 線條樣式與說明

點選線條樣式欄位進行升冪或降冪排列顯示（箭頭所示）。右方說明左邊線條樣式名稱的應用，例如：線條樣式 Center，中心線。

9-5-3 載入

將先前線條樣式載入工程圖中。1. 由載入線條樣式視窗指定線條樣式樣式清單，下圖左。2. 或利用瀏覽載入自行建立的樣式檔（*.LIN），下圖右。

系統內建 2 個樣式檔案：1. INCH.LIN（用於英制）、2. MM.LIN（用於公制）。

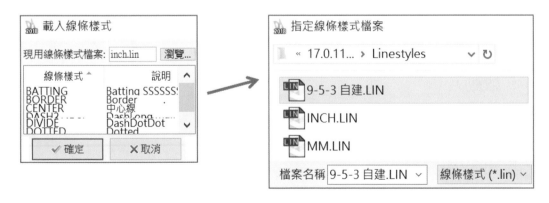

Ⓐ 載入線條樣式

本節說明載入新的線條樣式到清單中，讓未來圖元能夠套用。

步驟 1 點選右上方載入，進入載入線條樣式視窗

步驟 2 指定要載入的線條樣式

按 Ctrl 或 Shift 複選多個樣式。只要載入常用即可，載入太多會讓圖檔變大且亂。

步驟 3 ↵

步驟 4 查看

所選線條樣式會出現在線條樣式清單中，例如：TRILINE、SIMUS（箭頭所示）。這些新加入的線條樣式不會自動成為現用線條樣式，因為你還未使用他。

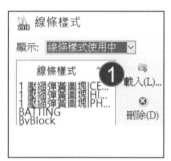 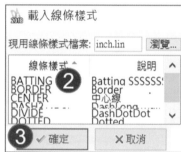 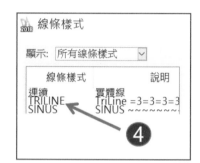

9-5-4 刪除 ⊗

點選不需要的線條樣式，無法刪除使用的線條樣式。

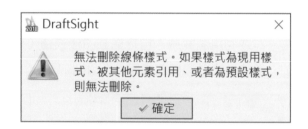

9-5-5 啟動 ⇨

繪製新圖元時，會使用線條樣式，於下方現有線條樣式狀態列看出，下圖左。

9-5-6 顯示/隱藏參數 🔍

於下方顯示所選線條樣式參數，可直接編輯線條樣式註解或符號表示，下圖右。

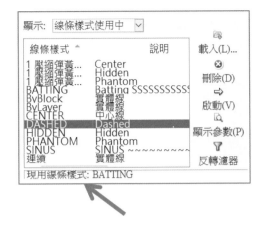

A 全局比例（預設 1）

設定整張圖面線條樣式縮放比例，數字越小越密，例如：避免中心線或虛線成一直線無法完整顯示。

由左至右全局比例：2、1、0.5。

B 圖元比例（預設 1）

設定目前線條樣式縮放係數。圖元比例＝全局比例 X 目前比例，圖元比例適用於新圖元。線型比例是否過當不是以螢幕為準，而是以出圖結果。

C 根據圖頁的單位縮放（預設開啟）

模型空間與圖紙空間線條比例是否相同。通常設定相同，除非不同圖頁的圖紙大小不同，例如：圖頁 1＝A4、圖頁 2＝A3，樣式比例就會設定 A3 比 A4 大，圖元過密不清楚。

9-5-7 反轉過濾器 ▽

可顯示所有未使用線條樣式。

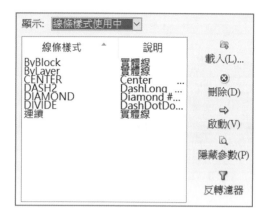 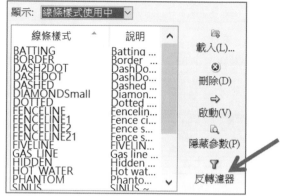

9-5-8 線條樣式屬性

點選圖元由屬性窗格查看比例 ▦與線條樣式 ▦，下圖左。

9-5-9 線條樣式定義

若是空白圖檔，系統至少有 3 個線條樣式定義，該定義在屬性工具列中切換，下圖右。

🅐 ByBlock

新圖元僅用在圖塊，圖元會以連續直線繪製。

🅑 依圖層（ByLayer，預設）

新圖元圖層線條樣式。

🅒 連續（Continue）

沒有圖案的實體線，為系統預設線型不必載入。

9-5-10 自訂線條樣式

設定線條樣式定義以及檔案語法，可依圖學要求來新增或修改其中定義。通常不必來這裡設定，因為預設線條樣式已經足夠，對於想要進修的妳，語法可參考預設 MM.LIN 檔案。

A 開啟線條樣式

由記事本開啟自訂線條樣式.LIN，作為新增或移除線條樣式的範本。

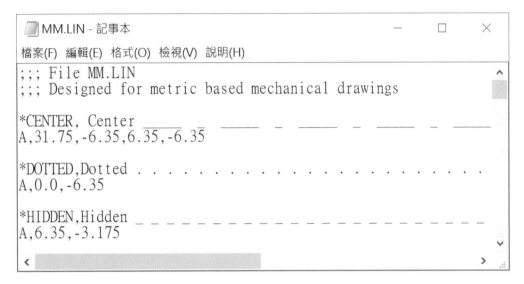

B 線條樣式檔案語法

線條樣式由虛線、空格與點字串構成，分做 2 行敘述。

B1 第一行 標頭

第一行顯示在線條樣式的可見清單中。星號開頭，線條樣式名稱，逗號，線條樣式符號。

*Dashdot，_ . _ . _ . _ . _ . _ .

B2 第二行 線形碼

線條樣式產生的語法至少 3 段落。

第 1 段　第 1 數字代表長度

第 2 段　語法區隔

第 3 段　－數字代表空格長度，例如：－0.25、0 代表點。

C 中心線範例

0.5，-0.25，0，-0.25

語法   樣式

_ . _ .

D 強制線段開始與結束 A

語法開始 A，代表強制線段開始與結束規則，例如：A，_ . _ .

———— – ———— – ———— –

有規則   沒規則

———— – ———— – ———— – ———— – ———— – ———— –

9-6 線條色彩（LineColor）

於屬性窗格或圖層指定色彩，線條色彩視窗包含：1. 標準色彩、2. 自訂色彩標籤。

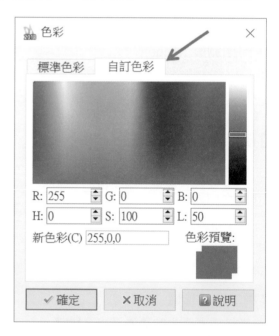

9-6-1 標準色彩

選取 255 種常用色彩。點選或游標停留在顏色上，可以見到色彩預覽、顏色號碼、顏色名稱，以及紅色、綠色、藍色三原色參數。

A 索引色彩

　　色彩數量 256 色，列出所選色塊編號，下方為常用的色彩有 9 種：紅、黃、綠、青、藍、紫、白、深灰、灰。

B 相符至圖層

　　新圖元色彩與圖層色彩相同。

C 相符至圖塊

　　新圖元以黑色或白色顯示，視螢幕背景色彩而定。

9-6-2 自訂色彩

　　色彩不夠用時製作新色彩，以便日後取用，分別為：1. RGB、2. HSL、3. 新色彩。游標在漸層色塊調色或指定 RGB 或 HSL 值，可見到新色彩的 RGB 參數，下圖左。

　　回到標準色彩，於下方可見到新色彩產生，下圖中。

9-6-3 色彩屬性

　　點選圖元後，由屬性窗格清單切換或顯示線條色彩，下圖右。

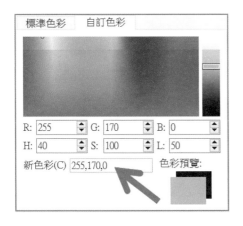

9-7 線寬（**LineWeight**）

　　進入選項➜草稿樣式➜線條寬度，本書後面有獨立章節介紹，下圖左。

9-8 尺寸標註樣式（**DimensionStyle**）

進入選項→草稿樣式→尺寸選項設定，本書後面有獨立章節介紹，下圖右。

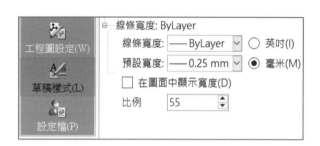

9-9 點樣式（**PointFormat**）

進入選項→工程圖設定→點選項設定，本書後面有獨立章節介紹，下圖左。

9-10 列印樣式（**PrintStyle**）

進入選項→系統選項→列印，本書後面有獨立章節介紹，下圖右。

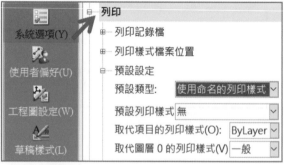

9-11 富線樣式（**RichLineStyle，RLS**）

進入選項→草稿樣式→富線，本書後面有獨立章節介紹，下圖左。

9-12 比例清單（**ScaleList**） ▦

進入選項→工程圖設定→工程圖比例清單，本書後面有獨立章節介紹，下圖右。

9-13 表格樣式（**TableStyle**） ✐

選項→草稿樣式→表格，本書後面有獨立章節介紹。

9-14 文字樣式（**TextStyle**） ✐

進入選項→草稿樣式→文字，本書後面有獨立章節介紹。

9-15 工程圖邊界（**DrawingBounds**）

　　圖紙大小＝外框＝工程圖邊界。定義好邊界方便繪圖與列印，工程圖邊界可以被儲存為範本。實務上，會用矩形繪製圖紙大小，於列印時可定列印範圍或成為縮放基準。

　　工程圖邊界預設不顯示，設定好邊界後會實際把它畫出來。工程圖邊界可作網格顯示範圍，下圖右。

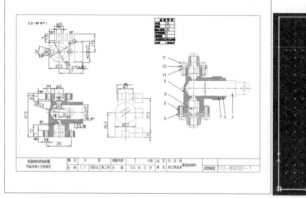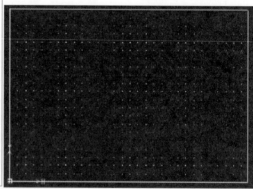

9-15-1 工程圖邊界選項

　　關閉（OF），開啟（ON）或指定左下角。設定是否允許設計過程，圖元超出工程圖邊界。

A 關閉

　　繪製不限制工程圖邊界，適用設計過程，例如：圓可以畫到方框外，下圖左。

B 開啟

　　繪製不得超出邊界範圍，當圖形超出工程圖邊界，指令視窗會出現外工程圖邊界訊息，下圖右。這部分比較少用，因為工程師不希望設計過程有眾多限制。

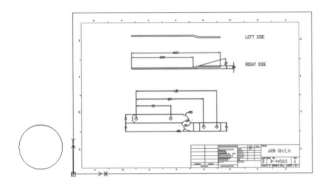
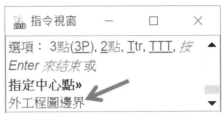

9-15-2 指定左下角

　　設定工程圖邊界，例如：A4 橫式圖紙左下角 0,0→右上角 297,210，下圖左。

9-15-3 在選項設定工程圖邊界

　　也可在選項設定工程圖邊界，1. 選項→2. 工程圖設定→3. 行為→4. 工程圖邊界，下圖右。

9-16 單位系統（Unit System）

　　進入選項→工程圖設定→單位系統，本書後面有獨立章節介紹，下圖左。

9-17 重新命名（**Rename**）

變更自訂的圖塊、圖層、線條樣式、富線樣式、文字樣式…等名稱。絕大部分為標準項目無法重新命名或刪除。

最大意義可以在重新命名視窗中大量更名，不必到選項、工具列分別作業。1. 點選清單內的項目→2. 更新名稱→3. 重新命名，下圖右。

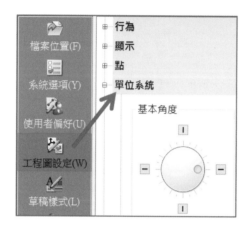

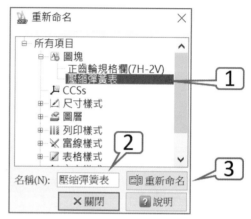

9-17-1 列印樣式屬性

適用模型空間，顯示與修改列印樣式與類型。列印樣式屬性不得選擇圖元。

A 表格

由清單選擇列印樣式。

B 樣式

定義列印樣式控制。

C 類型（預設無）

顯示列印類型。

D 預設圖紙尺寸

毫米	英吋
A4 - 210 x 297	A - 8.5 x 11.0
A3 - 297 x 420	B - 11.0 x 17.0
A2 - 420 x 594	C - 17.0 x 22.0
A1 - 594 x 841	D - 22.0 x 34.0
A0 - 841 x 1189	E - 34.0 x 44.0

筆記頁

CHAPTER
10

尺寸標註功能表

前幾章說過基本標註，本章進階學習尺寸用途為何。尺寸定義特徵形狀與位置是製圖最後作業（尺寸標完圖畫完），標註雖然簡單有圖學觀念＋實務經驗更可勝任，例如：尺寸美觀好閱讀，就是專業表現。

尺寸**標註**會說明尺寸**樣式**選項，觀念相同很廣很細，繼續了解會困惑，所以獨立章節介紹。本章後面說明尺寸標註功能表沒有的指令，它們在尺寸**工具列**（方框所示）。

有些指令很長不可能輸入指令，例如：ArcLengthDimension＝標註弧長尺寸，點選ICON比較快。絕大部分指令內部選項相同不重複說明，以流程圖解說。

不要在指令過程控制顯示方式，例如：文字角度、文字、位置。點選尺寸後，於左方尺寸**屬性**修改，比較直覺和學習，下圖右。

最後，尺寸**標註**功能表位置應該在**修改**功能表旁邊，因為做圖順序應該為 1. 圖元繪製→2. 修改→3. 尺寸標註才對。尺寸(N) 繪製(D) 修改(M)→ 繪製(D) 修改(M) 尺寸(N)。

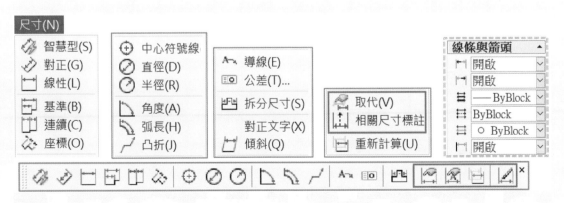

10-0 尺寸組成

尺寸組成也是術語，很多設定會與術語有關，到時看得懂在講哪裡。尺寸分 4 大部分：1. 數字、2. 箭頭、3. 尺寸線、4. 尺寸界線。1 和 2 比較好理解，3、4 就要認識，下圖左。

10-0-1 數字

量化圖形大小和位置。數字最常面對，例如：字母、數字和符號，如：R100（研磨）。

10-0-2 箭頭

箭頭表示終止，可改變箭頭方向，或清單切換箭頭形狀，例如：原點和傾斜，下圖右。

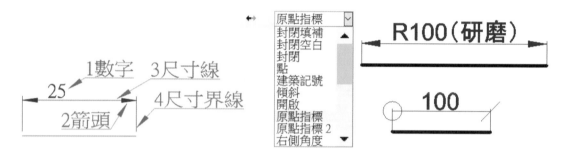

10-0-3 尺寸線

表示圖形距離方向或角度，通常搭配箭頭。長度標註，指向測量距離，包含：直線或曲線（弧長）。角度標註，標示圓心角度。

距離　　弧長　　半徑

10-0-4 尺寸界線

表達距離又稱延伸線。輪廓可當尺寸界線用，例如：下方 50 輪廓為界線，下圖左。

10-0-5 導線

導線由文字組成，可標註：直徑、半徑、導角或註解，下圖右。

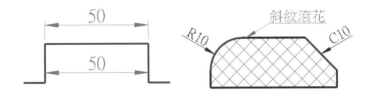

10-0-6 尺寸掣點與控制

尺寸掣點有 4 處：1. 文字、2. 箭頭、3. 尺寸界線起點、4. 尺寸界線終點。

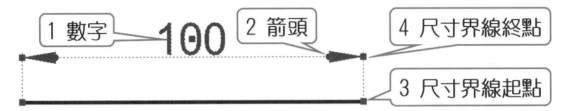

A 文字位置

拖曳文字掣點改變文字與尺寸位置，預設文字置中，下圖左。

B 箭頭

點選箭頭掣點，進行箭頭內或箭頭外放置，預設箭頭內與數字同側，下圖右。

C 尺寸線

進行尺寸位置調整。由於尺寸線沒有掣點，可由：文字、箭頭以及尺寸界線當作尺寸線掣點，將 50 向下搬移，下圖左。

D 尺寸界線

尺寸界線掣點包含起點與終點。

D1 拖曳起點

距離圖元最近位置＝起點，拖曳起點讓尺寸界線與輪廓有縫隙，約 2～3mm。下圖右。

D2 拖曳終點

調整尺寸線與輪廓或尺寸之間的距離。

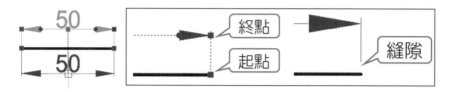

10-0-7 圖元掣點

抓取圖元掣點標註，雖然費時卻是常用方法，下圖左。

10-0-8 圖元抓取

由抓取進行圖元標註，例如：表格、註解甚至尺寸箭頭，都可標註尺寸，下圖右。

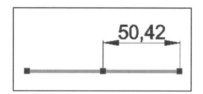

10-0-9 改變標註大小

DraftSight 沒有參數式，無法透過數值定義圖元大小。目前只能用拖曳掣點改變大小，拖曳過程尺寸會同時跟上，下圖左。

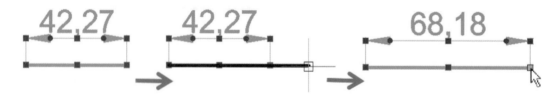

10-0-10 尺寸失效

拖曳圖元或尺寸會產生分離狀態，該尺寸就是失效，這時要重新標註。常發生在轉檔或不相容的 DWG/DXF 版本。

10-0-11 線條與箭頭屬性

點選尺寸於左方的線條與箭頭、文字可以看出屬性設定。

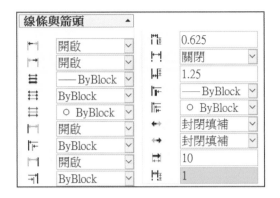 

10-1 智慧型（**SmartDimension**）

智慧型就是連續式標註，最常用的標註指令。最大特色可連續指令和改變標註位置。連續式標註就是同一條線標註作業，包含：對正、線性、直徑、半徑、角度以及弧長標註。

除了本節，接下來標註有專門指令，換句話說包含這些指令集合，例如：對正、基準、座標、直徑、半徑、角度...等。選擇直線、圓、弧出現選項不同，本節接下來介紹。

動作	圖示 P1	選項
選擇直線	——	角度（A），鎖定（L）或指定尺寸線位置
選擇圓	○	直徑（D），半徑（R），線性（LI）或指定尺寸位置
選擇弧	╲	直徑，半徑，線性，角度，弧長或指定尺寸位置

10-1-1 先睹為快，智慧型尺寸標註

點選線段進行連續尺寸標註，例如：25、35、60 標註，下圖左。不過無法產生線段 L1+L2 標註，這點我們很困惑，下圖右。

A 角度標註

無法產生 L1＋L2 角度標註，必須透過指令選項，例如：角度下圖右。

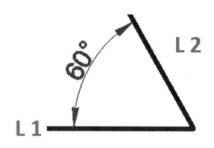

B 直徑/半徑標註

點選圓或圓弧會出現：直徑、半徑、線性選項，不必更改指令。

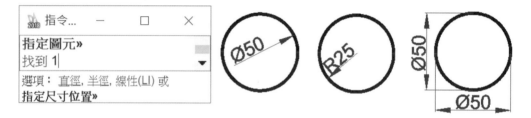

C 尺寸放置

游標決定尺寸位置：1. 水平、2. 垂直或與圖元 3. 平行對正。尺寸放置後，不能更改位置。

10-1-2 直線標註選項

點選直線進行長度或角度標註，本節重點在 A 角度和 B 鎖定。

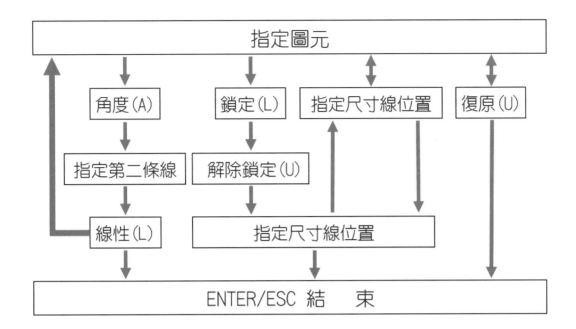

A 角度（A）

點選 2 直線圖元，完成角度標註，下圖左。

步驟 1 指定圖元

點選 L1。

步驟 2 選項：角度(A)，鎖定(L)或指定尺寸線位置

輸入 A。

步驟 3 指定第二條線

點選 L2。

步驟 4 選項：線性(L)或指定尺寸位置

點選放置角度。

步驟 5 線性標註

於步驟 4→輸入 L，可回到步驟 1 進行線性標註。

B 鎖定（L）

鎖住目前尺寸位置，不因為移動游標改變位置，常用於斜線標註，例如：強制 20 為水平放置，下圖右。

B1 解除鎖定（U）

鎖定過程可解除鎖定，改變尺寸放置。

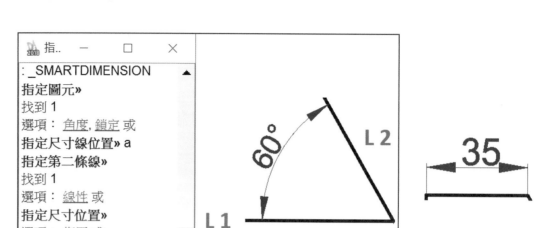

C 指定尺寸線位置（預設）

點選直線進行放置，不能標角度。

D 復原

取消上一次尺寸標註。

10-1-3 圓標註選項

點選圓進行直徑、半徑或線性標註。

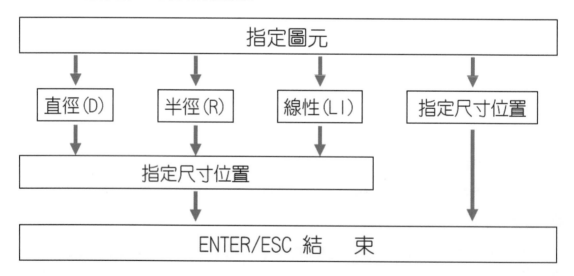

A 直徑（D）

步驟 1 指定圖元

點選圓。

步驟 2 直徑，半徑，線性(LI)或指定尺寸位置

　　輸入 D＝直徑（D）。

步驟 3 直徑，半徑，線性(LI)或指定尺寸位置

　　將尺寸放置外側→ESC，完成 Ø50 標註。

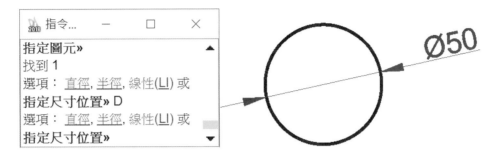

B 半徑（R）

步驟 1 指定圖元

　　點選圓。

步驟 2 直徑，半徑，線性(LI)或指定尺寸位置

　　輸入 R＝半徑（R）。

步驟 3 直徑，半徑，線性(LI)或指定尺寸位置

　　將尺寸放置外側→ESC，完成 R25 標註。

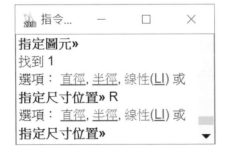
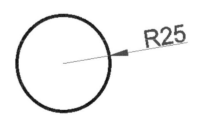

C 線性（LI）

　　產生圓直徑尺寸，可放置對正、水平或垂直。

步驟 1 指定圖元

　　點選圓。

步驟 2 直徑，半徑，線性(LI)或指定尺寸位置

　　輸入 LI＝線性（LI）。

步驟 3 直徑，半徑，線性(LI)或指定尺寸位置

游標決定尺寸水平或垂直位置。

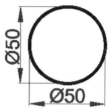

10-1-4 點選弧標註選項

點選弧進行以下標註，弧標註分為 5 種類型：1. 直徑、2. 半徑、3. 線性、4. 角度、5. 弧長。

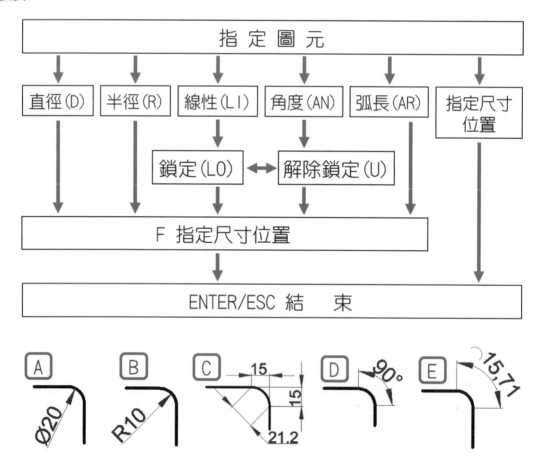

A 直徑（D）

步驟 1 指定圖元，點選弧

步驟 2 直徑，半徑，線性(LI)，角度(AN)，弧長(AR)或指定尺寸位置

輸入 D＝直徑（D）。

步驟 3 指定尺寸位置

將尺寸放置外側，完成 Ø20 標註。

B 半徑（R）

步驟 1 指定圖元，點選弧

步驟 2 直徑，半徑，線性(LI)，角度(AN)，弧長(AR)或指定尺寸位置

輸入 R＝半徑（R）。

步驟 3 指定尺寸位置

將尺寸放置外側，完成 R10 標註。

C 線性（LI）

在圓弧端點產生對正、水平或垂直尺寸，也可鎖定或不鎖定尺寸放置。

步驟 1 指定圖元，點選弧

步驟 2 直徑，半徑，線性(LI)，角度(AN)，弧長(AR)或指定尺寸位置

輸入 LI＝線性（LI）。

步驟 3 指定尺寸位置

將尺寸分別產生對正、水平或垂直尺寸。

D 角度（AN）

指定圓心角，例如：半徑圓心角為 90 度。

步驟 1 指定圖元，點選弧

步驟 2 直徑，半徑，線性(LI)，角度(AN)，弧長(AR)或指定尺寸位置

輸入 AN＝角度（AN）。

步驟 3 指定尺寸位置

將尺寸放置外側，完成半徑圓心角為 90 度標註。

E 弧長（AR）

標註弧的周長，會在數字旁加註⌒。

步驟 1 指定圖元，點選弧

步驟 2 直徑，半徑，線性(LI)，角度(AN)，弧長(AR)或指定尺寸位置

輸入 AR＝弧長（AR）。

步驟 3 指定尺寸位置

將尺寸放置外側，完成 R10 弧長 15.71 標註。

10-2 對正（ParallelDimension）

對正常用在斜線標註，又稱對齊、平行標註，也是最大特色。針對所選 2 點或線段平行放置，是線性標註一種，例如：28。該指令還可以在繪圖區域任選 2 點標註尺寸，下圖左。

尺寸標註最麻煩就是點對點，例如：直線或 2 圓心之間標註，下圖中。點對點是 2D CAD 最大敗筆，因為點標註很麻煩、浪費時間更容易出錯。

對正預設點對點，若要線段標註也是可以，不過要在指令過程指定圖元（E），可以標註線段、圓（只能在所選平行放置）、弧（只能標弧長，不能標註半徑）、不能點選 2 圓標註，下圖右。說這麼多，不如使用智慧型標註，就不用學習本節。

 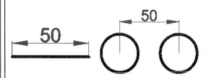 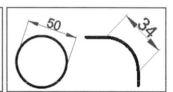

10-2-1 先睹為快，點對點標註

預設點對點標註，分別完成以下類別尺寸。

步驟 1 指定第一個尺寸界線位置

步驟 2 指定第二個尺寸界線位置

步驟 3 指定尺寸線位置

點選端點 P1＋P2，將尺寸放置圖形外 P3。

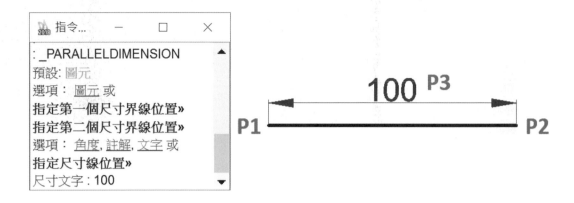

A 角度標註

端點無法產生 P1＋P2 角度標註，換句話說本指令無法標註角度，下圖左。

B 直徑標註

透過抓取，點選圓 4 分點 P1＋P2，完成線性直徑 50 標註，不過沒有 Ø。

C 半徑標註

抓取圓心＋4 分點，完成線性 25 標註，不過沒有 R。無法進行圓或弧標註，除非抓取。

D 弧標註

僅透過端點無法弧標註。

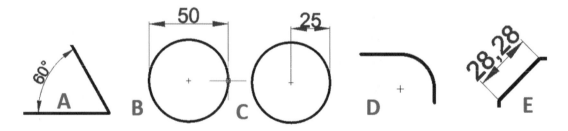

10-2-2 對正尺寸選項

承上節，點對點，本節說明尺寸標註過程，點選圖元（E）進行長度標註，標註過程出現角度（A），註解（N），文字（T）...等項目，進行標註的文字設定。

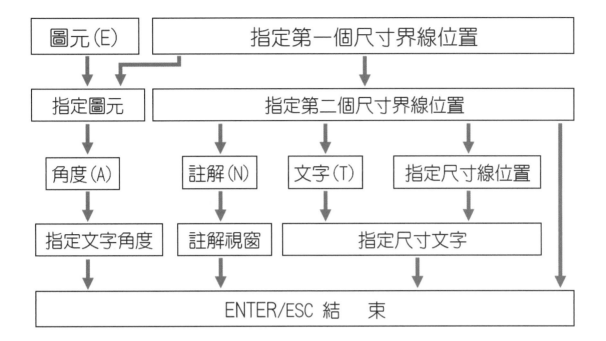

10-2-3 選項：圖元（E）

預設為點進行標註，這次點選圖元標註，很多人不知道可以這樣。

步驟 1 圖元或指定第一個尺寸界線位置

輸入 E＝圖元（E）。

步驟 2 指定圖元

點選直線 L1。

步驟 3 指定尺寸線位置

放置尺寸位置 P1，完成標註。

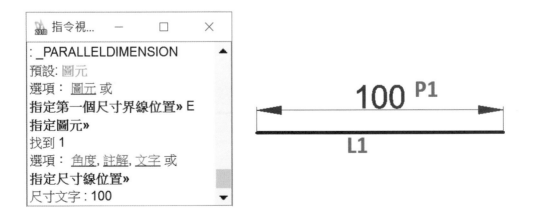

10-2-4 選項:角度(A)

　　旋轉尺寸線放置,見到斜尺寸,數字與尺寸線平行。這部分看看就好,因為尺寸屬性的文字,旋轉◎,可直接更改文字角度(箭頭所示),不用學習。

步驟 1 指定文字角度

　　輸入 60。

步驟 2 指定尺寸線位置

　　將尺寸放置外側,可以見到 100 尺寸 60 度擺放。

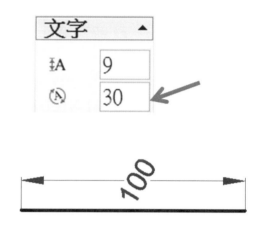

10-2-5 選項:註解(N)

　　標註過程進入編輯註解視窗,將原本圖元尺寸 100 修改為 50,也可以多行輸入,不過實際圖元還是 100。這部分看看就好,因為尺寸屬性的文字→文字取代 abc,可以更改文字(箭頭所示),不用學習。

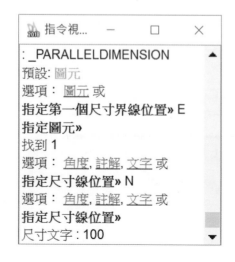

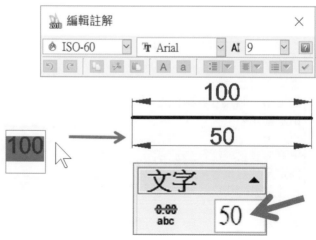

10-2-6 選項：文字（T）

標註過程改變尺寸文字，例如：長度 100 將尺寸文字改成 10，圖元還是維持實際大小。和上一節註解不同的是，上節有編輯註解視窗，可以輸入多行，這裡沒有。

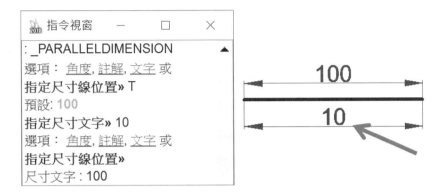

10-3 線性（LinearDimension）

線性長度標註，又稱平行尺寸，進行水平或垂直標註。由於線性與對正尺寸觀念類似，除了線性無法標註斜線真實長度，其餘觀念相同，本節僅說明不同處。

由於點對點標註上節說明過，本節謹說明圖元，說這麼多不如使用智慧型標註，就不用學習本節。

10-3-1 先睹為快，線性尺寸

點對點標註尺寸，3 步驟完成。

步驟 1 圖元或指定第一個尺寸界線位置

步驟 2 選項：角度，水平(H)，註解，旋轉(R)，文字，垂直(V)或指定尺寸線位置

放置尺寸位置，只能放到水平或垂直位置，無法放置斜邊尺寸。

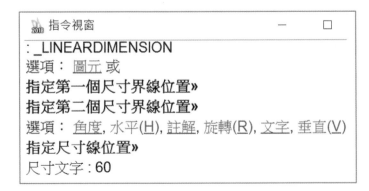

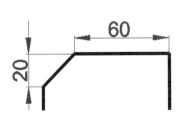

10-3-2 線性尺寸選項

本節以點選直線進行長度標註：角度（A），水平（H），註解（N），旋轉（R），文字（T），垂直（V）或指定尺寸線位置。

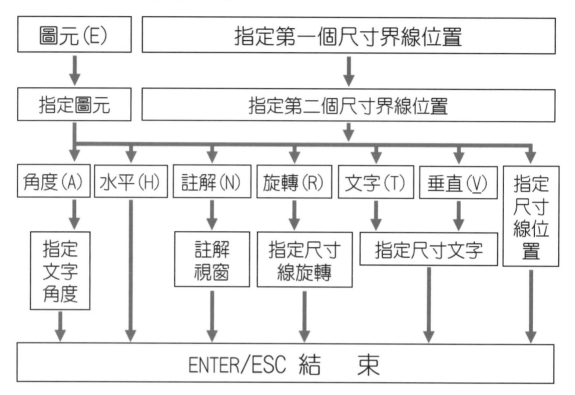

10-3-3 選項：圖元（E）

本節直接進行 A1 水平（H）、A2 垂直（V），尺寸線與 X 軸平行或 Y 軸平行放置。

步驟 1 圖元或指定第一個尺寸界線位置

輸入 E＝圖元（E）。

步驟 2 指定圖元

點選直線。

步驟 3 選項：角度，水平(H)，註解，旋轉(R)，文字，垂直(V)或指定尺寸線位置

放置尺寸位置決定水平或垂直放置。

10-3-4 選項：旋轉

旋轉尺寸線放置，可以見到尺寸斜的，數字與尺寸線平行。

步驟 1 圖元或指定第一個尺寸界線位置

輸入 E＝圖元（E）。

步驟 2 指定圖元

點選直線。

步驟 3 選項：角度，水平(H)，註解，旋轉(R)，文字，垂直(V)或指定尺寸線位置

輸入 R＝旋轉（R）。

步驟 4 指定尺寸線旋轉

輸入 30。

步驟 5 指定尺寸線位置

將尺寸放置外側完成標註。

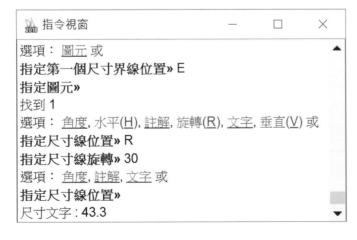

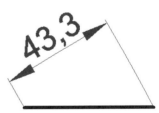

10-4 基準（BaselineDimension）

從上個尺寸為基準，進行尺寸標註，例如：20 為基準尺寸，接下來的尺寸會平行堆放，這些尺寸是累積尺寸（絕對尺寸）。

基準標註分別為：1. 線段（連續、長度）、2. 座標、3. 角度標註，都可利用基準尺寸進行接下來的尺寸加入。有一項限制，不能點選直徑或半徑標註。

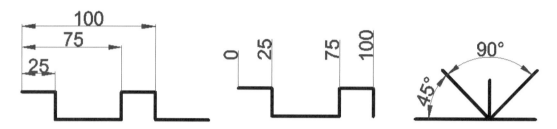

10-4-1 一定要有 1 個基準尺寸作為參考

基準尺寸有個先決條件，要有 1 個尺寸作為標註基準，例如：20，才可以進行尺寸標註，否則系統會出現需要線性、座標或角度相關尺寸。

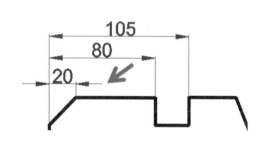

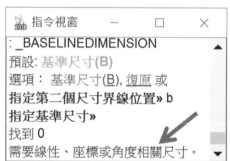

10-4-2 先睹為快，基準尺寸

以 20 為基準，進行基準尺寸標註。本節重點，點選尺寸界線作為標註基準，這部分是指令特色呀（箭頭所示）。1. 預設基準尺寸→2. 指定第二個尺寸界線位置。

步驟 1 指定基準尺寸

點選 25 左邊的尺寸界線。

步驟 2 選項：基準尺寸(B)，復原或指定第二個尺寸界線位置

指定第二個尺寸界線位置，點選端點，系統放置尺寸→ESC 完成標註。

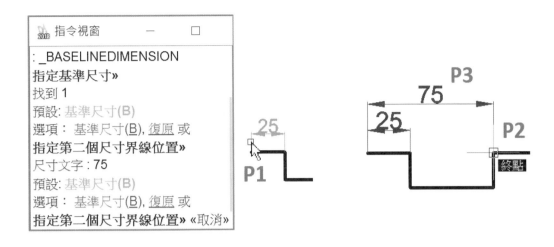

10-4-3 基準尺寸選項

進行基準尺寸、復原，或指定第 2 個尺寸界線位置。

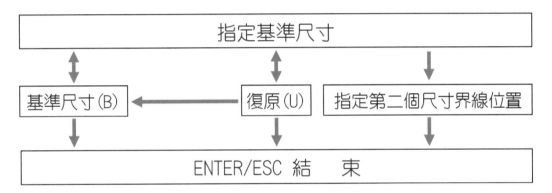

10-4-4 選項：基準尺寸

先睹為快已說明過基準尺寸作業方式，本節說明的基準尺寸＝重新選擇基準尺寸。尺寸標註過程想要更換基準位置是可以，例如：已經標註好第 2 尺寸。

步驟 1 基準尺寸(B)，復原或指定第二個尺寸界線位置

輸入 B 更改基準，並點選 25 尺寸右邊的尺寸界線。

步驟 2 指定第二個尺寸界線位置

點選端點可見 50 尺寸→ESC 完成標註。

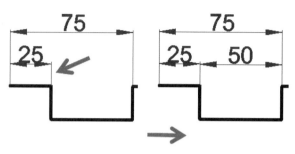

10-4-5 選項：復原

指令使用中，移除上個連續尺寸，例如：已經標好的 50 被移除。

步驟 1 基準尺寸(B)，復原或指定第二個尺寸界線位置

輸入 U 代表復原，這時可以見到上一個尺寸不見。

步驟 2 指定第二個尺寸界線位置

可繼續標註或 ESC 取消標註。

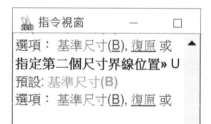

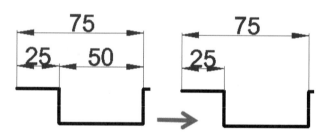

10-5 連續（ContinueDimension）

從上個尺寸為基準，接下來的尺寸會同一條線連續堆放，這些尺寸是相對尺寸。連續尺寸與基準尺寸選項說明相同，不贅述。連續尺寸分別為：1. 線段（連續、長度）、2. 座標、3. 角度標註，皆可利用基準尺寸進行尺寸加入。有項限制，不能點選直徑或半徑標註。

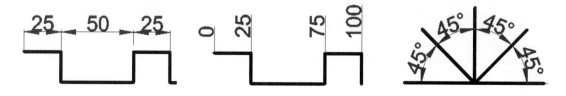

10-5-1 一定要有 1 個基準尺寸作為參考

連續尺寸和基準尺寸皆有個先決條件，要有 1 個尺寸作為標註基準，例如：25，才可以進行尺寸標註，否則系統會出現需要線性、座標或角度相關尺寸。

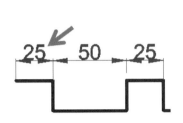

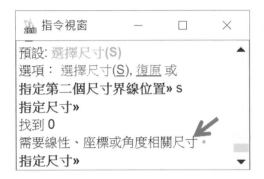

10-5-2 先睹為快，連續尺寸

以 25 為基準，進行連續尺寸標註，本節操作與上節基準尺寸相同。

步驟 1 指定基準尺寸

點選 25 左邊的尺寸界線。

步驟 2 選項：選擇尺寸(B)，復原或指定第二個尺寸界線位置

指定第二個尺寸界線位置，點選端點，系統放置尺寸→ESC 完成標註。

步驟 3 指定第二個尺寸界線位置

分別完成 50 與 25 標註。

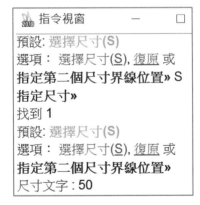

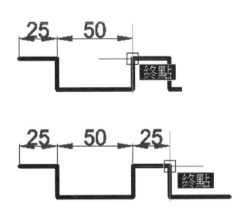

10-6 座標（**OrdinateDimension**）

以 0 為基準引線顯示 X 或 Y 座標值，適合加工圖面。預設為絕對座標，可將原點任意設定在圖形上，就可以由 0 開始進行標註，很可惜無法標角度。

建議標註過程啟用正交，可避免尺寸界線轉折，並維持水平或垂直擺放尺寸，不必刻意由選項選擇 X 或 Y 基準。標註過程由於角度、註解、文字前幾節已說明，不贅述。

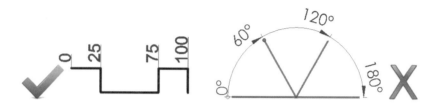

10-6-1 先睹為快，基準尺寸

以 20 為基準，進行基準尺寸標註。本節重點，點選尺寸界線作為標註基準，這部分是指令特色呀（箭頭所示）。座標尺寸必須配合線性尺寸完成標註，這部分要留意。

步驟 1 指定基準位置

點選線段端點。

步驟 2 選項：角度，註解，文字，X 基準，Y 基準，設為零或指定尺寸位置

輸入 Z＝設為零，先將基準尺寸 0 定義下來。

```
指令視窗                          —    □

: _ORDINATEDIMENSION
指定基準位置»
選項： 角度, 註解, 文字, 基準(X), 基準(Y), 設為零(Z) 或
指定尺寸位置» Z
選項： 角度, 註解, 文字, 基準(X), 基準(Y), 設為零(Z) 或
指定尺寸位置»
尺寸文字 : 0
```

步驟 3

步驟 4 指定尺寸

選擇尺寸 0。

步驟 5 指定特徵位置

依序點選端點完成 25、75、100 尺寸標註。

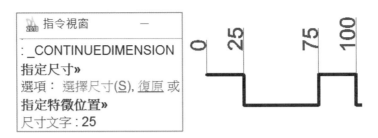

10-6-2 座標尺寸選項

本節以點選端點進行標註：角度（A），註解（N），文字（T），X 基準（X），Y 基準（Y），設為零（Z），使用參考（R）或指定尺寸位置。

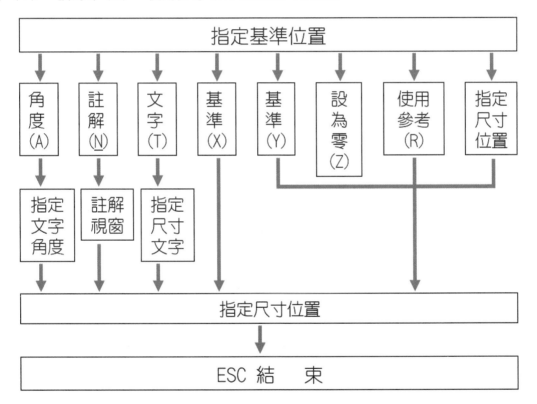

10-6-3 選項：基準（X）

尺寸線與 X 軸垂直，也就是水平 X 軸尺寸標註。

步驟 1 指定基準位置

點選端點。

步驟 2 角度，註解，文字，X 基準，Y 基準，設為零或指定尺寸位置

輸入 X＝X 基準。

步驟 3 指定尺寸位置

將尺寸放置外側，完成 25 標註。

```
指令視窗                              —    □

: _ORDINATEDIMENSION
指定基準位置»
選項： 角度, 註解, 文字, X 基準(X), 基準(Y), 設為零(Z) 或
指定尺寸位置» X
選項： 角度, 註解, 文字, X 基準(X), 基準(Y), 設為零(Z) 或
指定尺寸位置»
尺寸文字: 25
```

10-6-4 選項：設為零（Z）

預設絕對座標不是我們要的，指定基準 0，進行連續標註⊞。有些人由 UCS 定義基準 0，再⊹完成標註。

步驟 1 指定基準位置

點選端點。

步驟 2 角度，註解，文字，X 基準，Y 基準，設為零或指定尺寸位置

輸入 Z＝設為零。

步驟 3 指定尺寸位置

將尺寸放置外側，完成 0 標註。

步驟 4 連續式標註 ⊞

透過⊞依序完成 25、50 尺寸標註。

```
指令視窗                              —    □

指定基準位置»
選項： 角度, 註解, 文字, 基準(X), 基準(Y), 設為零(Z) 或
指定尺寸位置» Z
選項： 角度, 註解, 文字, 基準(X), 基準(Y), 設為零(Z) 或
指定尺寸位置»
尺寸文字: 0
```

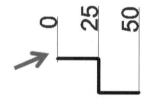

10-6-5 選項：使用參考（R）

承上節，當圖元設為零位置後，就會出現使用參考選項，讓接下來標註參考基準 0。這時就不必選擇連續式標註 ⊞，話說回來還是用⊞繼續標註會比較快。

步驟 1 指定基準位置

點選線段端點 P1。

步驟 2 選項：角度，註解，文字，X 基準，Y 基準，設為零或指定尺寸位置

輸入 R＝使用參考（R）。

步驟 3 指定尺寸位置

點選線段端點 P2，完成 25 尺寸標註。你會發現只能一個尺寸，還是用□繼續標註。

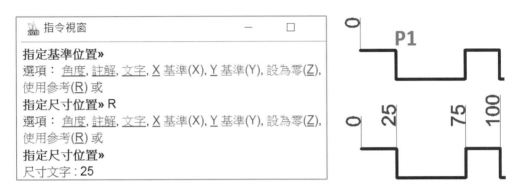

10-7 中心符號線（CenterMark，CM）⊕

標示圓或弧中心的十字註記，中心符號線又稱中心標記。⊕可為十字或 1 點鏈線形式，4 條獨立線段構成，圖元必須圓或圓弧。業界常將⊕製作圖塊，以複製排列來完成大量的⊕。

10-7-1 選項設定

可以將中心符號線為標記或中心線。1. 選項→2. 草稿樣式→3. 徑向/直徑尺寸→4. 中心符號線顯示，下圖右。

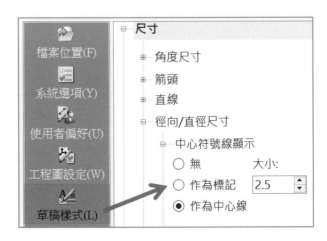

10-8 直徑（DiameterDimension）⊘

將圓或弧以直徑標註。無法標註非彎曲圖元，例如：標註直線，系統出現所選圖元不是圓形或圓弧。標註過程由於角度、註解、文字前幾節已說明，不贅述。

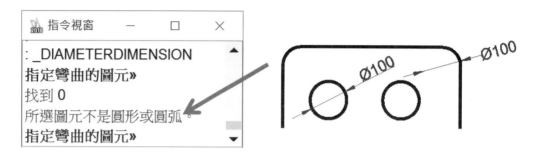

10-8-1 先睹為快，直徑標註

進行圓或弧標註，蠻簡單的。

步驟 1 指定彎曲的圖元

選擇圓。

步驟 2 選項：角度，註解，文字或指定尺寸位置

將尺寸放置外側，完成標註。

步驟 3 可以重複指令繼續標註。

10-8-2 直徑標註選項

說明與對正尺寸⊘選項相同，不贅述。

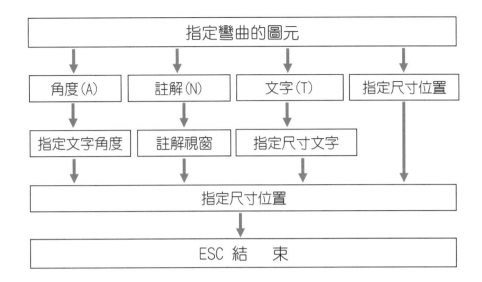

10-9 半徑（**RadiusDimension**）

半徑與直徑標註方式相
同，不贅述。

10-9-1 直徑與半徑屬性

點選被圓或弧，於幾何屬性
可見標註的圓或弧屬性，直接修
改數值改變圖元大小，被標註的
尺寸也會跟著改。

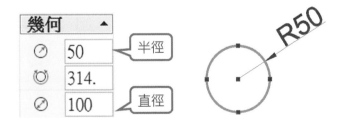

10-10 角度（AngleDimension）

選擇非平行邊線或頂點進行角度標註，角度也是圓心角，例如：60 度。標註過程可以依游標位置產生內角或外角（補角）。角度、註解、文字前幾節已說明，不贅述。

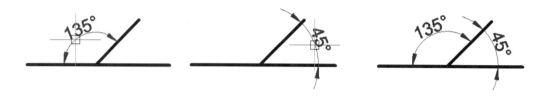

10-10-1 先睹為快，角度標註

角度標註很簡單，只要任選 2 條線即可完成。

步驟 1 選項：按 Enter 指定頂點或指定圖元

步驟 2 指定第 2 條線

選擇第 1 和 2 條邊線。

步驟 3 尺寸位置

將尺寸放置內側，完成標註。

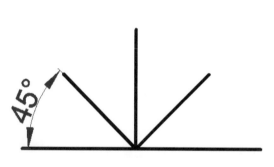

10-10-2 角度尺寸選項

選擇頂點或圖元都可標註，不過選項會不同。

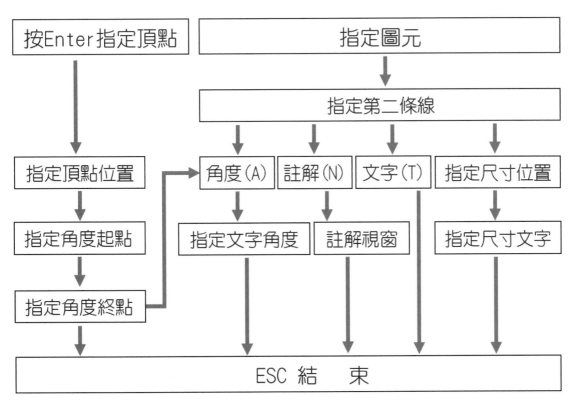

動作	圖示	選項
選擇頂點	P3 60° P2 — P1	指定頂點位置➔指定角度起點➔指定角度終點
指定圖元－邊線	45° P2 P1	角度（A） 註解（N）
指定圖元－弧	90°	文字（T） 或指定尺寸位置

10-10-3 選擇頂點

　　預設指定圖元標註，不過這次切換為點。頂點標註用在圓之間角度，若以邊線標角度會顯得麻煩，因為要畫 2 條直線。

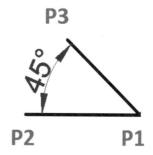

指令視窗 — □

選項：*按 Enter 來指定頂點* 或
指定圖元»
指定頂點位置»
指定角度起點»
指定角度終點»
選項：角度, 註解, 文字 或
指定尺寸位置»
尺寸文字：61

步驟 1 按 Enter 來指定頂點或指定圖元

按 Enter 指定頂點，這步驟最重要。

步驟 2 指定頂點位置

利用抓取選擇第 1 個圓心點，該點是圓心角的中心。

步驟 3 指定角度起點

步驟 4 指定角度終點

利用抓取選擇第 2 和第 3 圓心點。

步驟 5 指定尺寸位置

將尺寸放置完成標註。

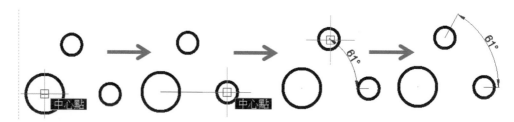

10-10-4 選擇弧標註

點選弧，直接標註圓心角。

步驟 1 選項：按 Enter 指定頂點或指定圖元

點選弧。

步驟 2 角度，註解，文字或指定尺寸位置

將尺寸放置外側，完成標註。

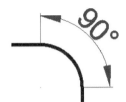

選項：*按 Enter 來指定頂點* 或
指定圖元»
選項：<u>角度</u>, <u>註解</u>, <u>文字</u> 或
指定尺寸位置»
尺寸文字：90

10-11 弧長（**ArcLengthDimension**）

弧長也是周長，標註圓弧長度。圓弧符號顯示在尺寸文字前面或上方。無法標註非彎曲圖元，例如：標註直線或圓時，系統出現所選圖元不是圓形或圓弧，下圖左。

標註過程，可順時針或逆時針產生外角和內角（補角）尺寸，下圖右。

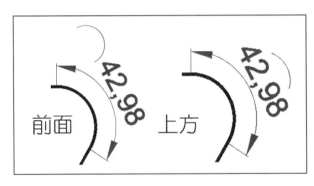
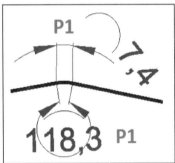

10-11-1 先睹為快，弧長

2 個步驟完成，很容易學的。

步驟 1 指定彎曲的圖元

點選弧。

步驟 2 選項：角度，導線，註解，部份(P)，文字或指定尺寸位置

放置在圓弧外。

10-11-2 弧長尺寸選項

大部分選項前幾節都說明過，以下僅針對導線選項進行說明。

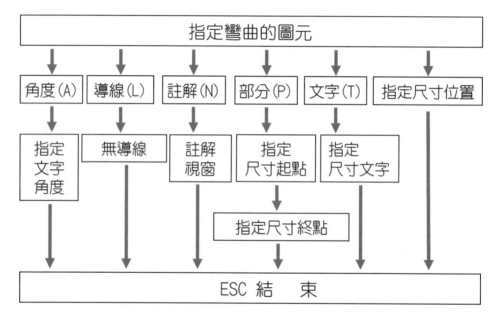

10-11-3 選項：導線（L）

導線指引弧的位置。尺寸中沿圓弧中心加入導線，圓心角少於 90 度才會加入導線。

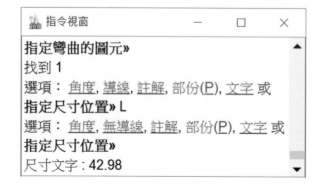
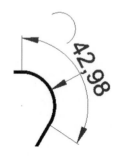

10-11-4 選項：無導線（NL）

承上節，不產生導線情況結束弧長指令，就是一般的弧長標註。會有這項目，指令過程選擇導線（L），後悔了可使用無導線（NL）。

10-11-5 選項：部份（P）

標註圓弧部份長度。透過用圖元抓取，指定圓弧上 2 點：1. 開始：2. 結束。

步驟 1 指定彎曲的圖元

選擇弧。

步驟 2 選項：角度，導線，註解，部份(P)，文字或指定尺寸位置

輸入 P＝部份（P）。

步驟 3 指定尺寸起點

步驟 4 指定尺寸終點

透過抓取指定起點 P1 與終點 P2。

步驟 5 指定尺寸位置

將尺寸放置外側，完成標註。

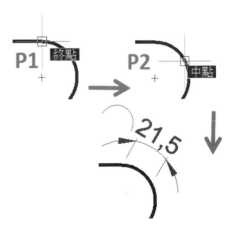

10-11-6 弧長屬性

點選弧長，於文字屬性可以切換 3 種顯示：1. 前置尺寸標註文字、2. 尺寸標註文字上方、3. 無，這些和圖學的標準有關。

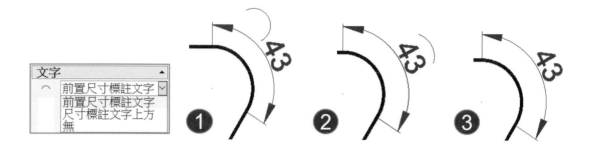

10-12 凸折（JoggedDimension）

圓弧太大時，標註過程導線（尺寸線）指向圓心，造成圖面不好識別及雜亂，凸折會將導線轉折（斷縮）並由控制點調整導線位置。凸折應稱為轉折，這樣可與 CNS 圖學名稱一致。

10-12-1 先睹為快，凸折

4 個步驟完成。

步驟 1 指定彎曲的圖元

選擇弧，目前還看不到預覽。

步驟 2 指定中心位置取代

點選凸折中心（就當作圓心來想）P1，這時可以看見預覽。

步驟 3 指定轉折線位置

點選 N 形轉折線位置 P2。

步驟 4 指定尺寸位置

將尺寸放置轉折線的左邊或右邊，完成標註 P3。

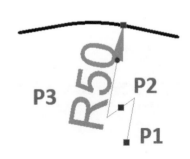

10-12-2 凸折尺寸選項

前幾節說明過且相同，不贅述。其中角度還是為文字角度，不是轉折線角度。

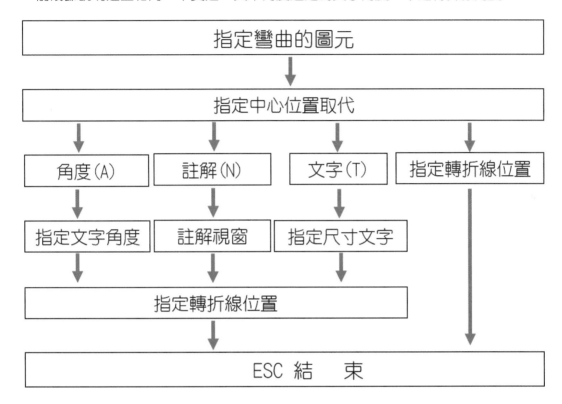

10-12-3 調整凸折

拖曳凸折掣點調整尺寸或轉折線，一開始會不習慣也覺得不好調整。當你靜下心面對導線上的掣點會覺得好控制了。

10-12-4 凸折屬性

點選凸折尺寸，於線條與箭頭欄位直接修改，不需重新製作。分別為：1. 原點座標、2. 轉折座標、3. 轉折角度。

特別是轉折角度，可以在這裡設定，不必靠拖曳，免得不熟調整凸折而心煩。

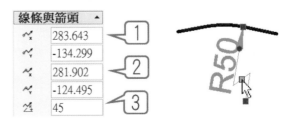

10-13 智慧型導線（SmartLeader）

導線又稱智慧型導線，產生有導線註解。點選圖元過程，無法顯示圖元大小，輸入文字作為註解，也可作為尺寸標註一種。製作過程善用正交和圖元抓取指令。

10-13-1 先睹為快，智慧型導線

製作有文字的導線，步驟有點多，做完後你會覺得好像有點難，因為還有選項設定的還沒說明呀，放輕鬆學習，因為常用的沒幾種，也不是所有都要定義才可以完成。

步驟 1 設定或指定起點

點選箭頭在圖元位置 P1。

步驟 2 按 Enter 結束或指定下一個頂點

定義斜導線長度和位置 P2，通常是斜線也可稱尺寸線，因為連接箭頭就是尺寸線。

步驟 3 按 Enter 結束或指定下一個頂點

定義導線長度 P3，通常是水平線。這就不是尺寸線了，原則上尺寸線只有 1 條，其他皆為導線。要為水平線放置，可以開啟下方正交模式⊏。

步驟 4 編輯器(E)或指定文字

輸入 4321，這時可見文字在上方出現了。

步驟 5 按 Enter 結束或指定文字

↵結束指令，你會覺得有些不是你要的對吧，例如：方框。

步驟 6 修改文字

快點 2 下修改文字，右下方所示。

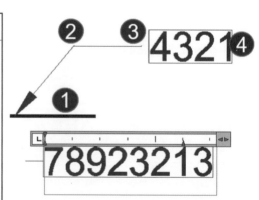

10-13-2 導線標註選項

本節謹說明格式化導線視窗與編輯
器。

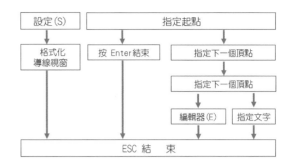

10-13-3 選項：格式化導線視窗－註記

導線製作過程由格式化導線視窗定義註記和箭頭樣式，回到繪圖視窗產生結果。該視
窗沒有指令，只能在導線指令下進行，這部分有點難用，DraftSight 要改進。

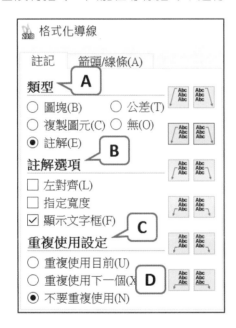

Ａ 類型（預設註解）

指定導線預設選項，導線可以用在：圖塊、註解、公差…等。

A1 圖塊

⌁過程指定圖塊名稱，讓圖塊擁有導線（箭頭所示）。這部分很少人這樣用，因為圖
塊需要導線，就算有絕大部分用合成的，例如：將沒有文字的導線，放置在圖塊旁。

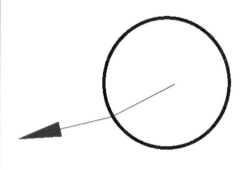

```
     指令視窗
2010
: _SMARTLEADER
預設: 設定
選項： 設定 或
指定起點»
選項：按 Enter 來結束 或 指定下一個頂點»
選項：按 Enter 來結束 或 指定下一個頂點»
預設: C
選項： ? to list 或
指定圖塊名稱» C
```

A2 複製圖元

點選先前的文字、圖塊或幾何公差→進行複製。換句話說導線還要自己做，只是複製導線外的文字、圖塊或幾何公差。實務不會這樣做，複製→貼上即可。

例如：指令過程要你指定來源，按一下左邊要複製的註解拋光→↵，拋光被複製到新的註解中（箭頭所示）。

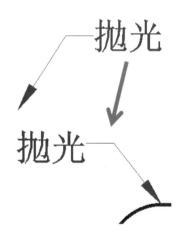

```
     指令視窗
2010
: _SMARTLEADER
預設: 設定
選項： 設定 或
指定起點»
選項：按 Enter 來結束 或 指定下一個頂點»
選項：按 Enter 來結束 或 指定下一個頂點»
指定下一個頂點»
指定來源»
找到 1
```

A3 註解

配合下方註解選項進行設定，後面一起說明，下圖左。

A4 公差

輸入要附加導線的幾何公差，系統會出現幾何公差視窗，下圖中。

A5 無

產生不含註記的導線，通常用在指引，下圖右。

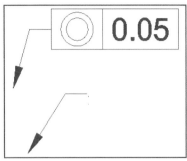

B 註解選項

設定註解對齊方式、寬度與文字框。

B1 左對齊

輸入文字靠左對齊,可以是任何長度,無法自動分行與寬度設定,下圖左。

B2 指定寬度

輸入文字前提示輸入註記寬度。當註解超過寬度時會自動輸入分行。

B3 顯示文字框

在註記四周加上框架。框架可以由綜合屬性的註記A,切換是否顯示,這樣會比較快,下圖右。

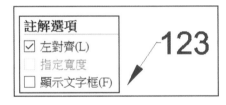
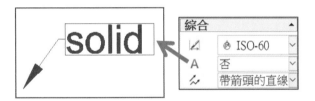

C 重複使用設定

是否記憶設定。使用導線過程,系統會重複先前設定,不必每次進入視窗來改。

C1 重複使用目前

複製上個作業。例如:上次使用 Solid+文字框,再使用導線時,系統會重複使用,不必輸入 Solid 文字。

C2 重複使用下一個

就是複製與貼上,只是不必使用 CTRL+C。例如:製作 Solid 導線,接下來會複製。

C3 不要重複使用(預設值)

這是最好用的,因為重複使用設定可以複製替代。

D 自訂文字位置

指定導線文字位於導線左側、右側、上方或下方，圖示可得知導線與文字位置。

10-13-4 選項：格式化導線視窗－箭頭/線條

透過視窗設定 1. 導線類型、2. 導線角度、3. 頂點和 4. 箭頭樣式。

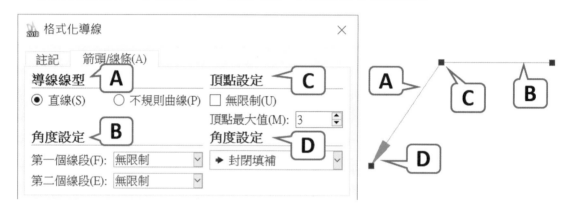

A 導線線型

導線為直線線段或不規則曲線，例如：專利說明，導線最多 2 條引線。

也可事後在綜合屬性設定類型：1. 不帶箭頭的直線、2. 不帶箭頭的不規則曲線、3. 箭頭的直線、4. 帶箭頭的不規則曲線。

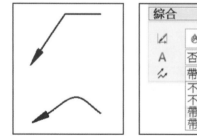
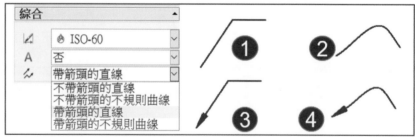

B 角度設定

分別由第 1 和第 2 線段清單定義角度：15 度、30 度、45 度、90 度、水平或無限制，下圖左。本節不適用不規則曲線，製作過程關閉正交模式。拖曳導線掣點，改變導線角度。

B1 第一個線段

第 1 個線段＝箭頭延伸線段，例如：設定常用 45 度，繪製導線過程會有 45 度段落手感。

B2 第二個線段

第 2 線段放置通常設定水平，只能定義第 2 條線段，若有第 345 線段就無法由此指定。

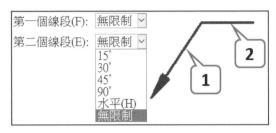 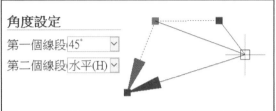

C 頂點設定

設定導線的轉折點數量，下圖左。

C1 無限制

停用頂點最大值清單，允許多點（多條）導線，下圖中。

C2 頂點最大值

指令過程，指定下一個頂點次數，例如：2，就出現 2 次，下圖右。

 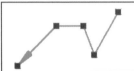

選項: *按 Enter 來結束* 或
指定下一個頂點»

D 角度設定

角度設定應該為箭頭樣式。清單選擇預設的導線箭頭類型，常用封閉填補➡。也可事後在線條與箭頭屬性設定箭頭樣式。

 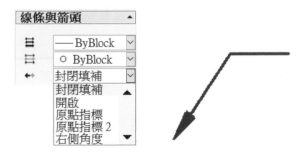

10-13-5 選項：編輯器（E）

由視窗修改文字格式或文字內容，例如：製作多行文字。若要結束視窗→ESC→是。

10-13-6 導線與掣點控制

點選導線可見掣點：1. 註解、2. 箭頭、3. 導線，本節說明掣點控制。

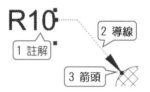

A 註解

點選註解，有 4 個掣點，移動註解位置，包含導線也會移動，下圖左。

B 導線

點選導線，拖曳掣點，移動導線位置，註解不會跟上，下圖中。

C 箭頭

拖曳箭頭掣點，移動箭頭位置，下圖右。

  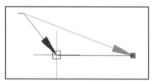

10-13-7 箭頭製作

很多人問如何製作箭頭，只要 3 個步驟完成箭頭。也可以直接刪除註解，箭頭及導線還會留下，因為導線與註解是獨立狀態。

步驟 1 設定或指定起點

步驟 2 按 Enter 結束或指定下一個頂點

　　定義斜導線長度。

步驟 3 按 Enter 結束或指定下一個頂點

　　步驟↵結束，可以製作箭頭。

指令視窗

選項：設定 或
指定起點»
選項：*按 Enter 來結束* 或
指定下一個頂點»

10-13-8 導線（Leader）

　　除了智慧型導線～，還有沒 ICON 導線（Leader），設定與～差異不大，知道就好，別研究。

指令視窗

: Leader
指定起點»
指定第一個頂點»
選項：註解, 設定, 復原 或
指定下一個頂點»

10-13-9 導線屬性

　　點選導線，於幾何、綜合、線條與箭頭欄位直接修改，不必重新製作。

10-14 公差（Tolerance，TOL）

　　應稱為幾何公差（Geometric dimensioning and tolerancing，GTOL），由幾何＋公差以圖塊形式呈現，定義基準指示或基本尺寸標記。

　　公差框格為一長方形框，分隔成小格，在機械製圖中扮演重要角色，公差可增加圖面可讀性。要編輯幾何公差，快點 2 下即可進入幾何公差視窗。

10-14-1 幾何公差製作

由幾何公差視窗,由左到右依序填入幾何符號、公差值+基準型態。

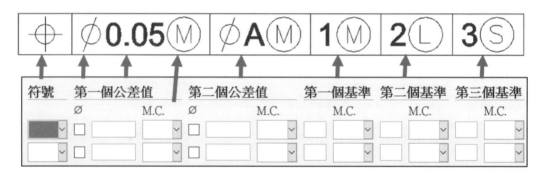

步驟 1 ⌨ 進入幾何公差視窗

步驟 2 符號

由清單切換位置⊕符號

步驟 3 第一公差值

步驟 4 第二公差值

輸入 0.05 和輸入 A→↵。

10-14-2 符號

符號位在幾何公差最左邊，由清單切換符號。符號分為 4 大類：1. 形狀、2. 位置、3. 方向、4. 偏轉公差。符號應用，可參考圖學課本。

	符號	特徵	類型	符號	特徵	類型
符號 ◎	⊕	位置	位置	⟋	平面度	形狀
⊕	◎	同心度或同軸度	位置	○	真圓度或圓度	形狀
⫼ // ⊥	＝	對稱度	位置	—	真直度	形狀
∠ ⌀ ○	//	平行度	方向	⌒	曲面輪廓度	輪廓
	⊥	垂直度	方向	⌒	線條輪廓度	輪廓
	∠	傾斜度	方向	↗	圓偏轉度	偏轉
	⌗	圓柱度	形狀	↗↗	總偏轉度	偏轉

10-14-3 第一個公差值

配合符號並輸入公差數字或代號，為第 2 格位置。

A 直徑 Ø

若圖形為圓，在數值前加註 Ø，下圖左。

B 公差值

輸入公差參數，例如：0.05，下圖右。

C 實體條件符號

符號在值最右邊，透過清單切換符號。

符號	定義	類型
Ⓜ	最大實體條件下，尺寸限制包含最大尺寸材料。	MMC
Ⓛ	最小實體條件下，尺寸限制包含最小尺寸材料。	LMC
Ⓢ	不考慮特徵大小，尺寸限制內的任何大小。	RFS

10-14-4 第一個基準

輸入公差數字或代號，常用第 3 格位置，例如：A。

10-14-5 基準識別符號（Datum Identifier）

建立基本識別符號，也有人稱基本特徵符號，例如：P。

10-14-6 高度

公差文字的高度，下圖左。

10-14-7 突伸公差區域（Projected Tolerance Zone）

突伸公差區域應稱為投影公差區域Ⓟ，與數值一同建立，下圖右。

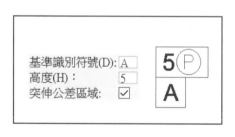

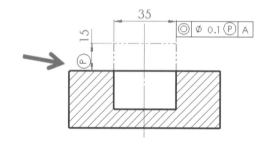

10-15 拆分尺寸（**SplitDimension**）

尺寸與其他圖元相交處，切斷尺寸線或尺寸界線，常用在尺寸交錯，不容易識別，經切斷後讓尺寸美觀。也可結合已拆分的線段，適用 Professional 或 Enterprise。

當尺寸與圖元之間重疊時，將尺寸線切斷，下圖左。尺寸與尺寸之間將尺寸線切斷，下圖中，尺寸與尺寸之間將尺寸界線切斷，下圖右。

希望拆分可以在線條與箭頭設定中，直接設定切斷切斷尺寸線或尺寸界線。

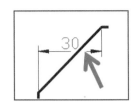 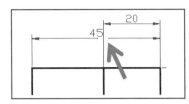 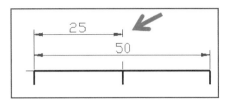

10-15-1 先睹為快，拆分

只要點選要切斷的尺寸即可。

步驟 1 選項：多個或指定要拆分或結合的尺寸

點選 25 尺寸。

步驟 2 選項：預設間隙(D),指定間隙(S),結合(J),結束(X)或指定要拆分尺寸的圖元

↵，即可看到結果。

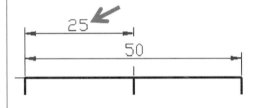

10-15-2 拆分選項

其實很簡單，看起來很難。

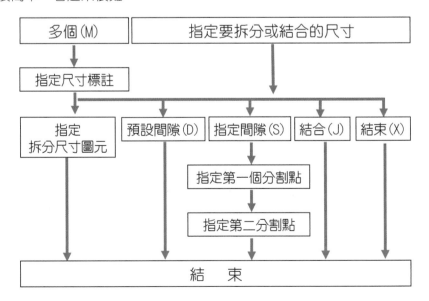

10-15-3 選項：多個（M）

一次選擇多個尺寸標註進行拆分。

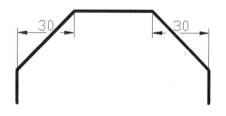

步驟 1 多個（M）

輸入 M＝多個。

步驟 2 指定尺寸標註

點選 30 尺寸→↵↵。

10-15-4 選項：預設間隙（D）

設定切斷的尺寸線或尺寸界線的間距。

步驟 1 指定要拆分或結合的尺寸

步驟 2 選項：預設間隙(D),指定間隙(S),結合(J),結束(X)或指定要拆分尺寸的圖元

輸入 D＝間隙（D）。

10-15-5 選項：指定間隙（S）

類似像修剪線段指令點選任意兩點距離，作為間隙間距。

步驟 1 指定要拆分或結合的尺寸

步驟 2 選項：預設間隙(D),指定間隙(S),結合(J),結束(X)或指定要拆分尺寸的圖元

輸入 S＝間隙（S）。

步驟 3 指定第一分割點

步驟 4 指定第二分割點

選擇缺口開始和結束的分割點。

10-15-6 選項：結合（J）

將拆分後的尺寸復原成連續線段。

步驟 1 指定要拆分或結合的尺寸

點選要結合的。

步驟 2 選項：預設間隙(D),指定間隙(S),結合(J),結束(X)或指定要拆分尺寸的圖元

輸入 J＝結合（J）。

10-16 對正文字（EditDimensionText）

將已經標註好的尺寸文字，以尺寸線為基準擺放，由清單定義角度或改變文字位置。
於文字屬性窗格，由清單切換文字位置，這樣較快，下圖右。

  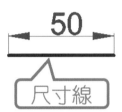

10-16-1 對正文字選項

點選尺寸後，出現選項：角度（A），中心（C），Home…等，接下來介紹用法。

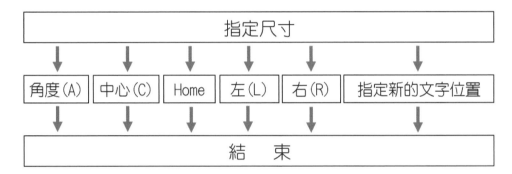

10-16-2 選項：角度

定義文字旋轉角度，角度以文字中心進行旋轉，例如：45 度。

10-16-3 選項：中心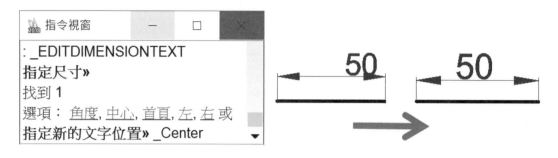

將尺寸文字置於尺寸線中央。

指令視窗 — □ ×

: _EDITDIMENSIONTEXT
指定尺寸»
找到 1
選項：角度, 中心, 首頁, 左, 右 或
指定新的文字位置» _Center

10-16-4 選項：重設（ResetDimensionText）

復原文字或移動至原始位置。例如：該文字為 45 度角，選擇重設後，文字會轉回 0 度。

10-16-5 選項：左、右

將文字靠左或靠右對齊。

10-16-6 選項：指定新的文字位置

透過拖曳放置文字位置，例如：移至尺寸界線外。

10-16-7 編輯標註文字（EditDimensionText）

編輯標註文字，另一個位置在尺寸標註工具列中（箭頭所示）。

10-16-8 對正文字屬性設定

定義文字位置：1. 置中、2. 第一條延伸線、3. 第二條延伸線、4. 第一條延伸線之上、5. 第二條延伸線之上。第 4、第 5，對正文字沒有該功能。

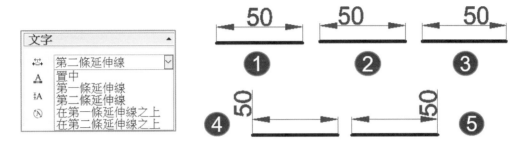

10-17 傾斜（**Oblique**）

修改尺寸界線角度，強調尺寸位置，避免尺寸與特徵位置衝突，適用線性尺寸，例如：尺寸會遮到矩形輪廓與中心線，將尺寸傾斜可避開。

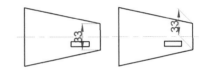

傾斜尺寸為編輯尺寸（EDITDIMENSION）其一種項目，換句話說為指令其中一選項獨立出來成為指令（箭頭所示）。

例如：執行傾斜尺寸就是執行編輯尺寸（EDITDIMENSION）指令的傾斜（Oblique）。

10-17-1 先睹為快，傾斜

將原本尺寸，輸入角度傾斜放置。角度＝絕對角度，要回復到原來位置，角度＝90 度。

步驟 1 指定圖元

選擇尺寸→↵，系統變更尺寸界線角度。本節不該稱為指定圖元，應該為指定尺寸。

步驟 2 按 Enter 來結束或指定傾斜角度

45→↵。

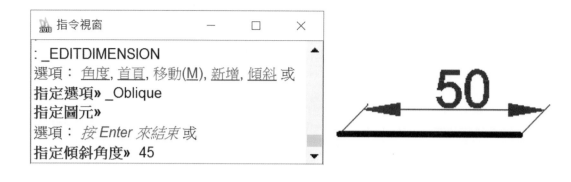

10-17-2 傾斜選項

傾斜選項包含：角度、首頁、移動(M)、新增、傾斜，這部分統一於編輯尺寸 🖉 說明。

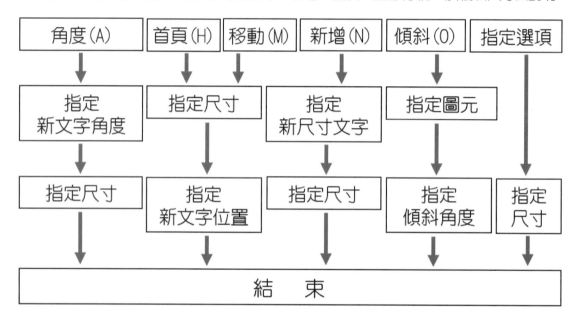

10-18 取代（**OverrideDimensionStyle**）

變更尺寸樣式，不必透過選項切換尺寸樣式，這指令有夠長。不透過本項指令，必須經由 1. 選項→2. 草稿樣式→3. 尺寸→4. 樣式，設定啟用或設定取代（箭頭所示）。

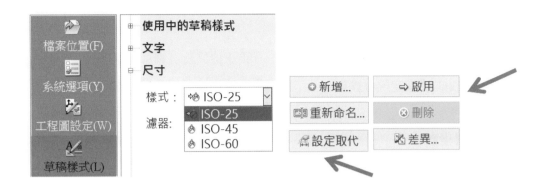

10-18-1 取代選項

設定清除取代(C)或指定尺寸變數,蠻簡單的。

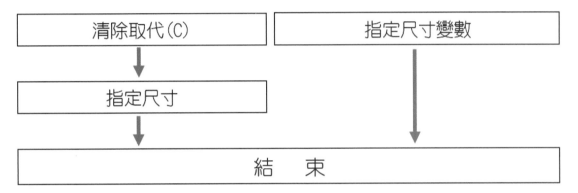

10-18-2 選項:清除取代(C)

復原被取代的尺寸樣式,回到系統預設。

步驟 1 清除取代(C)或指定尺寸變數

輸入 C。

步驟 2 指定尺寸

點選 50 尺寸→↵,可以見到尺寸樣式回到預設。

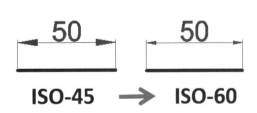

10-18-3 選項：指定尺寸變數

將尺寸標註套用尺寸樣式，例如：原本 ISO-60→ISO-45，箭頭比較小。

步驟 1 清除取代(C)或指定尺寸變數

輸入 ISO-45。

步驟 2 指定尺寸變數

↵，可見尺寸樣式被套用。

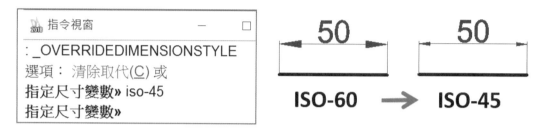

10-18-4 取代屬性設定

點選尺寸，由綜合屬性切換尺寸樣式，可以立即見到改變。

10-19 相關尺寸標註（RelateDimension）

重新建立尺寸與圖元關係（也可以說是轉移），尺寸會更新在位置，最大好處不必重新標註，本節說明直線、圓、角度、導線...等。

所選標註形式會出現不同圖元項目，例如：點選線性標註，會出現指定圖元。點選直徑，會出現指定圓弧或圓形。

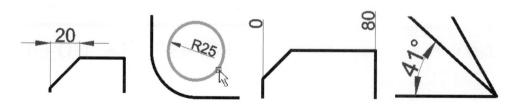

10-19-1 線性尺寸標註

有 2 種方式更改線性標註：1. 點選圖元、2. 尺寸界線位置。

A 指定圖元

指定圖元，轉移線性尺寸。簡單的說 2 步驟：1. 點選尺寸➜2. 點選圖元。

步驟 1 指定尺寸

點選 20 尺寸➜↵。

步驟 2 選項：指定圖元，按 Enter 來至下一個或指定第一個尺寸界線位置

輸入 S＝指定圖元。

步驟 3 選項：按 Enter 來至下一個或指定圖元

點選要標註的圖元，可以見到 20 尺寸被轉移到點選選線段，並完成 60 標註。

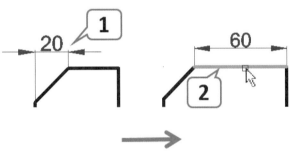

B 尺寸界線位置

指定尺寸界線位置，轉移尺寸。簡單的說 2 步驟：1. 點選尺寸➜2. 點選尺寸界線 2 端點。

步驟 1 指定尺寸

點選 20 尺寸➜↵。

步驟 2 選項：指定圖元，按 Enter 下一個或指定第一個尺寸界線位置

步驟 3 選項：指定圖元，按 Enter 下一個或指定第二個尺寸界線位置

分別點選端點作為尺寸界線位置，系統重新標註尺寸 60。

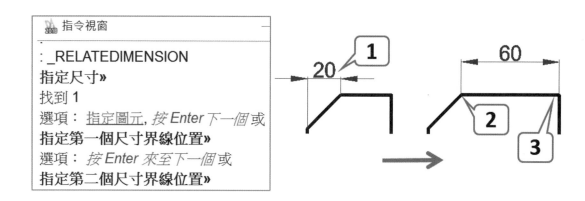

10-19-2 圓或圓弧尺寸

選擇圓或圓弧，轉移半徑或直徑尺寸。簡單的說 2 步驟：1. 點選尺寸→2. 點選圖元。

步驟 1 指定尺寸

點選 R40 尺寸→↵。

步驟 2 選項：按 Enter 來至下一個或指定圓弧或圓形

點選圓後，系統尺寸更新標註為 R25，你會發現不會直徑或半徑轉換。

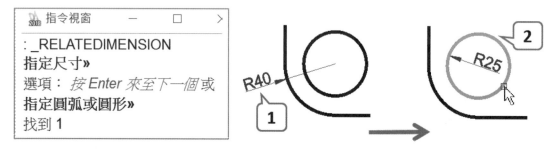

10-19-3 座標尺寸

選擇新座標點位置，轉移尺寸。簡單的說 2 步驟：1. 點選尺寸→2. 轉移到所選端點。

步驟 1 指定尺寸

點選 20 尺寸→↵。

步驟 2 指定特徵位置

抓取新座標位置（端點），系統更新標註為 80。

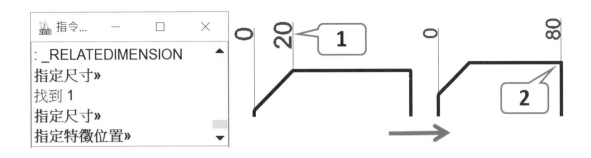

10-19-4 角度尺寸

選擇新邊線，轉移角度尺寸。簡單的說 2 步驟：1. 點選尺寸→2. 點選 2 邊線。

步驟 1 指定尺寸

點選角度→↵。

步驟 2 指定第一條線

步驟 3 指定第二條線

選擇 2 條新的邊線，完成 60 角度標註。

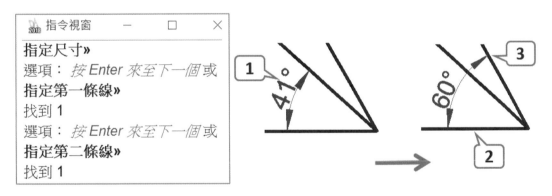

10-19-5 導線尺寸

為導線箭頭選擇新的關聯點。簡單的說 2 步驟：1. 點選箭頭→2. 點選圖元。

步驟 1 指定尺寸

點選導線箭頭→↵。

步驟 2 指定導線關聯點

透過抓取選擇新箭頭位置，更新導線位置。

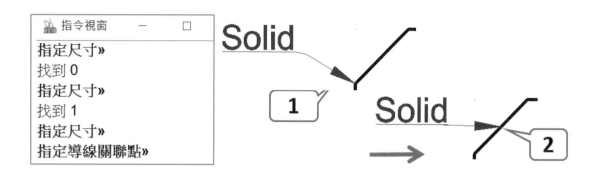

10-19-6 拖曳＋置放完成新的尺寸標註

拖曳尺寸界線也可完成尺寸更新作業，1. 點選尺寸→2. 拖曳尺寸界線端點 P1 到 P2 位置，完成 20→80 標註，適用線性標註、座標標註。當拖曳不見得好用時，就靠指令選擇。

10-20 重新計算（RebuildDimension）

指定尺寸套用預設尺寸樣式。例如：目前尺寸樣式 ISO-45，指定尺寸後套用到預設尺寸樣式為 ISO-60。重新計算應該為更新標註樣式，否則難聯想這功能，希望改進。

10-20-1 重新計算製作

2 個步驟完成套用指定的尺寸標註樣式。

步驟 1

系統出現使用中尺寸標註樣式：ISO-25，而先前的尺寸標註被套用為 ISO-45。

步驟 2 指定尺寸

選擇 50 尺寸→↵，系統套用 ISO-25 尺寸樣式，會發現箭頭變小了。

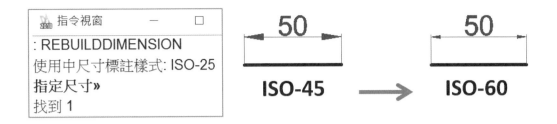

10-20-2 重建標註（RebuildDimension）

重建標註於尺寸標註工具列中，指令名稱不同。

10-21 編輯尺寸標註（**EditDimension**）

用來變更尺寸文字位置、角度或值，也可變更尺寸延伸線方位。不在尺寸功能表，只有在尺寸標註工具列（箭頭所示），這部分還真亂，希望改進。

10-21-1 編輯尺寸選項

製作過程必須先指定選項，才可進行編輯尺寸作業。編輯尺寸選項：角度（A），首頁（H），移動（M），新增（N），傾斜（O）或指定選項，大部分選項前幾節說明過。

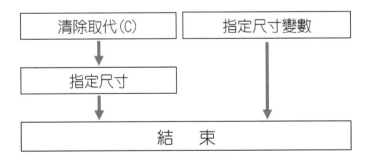

10-21-2 選項：角度與首頁

角度＝文字角度。首頁（HOME）＝回到文字位置（中心、左、右），下圖左。

10-21-3 選項：新增

新增＝修改尺寸文字，這部分不必學習，只要點選尺寸。在文字屬性欄位→文字取代 $\frac{0.00}{abc}$，更改文字，下圖中。

10-21-4 選項：傾斜

前幾節有說明過，只是這指令源頭在圖，下圖右。

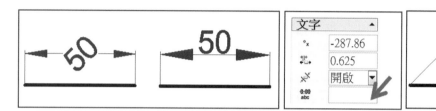

10-22 標註樣式（**DraftingStyles**）✍

標註樣式於尺寸標註工具列，進入選項→草稿尺寸→尺寸樣式進行設定，本書後面有獨立章節介紹。在格式功能表、選項、尺寸標註工具列都可以進入標註樣式。

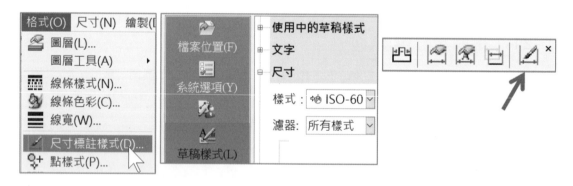

10-23 尺寸屬性設定

點選尺寸由屬性臨時變更樣式，屬性包含：1. 綜合、2. 線條與箭頭、3. 文字、4. 擬合、5. 主要單位系統、6. 公差、7. 換算單位系統，下圖左。

本節說明以線性尺寸基礎，部分尺寸屬性先前介紹過，不贅述。尺寸屬性於選項－草稿樣式皆有關聯，下圖右。

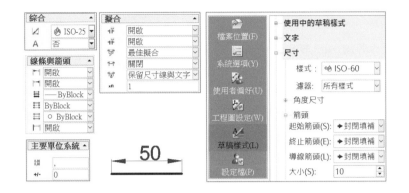

10-23-1 綜合

由清單套用選項→草稿標準→尺寸標註樣式 ⬜，例如：ISO-25。通常以 ⬜ 為基準，套用自訂的細部設定。

10-23-2 線條與箭頭

設定尺寸線、尺寸界線、文字與箭頭，例如：顯示/隱藏、線條粗細、箭頭樣式...等。

Ⓐ 尺寸線 1 ⊢|、尺寸線 2 |⊣

開啟或關閉尺寸線 1、尺寸線 2（包含箭頭）顯示，下圖左。

Ⓑ 尺寸線寬 ☰

清單切換尺寸標註整體線寬，下圖中。

Ⓒ 尺寸線條樣式 ☷

清單切換尺寸線之線條樣式，下圖右。

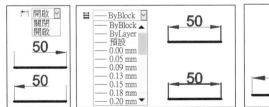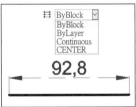

Ⓓ 尺寸線條色彩 ☷

清單切換尺寸線色彩，下圖左。

E 延伸線 1

延伸線＝尺寸界線，開啟或關閉延伸線 1 顯示，下圖中。

F 延伸線 1 線條樣式

清單切換尺寸延伸線 1 線條樣式，例如：將延伸線 1 為 Center 中心線形式，下圖右。

G 延伸線 2、延伸線 2 線條樣式

承上節，開啟或關閉延伸線 2 顯示。切換延伸線 2 線條樣式，不贅述（箭頭所示）。

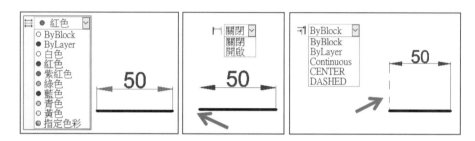

H 延伸線固定

設定延伸線與輪廓距離，例如：8，下圖左。

I 延伸線偏移

設定尺寸線下的延伸線是否完全移至輪廓外（箭頭所示），下圖右。

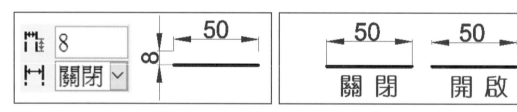

J 延伸線延伸

設定延伸線與尺寸線向上的距離，例如：10，下圖左。

K 延伸線線寬

由清單設定延伸線寬，只能 2 邊同時粗細，下圖中。

L 延伸線線條色彩

由清單設定延伸線色彩，例如：紅色，下圖右。

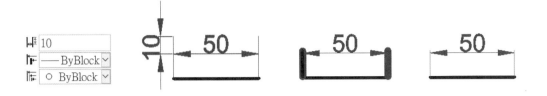

M 箭頭 1 ↔、箭頭 2 ↔

由清單設定箭頭 1 或箭頭 2 的樣式，常用封閉填補和點。

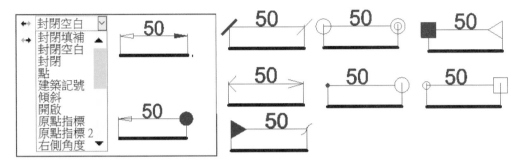

N 箭頭大小 ⇄

設定箭頭整體大小，包含箭頭高度和長度，例如：10 或 15。

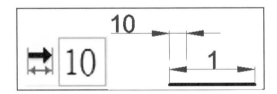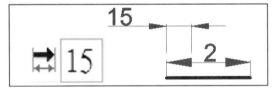

O 延伸線固定長度

設定延伸線與尺寸線距離。與 L 延伸線偏移 互相對照，關閉，無法使用（箭頭所示），下圖右。大郎不知為何要有這項目，因為延伸線偏移就能設定。

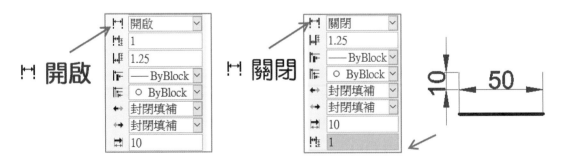

10-23-3 文字

顯示或設定尺寸文字位置、大小、角度…等，下圖左。

A 文字 X Y °ₓ °ᵧ

設定尺寸文字的 X、Y 位置，單獨設定可以精確移動尺寸，尺寸基準在文字下方，下圖中。

B 填補色彩

由清單設定尺寸上的文字填實色彩，常用來強調顯示，下圖右。

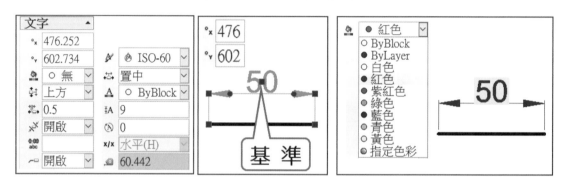

C 文字位置垂直（預設置中）

由清單設定文字位置，常用置中，例如：1. 置中、2. 上方、3. 外側、4. JIS。本節必須要用角度比較看得出效果，圓或弧沒有這設定。

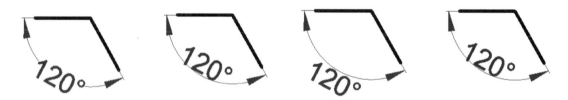

D 文字偏移

設定文字與尺寸線距離，會與上方文字位置垂直配合。例如：文字置中，文字偏移 15、文字上方，文字偏移 10。

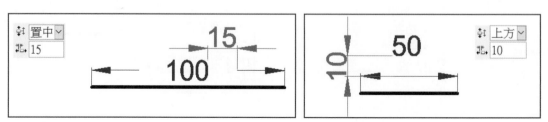

E 文字內側對正（預設開啟）

尺寸於內側時，文字是否與尺寸線平行放置，否則文字為水平放置，下圖左。

F 文字取代

強制輸入新的文字，在屬性窗格文字取代直接修改尺寸文字，這樣較快。用符號區別尺寸與實際比例不同，加上符號區隔，例如：50→@800，下圖右。

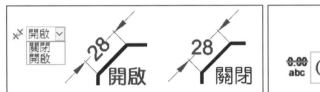

G 文字外側對正（預設開啟）

尺寸於外側時，是否與尺寸線進行對正（平行）放置，下圖左。

H 文字樣式（預設 Standard）

由清單切換文字樣式，於取代說明過，下圖右。

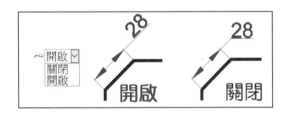

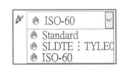

I 文字水平位置（預設置中）

由清單切換文字水平位置，部分在對正文字說明過。

| 置中 | 第一條延伸線 | 第二條延伸線 | 第二條延伸線之上 | 第一條延伸線之上 |

J 文字色彩

由清單切換尺寸文字顏色，下圖左。

K 文字高度

設定尺寸文字高，例如：10，下圖中。

L 旋轉 ⟳

設定尺寸旋轉角度，下圖右。

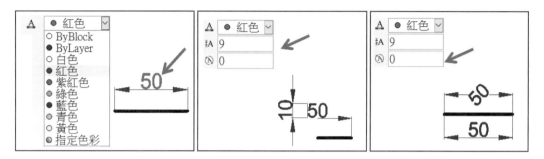

M 分數類型 x/x

顯示尺寸為分數類型，該類型由線性尺寸設定，我們無法切換，下圖左。

N 量測 📷

點選尺寸顯示尺寸實際距離，例如：點選 50 尺寸或@800，得知實際長度皆為 50，這代表@800 不是真實尺寸。

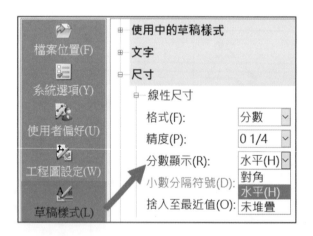

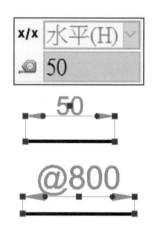

10-23-4 擬合

系統判斷尺寸範圍，空間受限時，將尺寸移至延伸線之外，例如：凹槽線段太短，文字與箭頭會重疊時。

A 尺寸線內側（預設開啟）⊹

當尺寸文字蓋住箭頭時，是否強制顯示尺寸線（箭頭所示）。

B 強制尺寸線（預設開啟）⊣⊢

是否顯示尺寸線。

C 擬合（預設最佳擬合）

文字與延伸線之間空間沒有足夠，切換：1. 文字與箭頭、2. 僅箭頭、3. 僅文字或最佳擬合，自動顯示）。本節配合和上方顯示，只要這 3 個欄位亂壓達到你要的即可。

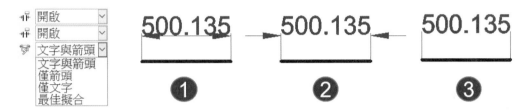

D 文字內側（預設關閉）

是否讓文字置於內側，下圖左。

E 文字移動（保留尺寸線與文字）

設定文字偏移尺寸線的形式：1. 保留尺寸線與文字、2. 移動文字，加入導線、3. 移動文字，無導線，下圖右。

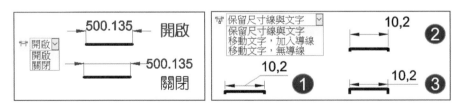

F 總體尺寸標註比例（預設 1）xn

設定整體顯示尺寸標註比例（不含文字），右邊比例＝2。

10-23-5 主要單位系統

主要單位系統＝小數點左邊數值，定義分隔符號與單位系統，例如：18.5，18＝主要單位。在機械設計中，常將尺寸小數位數為 0.00（小數點後兩位）。

當然精度依所屬行業別有不同設定，例如：建築單位 cm，習慣上尺寸精度小數位數設定 0.0（小數點後一位）。

A 小數分隔符號（預設，）

輸入文字小數點符號，常用·，且為標準，例如：50.0。

B 尺寸捨入 +/-

還記得 4 捨 5 入吧，定義整數或小數捨入作業。捨入影響尺寸顯示精度，不影響實際大小。以小數點 2 位為例，捨入值＝0.05，0.58＝0.6、0.43＝0.43。若捨入值＝0，尺寸不變。

C 尺寸標註單位系統（預設分數）

清單切換顯示小數位數記號，切換換算值的顯示，分別為：科學記號、小數、工程、建築、分數、Windows 桌面。常用科學記號、小數、建築。

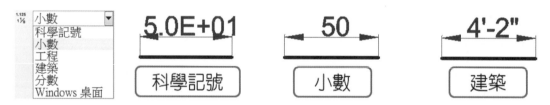

D 尺寸標註字尾 .12(A)、尺寸標註字首 (A).12

於尺寸字首或字尾加上文字或符號，例如：A50@。不過輸入欄位顛倒，最上方是字尾欄位，這部分不直覺，下圖左。

E 抑制前置零

是否移除小數點前置 0，常用在英制圖面，ANSI 美國國家標準可以省去前置 0 標註，例如：0.74→.74。

F 抑制零值小位數

是否移除小數點後 0 值位數，減少數值顯示。常用在指定外公差（指定公差外），或增加圖面空間，例如：50.0→50。

G **抑制零英吋（預設否）** 0.00"

是否顯示英吋前置 0，例如：0. 1"，抑制為. 1 顯示。

H **抑制零英呎（預設否）** .0'00"

是否顯示英呎的前置 0，例如：0.8`-10"，抑制為.8-10" 顯示。

I **精度** x.xx

清單選擇小數點後位數，最多支援小數 8 位。可以與尺寸捨入搭配，例如：設定小數 2 位 0.00，尺寸 50. 135→50. 14，下圖右。

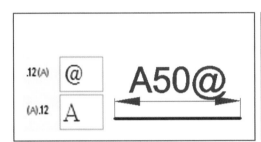
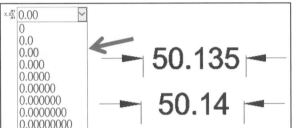

J **線性尺寸標註比例** xn

設定尺寸比例，不影響實際圖元，例如：原來圖元尺寸 50，設定 2 倍，尺寸＝100。

K **角度格式** rad°

設定角度單位格式。

小數度數　　　度/分/秒　　　漸層　　　徑度

10-23-6 公差

公差的加入、顯示位置、大小、精度…等設定，必須先設定公差顯示 x.xx，例如：對稱，公差項目設定才有意義，欄位也會不一樣，下圖左。

本節絕大部分先前有說過，不贅述，例如：換算精度 x.xx、抑制前置零 00.00、抑制零值小位數 00.00、抑制零英吋 0.00"、抑制零英呎 .0'00"。

A **公差上限** +0.00 -0.00、**公差下限** +0.00 -0.00

設定公差上、下限值，例如：雙向公差，在 DraftSight 稱為偏差。

B 公差垂直位置（預設中間）

顯示公差位置，分別為上、中間、下，下圖右。

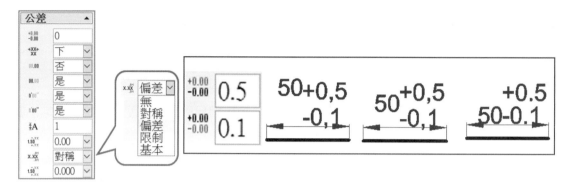

C 公差抑制前置零

是否移除小數點前置 0，例如：＋0.5→＋.05。

D 公差抑制零值小位數

是否移除小數點後面 0，例如：＋0.50→＋0.5。

E 公差抑制零英吋

是否移除零值英吋公差，例如：＋0.5"→＋.5"。

F 公差抑制零英呎

是否移除零值英呎公差，例如：0.2`→.2`。

G 公差文字高度

設定公差字高，例如：與文字同高，減少空間顯示。

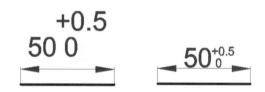

H 公差顯示

I 替代公差抑制前置零

隱藏十進位標註中的前導零，例如：0.5→.5。

J 替代公差抑制零值小位數 ᴼᴼ·ᴼᴼ

　　隱藏十進位標註的結尾零，例如：0.50➜0.5。

K 替代公差抑制零英呎 ᴼ'ᴼᴼ"

　　隱藏零英呎。是否移除零英吋的公差，例如：0.8`-10"，抑制為.8-10"顯示。

L 公差精度 ₁.₅₀⁻·ˣˣ₊·ˣˣ

　　設定公差小數位數顯示，例如：0.00＝顯示小數 2 位。必須設定公差顯示x.xx⁻·⁰¹₋·⁰¹才能顯示數值，例如：設定偏差，下圖左。

M 換算公差精度 ₁.₅₀⁻·ˣˣ₊·ˣˣ

　　設定公差換算後的結果精度值，例如：0.0 必須設定公差顯示x.xx⁻·⁰¹₋·⁰¹＝限制。例如：設定上下公差為+0.55、-0.13，換算出來的值顯示小數 2 位，下圖右。

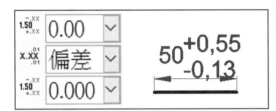　　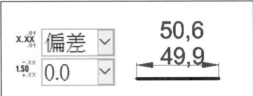

N 檢查標籤

　　將尺寸圓形圍繞。並設定檢查標籤。

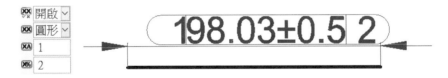

10-23-7 換算單位系統

　　進行第 2 單位換算設定，第 2 單位會加括弧[ ]區別，並加註單位符號，可避免人工換算錯誤，例如：主要單位＝公制，第 2 單位＝英制，10[0.394"]。

　　只要部份雙重尺寸顯示即可，在複雜圖面儘量避免使用，畢竟圖面簡單整潔，是最高原則。本節無法設定單位，這部分希望改進。

　　本節絕大部分先前有說過，不贅述，例如：換算精度 x.xx·⁰¹·⁰¹、抑制前置零 ᴼᴼ·ᴼᴼ、抑制零值小位數 ᴼᴼ·ᴼᴼ、抑制零英吋 ᴼ'ᴼᴼ"、抑制零英呎 ᴼ'ᴼᴼ"。

A 換算已啟用 [0.00]

點選尺寸是否啟用換算作業,例如:50 右方顯示應置尺寸,下圖左。

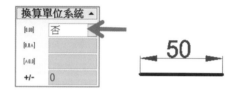 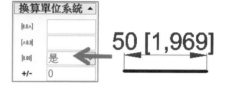

B 換算字尾 [0.0A]、換算字首 [A0.0]

於換算字首或字尾加入文字,例如:字首%、字尾。不過輸入欄位顛倒,最上方是字尾欄位,這部分不直覺。

C 換算捨入 +/- (預設 0)

設定換算值捨入規則,與本節先前尺寸捨入+/-說明相同,不贅述。

D 換算格式(預設小數)

由清單切換顯示:科學記號、小數、工程、建築(堆疊)、分數(堆疊)、建築、分數、Windows 桌面。常用科學記號、小數、建築。

E 替代比例 xn

顯示與主要單位的比例係數,例如:主要單位=英制,替用單位=公制,則替用單位比例係數為 25.4,該係數只能看不能改。

11

繪製功能表

　　萬物之始在圖元，本章介紹圖元繪製工具，你會了解哪些是**連續**或**非連續線段**，有些指令必須完成選項才可繪製圖形。繪製功能表就是畫圖指令，有先前軟體操作經驗，本章學習很容易。再配合快速鍵加速繪製速度，例如：直線 L、矩形 REC、圓 C、弧 A、文字 T。

　　繪製功能表分 7 大類：1. 直線繪製、2. 曲線繪製、3. 圓或圓弧、4. 圖塊與表格、5. 區域與剖面線、6. 文字、7. 網格。

　　本章**圖塊**、**剖面線/填補**、**註解設定**，移至獨立一章講解，因為這 3 指令使用率高且指令多元，獨立章節會比較好閱讀。

　　DraftSight 可以畫 3D，本章簡易說明 3D 畫法，現今不需毫無效率以 2D CAD 進行 3D 建構，3D 需求移植到 SolidWorks 完成即可。

　　指令選項會用流程圖說明比較清楚。繪製有專屬**工具列**，不過指令少很多，本章以**功能表**指令順序為主。繪製屬性使用率極高，屬臨時性設定，放在本章最後說明，方便讀者查閱。

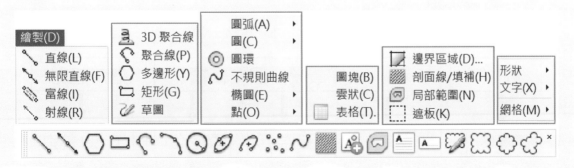

11-1 直線（Line，L）

定義 2 點間的水平、垂直或角度線段，直線使用率最高也最簡單繪製。要畫非連續線段（右圖）有 2 種作法：1. 畫一段 ESC→畫一段 ESC、2. 指令過程選取線段選項。

這部分不像 Solidworks 使用壓選或點選區分，就可以完成。

11-1-1 先睹為快，直線

直線應該沒人要認識吧，預設連續線段。

步驟 1 選項：線段(S)，輸入來從最後一個點繼續或指定起點

點一下做為線段起點。

步驟 2 選項：線段(S)，復原，按 Enter 結束或指定下一點

繼續下一點的過程，線段跟著游標移動（另一端為固定），就是俗稱拉線。

步驟 3 按 ENTER 或 ESC 結束繪製

完成單一線段。若要接著繪製，就重複步驟 1 和步驟 2。

11-1-2 直線選項

直線選項比較不同的是有關閉（封閉），本節重點：線段、復原、緊密。

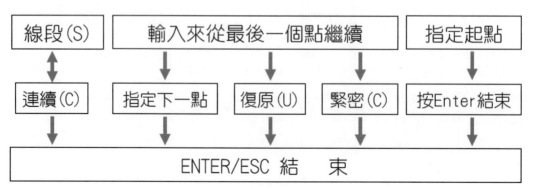

11-1-3 選項：線段（S）

指定 2 點繪製單一不連續線段，S＝single。本節看過就算了，因為沒人會這樣輸入，太麻煩。

步驟 1 線段(S)，輸入從最後一個點繼續或指定起點

輸入 S。

步驟 2 連續(C)，輸入從最後一個點繼續或指定起點

步驟 3 連續(C)，復原(U)，按 Enter 結束或指定下一點指定下一點

點選 P1 點和 P2，完成單一線段。

11-1-4 選項：關閉（C）

將開放線段封閉，也就是最後端點與第 1 端點連接，不必完成個線段連接，這作業還不錯，C＝CLOSE。關閉選項必須 2 條件：1. 選擇連續、2. 完成 2 條線。

本節步驟有簡化，謹說明重點步驟。

步驟 1 選項：線段(S)，復原(U)，按 Enter 結束或指定下一點

繪製 2 條線。

步驟 2 選項：線段(S)，復原(U)，關閉(C)，按 Enter 結束或指定下一點

輸入 C＝關閉（C）。

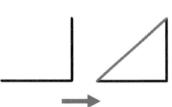

11-1-5 選項：復原（U）

回復上一線段，U＝Undo，例如：發現長度不對時。也可 Ctrl＋Z→Z，多次回復。

11-1-6 直線掣點與編輯

點選直線可見 3 個掣點：1. 起點、2. 中點、3. 終點。拖曳 1. 起點與 3. 終點修改長度、角度，拖曳 2. 中點改變位置。

11-1-7 直線屬性設定

點選直線，會見到幾何屬性，減少編輯與量測作業，更可直覺看出所有屬性，不過有很多只能看，無法更改。幾何屬性包含：起點、終點絕對座標、相對座標、角度與長度。

A 起始 X、Y、Z ⟍、終止 X、Y、Z ⟍

顯示或設定直線起點或中點的絕對 XYZ 座標值，下圖左。

B △X、△Y、△Z Δ x

顯示各軸相對 XYZ 座標值，△＝DELTA。直線可見 X＝90、Y＝40、Z＝0，只能看不能改。

C 角度 ⌐、長度 ⌢

顯示該線段角度與長度，只用於顯示，無法更改，下圖右。

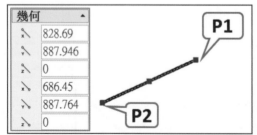

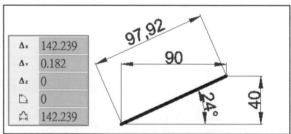

11-2 無限直線（InfiniteLine，IL）

　　由 1 條或多條無限長度線段而成產生框架或網格，常用於工程圖建構過程，下圖左。無限直線常用在投影，例如：要投影 2 圓心交點，下圖右。

　　很多人會把無限長度納入圖層控管，在列印前關閉或凍結。無限直線和直線功能很像，使用上也會用直線替代，除非線段太長或你很懂得修改，否則很少人會用，大郎也希望 DraftSight 能把這 2 指令整合同一指令，由指令選項設定功能，因為太像了。

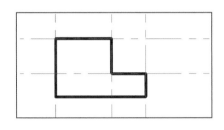 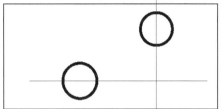

11-2-1 先睹為快，無限直線

　　點 2 下定義無限直線，下圖右。

步驟 1 指定位置

　　定義無限直線的中心位置 P1。

步驟 2 指定下一個位置

　　定義第 1 個直線方向 P2，該直線以中心向外放射繪製。

步驟 3 指定下一個位置

　　定義第 2 個直線方向 P3→↵ 完成。

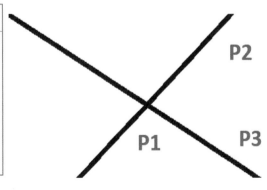

指令視窗

```
: _INFINITELINE
選項： 角度, 角度平分(B), 水平(H),
指定位置»
選項： 按 Enter 來結束 或
指定下一個位置»
選項： 按 Enter 來結束 或
指定下一個位置» «取消»
```

11-2-2 無限直線選項

線段過程可以設定角度、偏移參考、水平或垂直放置，這部分直線就沒這功能。

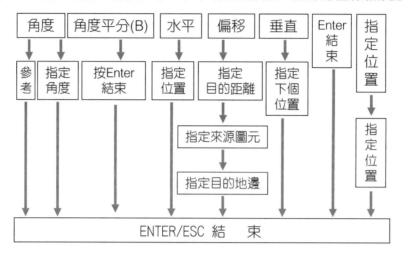

11-2-3 選項：角度（A）

進行有角度的繪製，並產生多條相同線段，例如：繪製 2 條 45 度的無限平行直線。

步驟 1 選項：角度，角度平分(B)，水平(H)...指定位置

輸入 A＝角度（A）。

步驟 2 選項：參考(R)或指定角度

輸入 45。

步驟 3 按 Enter 結束或指定下一個位置

定義無限直線的中心位置 P1，完成第一條。

步驟 4 按 Enter 結束或指定下一個位置

定義無限直線位置 P2→↵完成第 2 條。

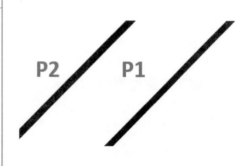

A 參考（R）

可參考其他圖元作為角度，不必輸入角度。實務上，不見得知道或不太想知道有角度的線段，只要參考他來完成一樣的角度。

步驟 1 選項：角度，角度平分(B)，水平(H)...指定位置

角度（A）＝A。

步驟 2 選項：參考(R)或指定角度

輸入 R＝參考。

步驟 3 指定來源圖元

指定角度基準，通常是水平或垂直線段，例如：點選：L1 水平線段。

步驟 4 指定來源角度

步驟 5 指定第二個點

指定角度第 1 和第 2 個端點 P2。

步驟 6 按指定下一個位置

點選直線位置 P3→↵完成繪製。

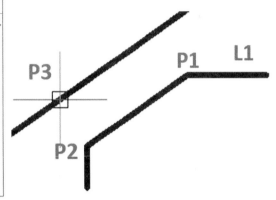

11-2-4 選項：角度平分（B）

指定 2 線段參考進行角平分線繪製，1 次只能繪製 1 條無限直線。

步驟 1 選項：角度，角度平分(B)，水平(H)...指定位置

輸入 B＝角度平分（B）。

步驟 2 指定頂點位置

指定中心點位置 P1。

步驟 3 指定第一個角度

點選第 1 條直線端點 P2，做為第 1 個角度參考

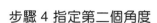
步驟 4 指定第二個角度

點選第 1 條直線端點 P3，做為第 2 個角度參考→↵完成繪製。

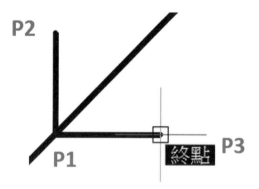

11-2-5 選項：水平（H）

製作 2 條水平無限直線。

步驟 1 水平（H）＝H

步驟 2 指定下一個位置

步驟 3 指定下一個位置

分別點選得到第 1 和第 2 條水平無限直線，以此類推→↵完成繪製。

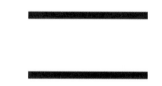

11-2-6 選項：偏移（O）

指定位置或距離，可大量偏移，例如：偏移 3 條無限直線。

A 指定位置

不必輸入參數，點選圖元作為偏移的參考，可以重複。

步驟 1 選項：角度，角度平分(B)，水平(H)，偏移(O)...指定位置

輸入 O＝偏移。

步驟 2 選項：指定位置或指定目的地距離

輸入 P＝指定位置。

步驟 3 選項：按 Enter 來結束或指定來源圖元

點選斜線 L 作為偏移來源。

步驟 4 選項：按 Enter 來結束或指定位置

點選要放置的位置 P→↵完成繪製。

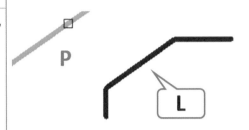

選項：<u>角度</u>, 角度平分(**B**), 水平(**H**), 偏移(**O**),
指定位置» O
選項：<u>指定位置</u> 或
指定目的地距離» P
選項：*按 Enter 來結束* 或 **指定來源圖元»**
找到 1
選項：*按 Enter 來結束* 或 **指定位置»**
選項：*按 Enter 來結束* 或 **指定來源圖元»**

B 指定目的地距離

承上節，輸入距離或由指定製作為距離參考，以下步驟有縮減，直接說明。

步驟 1 選項：指定位置或指定目的地距離

輸入 10。

步驟 2 選項：按 Enter 來結束或指定來源圖元

點選斜線 L 作為偏移圖元參考。

步驟 3 選項：按 Enter 來結束或指定目的地邊

點選要偏移的方向 P→↵完成繪製。

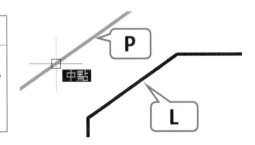

選項：<u>指定位置</u> 或 **指定目的地距離»** 10
選項：*按 Enter 來結束* 或 **指定來源圖元»**
找到 1
選項：*按 Enter 來結束* 或 **指定目的地邊»**

11-2-7 無限直線的掣點

點選無限直線可見 3 個掣點，分別：1. 中心 P1、
2. 起點 P2、3. 終點 P3。

11-2-8 無限直線幾何屬性

點選無限直線，查看幾何屬性並修改它，觀念和直線一樣，下圖左。

A 基準點 X、Y、Z

設定掣點中間 P1 的 XYZ 座標值，例如：X＝100、Y＝50、Z＝0，下圖中。

B 第 2 個點 X、Y、Z

承上節，顯示相對 P1、P2 的 XYZ 座標值，例如：X＝101、Y＝50、Z＝0，下圖右。

C 方向向量 X、Y、Z

顯示直線各軸方向相對 XYZ 座標值。

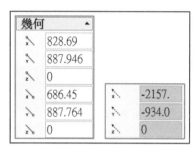
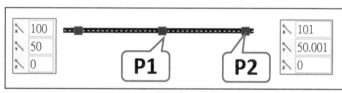

11-3 富線（RichLine，RL）

2 個以上平行＋距離線段組成。複線在機械業不常用，反倒建築業要畫樓層或板牆就很常用。RichLine 應該為複線，不應該為富翁的富，以下直接稱為複線。

選項→草稿樣式→複線，管理預設的複線樣式。

11-3-1 先睹為快,複線

繪製連續 2 條線,第一次使用會出現富線樣式。例如:使用中的設定:調整＝下,比例＝10,樣式＝Draftsight。

步驟 1 選項:調整(J),比例(S),樣式(ST)或指定起點

步驟 2 指定下一點

指定起點 P1,按一下指定下一點 P2 和 P3→↵完成繪製。

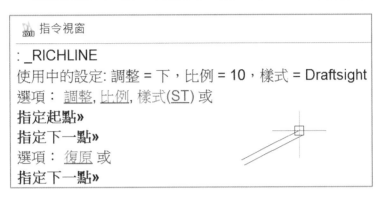
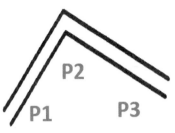

11-3-2 複線選項

複線最常用指定起點,功能很多,其實不常用看看就好。

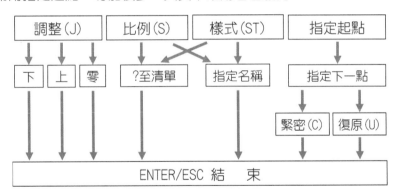

11-3-3 選項:調整（J）

定義複線基準,設定下、上、零＝中間線段(看不見)為基準。可在屬性事後調整。

步驟 1 選項:調整(J),比例(SC),樣式(ST)或指定起點

輸入 J。

步驟 2 下(B),上(T)或零(Z)指定選項

輸入 B＝下(B),設定下為基準距離 10(箭頭所示),下圖左。

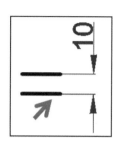

```
指令視窗
選項： 調整, 比例, 樣式(ST) 或
指定起點» J
選項： 下, 上 或 零
指定選項» B
```

上　下　零

11-3-4 選項：比例（S）

指定複線之間的距離，例如：20。這部分可在屬性事後調整。

步驟 1 選項：調整(J)，比例(SC)，樣式)或指定起點

輸入 SC＝比例。

步驟 2 預設：10，指定富線比例

輸入 20。

```
指令視窗
選項： 調整, 比例, 樣式(ST) 或
指定起點» SC
指定富線比例» 20
```

11-3-5 選項：樣式（ST）

載入或得知目前樣式或由視窗載入富線樣式，樣式可在屬性查看。

步驟 1 選項：調整(J)，比例(SC)，樣式(ST)或指定起點

輸入 ST＝樣式。

步驟 2 選項：?至清單，?或指定名稱

輸入?，查詢目前的樣式名稱為 Standard。

步驟 2 選項：? 至清單，?或指定名稱

輸入??，由視窗載入複線樣式（＊.MLN）。

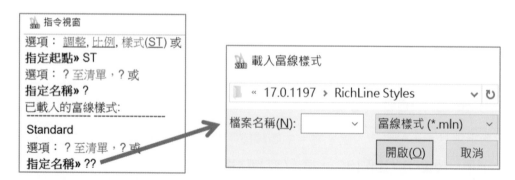

11-3-6 選項：關閉（C）

將開放線段封閉，封閉有很多指令都有。

步驟 1 選項：調整(J)，比例(SC)，樣式(ST)或指定起點

步驟 2 指定下一點

步驟 3 選項：復原或指定下一點

指定起點 P1，按一下指定下一點 P2 和 P3。

步驟 4 選項：緊密，復原或指定下一點

輸入 C，將 P3 和 P1 連接。

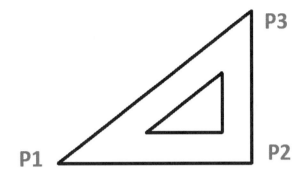

11-3-7 複線幾何屬性

點選複線查看綜合屬性並修改：

1. 複線比例 ⊨、2. 複線調整 ☰、3. 複線樣式 ⊡。

A 複線比例 ⊨

顯示或設定複線距離，越高間距越大。

B 複線調整 ☰

顯示或設定複線基準，由清單切換上、零、下。

C 複線樣式 ⊡

顯示複線樣式，只能看不能改，例如：Standard。

11-4 射線（Ray）

自原點朝向單方向無限延伸直線，就像一半的無限直線，常用在做圖法（建立圖形的參考），例如：角平分線、有角度的圓弧。

11-4-1 先睹為快，射線（預設連續）

在圖面中按一下繪製多條直線，下圖左。

步驟 1 指定起點

步驟 2 指定通過點

定義線段起點 P1，定義射線方向 P2，完成 1 條。

步驟 3 指定通過點

定義射線方向 P3，完成多條射線。

11-4-2 射線選項

無限直線選項分為 1. 指定起點→2. 指定通過點→3. ↵結束，下圖右。

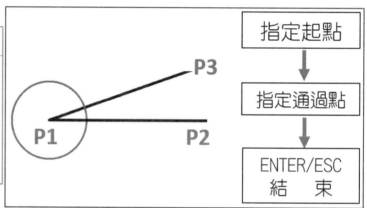

11-4-3 編輯射線

點選射線 L，由掣點 P 拖曳改變射線方向，下圖左。若仔細看，射線沒有掣點中點。

11-4-4 射線幾何屬性

點選射線，查看幾何屬性並修改，與無限直線說明相同，不贅述，下圖右。

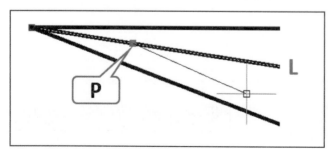
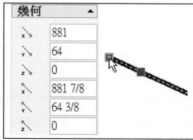

11-5 3D 聚合線（Polyline3d，PL3）

指定線段起點和終點位置，或輸入起點 3D 座標，製作 3D 線段，類似 SolidWorks 3D 草圖。通常會在已定義好的線段上，連接完成線段，或是切換為 3D 空間。

11-5-1 先睹為快，3D 聚合線繪製

由已經建構的立體方盒在圖面按 1 下繪製連續直線。建立聚合線後，使用掣點或 PEDIT 編輯 3D 聚合線。

步驟 1 指定頂點位置

定義 3D 聚合線第一條線段的起點 P1。

步驟 2 指定下一個頂點位置

定義下一個線段位置 P2～P4→↵完成繪製。

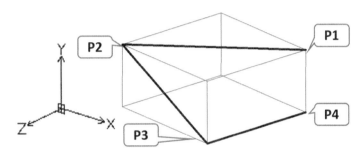

11-5-2 3D 聚合線選項

重點在右方指定頂點位置，左邊不必看都會的。

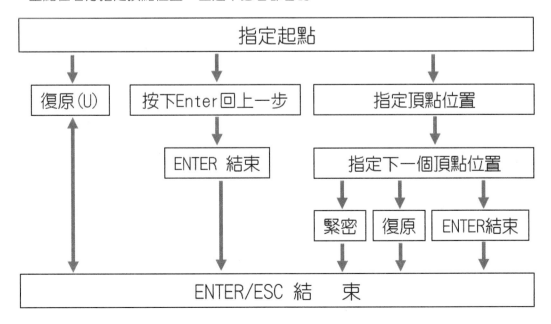

11-5-3 編輯 3D 聚合線

快點 2 下 3D 聚合線或於聚合線右鍵→聚合線編輯，於聚合線介紹，下圖左。

11-5-4 3D 聚合線屬性

點選 3D 聚合線，分別查看幾何與綜合屬性並修改，下圖右。

A 幾何

顯示 3D 聚合線點位置與長度，下圖左。

A1 頂點

由清單切換 3D 聚合線頂點位置，以下欄位顯示該點屬性。例如：聚合線由 3 點組成，就會有 3 點供切換，下圖中。

A2 頂點 X、Y、Z

由清單切換顯示頂點座標位置。

A3 長度（只用於顯示）

顯示聚合線總長度，下圖右。

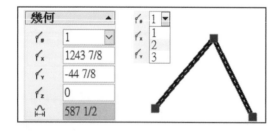
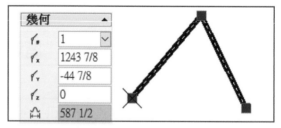

B 綜合

定義 3D 聚合線封閉與平滑。

B1 封閉

由清單切換 3D 聚合線是否封閉，下圖左。

B2 擬合平滑

由清單切換 3D 聚合線：無、2 次、3 次（運算項次）平滑，下圖右。

11-5-5 三方軟體指令對應

DraftSight	SolidWorks	AutoCAD
3D 聚合線 (Polyline 3D)	穿越參考點曲線	3D 聚合線 (3DPoly)

11-6 聚合線（**Polyline**，**PL**）

　　單一圖元由 Poly（聚合）+Line（線）=PolyLine 組成。聚合線為連續線段，可產生連續不同寬度直線或弧線，常用於外邊界。

　　聚合線預設以直線繪製，若要繪製弧，由選項切換圓弧即可，由流程圖可簡易看出。直線和弧都有半寬度、長度、寬度選項且觀念都一樣，本節以左邊圓弧代表講解，避免贅述。

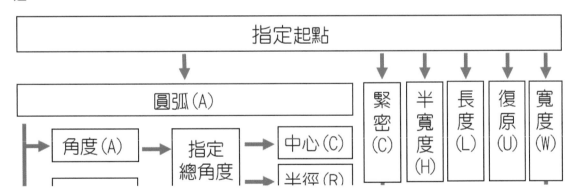

11-6-1 先睹為快，聚合線直線

　　繪製連續直的聚合線。

步驟 1 輸入來從最後一個點繼續或指定起點

　　定義線段起點 P1。

步驟 2 選項：圓弧，緊密，半寬度(H)，...按 Enter 來結束或指定下一個頂點

　　定義 P2～P4 線段完成繪製→↵完成繪製。

步驟 3 緊密（C）

　　承上節，繪製第 2 條線過程，按 C 產生封閉線段。緊密應該為封閉才對。

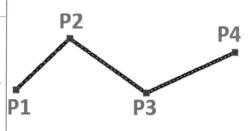

```
指令視窗
2018

:_POLYLINE
選項: 輸入來從最後一個點繼續 或
指定起點»
選項: 圓弧, 半寬度(H), 長度, 按 Enter 來結束
指定下一個頂點»
選項: 圓弧, 緊密, 半寬度(H), 按 Enter 結束 或
```

11-6-2 先睹為快，聚合線圓弧

繪製相切圓弧的聚合線。

步驟 1 輸入來從最後一個點繼續或指定起點

步驟 2 選項：圓弧，緊密，半寬度(H)，長度...按 Enter 來結束或指定下一個頂點

定義線段起點 P1，輸入 A＝圓弧。

步驟 3 選項：角度，中心(CE)，方向，半寬度(H)...按 Enter 來結束或指定弧終點

定義 P2、P3 線段完成繪製→↵完成繪製。

```
指令視窗
2018

選項: 輸入來從最後一個點繼續 或
指定起點»
選項: 圓弧, 半寬度(H), 長度, 復原, 寬度,
指定下一個頂點» A
選項: 角度, 中心(CE), 方向, 半寬度(H),
或 指定弧終點»
選項: 角度, 中心(CE), 關閉(CL), 方向,
或 指定弧終點»
```

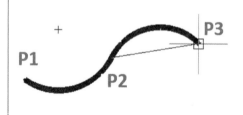

11-6-3 聚合線選項

可看出圓弧流程有大量子選項，你會發現子選項原理先前都有說明，閱讀不會太累。

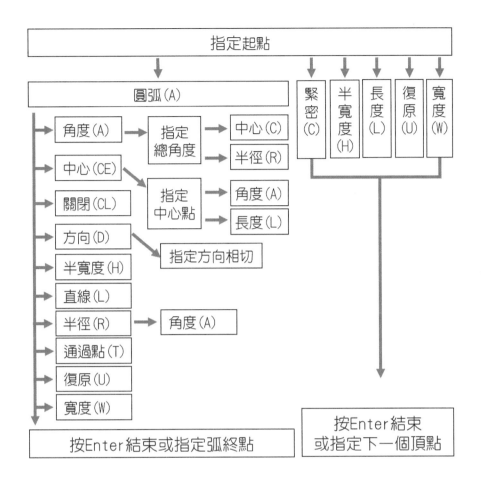

11-6-4 選項：角度（A）

以起點圓弧角度定義圓弧。製作過程會出現中心和半徑，本節先說明圓心角。

步驟 1 指定起點

步驟 2 選項：角度，中心(CE)，方向，半寬度(H)....按 Enter 來結束或指定弧終點

定義弧起點 P1，輸入 A＝角度。

步驟 3 指定總角度

指定圓心角＝180。

步驟 4 選項：中心，半徑或指定弧終點

定義弧終點 P2→↵。

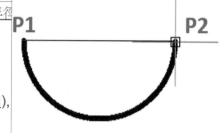

> **指令視窗**
>
> 選項： 角度, 中心(<u>CE</u>), 方向, 半寬度(<u>H</u>), 直線, 半徑
> **指定弧終點»** A
> **指定總角度»** 180
> 選項： 中心, 半徑 或 **指定弧終點»**
> 選項： 角度, 中心(<u>CE</u>), 關閉(<u>CL</u>), 方向, 半寬度(<u>H</u>),
> *結束* 或 **指定弧終點»** 《取消》

A 中心（C）

承上節，指定圓心點畫弧，該弧圓心角 180 度。

步驟 1 選項：中心(C)，半徑(R)或指定弧終點

輸入 C＝中心（C）。

步驟 2 指定中心點

定義弧心位置 P1→↵完成繪製。

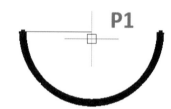

> **指令視窗**
>
> 選項： 中心, 半徑 或
> **指定弧終點»** C
> **指定中心點»**
> 選項： 角度, 中心(<u>CE</u>), 關閉(<u>CL</u>), 方向, 半寬度(<u>H</u>)
> *結束* 或 **指定弧終點»**

B 半徑（R）

承上節，指定半徑畫弧。

步驟 1 選項：中心(C)，半徑(R)或指定弧終點

輸入 R＝半徑（R）。

步驟 2 指定半徑

步驟 3 指定弦方向

輸入 10，定義弦方向 P1→↵完成繪製。

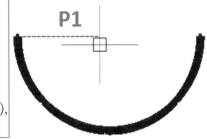

```
指令視窗
選項：中心, 半徑 或
指定弧終點» R
指定半徑» 10
指定弦方向»
選項：角度, 中心(CE), 關閉(CL), 方向, 半寬度(H),
按 Enter 來 結束 或 指定弧終點»
```

11-6-5 選項：中心（CE）

定義圓心點往外畫弧，完成中心弧繪製後，再說明以角度或弦長完成弧。

步驟 1 指定起點

步驟 2 選項：角度，中心(CE)，方向，半寬度(H)....按 Enter 來結束或指定弧終點

定義弧起點 P1，輸入 CE＝中心（CE）。

步驟 3 指定中心點

定義 P2 圓心，也就是半徑。

步驟 4 選項：角度(A)，長度(L)或指定弧終點

目前游標定義圓弧長度或角度→↵，完成繪製。

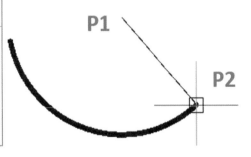

```
指令視窗
選項：角度, 中心(CE), 方向, 按 Enter 來結束
指定弧終點» CE
指定中心點»
選項：角度, 長度 或 指定弧終點»
選項：角度, 中心(CE), 關閉(CL), 方向,
指定弧終點»
```

A 角度（A）

承上節，步驟 1～步驟 3，畫出圓心角 120 度的弧。

步驟 1 選項：角度(A)，長度(L)或指定弧終點

輸入 A＝角度（A）。

步驟 2 指定總角度

輸入 120→↵完成。

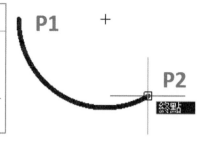

B **長度（L）**

承上節，步驟 1～步驟 3，以弧長畫弧。長度就是弦長，弦長會影響圓心角。

步驟 1 選項：角度(A)，長度(L)或指定弧終點

輸入 L＝長度（L）。

步驟 2 指定弦長

這時游標會在弧端點上，游標向外延伸可見到弦長與圓心角關係。輸入 100→↵ 完成。

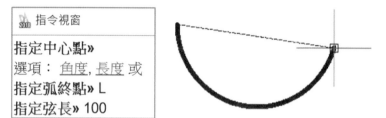

11-6-6 選項：關閉（CL）

繪第 1 條線後，系統才會出現關閉選項將曲線封閉。關閉＝封閉圖元。

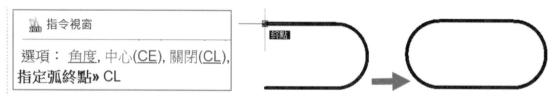

11-6-7 選項：方向（D）

由游標定義圓弧相切方向，可製作非連續的 S 相切線。

步驟 1 指定方向相切

游標決定相切方向 P1。

步驟 2 指定弧終點

游標決定弧的另一點 P2→↵ 完成弧繪製。

11-6-8 選項：半寬度（H）

指定起始與終止半寬度，若半寬度＝0，就是直線。

半寬度以中線為基準，所以不是總寬度。

步驟 1 指定起始半寬度

步驟 2 指定終止半寬度

輸入起始半寬度＝5、終止半寬度＝0。

步驟 3 指定弧終點

游標決定弧的另一點→↵完成。

```
2018  指令視窗

選項： 輸入來從最後一個點繼續 或
指定起點»
選項： 圓弧, 半寬度(H), 長度, 復原, 寬度,
指定下一個頂點» H
指定起始半寬度» 5
指定終止半寬度» 0
選項： 圓弧, 半寬度(H), 長度, 復原, 寬度
指定下一個頂點»
```

起始　　終止

11-6-9 選項：直線（L）

畫弧過程可改直線，常用於結束弧線繪製，例如：將下 1 條線段變更為直線，下圖左。

11-6-10 選項：半徑（R）

輸入圓弧半徑，例如：R10，下圖右。

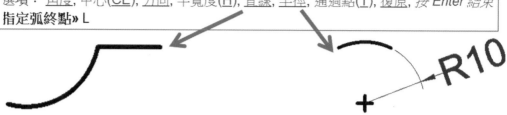

11-6-11 選項：通過點（T）

通過圖元點參考，例如：點選梯形端點 P1～P4 完成圓弧。

步驟 1 選項：角度，中心(CE)，直線，半徑，...按 Enter 結束或指定弧終點

輸入 T＝通過點。

步驟 2 指定通過點

步驟 3 指定弧終點

點選圖元端點 P1，依序點 P2～P4→↵，完成弧繪製。

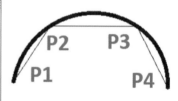

11-6-12 選項：復原（U）

回到上 1 條線段繪製，特別是指令下錯時。

11-6-13 選項：寬度（W）

寬度皆以弧為中心，弧的起始寬度和終止寬度，例如：寬度 0～1。寬度＝總寬，半寬度＝半寬，當寬度＝1 所繪製的線條，半寬度比寬度還厚。

步驟 1 指定起始寬度＝1

步驟 2 指定終止寬度＝1

步驟 3 指定弧終點

定義弧位置 P1→↵完成弧繪製。

指令視窗

選項：<u>角度</u>, 中心(**CE**), 通過點(**T**), <u>復原</u>, <u>寬度</u>,
指定弧終點» W
預設：1
指定起始寬度»
預設：1
指定終止寬度» 5

11-6-14 選項：長度（L）

指定線段長度，例如：50→↵。點選線段得到 2 掣點與直線 3 掣點不同，游標會在弧端點 P1 向外延伸可見弦長（箭頭所示）。

11-6-15 聚合線屬性：幾何

點選聚合線，分別查看幾何與綜合屬性並修改它。顯示聚合線控制點與擬合座標位置與數量，下圖左。

A 整體寬度 ✛

顯示或設定聚合線條整體寬度。設定後讓終止與起始寬度一致，例如：2，下圖中。

B 終止線段寬度 ⇥

顯示或設定聚合線條終止寬度。寬度改變後可以類似箭頭，例如：2。

C 起始線段寬度 ⇤

顯示或設定聚合線條起始寬度。改變後類似箭頭，例如：0。當起始或終止線段寬度被定義，整體寬度會被清空。

D 頂點 ↰

由清單切換聚合線頂點位置，以下欄位顯示該點屬性。例如：切換第 1 點與第 4 點的幾何屬性都不同。

E 頂點 X↰ₓ、頂點 Y↰ᵧ

顯示或設定清單內的頂點 X、Y 座標。

F 高度 ✓z

顯示或設定 Z 軸位置,由 3D 檢視看出聚合線於 Z 軸的空間,例如:50,下圖右。

G 長度 ⌒

顯示聚合該總長度,該長度無法被設定。

H 面積 Ⓐ

顯示封閉聚合線面積,該面積無法被設定,更改線寬並不影響面積大小。

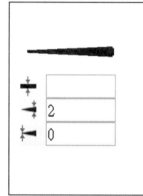
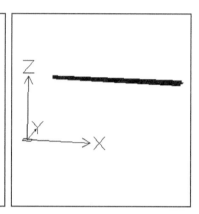

11-6-16 聚合線屬性:綜合

顯示聚合線公差、相切向量與面積,下圖左。

A 封閉 Σ

只在非封閉聚合線才可使用,由清單切換聚合線是否封閉,下圖中。

B 線條樣式產生 ⁝⁝

是否啟用線條樣式控制。線條樣式可由屬性窗格直接切換,下圖右。已啟用:由線條樣式指定聚合線型。已停用:以細實線表示聚合線。

11-6-17 編輯聚合線（EditPolyline）

於修改→圖元→聚合線說明。

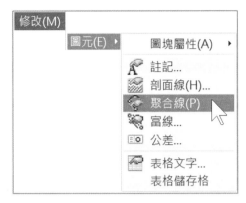

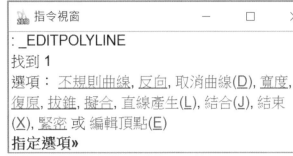

11-6-18 聚合線和不規則曲線差異

很多人對於聚合線（PolyLine）和不規則曲線（Spline）不了解，由下圖可完整認識差異。

曲線類型	原理說明	原理圖示	圖示差異
聚合線	線段連接		
不規則曲線	通過點形成曲線		

11-7 多邊形（**Polygon**，**POL**）

多邊形是封閉連續圖形，由 3～1024 線構成且每邊相等。可拖曳任一掣點移動外型，例如：P1→P2，無法整體變更。

可直接刪除多邊形，要刪除其中線段，必須要炸開。

快點 2 下或多邊形右鍵→聚合線編輯，於修改→圖元→聚合線說明。

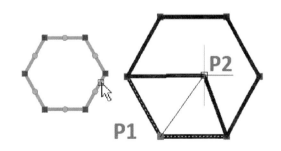

11-7-1 先睹為快，多邊形

無法在圖面中按一下繪製多邊形，必須完成以下選項輸入。本節由預設的邊長度說明。

步驟 1 指定邊線數目

指定多邊形邊數 6→↵。

步驟 2 選項：邊長度(S)或指定中心點

指定多邊形中心 P1。

步驟 3 選項：角落(CO)或邊(S)，指定距離選項

↵，往下一步指定距離選項。

步驟 4 指定距離

由滑鼠或輸入數字，定義為多邊形距離。

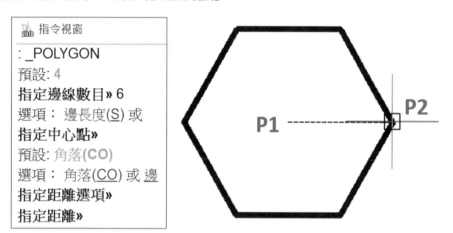

11-7-2 多邊形選項

邊形由指定邊數→輸入長度或游標定義多邊形大小。邊長度（S）說明過，不贅述。

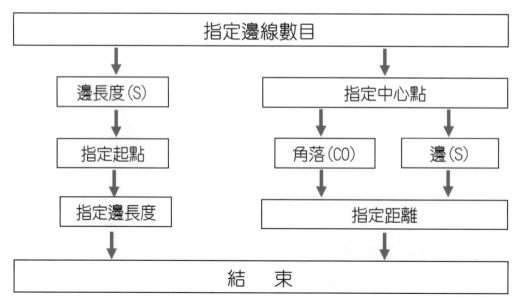

11-7-3 選項：指定邊線數目

定義多邊形邊數，例如：3、4、5、
6 邊形。

11-7-4 選項：指定邊長度（S）

以邊長度繪製多邊形，邊長可透過 P1＋P2 或輸入數值定義。

步驟 1 指定起點

步驟 2 指定邊長度

定義邊線起點 P1，由滑鼠定義邊線終點 P2 完成繪製。

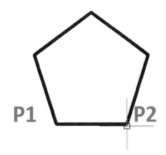

指令視窗

指定邊線數目»
選項：邊長度(S) 或
指定中心點» S
指定起點»
指定邊長度»

11-7-5 選項：指定中心點－角落或邊

定義多邊形中心位置 P1，以下角落（CO）或邊（S）完成多邊形。角落，定義多邊形
於內切圓，下圖左。邊，定義多邊形於外接圓，下圖右。

指令視窗

選項：邊長度(S) 或
指定中心點»
預設：角落(CO)
選項：角落(CO) 或 邊
指定距離選項» 邊
指定距離»

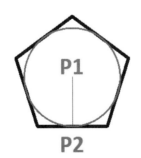

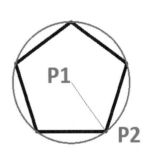

11-8 矩形（**Rectangle，REC**）

封閉方形線段為連續圖元（點選矩形其中一條線段即可得知），可以控制矩形尺寸、旋轉參數或角落類型。最常用對角線矩形，點選左下角 P1→右上角 P2，完成繪製，下圖左。

也可用直線畫矩形，被視為 4 條獨立線段，下圖中。繪製中心矩形，可透過多邊形完成，不過畫出的為正方形，下圖右。快點 2 下或矩形右鍵→聚合線編輯，於修改→圖元→聚合線說明。矩形屬性與聚合線相同，不贅述。

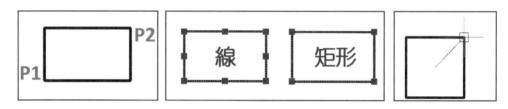

11-8-1 先睹為快，矩形

完成常用且預設的角落矩型，畫完後系統自動結束指令。

步驟 1 選項：導角，高度，圓角，厚度，線寬(W)或指定開始的角落

步驟 2 選項：面積，尺寸，旋轉或指定對角

點選左下角 P1 與右上角 P2 完成矩形。

11-8-2 矩形選項

看起來複雜，其實沒這麼難。指定開始的角落、指定對角，已說明過，不贅述。

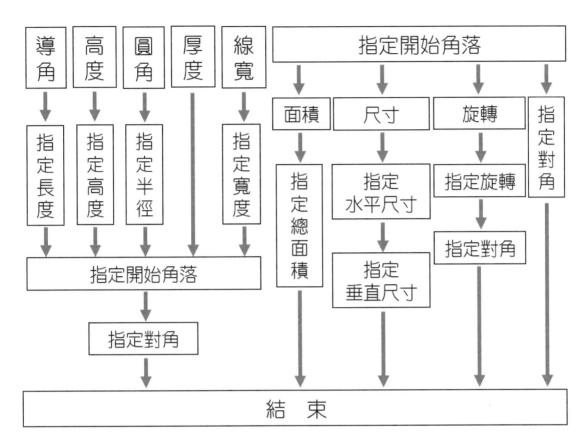

11-8-3 選項：導角（C）

指定四個角落導角距離，例如：C10。導角大於矩形尺寸，導角不成立，例如：10*10 矩形導 C10，該矩形可以被畫出，不過沒導角產生。

步驟 1 選項：導角，高度，圓角，厚度，線寬(W)或指定開始的角落

輸入 C＝導角。

步驟 2 指定第一個導角長度

步驟 3 指定第二個導角長度

分別指定第 1 和第 2 導角長度 10。

步驟 4 選項：導角，高度，圓角，厚度，線寬(W)或指定開始的角落

步驟 5 選項：面積，尺寸，旋轉或指定對角

指定矩形開始的角落 P1 和對角位置 P2，完成有導角的矩形繪製。

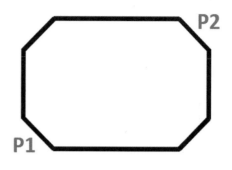

選項：<u>導角</u>, <u>高度</u>, <u>圓角</u>, <u>厚度</u>, <u>線寬(W)</u>
指定開始的角落» C
指定第一個導角的長度» 10
指定第二個導角的長度» 10
選項：<u>導角</u>, <u>高度</u>, <u>圓角</u>, <u>厚度</u>, <u>線寬(W)</u>
指定開始的角落»
選項：<u>面積</u>, <u>尺寸</u>, <u>旋轉</u> 或
指定對角»

11-8-4 選項：高度（E）

指定 Z 軸度，由於 2D 圖形 Z 軸＝0，本項可定義有高度矩形，也就是畫立體矩形。

步驟 1 選項：導角，高度，圓角，厚度，線寬(W)或指定開始的角落

輸入 H＝高度。

步驟 2 指定高度＝100

步驟 3 指定開始角落

步驟 4 指定對角

切換視角可見到矩形離 Z 軸 100 位置。

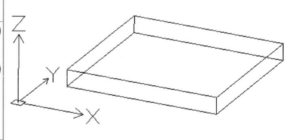

選項：<u>導角</u>, <u>高度</u>, <u>圓角</u>, <u>厚度</u>, <u>線寬(W)</u>
指定開始的角落» H
選項：<u>導角</u>, <u>高度</u>, <u>圓角</u>, <u>厚度</u>, <u>線寬(W)</u>
指定開始的角落»
選項：<u>面積</u>, <u>尺寸</u>, <u>旋轉</u> 或
指定對角»

11-8-5 選項：圓角（F）

指定 4 個角落的圓角半徑，做法和導角相同，不贅述。

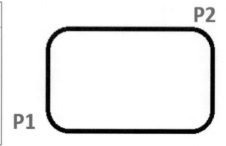

選項：<u>導角</u>, <u>高度</u>, <u>圓角</u>, <u>厚度</u>, <u>線寬(W)</u>
指定開始的角落» R
選項：<u>導角</u>, <u>高度</u>, <u>圓角</u>, <u>厚度</u>, <u>線寬(W)</u>
指定開始的角落»
選項：<u>面積</u>, <u>尺寸</u>, <u>旋轉</u> 或
指定對角»

11-8-6 選項：厚度（T）

指定 3 度空間中的矩形壁厚度，例如：10。

11-8-7 選項：線寬（W）（預設 0）

指定矩形的線條粗細，例如：線條寬度＝5。預設線寬以圖層定義為主。

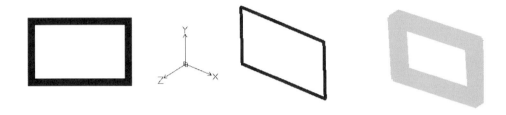

11-8-8 選項：指定開始的角落－面積（A）

透過選項完成矩形：面積（A），尺寸（D），旋轉（R）或指定對角。以 2D 面積、長度或寬度定義矩形，例如：面積 100，輸入水平尺寸 25，系統會換算垂直尺寸＝4，25*4＝100。

導角和圓角不納入矩形計算，例如：20*10 面積，被導圓角後應當會減少面積，不過系統還是維持矩形尺寸外形。

步驟 1 選項：導角，高度，圓角，厚度，線寬(W)或指定開始的角落

點選左下角 P1。

步驟 2 選項：面積，尺寸，旋轉或指定對角

輸入 A＝面積。

步驟 3 指定總面積

輸入 200。

步驟 4 選項：水平(H)或垂直(V)指定已知尺寸

輸入 H＝水平。

步驟 5 指定水平的尺寸

輸入 20，得到水平 20x10＝200 面積矩形。

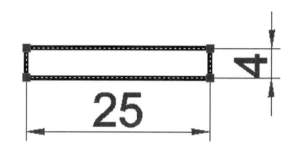

```
指令視窗
選項: 導角, 高度, 圓角, 厚度,
指定開始的角落»
選項: 面積, 尺寸, 旋轉 或
指定對角» A
指定總面積» 200
選項: 水平(H) 或 垂直(V)
指定已知的尺寸» H
指定水平的尺寸» 20
```

11-8-9 選項：指定開始的角落－尺寸（D）

以長度和寬度定義矩形，尺寸是大郎自己加上的。

步驟 1 選項：面積，尺寸，旋轉或指定對角

輸入 D＝尺寸。

步驟 2 指定水平的尺寸

輸入 40。

步驟 3 指定垂直的尺寸

輸入 10，得到 40X10 矩形。

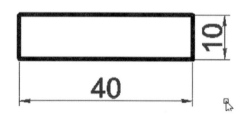

```
指令視窗
選項: 面積, 尺寸, 旋轉
指定對角» D
指定水平的尺寸» 40
指定垂直的尺寸» 10
```

11-8-10 選項：指定開始的角落－旋轉（R）

以選取點或指定角度旋轉矩形的長邊，繪製矩形。

A 選取點（P）

指定 2 點做為旋轉角度的基準。

步驟 1 選項：面積，尺寸，旋轉或指定對角

輸入 R＝旋轉。

步驟 2 選項：選取點(P)或指定旋轉

輸入 P＝選取點。

步驟 3 指定第一個點

步驟 4 指定第二個點

定義旋轉基準 P1、P2，你會看到直線。

步驟 5 指定對角

定義 P3 完成矩形繪製。

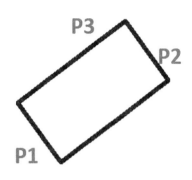

B 指定旋轉

承上節，輸入角度，或游標指定旋轉位置，例如：45 旋轉矩形長邊。

步驟 1 選項：選取點(P)或指定旋轉

步驟 2 選項：面積，尺寸，旋轉或指定對角

定義旋轉基準 P1→定義 P2 看到角度，完成矩形繪製。

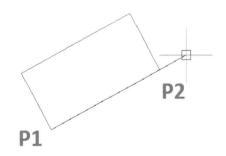

11-8-11 編輯矩形

矩形是連續圖形，拖曳任一端點移動外型，點選刪除
會直接刪除矩形。

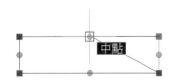

11-9 草圖（Sketch，S）

草圖又稱手繪圖，透過滑鼠繪製自由直線。不需使用專門指令完成圖形減少時間，就像隨手在紙上畫出草稿，如果用繪圖板畫出的草圖會更具手感與圖形更自然，草圖常用於設計溝通。

ESC 取消未完成的綠色線段（要重畫），黑色代表完成，不支援拖曳畫草圖。

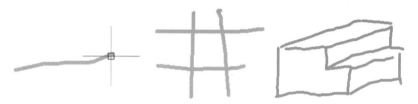

11-9-1 先睹為快，草圖繪製

按一下繪製連續或非連續直線，繪製過程必須指定記錄增量，否則無法繪製。

步驟 1 指定記錄增量

定義草圖線段的長度，例如：10→↵。

步驟 2 指定位置

按一下設定起點線段，這時會看見綠色線條，該線條屬於暫時線段<畫筆落下>。

步驟 3 畫筆提起

再按一下中斷草圖繪製，這時會出現<畫筆落下>。

步驟 4 Enter

將臨時草圖變成永久線段並終止指令，共 34 線條由綠色變成白色或黑色。

指令視窗

: SKETCH
預設: 827.039
指定記錄增量» 10
選項：擦掉, 連接(C), 畫筆(P), 退出, 記錄
指定位置» <畫筆落下>
81 線被記錄。

11-9-2 草圖選項

本節很好學習，很多項目是過程草圖過程中的設定。

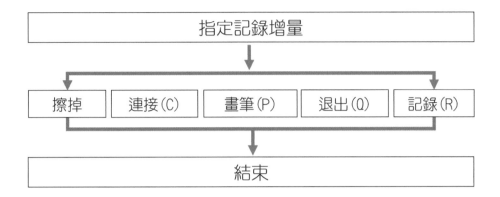

11-9-3 選項：擦掉（E）

繪製過程刪除線段，只能刪除正在繪製草圖。

步驟 1 畫筆提起

草圖繪製過程畫筆提起。

步驟 2 擦掉（E）

步驟 3 準備刪除

游標放置繪製中草圖（綠色），系統會顯示被刪除線段→點一下→↵完成刪除作業。

11-9-4 選項：連接（C）

游標放置繪製中草圖（綠色草圖），繼續進行草圖繪製。

11-9-5 選項：畫筆（P）

落下或提起草圖繪製的畫筆，換句話說不必按下滑鼠左鍵。

11-9-6 選項：退出（Q）

退出如同 ESC，未記錄任何內容並終止指令。

11-9-7 選項：記錄（R）

將臨時線段記錄為永久線段，也就是↵完成繪製。

11-9-8 選項：指定位置（預設）

記錄游標草圖線段的位置、<畫筆落下>、<畫筆提起>、«取消的紀錄»。

11-9-9 編輯草圖

點選草圖可見到掣點，拖曳掣點進行調整，下圖右。

11-10 圓弧（Arc，A）

非直線就是弧，透過半徑或長度畫弧。有弧都有圓心，並由 X 軸水平方向的起點開始畫弧。圓弧雖然可在選項切換真是繞迷宮，是 2D CAD 最大缺點，除非很有興趣否則不要學太深，專研圓弧選項會很痛苦，也讓初學者陷入選項漩渦。

弧有許多畫法，例如：3 點、連續…等，不過我們常用畫法就那幾種，不必太過專研。本節一開始先說明弧共同觀念，因為每個弧指令有相同選項，避免閱讀不耐，不贅述。

A 工具列圓弧指令為 3 點

3 點（快速鍵 A），要使用其他類型必須透過功能表。1. ALT＋D 繪製功能表→2. A 圓弧→3. P（選擇 3 點），此技巧可減少指令點選時間。

B 弧附加

將弧附加在既有圖元，產生切線弧。另外弧可指定通過點繪製，通過點是指其他圖元端點。例如：在矩形上繪製切線弧 P1＋P2。

C 弧選項也是指令可互補

畫弧過程可於選項臨時改變指令，例如：3 點（3Points），由選項看出：中心、附加、指定起點。中心＝中心，起點，終點指令，這 2 指令很接近。

這也是難學原因，或許指令可隨時替換，將線段由不同弧連續繪製，不過連續圖形過程，很少會邊畫邊改指令。

D 編輯弧

點選弧可見到掣點（包含圓心），拖曳掣點進行弧調整。

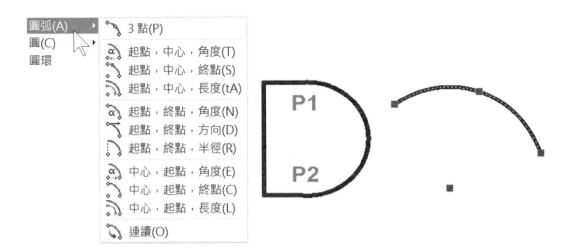

11-10-1 3 點（3Points，A）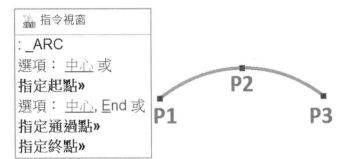

任 3 點畫弧，使用率高的指令，任何弧都繪製出來，常用在跨圖元，1. 起點→2. 終點→3. 方向。

步驟 1 選項：中心或指定起點

步驟 2 中心，End 或指定通過點

步驟 3 指定終點

P1→P2→P3，完成繪製。

A **3 點弧選項**

分別為：中心、附加、指定起點，而中心（C）就是中心，起點，終點 ↘指令，不贅述。

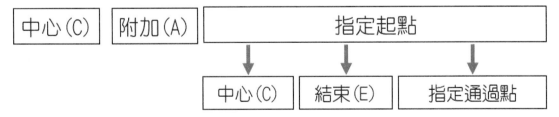

A1 附加（A）

將圓弧加在圖元上繪製。

步驟 1 選項：中心，附加(A)，輸入從最後一個點繼續或指定起點

輸入 A＝附加，附加＝ADD。

步驟 2 指定直線或圓弧

點選點圓弧 P1，系統會以最近的端點繪製切線弧。

步驟 3 指定終點

點選定義弧大小 P2。

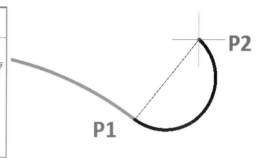

ARC
選項： 中心, 附加(A), 輸入從最後一個點繼續
指定起點» A
指定直線或圓弧»
找到 1
指定終點»

B 指定起點後的選項－結束（E）

承上節指定起點出現選項：1. 中心（C）、2. 結束（E）或 3. 指定通過點。其中 1. 中心（C）和 3. 指定通過點，與起點，中心，終點相同，不贅述。

結束通過點的繪製，進行指定終點＋中心點畫弧，這段作業有點難，初學者知道就好。

步驟 1 中心(C)，附加(A)，輸入...或指定起點

指定圓弧起點 P1。

步驟 2 中心(C)，結束(E)或指定通過點

輸入 E＝結束（E）。

步驟 3 指定終點

指定圓弧終點 P2。

步驟 4 選項：角度(A)，方向(D)，半徑(R)或指定中心點

移動游標尋找預覽要繪製的弧。

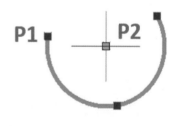

選項： 中心, 附加(A), 輸入最後一個點繼續
指定起點»
選項： 中心, End 或
指定通過點» E
指定終點»
選項： 角度, 方向, 半徑 或
指定中心點»

11-10-2 起點，中心，角度（Start，Center，Angle）

1. 弧起點→2. 弧圓心→3. 輸入圓心角畫弧。

步驟 1 指定起點

步驟 2 中心(C)，結束(E)或指定通過點

系統預設執行_Center。

步驟 3 指定中心點

指定弧起點 P1，指定弧圓心 P2。

步驟 4 指定總角度

輸入圓心角 270 完成弧繪製。

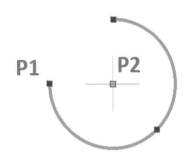

11-10-3 起點，中心，終點（Start，Center，End）

1. 弧起點→2. 弧圓心→3. 弧終點畫弧。本節與上節相同，差在指定終點不是輸入角度。

步驟 1 指定起點

步驟 2 中心(C)，結束(E)或指定通過點

指定弧起點 P1，系統預設執行_Center。

步驟 3 指定中心點

指定弧圓心 P2。

步驟 4 選項：角度，弦長(L)或指定終點

指定弧終點，完成弧繪製。

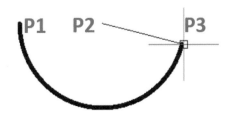

11-10-4 起點，中心，長度（Start，Center，Length）

1. 弧起點→2. 弧圓心→3. 弦長畫弧。

步驟 1 指定起點

步驟 2 中心(C)，結束(E)或指定通過點

指定弧起點 P1，系統預設執行_Center。

步驟 3 指定中心點

指定弧圓心 P2。

步驟 4 選項：角度，弦長(L)或指定終點

游標指定弦長 P3 或輸入弦長 100，完成繪製。

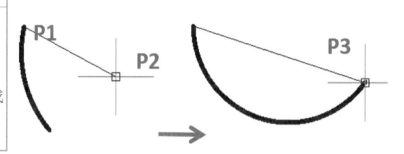

11-10-5 起點，終點，角度（Start，End，Angle）

1. 弧起點→2. 弧終點→3. 輸入圓心角畫弧。

步驟 1 指定起點

指定弧起點 P1。

步驟 2 中心(C)，結束(E)或指定通過點

系統預設執行_End。

步驟 3 指定終點

指定弧終點 P2。

步驟 4 選項：角度，方向，半徑或指定中心點

系統預設執行_Angle。

步驟 5 指定總角度

游標指定圓心角 P3 或輸入 180，完成繪製。

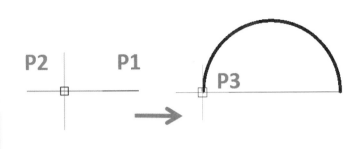

11-10-6 起點，終點，方向（Start，EndDirection）

1. 弧起點→2. 弧終點→3. 弧相切方向畫弧。

步驟 1 指定起點

步驟 2 中心(C)，結束(E)或指定通過點

指定弧起點 P1，系統預設執行 _End。

步驟 3 指定終點

步驟 4 選項：角度，方向，半徑或指定中心點

指定弧終點 P2，系統預設執行 _Direction。

步驟 5 指定圓弧起點的相切方向

指定圓弧起點的相切方向 P3，完成弧繪製。

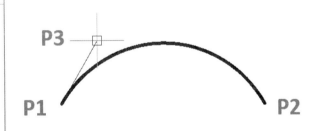

11-10-7 起點，終點，半徑（Start，End，Radius）

1. 弧起點→2. 弧終點→3. 弧半徑畫弧。

步驟 1 指定起點

步驟 2 中心(C)，結束(E)或指定通過點

指定弧起點 P1。系統預設執行 _End。

步驟 3 指定終點

步驟 4 選項：角度，方向，半徑或指定中心點

指定弧終點 P2，系統預設執行_Radius。

步驟 5 指定圓弧半徑

按一下指定圓弧半徑 P3 或輸入圓弧半徑 10，完成弧繪製。

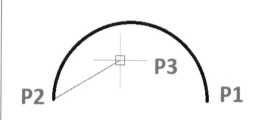

11-10-8 中心，起點，角度（Center，Start，Angle）

1. 弧中心→2. 弧起點→3. 圓心角畫弧。

步驟 1 選項：中心，附加(A)，輸入從最後一個點繼續或指定起點

系統預設執行_Center。

步驟 2 指定中心點

步驟 3 指定起點

步驟 4 選項：角度，弦長(L)或指定終點

指定弧圓心 P1，指定弧起點 P2，游標指定總角度（圓心角）P3 或輸入 45，完成繪製。

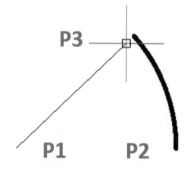

11-10-9 中心，起點，終點（Center，Start，End）

1. 弧中心→2. 弧起點→3. 弧終點畫弧。本節與上節相同，差在指定終點不是輸入角度。

步驟 1 選項：中心，附加(A)，輸入從最後一個點繼續或指定起點

系統預設執行_Center。

步驟 2 指定中心點

步驟 3 指定起點

步驟 4 選項：角度，弦長(L)或指定終點

指定弧心 P1，指定弧起點 P2，指定弧終點。

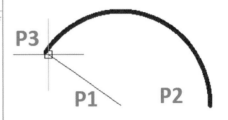

選項： <u>中心</u>, 附加(**A**), *輸入來從最後一個點繼續*
指定起點**»** _Center
指定中心點**»**
指定起點**»**
選項： <u>角度</u>, 弦長(<u>L</u>) 或
指定終點**»**

11-10-10 中心，起點，長度（Center，Start，Length）

1. 弧中心→2. 弧起點→3. 弦長畫弧。

步驟 1 選項：中心，附加(A)，輸入從最後一個點繼續或指定起點

系統預設執行_Center。

步驟 2 指定中心點

步驟 3 指定起點

指定弧心 P1，指定弧起點 P2。

步驟 4 選項：角度，弦長(L)或指定終點

系統預設執行 Length。

步驟 5 指定弦長

游標跨越到 P3 完成弧繪製。

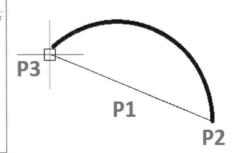

選項： <u>中心</u>, 附加(**A**), *輸入來從最後一個點繼續*
指定起點**»** _Center
指定中心點**»**
指定起點**»**
選項： <u>角度</u>, 弦長(<u>L</u>) 或
指定終點**»** Length
指定弦長**»**

11-10-11 連續

系統自動連接上一圓弧端點，進行 3 點定弧繪製，畫弧過程自動產生相切。

11-10-12 弧幾何屬性

點選任意圓弧，顯示所選圓心點空間位置、直徑、角度與長度。透過幾何屬性減少編輯與量測作業，更可直覺看出所有屬性。

幾何	
◎	2296.813
◎	2075.196
◎	0
○	358.743
◢	55
◢	356

◺	59
◿	368.544
◢ₓ	0
◢ᵧ	0
◢z	1

◥	2502.239
◥	2369.3
◥	0
◥	2654.77
◥	2051.454
◥	0
▣	11029.528

A 中心 X、Y、Z ◎◎◎

設定弧心 XYZ 座標值。

B 半徑 ○

設定圓弧半徑。

C 終止角度 ◢、起始角度 ◢

設定圓弧終點和起點角度。

D 全部角度 ◺

顯示圓心角。

E 弧長 ◿

顯示弧長（圓弧長度）＝2*半徑*π，例如：2*10（R）*3.14＝62.8，下圖左。

F 法線 X、Y、Z ◢ₓ◢ᵧ◢z

向量法線方向，2DXY＝0，Z＝1。

G 終止 X、Y、Z ◥◥◥、起始 X、Y、Z ◥◥◥

顯示圓弧終止或起始點座標值。

H 面積Ⓐ

計算封閉的弧面積，雖然弧沒有封閉。

11-11 🔘 圓（Circle，C）⊙

圓點呈周運動形成的軌跡，圓心到圓周距離＝半徑。圓
畫法很多種，和弧觀念很類似，圓比弧還好理解。圓選項也
是指令與弧說明相同，不贅述。

圖(C) ▶	
⊙	中心，半徑(R)
⊘	中心，直徑(D)
◯	2 點(P)
◯	3 點(O)
⊗	切點，切點，半徑(T)
⊗	切點，切點，切點(A)

11-11-1 中心，半徑（Center，Radius，預設）⊙

以圓心為起點向外畫圓，可以輸入半徑或游標點選。

步驟 1 選項：3 點(3P)，2 點，Ttr，TTT，按 Enter 結束或指定中心點

圖面中按一下指定中心點 P1。

步驟 2 選項：直徑或指定半徑

圖面中按一下指定半徑位置或輸入半徑，例如：50，完成圓繪製。

```
🖥 指令視窗
: _CIRCLE
選項： 3點(3P), 2點, Ttr, TTT, 按 Enter 來結束
指定中心點»
選項： 直徑 或
指定半徑»
```

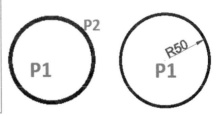

11-11-2 中心，直徑（Center，Diameter）⊘

定義圓心與直徑畫圓，與上節說明相同。

步驟 1 選項：3 點(3P)，2 點，Ttr，TTT，按 Enter 結束或指定中心點

圖面中按一下指定中心點 P1。

步驟 2 選項：直徑或指定半徑

輸入 D＝直徑。

步驟 3 指定直徑

圖面中按一下指定直徑位置或輸入直徑，例如：100，完成圓繪製。

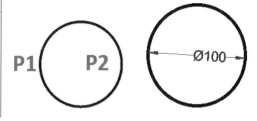

> **指令視窗**
>
> 選項： 3點(3P), 2點, Ttr, TTT, *按 Enter 結束*
> **指定中心點»**
> 選項： 直徑 或
> **指定半徑» D**
> **指定直徑» 100**

11-11-3 2 點◇

2 點直徑畫圓。

步驟 1 選項：3 點(3P)，2 點，Ttr，TTT，按 Enter 結束或指定中心點

系統預設執行_2Point。

步驟 2 指定直徑起點

步驟 3 指定直徑終點

指定直徑起點 P1、P2 或輸入直徑，完成圓繪製。

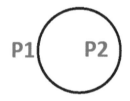

> **指令視窗**
>
> 選項： 3點(3P), 2點, Ttr, TTT, *按 Enter 結束*
> **指定中心點» _2Point**
> **指定直徑起點»**
> **指定直徑終點»**

11-11-4 3 點◇

承上節，利用 3 點定義圓大小，所謂 3 點可成一個面，常用在繪製相切圓。

步驟 1 選項：3 點(3P)，2 點，Ttr，TTT，按 Enter 結束或指定中心點

系統預設執行_3Point。

步驟 2 指定第一個點

步驟 3 指定第二個點

指定 P1 和 P2，這時會出現圓預覽。

步驟 4 指定第三個點

指定 P3，完成圓繪製。

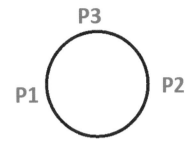

```
[2018]  指令視窗

選項： 3點(3P), 2點, Ttr, TTT, 按 Enter 結束
指定中心點» _3Point
指定第一個點»
指定第二個點»
指定第三個點»
```

11-11-5 切點，切點，半徑（Tangent，Tangent，Radius）⚙

選擇其他圖元，透過相切抓取定義 2 個相切位置畫圓。由於指令沒有預覽圖形，不容易畫出，初學者要多加練習，這指令對畫外切圓特別有用，快速鍵 TTR。

定義圓位置在任一線段上時，系統會抓相切，依序點選邊線完成內切圓。

步驟 1 指定第一個相切

步驟 2 指定第二個相切

選擇圖元 P1 與 P2，指定第 1 和第 2 個相切。

步驟 3 指定半徑

輸入半徑或圖面指定半徑距離，完成相切圓繪製。

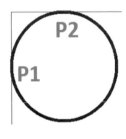

```
[2018]  指令視窗

選項： 3點(3P), 2點, Ttr, TTT, 按 Enter 結束
指定中心點» _Ttr
指定第一個相切»
指定第二個相切»
預設: 50
指定半徑»
```

11-11-6 切點，切點，切點（Tangent，TTT）⚙

透過抓取定義 3 個相切位置畫圓，這指令畫內切圓特別有用。

步驟 1 指定第一個相切

步驟 2 指定第二個相切

步驟 3 指定第三個相切

選擇圖元 P1～P3 指定 3 個相切，完成相切圓繪製。

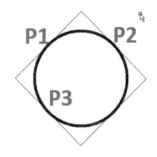

選項： 3點(3P), 2點, Itr, TTT, 按 Enter 結束

指定中心點» _TTT

指定第一個相切»

指定第二個相切»

指定第三個相切»

11-11-7 編輯圓

點選圓可見掣點，拖曳圓可改變大小，拖曳點移動位置，下圖左。

11-11-8 圓幾何屬性

點選圓，顯示圓心點位置、直徑、角度與長度，說明與弧屬性相同，不贅述，下圖右。

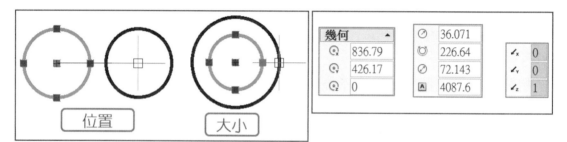

A 圓形

設定圓周長。圓周長度＝直徑*π，例如：10*3.14＝31.4。

B 直徑、面積

顯示或設定圓直徑、圓面積。

11-12 圓環（Ring）

指定 2 同心圓直徑，建構有厚度圓環，圓之間填實。若要用於電路板接線處，填實圓內部內徑 0，外徑 10。圓環屬性與聚合線屬性介紹相同，不贅述。

11-12-1 先睹為快，圓環繪製

1. 指定內部直徑→2. 指定外部直徑→3. 指定位置。

步驟 1 指定內部直徑＝100

步驟 2 指定外部直徑＝120

步驟 3 指定位置

指定圓環中心位置→↵完成圓弧繪製。

步驟 4 重複繪製圓環

承上節，點選圓環中心位置後，可以繼續定義相同圓環中心，完成圓環複製。

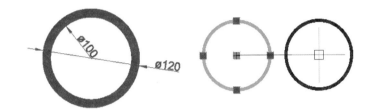

```
指令視窗

:_RING
指定內部直徑» 100
指定外部直徑» 120
指定位置»
```

11-12-2 編輯圓環

點選圓環可得到內部圓圈，拖曳圓圈改變圓環大小。並得知圓圈是 2 個半圓構成。

11-13 不規則曲線（Spline，SPL）

不規則曲線又稱雲形線或雲線，是連續且平滑曲線，每條線都是相切狀態（或稱 NURBS 曲線）。2 大特性：1. 連續線段、2. 相切。

11-13-1 先睹為快，不規則曲線

完成 4 點不規則曲線，ESC 取消 Spline 繪製，不是完成曲線。口訣：點 4 下→3 下↵。

步驟 1 指定起始擬合點

步驟 2 指定下一個擬合點

按一下定義不規則曲線起始點 P1：P2，這時可看到曲線形成，擬合點就是控制點。

步驟 3 選項：緊密，擬合公差，按 Enter 開始相切或指定下一個擬合點

步驟 4 選項：緊密，擬合公差，按 Enter 開始相切或指定下一個擬合點

定義不規則曲線 P3 和 P4→↵。

步驟 5 指定起始相切

步驟 6 指定終止相切

↵↵↵完成繪製。Spline 不是完成封閉，所以系統要求輸入起始相切和終止相切。

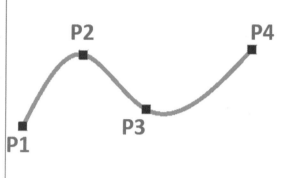

```
指令視窗
: _SPLINE
指定起始擬合點»
指定下一個擬合點»
選項： 緊密, 擬合公差, 按 Enter 開始相切
指定下一個擬合點»
選項： 緊密, 擬合公差, 按 Enter 開始相切
指定下一個擬合點»
選項： 緊密, 擬合公差, 按 Enter 開始相切
指定下一個擬合點»
指定起始相切»
指定終止相切»
```

11-13-2 不規則曲線選項

可以見到不規則曲線會製作成還可以進行封閉、和相切線段的功能。

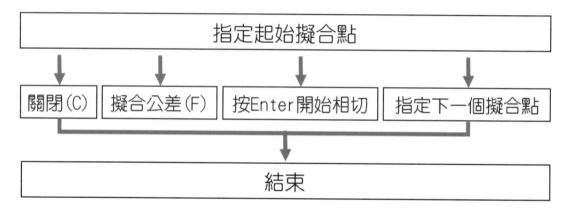

11-13-3 選項：關閉（C）

封閉 Spline。

步驟 1 指定起始擬合點

步驟 2 指定下一個擬合點

按一下定義不規則曲線起始點 P1、P2。

步驟 3 選項：關閉(C)，擬合公差(F)，按 Enter 開始相切或指定下一個擬合點

輸入 C＝關閉。

步驟 4 指定相切

由切線完成封閉曲線的型態。

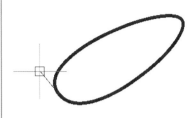

指定起始擬合點»
指定下一個擬合點»
選項：緊密, 擬合公差, 按 Enter 來開始相切
指定下一個擬合點» C
指定相切»

11-13-4 選項：擬合公差（F）

將 Spline 控制點套用值，該值就是控制點與曲線距離。例如：擬合公差＝0，控制點在線上。擬合公差＝2，Spline 距離控制點 2 距離。

完成繪製後，點選～可以見到不規則曲線控制點皆在線外。

11-13-5 選項：按 Enter 開始相切

定義曲線起點和終點的相切點，下圖左。

11-13-6 編輯不規則曲線

Spline 最少 2 點，常見 3 點以上構成，透過拖曳（點或曲線）進行調整。1. 點選不規則曲線可見到掣點→2. 拖曳掣點調整，下圖右。

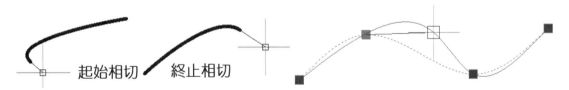

起始相切　終止相切

11-13-7 不規則曲線屬性

點選聚合線，分別查看資料點與綜合屬性並修改它。

A 資料點

顯示聚合線控制點與擬合座標位置與數量。

A1 控制點 ～

清單切換聚合線的擬合點位置和屬性。例如：曲線由 4 點組成，控制點會有 6 點。

A2 控制點 X、Y、Z 〰〰〰

設定控制點的座標位置，控制點位於曲線上。

A3 擬合點 〰

清單切換擬合線定點位置。擬合線是控制點的進階控制，擬合點不包含起點和終點。

A4 擬合點 X、Y、Z 〰〰〰

設定擬合點的座標位置，圖左。

A5 控制點數量 〰

顯示曲線控制點總數量，控制點在線上。

A6 擬合點數量 〰

顯示擬合點總數量，擬合點在線外。

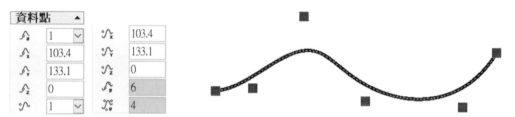

B 綜合

顯示不規則曲線的公差、相切向量與面積。

B1 擬合公差+/-（預設為 0）

定義擬合點偏移不規則曲線位置。

B2 封閉 〰

顯示不規則曲線是否封閉。

B3 平面 ▱

顯示不規則曲線是否在平面上。

B4 度

顯示幾階曲線。階數定義為 N-1，N＝擬合點，例如：控制點＝4，不規則曲線為 3 階。

B5 終止相切向量 X、Y、Z 〰〰〰**、起始相切向量 X、Y、Z** 〰〰〰

封閉不規則曲線時，顯示終止與起始相切向量座標位置。

B6 面積 Ⓐ

顯示封閉不規則曲線面積。

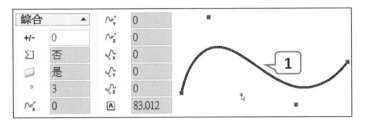 

11-14 橢圓（Ellipse，EL）

橢圓又稱長圓，為圓錐曲線之一。橢圓包含 3 元素：1. 中心點、2. 長軸（主軸）、3. 短軸（副軸）。橢圓畫法和弧類似，可建構完整或部分橢圓並由指令選項切換。

橢圓選項指令與弧相同，不贅述。

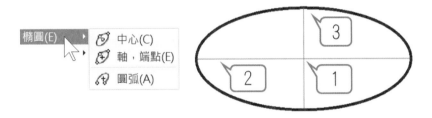

11-14-1 橢圓選項

以下是 3 個指令，只有指定軸點有選項設定。

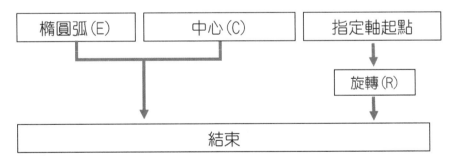

11-14-2 中心 ⊘（預設）

1. 中心→2. 起點→3. 終點畫橢圓，下圖左。

步驟 1 橢圓弧(E)，中心或指定軸起點

系統預設執行_Center。

步驟 2 指定中心點

步驟 3 指定軸終點

指定橢圓中心點 P1，指定 P2（長軸），可見到橢圓預覽。

步驟 4 指定其他軸終點

指定短軸 P3，完成橢圓繪製。

11-14-3 軸，端點

1. 水平起點→2. 水平終點→3. 垂直軸半徑，下圖右。

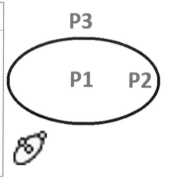

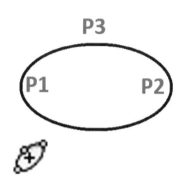

```
:_ELLIPSE
選項： 橢圓弧(E), 中心 或
指定軸起點» _Center
指定中心點»
指定軸終點»
選項： 旋轉 或
指定其他軸終點»
```

A 旋轉

步驟 5 選項：旋轉(R)或指定其他軸終點

承上節，除了滑鼠定義長短軸外，還可以指定長短軸之間的角度。

例如：60 度角度越大橢圓越扁。

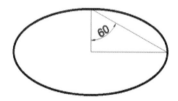

11-14-4 橢圓弧（EllipseArc）

橢圓弧就是部分橢圓，要兩階段繪製。畫法與上一節相同，只是多了起始角與結束角。

1. 水平起點→2. 水平終點→3. 垂直軸半徑→4. 指定起始角度→5. 指定結束角度。

步驟 1 選項：橢圓弧(E)，中心(C)或指定軸起點

系統預設執行_Arc。

步驟 2 選項：中心或指定軸起點

指定水平軸起點 P1，可見到直線預覽。

步驟 3 指定軸終點

指定水平軸終點 P2，可見到橢圓預覽。

步驟 4 選項：旋轉(R)或指定其他軸終點

指定垂直軸半徑 P3，或輸入尺寸定義 50，完成第一階段橢圓繪製（完整橢圓）。

步驟 5 選項：參數或指定起始角度

指定部分橢圓起始角度 P4 或是輸入數值，例如：0。

步驟 6 選項：參數式的向量(P)，全部角度或指定結束角度

指定橢圓結束角度 P5（或輸入數值，例如：270），完成部分橢圓繪製。

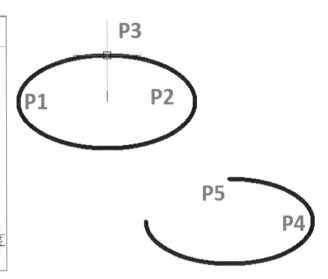

11-14-5 橢圓屬性

點選任意橢圓，顯示所選的圓心點空間位置、直徑、角度與長度。

A 中心 X、Y、Z

顯示或設定橢圓圓心 XYZ 座標值。

B 主軸（長軸）、副軸（短軸）

設定橢圓長軸或短軸半徑。

C 半徑比例 r/R

短軸與長軸半徑比例，例如：長軸 100/短軸 50＝0.5。

D 終止角、起始角

設定橢圓圓心終止或起始角度，下圖左。

E 主軸向量 X、Y、Z、副軸向量 X、Y、Z

顯示橢圓長軸與短軸向量座標。

F 終止點 XYZ 座標、起始點 XYZ 座標

顯示橢圓終止或起始點 XYZ 座標，適用於部分橢圓，下圖右。

幾何	▲							
				$⊘_x$	102.081	C_x^2	29.82	
				$⊘_y$	-2.824	C_y^2	150.186	
$⊘_x$	-72.261	C	37.617	$⊘_z$	0	C_z^2	0	
$⊘_y$	153.011	r/R	0.368	$⊘_x$	1.04	C_x	29.82	
$⊘_z$	0	⌒	360	$⊘_y$	37.603	C_y	150.186	
C	102.12	⌒	0	$⊘_z$	0	C_z	0	

11-15 點（Point，PO）

點是最基本圖元，物理解釋以小圈代表，點常為 X、Y 座標點參考或用保持方位。可使用單點、多點、依線段或一長度完成點繪製。

點有許多做法，例如：單點、多點、依線段…等，都是點相關功能。點也是符號，可以將點當作符號使用，例如：⊕，在點介紹。

點成為抓取參考與直接刪除，將點置於圖元上成為抓取參考，協助圖面繪製。希望點用作臨時參考，不希望列印出時，可以將點置於圖層中管理。

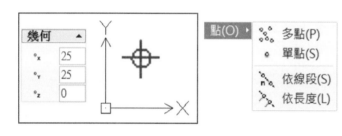

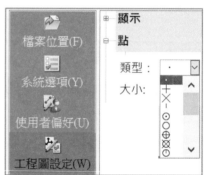

11-15-1 多點（Multiple）

繪製 1 個以上的點，過程會出現使用中的點模式：點模式＝0 點大小＝5%。

步驟 1 選項：多個，設定或指定位置

系統預設執行_Multiple。

步驟 2 按 Enter 結束或指定位置

點選指定位置或輸入座標→↵。

```
2018 指令視窗
: _POINT
使用中的點模式: 點模式=0 點大小=5%
選項： 多個, 設定 或
指定位置» _Multiple
選項： 按 Enter 來結束 或
指定位置»
```

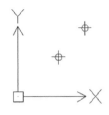

11-15-2 單點（Point，PO）

繪製 1 個點。指定點位置或鍵入座標，完成點繪製。過程中利用選項設定多個或定義點類型。

輸入 M＝多個，要改變心意完成多個點繪製。

輸入 S＝設定，進入點類型與大小設定，如果點太小不容易顯示的話。

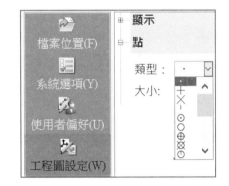

11-15-3 標記分割（Markdivisions）

將所選圖元放置相等間距（等分）的點，例如：直線。

步驟 1 指定圖元

選擇直線（該直線長度＝10）。

步驟 2 指定區段數量

設定等分點數量 4，由左到右框選圖元可見 4 段平均分布在直線上。

```
2018 指令視窗
: MARKDIVISIONS
指定圖元»
選項： 圖塊 或
指定區段數量» 10
```

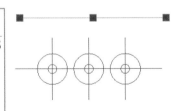

A 圖塊（B）

圖塊放置等分圖元中。

步驟 1 選項：圖塊或指定區段數量

輸入 B＝圖塊。

步驟 2 指定圖塊名稱

輸入圖塊名稱 circle

步驟 3 是否將圖塊與圖元對正?是（Y）或否（N）

輸入 Y，完成圖塊加入。

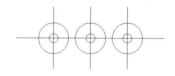

11-15-4 標記長度（Marklengths）

所選圖元放置指定間距的點，例如：
直線，該圖元不會切割為片段。

步驟 1 指定圖元

選擇直線（該直線長度＝10）。

步驟 2 指定區段的長度

設定等分間距 3。也可按區段起點和
終點定義長度。

11-16 中心線（Centerline）

中心線＝建構線＝配置，畫法和直線一樣。常用在 2 圖元中心線，不必像以往測得一
半寬度再偏移耗費人工，這時候中心線指令非常有用。

可在線條輪廓不平行、兩圖元長度不
同，產生線，但選擇的圓弧必須為同心，
適用 Professional 或 Enterprise。

11-16-1 中心線選項

按 ENTER 來結束感覺怪怪的，其實不需要這項目。

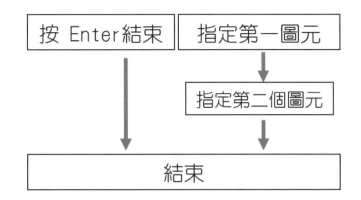

指令視窗

: _CENTERLINE
選項： *按 Enter 來結束* 或
指定第一個圖元»
選項： *按 Enter 來結束* 或
指定第二個圖元»

11-17 圖塊（**Makeblock，B**）

這本書後面有獨立章節介紹，下圖右。

11-18 雲狀（**Cloud**）

強調區域修訂或注意事項。點選雲，透過屬性調色盤修改雲的線段半徑、圖層、線條色彩、線條樣式、線寬、位置和比例。

無法在雲狀加入註記，不過 eDrawings 可以這麼做。雲狀有許多做法，例如：矩形、橢圓、手繪…等方式完成。

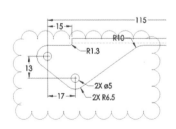

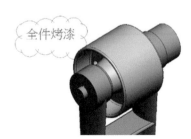

11-18-1 先睹為快，雲狀－矩形

以矩形繪製雲狀標示，指定矩形對角 P2 完成繪製。

步驟 1 選項：橢圓，手繪，矩形，半徑(RA)或設定指定選項

系統預設執行_Rectangular。

步驟 2 指定第一個角

步驟 3 指定對角

點選 P1、P2 完成矩形雲狀。

```
指令視窗

: _CLOUD
半徑 = 2.789
選項： 橢圓, 手繪, 矩形, 半徑(RA) 或 設定
指定選項» _Rectangular
指定第一個角»
指定對角»
```

11-18-2 雲狀選項

由選項得知雲狀的產生方式，例如：矩形、橢圓、手繪、設定。

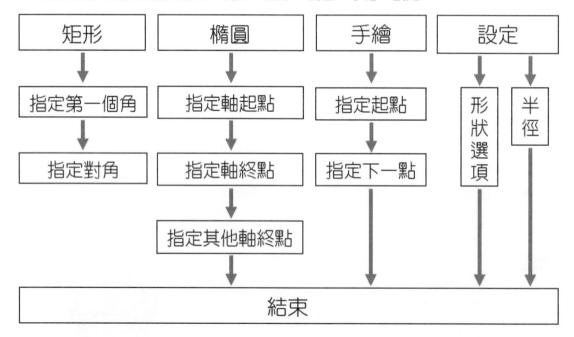

11-18-3 雲狀－橢圓◌

以橢圓繪製雲狀標示，不贅述，下圖左。

11-18-4 雲狀－手繪❀

以游標建立手繪雲標示。指定起點➜指定下一點，P1～P4 定義雲狀，下圖中。由於手繪雲狀由直線構成，以下 2 種情形無法完成手繪雲狀。

手繪雲狀屬於隨意形狀，常以關閉正交模式繪製。開啟正交可得矩形雲狀，下圖右。

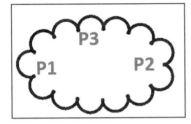

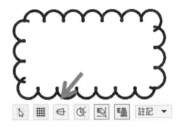

11-18-5 雲狀－設定✐

進入雲狀視窗，設定形狀、大小、套用圖層…等，圖層和屬性取代，不贅述，下圖左。點選雲狀選項圖示，個別定義半徑，例如：矩形、橢圓或手繪都可以獨立設定，例如：設定雲狀弧線半徑 10，下圖右。

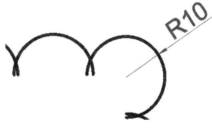

11-18-6 編輯雲狀

點選拖曳掣點弧調整或拖曳圓心移動雲，下圖左。利用爆炸💣將雲成為圖元，下圖右。

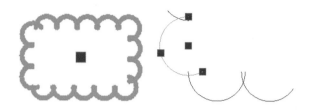

11-18-7 雲狀屬性

顯示雲狀設定與幾何屬性。

A 雲狀設定

顯示雲狀半徑與形狀。

A1 半徑⊘

設定雲狀半徑。

A2 形狀▯

顯示雲形狀，於 A 雲狀指令圖說明，下圖左。

B 幾何

顯示雲狀座標位置 X、Y、Z，與比例 X、Y、Z。比例一定相同，例如：輸入 2，XYZ 都為 2，下圖右。

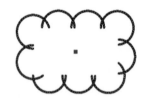

11-19 表格（Table，TB）

由插入表格視窗產生空白表格，常用在零件數據表或組合件 BOM，點選表格可以編輯表格（箭頭所示）。

正 齒 輪		壓 縮 彈 簧	
模數	2	外徑	10
齒數	20	線徑	1.2
節圓直徑	31	自由長度	30
外徑	34.8	有效圈數	6
周節	6.28	座圈數	1
壓力角	20°	尾端型式	閉式+研磨
加工方法	鉋削	材質	SUS304

11-19-1 先睹為快，表格

製作簡易表格並認識專業術語。表格基本組成至少 3 列（行），由上到下：1. 標頭、2. 標題、3. 資料。橫＝列＝行、直＝欄，例如：3 列 2 欄，預覽看出設定的表格樣式。

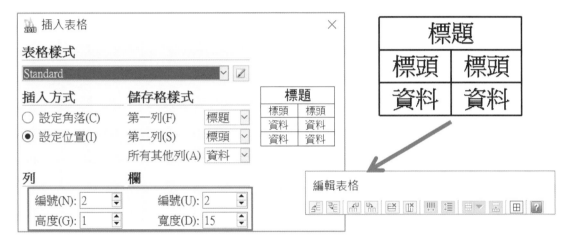

11-19-2 表格樣式

由清單選擇表格樣式或按 ✐ 檢視，進入選項→草稿樣式→表格，來設定或新增表格樣式。

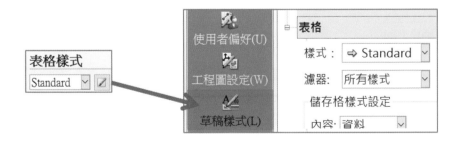

11-19-3 插入方式

設定表格如何放入到 DraftSight 中，有 2 種方式：1. 設定角落、2. 設定位置，最常用的為設定角落，因為比較直覺。

A 設定角落

拖曳定義行、欄位高度，也可以說是表格大小，下方的高度和寬度就沒設定意義。指定表格第 1 點位置→向外拖曳完成表格大小→會出現編輯註解視窗，輸入標題文字。

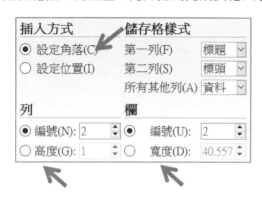 

B 設定位置

列欄寬度為固定，放置在繪圖區域，常用在固定大小讓表格一致。

11-19-4 儲存格樣式

定義表格由上到下的表示。由清單切換第一列、二列、所有其他的表格樣式，每一列都可以交互定義標題（Title）、標頭（Header）或資料（Data）。

第一列常設定標頭、第二列常設定標題、所有其他列常設定為資料。由於表格內容沒有支援屬性連結（外部參考），本節設定沒意義，因為可事後手動修改文字。

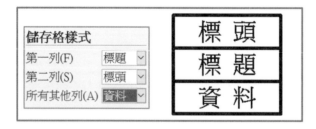 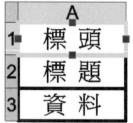

11-19-5 列、欄

定義列、欄數量和高度。列 1 會產生 3 列，換句話說 3 列是基本表格，列 2 就是 4 列以此類推，這點還真苦了大家，大郎也很納悶。

因為第 1 列＝標頭、第 2 列＝標題，第 3 列才是設定的列 1，希望改進。

A 編號（數量）

設定列、欄的數量，例如：3。

B 高度、寬度

設定列、欄高度、寬度，例如：列高＝5、欄寬＝40，下圖右。

11-19-6 編輯表格

編輯表格方法有 3 種：1. 點選表格→右鍵→表格編輯、2. 最常用點選儲存格。最常用點選儲存格，進入編輯表格工具列。

該工具列可以：1. 插入上方/下方列、2. 插入左欄/右欄、3. 移除列/移除欄、4. 等欄/等列、5. 合併/不合併儲存格、6. 儲存格格式視窗。

A 編輯註解

點選要編輯儲存格或儲存格中現有的文字。於表格上快點兩下，編輯註解，在編輯註解視窗中編輯或輸入所選儲存格內的文字。

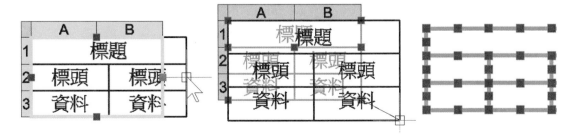

B 拖曳表格

表格為群組以利移動或編輯表格。點選表格，拖曳掣點進行欄位大小調整，下圖左，拖曳角落等比例調整表格高度或寬度，下圖中，表格要成為線段就要用炸開，下圖右。

C 儲存格格式視窗

定義表格框線色彩、樣式、寬度、顯示與隱藏格線。

11-19-7 表格屬性

點選表格,由表格屬性設定標題位置、表格寬度、字型、高度和表格位置。

A 表格

顯示表方向、樣式、行列數量,下圖左。

A1 方向

切換上或下設定標頭方向,下圖中。

A2 表格寬度、表格高度

表格總寬度、總高度。

A3 表格樣式

進入表格選項設定,先前說過。

A4 列、欄

顯示列、欄數量。

B 幾何

顯示表格 XYZ 座標位置,下圖右。

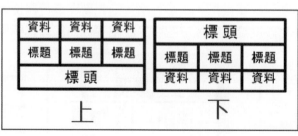

11-20 邊界區域（**AreaBoundary，AB**）

將現有的圖元額外產生新的封閉區域。例如：矩形中間繪製一條直線，希望產生面 1 與面 2 之區域邊界，透過插入區域邊界視窗檢查圖元之間是否封閉，或產生剖面線。

邊界區域會產生新的封閉圖元，由圖層強調色彩或關閉圖層…等管理，不過圖元非封閉無法產生區域邊界，邊界如同 Solidwarks 的參考圖元或偏移圖元指令。

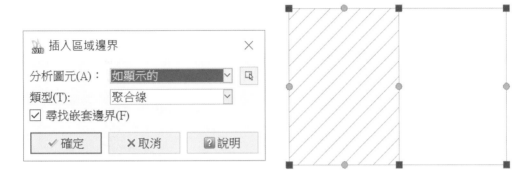

11-20-1 分析圖元

點選內部區域或圖元定義邊界。預設：如顯示的，點選封閉區域 P1 產生邊界組，我們稱為自動尋找邊界。

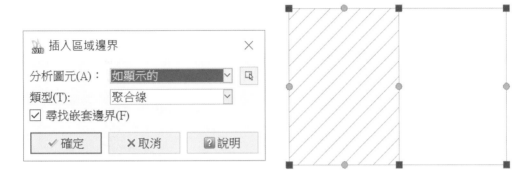

A 指定圖元

在繪圖區域選擇圖元構成邊界組，稱為手動尋找邊界。

11-20-2 類型

產生的邊界使用聚合線或局部範圍。聚合線：將圖元區域成為聚合線，由掣點可看出。局部範圍：類似圖塊。

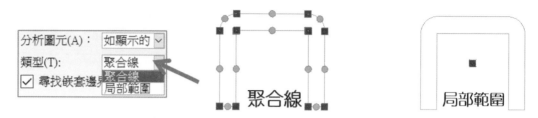

11-20-3 尋找嵌套邊界（預設開啟）

讓系統偵測封閉區域的封閉區域，下圖左。不規則曲線無法產生聚合線邊界，系統會詢問是否已局部範圍邊界取代，是：自動產生局部範圍邊界。

11-20-4 編輯區域邊界

區域邊界製作後為封閉且重疊，透過拖曳或搬移查看 2 區域邊界，例如：三角形為新產生的區域，可以被獨立移出，下圖右。

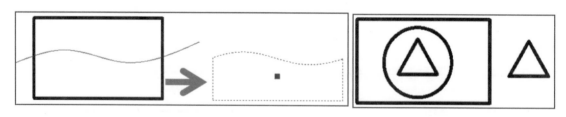

11-21 剖面線/填補（**Hatch/Fill，H**）

這本書後面有獨立章節介紹。

11-22 局部範圍（**Region，REG**）

將封閉圖元合併成一組連續圖元，不過剖面線與邊界關聯會遺失，成為 2 個獨立圖元，例如：矩形與剖面線是獨立的。

11-22-1 先睹為快，局部範圍

2 步驟完成局部範圍。

步驟 1 指定圖元

在圖面中框選要加入的圖元，系統會找到 9，9 總計→↵ 區域已產生。

步驟 2 查看

點選圖元可見到一個封閉區域。

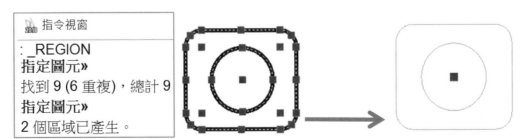

: _REGION
指定圖元»
找到 9 (6 重複)，總計 9
指定圖元»
2 個區域已產生。

11-22-2 局部範圍與邊界區域差異

很多人對局部範圍（Region）和邊界區域（Boundary）不甚瞭解，大郎特別製作比較圖，可完整認識之間差異。

指令類型	原理說明	製作方式	指令差異
局部範圍 （Region）	直接轉換成邊界	點選圖元	
邊界區域 （Boundary）	產生一組新的邊界	點選圖元內部點	

11-22-3 3 方軟體指令對應

DraftSight	SolidWorks	AutoCAD
局部範圍	配合不規則曲線	region

11-23 遮板（Mask）

用目前的背景色彩（例如：白色）遮蔽現有物件，可用於騰出空間進行註解或遮蔽詳細資料。列印工程圖時，可以把不要列印的區域遮起。

繪製矩形製作遮板，可將該矩形加入圖層和範本儲存，等到要用時由圖層取用。

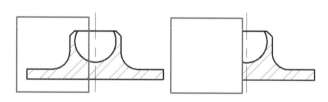

11-23-1 遮板框架

是否顯示遮板框架。

步驟 1 選項：框架(F)，聚合線或指定起點

輸入 F＝框架（F）。

步驟 2 顯示框架嗎？

指定是（Y）＝顯示，或否（N）＝不顯示。

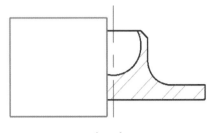
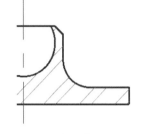

11-23-2 引用輪廓製作遮板－聚合線

點選已繪製的圖元例如：矩形，來製作遮板。

步驟 1 選項：框架(F)，聚合線或指定起點

↵。

步驟 2 指定起點

步驟 3 指定圖元

點選先前畫好的矩形。

步驟 4 保留聚合線嗎？

Y＝保留，N＝不保留。

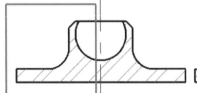
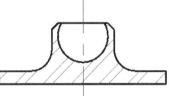

11-23-3 編輯遮板

由於遮板為多邊形構成，可透過拖曳編輯遮板區域，下圖左。遮板為圖元可以在上方加入圖元，包含剖面線，下圖右。

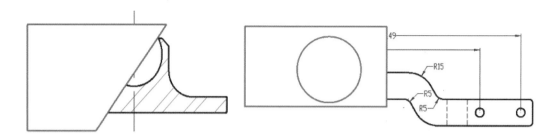

11-23-4 遮板上加入剖面線或註記

遮板下的圖元為隱性的，加入剖面線的過程，剖面線指令會計算邊界區域，例如：圖元與尺寸都會被退出剖面線的計算，下圖左。

在遮板區域標註文字，可以強調顯示工程圖細節，下圖右。

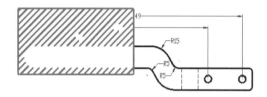 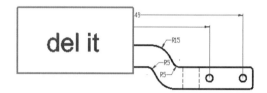

11-23-5 遮板屬性

遮板也可以由圖片產生（插入→參考影像），這部分於圖片屬性說明過，不贅述。

 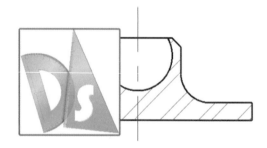

11-24 形狀（InsertShape）

形狀檔案（.shxfile），形＝Shape＝線、弧、圓…等圖元定義。形狀＝SHX 用於定義字體。

A 造型定義檔 SHP→SHX 造型檔

造型定義檔（SHP）以 ASCII 格式儲存、建立或修改定義，會產生已編譯造型檔（SHX）。例如：SHX 字型為 AutoCAD 專屬檔案，它由 SHP 造型檔定義，下圖左。

B 預設 DraftSight 字型

預設字型 C:\ProgramFiles\DassaultSystemes\DraftSight\Fonts，可以看出 SHX、SHP 或 TRUETYPE 字型，下圖右。

11-24-1 定義/載入（LoadShape）

輸入檔名載入定義檔或利用指定形狀檔案視窗載入。

11-25 文字－註解（Note，N）

註解屬於統稱，包含文字、符號。設為文字區塊而非單行文字，且第一次的位置不必太精確，可以事後調整。使用註解須指定 P1、P2，定義註解範圍。

使用註解過程會出現，使用中的文字樣式："Standard"文字高度：2.5，也可以自行修正文字樣式與高度成為預設值。

A 註解格式設定工具列

使用註解過程，可定義角度（A），高度（H），調整（J）…等選項，由註解格式設定控制註解是最簡單作業，這部分後面有獨立章節。

B 註解視窗與調整註解寬度

註解為文字區塊可為多行文字，輸入文字要換行可按 Enter，下圖左。快點 2 下編輯註解，在方塊右上角拖曳改變方塊寬度，下圖右。

C 調整註解方塊寬度、位置

非編輯模式下，拖曳註解掣點調整方塊寬度，下圖左、位置，下圖右。

11-25-1 角度（A）

指定註解角度，例如：30 度。

步驟 1 指定第一個角

點選註解第一個角落 P1。

步驟 2 選項：角度，高度，左右對齊，行距，文字樣式(ST)，寬度或指定對角

輸入 A＝角度（A）。

步驟 3 指定角度

輸入 30。

步驟 4 指定對角

在圖面中拖曳註解方框 P2。

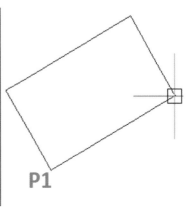

: NOTE
使用中的文字樣式：「Standard」文字高度：80.00 註
指定第一個角»
選項： 角度, 高度, 左右對齊, 行距, 文字樣式(ST), 寬度
指定對角» A
指定角度» 30
選項： 角度, 高度, 左右對齊, 行距, 文字樣式(ST), 寬度
指定對角»

11-25-2 高度（H）

承上節，指定註解高度。該註解高度會變更為預設，例如：使用註解指令時出現：使用中的文字樣式："Standard"文字高度：30。

系統會自動回到選項：角度（A），高度（H），調整（J）…。

11-25-3 左右對齊（J）

指定註解位置，分別為左、中、右...等，以下簡單介紹。

11-25-4 行間距（L）

指定註解垂直距離（間距），行距離與行距倍數會互相影響，這部分建議用距離（字高），否則倍數不好理解。

步驟 1 指定第一個角

點選註解第一個角落 P1。

步驟 2 選項：角度，高度，左右對齊，行距，文字樣式(ST)，寬度或指定對角

輸入 L＝行間距（L）→↵。

步驟 3 選項：至少（A）或等於（E）。

等於（E）＝E。

步驟 4 所指定的倍數或距離。

1X，係數＝字高，例如：2X＝2 字高。輸入數字就是指定距離，例如：20 就是距離。

步驟 5 指定對角

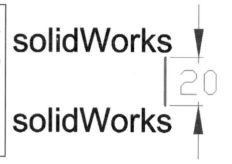

> **指令視窗**
>
> 指定第一個角»
> 選項： 角度, 高度, 左右對齊, 行距, 文字樣式(ST)
> 指定對角» L
> 選項： 至少 或 等於
> 指定選項» E
> 指定係數或距離» 20

11-25-5 文字樣式（ST）

指定文字樣式。於選項→
草稿樣式→文字樣式介紹。

11-25-6 寬度（W）

指定註解方塊的寬度，而非拖曳游標製作。

步驟 1 指定第一個角

點選註解第一個角落 P1。

步驟 2 選項：角度，高度，左右對齊，行距，文字樣式(ST)，寬度或指定對角

輸入 W＝寬度（W）→↵。

步驟 3 指定註解寬度

輸入 50 出現註解寬度方塊。

> **指令視窗**
>
> 使用中的文字樣式：「Standard」文字高度：80.
> 指定第一個角»
> 選項： 角度, 高度, 左右對齊, 文字樣式(ST), 寬度
> 指定對角» W
> 指定註解寬度» 50

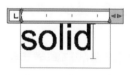

11-25-7 編輯註解

快點 2 下註解，進入編輯註解環境。也可在註解上方右鍵→編輯註解。

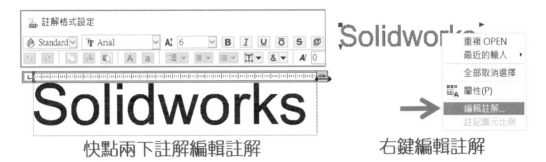

快點兩下註解編輯註解　　　　右鍵編輯註解

11-25-8 ESC 退出註解

編輯註解過程，按 ESC 退出，退出過程會詢問是否要儲存文字變更視窗，下圖左。

11-25-9 註解屬性

註解文字、幾何與綜合設定。點選註解可見到文字、文字樣式、文字大小、位置…等並修改它。進入文字工具列無法設定文字屬性，下圖右。

Ａ文字

顯示文字、樣式、大小、高度…等。

A1 內容

顯示或設定文字內容。雖然螢幕顯示 Solid，文字欄位出現 2 種不同型態差別，有沒有在編輯註解工具列進行註解設定，例如：{{\fArial|b0|i0|c0|p0;solid}}。

A2 寬度 、高度

顯示或設定文字寬度和高度。

A3 方向

由清單切換文字顯示方向，例如：水平、垂直、依樣式。

A4 旋轉

顯示或設定文字旋轉角度。

A5 文字樣式

顯示或設定文字樣式，例如：standard。

A6 背景遮板 abc

是否顯示註解後面的不透明色彩，於背景遮板介紹，下圖左。

A7 行間距係數

顯示或設定每行間距的倍數，和行間距（L）設定呼應。輸入 0.5～4 倍數範圍，不在該範圍會出現無效的輸入，下圖中。

A8 行間距樣式

由清單切換行間距距離，進行行距微調，和行間距（L）設定呼應，下圖右。

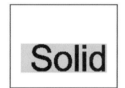

A9 行間距距離

設定每行間距，和行間距（L）設定呼應。

A10 調整

清單切換文字排列，例如：左、右、中心…等，和調整設定呼應。

B 幾何－位置

顯示文字 X、Y、Z 座標位置。

11-26 簡單註解（SimpleNote）

產生單行文字並使用簡單註解工具列。簡單註解操作與註解相同，反而簡單註解功能比較大，例如：性調整比較多且彈性。簡單註解說明與上一節相同，本節僅說明不同處。

11-26-1 簡單註解屬性

點選註解進行文字、幾何與綜合設定。

A 對正文字 XYZ

顯示或設定文字下方的對正基準座標。

B 綜合

設定文字上下顛倒 **V**，下圖左，或向後顯示，下圖右。

11-27 網格（Mesh）

產生多邊形網格形狀。網格面為平面，多邊形網格是近似圓弧曲面，例如：2D 實體、3D 面、3D 網格…等，藉由增加網格密度，產生更佳的圓弧曲面近似值。

網格皆由點構成，可點選或輸入座標方式（10，10，10）完成點位置，下圖左。透過掣點修改幾何圖形，例如：2D 實體容易繪製成蝴蝶形，所以拖曳掣點完成想要的輪廓，下圖右。

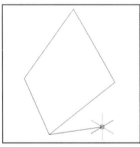

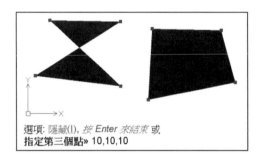

11-27-1 2D 實體（2DSolid）

透過點製作平面實體，2D 實體適合補平面，該指令會自動產生填實面，繪製 4 邊形。

步驟 1 指定第一個點

步驟 2 指定第二個點

定義 P1 後，定義 P2 過程不會出現任何圖元，這一點像瞎子一樣。

步驟 3 指定第三個點

技巧：P1 會連 P3 點，這部分要詳細掌握。指定 P3 過程不會出現圖元。

步驟 4 指定第四個點

P4 完成繪製。

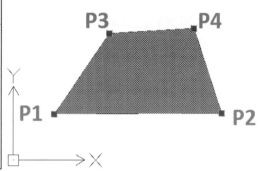

A 2D 實體幾何屬性

點選 2D 面，由幾何屬性設定頂點座標。與聚合線屬性說明相同，不贅述。

11-27-2 3D 面（3DFace）

3D 空間產生 4 個邊的平面，本節透過已知方形練習 3D 面。分別點選方形 4 個點→↵ 完成四面。COPY 出該面，可以看出結果，下圖左。

A 3D 面屬性

點選 3D 面，由幾何屬性設定邊線顯示/隱藏或頂點座標，下圖右。

A1 邊線 1、2、3、4（預設顯示）

分別由清單切換邊線顯示與隱藏，例如：邊線 1 為隱藏狀態。

A2 頂點與頂點 X、Y、Z

說明與 2D 實體相同，不贅述。

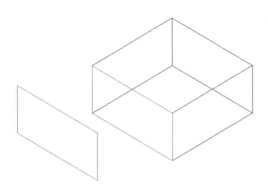
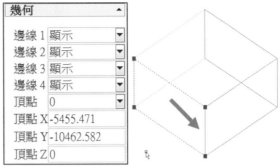

幾何
邊線 1	顯示
邊線 2	顯示
邊線 3	顯示
邊線 4	顯示
頂點	0
頂點 X	-5455.471
頂點 Y	-10462.582
頂點 Z	0

B 3D 面注意事項

承上節，製作過程有隱藏選項，不建議這麼做，因為每條線（步驟）製作都要設定很麻煩，例如：選項：隱藏（I）或指定第一個點。建議到屬性欄位切換邊線 1～4 設定。

3D 曲面是以線架構模型顯示，而不是實體區域，下圖左。隱藏線讓複雜 3D 輪廓清晰，於屬性設定隱藏邊線以使 3D 工程圖更容易理解，下圖右。

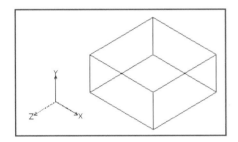

11-27-3 3D 網格（3DMesh）

網格由 M 條垂直線與 N 條水平形成線架構，系統要求以頂點接頂點產生 3D 多邊形網格。

步驟 1 指定在 M 方向的頂點數

步驟 2 指定在 N 方向的頂點數

用於構成網格並決定網格需要的頂點數量，這裡設定 M＝3，N＝3。

步驟 3 指定頂點

M0～2、N0～2 位置，共 9 點。

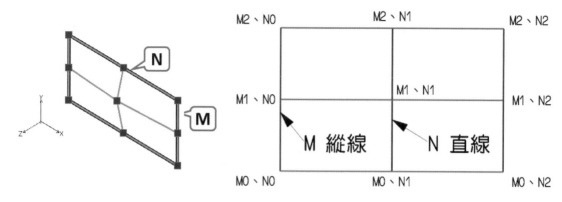

A 3D 網格屬性

點選 3D 網格，分別查看幾何、網格與綜合屬性並修改它。幾何說明與 2D 實體幾何屬性相同，不贅述，下圖左。

A1 網格屬性

設定網格密度或是否封閉，下圖中。

A1-1 M 密度

A1-2 M 封閉（預設否）

設定垂直方向線段數值。是否封閉點 M 線段。

A1-3 N 密度、N 封閉

與上節說明相同。

A1-4 M、N 頂點計數

顯示 M、N 頂點數量。

A2 綜合

設定曲線表達方式，例如：無、二次、三次、Bezier，下圖右。

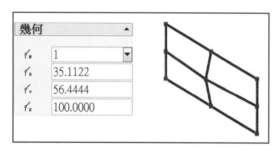

11-27-4 旋轉（RevolvedMesh）

輪廓圍繞旋轉軸產生曲面，定義網格往 N 方向曲面。圖元可以是直線、圓弧、圓、聚合線或不規則曲線，指令和 SolidWorks 旋轉曲面相同。

步驟 1 指定要旋轉的圖元

步驟 2 指定用於定義軸的圖元

步驟 3 指定起始角度，CCW 用正值，為 CW 使用負值

步驟 4 指定總角度

曲面繞軸旋轉角度，例如：180。

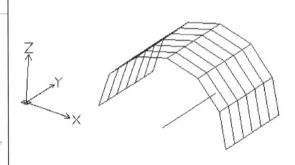

```
指令視窗

: REVOLVEDMESH
指定要旋轉的圖元»
找到 1
指定用於定義軸的圖元»
找到 1
指定起始角度»
為 CCW 使用正值，為 CW 使用負值
指定總角度»
```

11-27-5 平行（Tabulated）

圖元沿路徑產生平行曲面，指令和 SolidWorks 伸長曲面相同。

步驟 1 指定路徑曲線的圖元

點選輪廓 L1。

步驟 2 指定方向向量的圖元

點選路徑 L2。

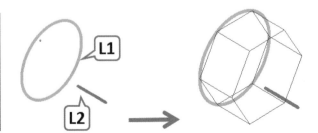

```
指令視窗

指定路徑曲線的圖元»
找到 1
指定方向向量的圖元»
找到 1
```

11-27-6 邊線（Edge）

4 個邊界之間產生 3D 多邊形網格，圖元必須相互接觸才能形成一個封閉的圖元，此指令和 Solidworks 邊界曲面相同。指定邊線圖元，P1～P4。

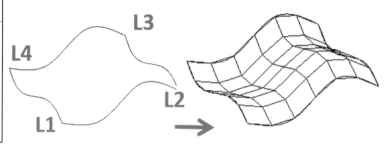

11-27-7 直紋（Ruled）

在 2 邊界之間產生直紋曲面，產生的曲面是多邊形網格，此指令像是 Solidworks 疊層拉伸曲面。指定曲線→P1 和 P2。

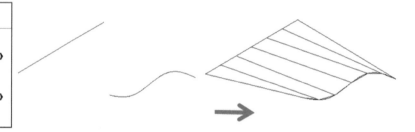

CHAPTER

12

修改功能表

　　圖畫完後修改，修改最大特色避免重畫，修改比畫圖容易學，例如：1. 拖曳掣點、2. 屬性窗格。反之，由指令設定或專門視窗最麻煩，不得已才這樣做。

　　指令後面有一節說明指令屬性窗格，用改會比指令操作還快也是王道，更能明白修改作業的學習精神。

　　本章詳細說明修改功能表，修改與繪製很多共同說明，避免閱讀不耐，不贅述，例如：復原（上一部）、結束（結束指令），重複說明就沒必要。況且少部分指令過於繁瑣，使用率不高不贅述。

　　指令選項會用流程圖說明比較清楚，然而修改有專屬工具列，與功能表排列不同，本章以功能表指令順序為主。

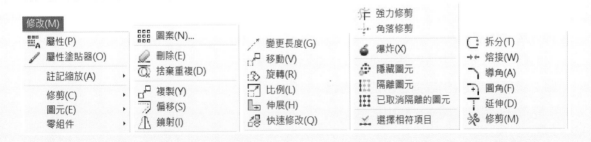

12-1 屬性（Properties，PR，Ctrl+1）

檢視和修改所選的物件屬性，屬性＝工作窗格。通常不會在此功能表開啟屬性，因為點選物件由左邊立即看出屬性，這部分前幾章已說明，不贅述。

 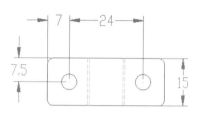

12-2 屬性塗貼器（Property Painter）

複製屬性至其他物件，不必新製作，可單選或框選大量複製，例如：來源尺寸大小→複製到另一個尺寸，讓這2尺寸大小相同。

很可惜不支援 CTRL＋SHIFT＋C→CTRL＋SHIFT＋V，如果可以就不必太過於學習了。

12-2-1 先睹為快，屬性塗貼器

把 12 尺寸網底複製到其他尺寸，指令過程會發現只有 2 個項目：1.指定來源圖元、2.選項：設定(S)或指定目的地圖元。

步驟 1 指定來源圖元

點選 12 尺寸。本項不應該為圖元，應該為物件。

步驟 2 選項：設定(S)或指定目的地圖元

點選 15 完成複製→↵結束指令。

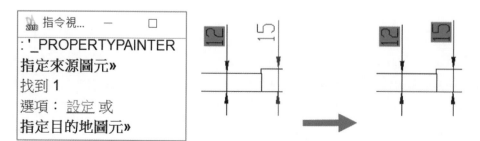

12-2-2 選項：設定

進入屬性塗貼器視窗，控制複製選項設定，例如：線條色彩、尺寸樣式、圖層、線條樣式、直線比例、線條寬度…等。

步驟 1 指定來源圖元

選擇尺寸 12。

步驟 2 選項：設定(S)或指定目的地圖元

輸入 S＝設定（S），進入塗貼器視窗。

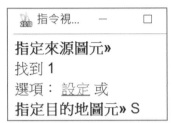

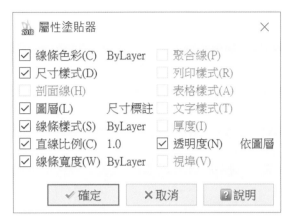

12-3 註記縮放（**AnnotationScaling**）

將尺寸、剖面線及圖塊調整比例，維持一致大小，更可顯示/隱藏指定的圖元比例。

由註記縮放工具列設定：1. 加入目前比例、2. 移除目前比例、3. 新增/移除比例、4. 與比例位置相符。

註記比例控制可來自模型狀態列註記比例，下圖左，以及點選圖頁視埠（箭頭所示），下圖左。坦白說本節不容易理解，建議由屬性窗格-綜合，設定會比較容易，下圖右。

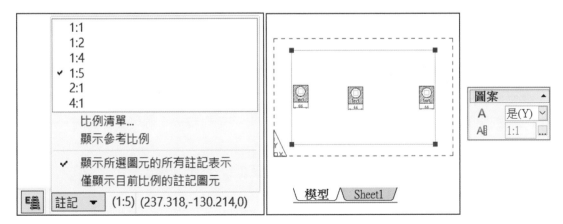

12-3-1 先睹為快，註記縮放

本節說明利用屬性視窗，快速設定註記比例，這樣比較快。製作之前要先設定註記顯示，否則無法套用比例並進行控制。

步驟 1 點選剖面線

步驟 2 綜合屬性

於工作窗格的圖案欄位→註記 A 切換是，下圖左。

步驟 3 註記比例 A₤

可以見到目前註記比例，1：1。

步驟 4 編輯註記清單

點選進入圖元比例清單視窗。

步驟 5 新增比例

點選加入，進入比例清單視窗，加入 1:2 和 1:4→↵，下圖右。

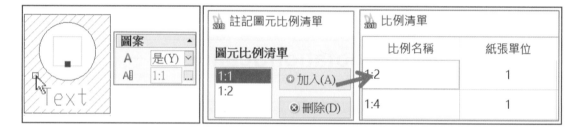

步驟 6 切換註記比例

回到繪圖區域，由下方狀態列，分別切換 1：1、1：2、1：4，可見到剖面線變化。

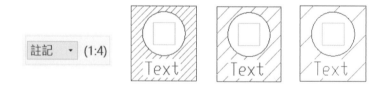

12-3-2 加入目前比例（AnnEntityScaleAdd） A⁺

將文字、尺寸或剖面線加入目前比例，目前比例＝狀態列比例（箭頭所示）。當游標停留在可註記圖元上方時，游標旁會顯示圖示 A 表示目前僅支援 1 個可註記比例。

步驟 1 切換比例

狀態列切換要加入的比例，例如：1：1 [註記 ▾ (1:1)] 。

步驟 2 加入目前比例 A⁰

點選要加入註記的尺寸，游標接近尺寸會出現A圖示。

步驟 3 指令視窗會出現加入比例訊息

已更新為支援註記比例「1:1」。

步驟 4 完成 2 個比例的註記

重複步驟 1，圖示 A 表示圖元目前支援 2 個或多個可註記比例。

12-3-3 移除目前比例（AnnEntityScaleRemove）Aˣ

移除被加入 2 種以上的比例，這指令才會有效果。換句話說，註記只有 1：1 比例，該比例是唯一比例，無法被移除，畢竟物件一定要有一個比例囉，下圖左。

12-3-4 新增/移除比例（AnnEntityScale）A▣

點選註記圖元後→進入註記圖元比例清單視窗。新增或刪除不需要的比例，也可指定多個比例，這稱為比例表示法。

若註記沒有設定比例，無法進入比例視窗，出現未指定註記圖元訊息，下圖右。

A 加入 ⊕

進入比例清單視窗，選擇要補充的比例到左邊視窗，例如：1:1、1:2...等，下圖左。

B 比例清單顯示

顯示所有比例或僅顯示同類比例，這部分和狀態列相同，由狀態列切換會比較直覺。

B1 顯示所有比例

顯示工程圖中所有比例,下圖右。

B2 僅顯示同類比例

顯示選取的註記圖元目前比例。

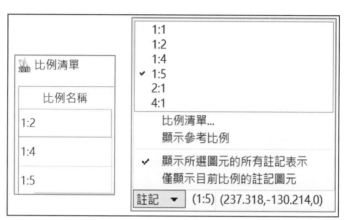

12-3-5 與比例位置相符(AnnReset)

將所有比例圖示重設為預設,看英文 AnnReset 比較能理解。

12-4 修剪(Clip)

將具備參考的物件修剪,包含:1. 修剪參考、2. 修剪視埠,下圖左。修剪(Clip)與修剪(Trim)不同,一是參考性質修剪,另一圖元修剪。

參考物件常見為圖塊且單一物件,不能直接修剪指令,先炸開成為圖元才可以。

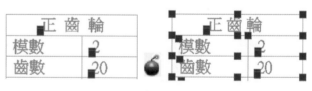

12-4-1 修剪－參考（ClipReference）

設定修剪項目：顯示、刪除、繪製修剪範圍...等，被修剪過物件不能再修剪。

A 先睹為快，修剪

本節進行圖塊修剪，1. 先→再修剪。很可惜不能先畫修剪範圍→再。

步驟 1 指定參考

點選圖塊→↵。

步驟 2 指定修剪選項：開啟，關閉(OF)，刪除，產生邊界(B)，修剪深度(C)或聚合線

輸入 B＝產生邊界。

步驟 3 指定邊界選項：反轉修剪(I)，多邊形(P)，矩形（R）或選擇聚合線(S)

輸入 R＝矩形（R）。

步驟 4 指定開始的角落

步驟 5 指定對角

開始於螢幕繪製矩形，指定 P1、P2 矩形範圍後，圖塊被剪下。

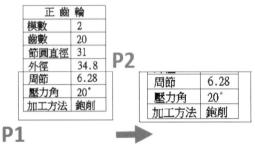

B 修剪－參考選項

透過圖塊進行修剪練習，點選圖塊→↵，進入以下選項。

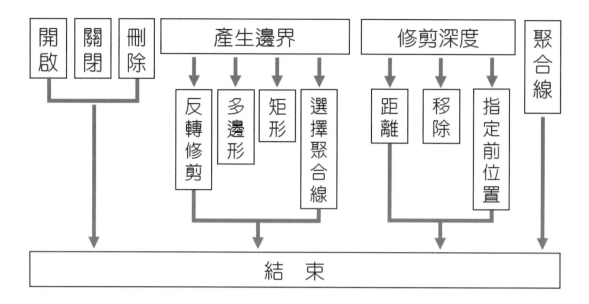

C 開啟（ON）

顯示已修剪後的邊界，下圖左。

D 關閉（OF）

回復未修剪狀態，隱藏修剪邊界。若要事後顯示修剪邊界，請選擇聚合線，下圖中。

E 刪除（D）

刪除修剪後的邊界，回復未修剪狀態，下圖右。

正 齒 輪	
模數	2
齒數	20
節圓直徑	31
外徑	34.8
周節	6.28
壓力角	20°
加工方法	鉋削

周節	6.28
壓力角	20°
加工方法	鉋削

周節	6.28
壓力角	20°
加工方法	鉋削

F 產生邊界（B）（預設，使用率最高）

產生修剪邊界，邊界包含：多邊形、矩形或聚合線。修剪邊界必須於此選項繪製，不得先繪製，或是想要圓形、弧形。

F1 反轉修剪（I）

反轉修剪顯示。修剪＝框框內保留，反轉修剪＝框框內不要。

步驟 1 反轉修剪(I)，多邊形(P)，矩形(R)

輸入 I＝反轉修剪（I）。

步驟 2 指定邊界選項：反轉修剪(I)，多邊形(P)，矩形(R)

輸入 R＝矩形（R）。

步驟 3 指定開始的角落

步驟 4 指定對角

開始於螢幕繪製矩形，指定 P1、P2 矩形範圍後，圖塊被剪下。

指令視窗
選項： 開啟, 關閉(OF), 刪除, 產生邊界(B),
指定修剪選項» B
選項： 反轉修剪(I), 多邊形(P), 矩形 或
指定邊界選項» I
內側模式已啟用：修剪邊界內圖元會隱藏
選項： 反轉修剪(I), 多邊形(P), 矩形 或
指定邊界選項» R
指定開始的角落»
指定對角»

正 齒 輪	
模數	2
齒數	20
節圓直徑	31
外徑	34.8
周節	6.28
壓力角	20˚
加工方法	鉋削

壓 縮 彈 簧	
外徑	10
線徑	1.2
自由長度	30
有效圈數	6

F2 多邊形（P）

多邊形繪製完成修剪，下圖左。

F3 矩形（R）

矩形繪製要保留的區域。

F4 聚合線（S）

顯示先前繪製聚合線，例如：矩形或多邊形。預設修剪邊界不會顯示，只有這選項可以顯示出。萬一先前沒繪製聚合線，會出現找不到圖元訊息。若修剪邊界已存在，系統提示是否刪除舊邊界。

G 修剪深度（C）

進行高度修剪，適用 3D，下圖右。

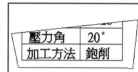 

12-4-2 PDF 參考底圖（PDF Underlay，ClipPDF）

利用選項提供的作圖方式修剪 PDF 圖形，例如：矩形、多邊形、聚合線...等，適用
Professional 或 Enterprise。

Ａ 開啟（O）

開啟修剪邊界，只顯示修剪邊界內部的 PDF 參考底圖部分。

Ｂ 關閉（OF）

關閉修剪邊界，完整顯示 PDF 參考底圖。修剪邊界會被保留，稍後可以再次啟用修剪
邊界。

Ｃ 刪除（D）

指定要修剪的 PDF 參考底圖→刪除。

Ｄ 產生邊界（C）

產生新的修剪邊界。如果修剪邊界已經存在於 PDF 參考底圖中，系統會提示刪除舊的
邊界。

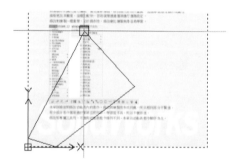 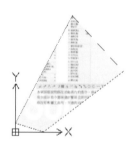

D2 矩形（R）

透過指定兩個相對點的方式，定義矩形修剪邊界。

D3 選擇聚合線（S）

使用現有聚合線作為修剪邊界，圓弧線段會取消曲線。

指令視窗

: _CLIPPDF
指定要修剪的 PDF 參考底圖»
選項： 開啟, 關閉(OF), 刪除 或 產生邊界
指定修剪選項» c
選項： 多邊形(P), 矩形 或 選擇聚合線(S)
指定邊界選項» _Rectangular
指定第一個角點»
指定對角點»

12-4-3 DGN 參考底圖（DGN Underlay，ClipDGN）

承上節，說明相同，不贅述，適用 Professional 或 Enterprise。

12-4-4 修剪－視埠（ClipViewport）

在圖紙空間進行修剪，由於圖紙空間擁有多樣性，修剪行為比較彈性。

步驟 1 指定視埠

選擇邊框（箭頭所示）。

步驟 2 多邊形(P)或指定圖元

輸入 P＝多邊形（P）。

步驟 3 指定起點

在圖面上指定多邊形起點。

步驟 4 選項：圓弧，長度，復原，按 Enter 來結束或指定下一個頂點

指定頂點完成多邊形繪製→↵。

指令視窗

: _CLIPVIEWPORT
指定視埠»
找到 1
選項： 多邊形(P) 或
指定圖元» P
指定起點»
選項： 圓弧, 長度, 復原, 按 Enter 來結束 或
指定下一個頂點»
選項： 圓弧, 緊密, 長度, 復原, 按 Enter 結束
指定下一個頂點»

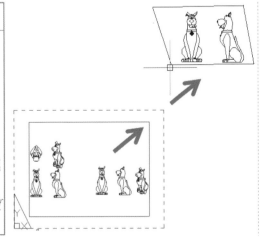

12-5 圖元（**Entity**）

點選要修改圖元：圖塊屬性、註記、剖面線、聚合線、富線、公差、表格文字、表格儲存格…等。

關於圖塊屬性、註記🅰、剖面線🈂，本書後面有獨立章節介紹（方框所示）。

12-5-1 聚合線（EditPolyLine）🈂

編輯聚合線寬度、封閉或轉換為聚合線…等，指令名稱應該為編輯聚合線，否則很難知道繪製聚合線和編輯聚合線的差異。本節為進階設定，絕大部分拖曳掣點完成。

將連接的分段圖元，結合為一封閉圖元，作為剖面線製作、量測線段、群組或圖塊的前置作業。並非封閉圖形是聚合線，例如：圓、矩形雖然點選為整體選擇，很多人會搞混。本節有結束選項＝結束指令，也可用 ESC 或↵，不贅述。

🅰 進入聚合線選項

編輯聚合線有幾種方法：1. 聚合線上快點 2 下→進入聚合線選項、2. 聚合線上右鍵→聚合線編輯🈂→進入聚合線選項、3. 轉換為聚合線。

A1 單一圖元轉換為聚合線

所選圖元不是聚合線時，無法使用編輯聚合線，會出現所選圖元不是聚合線提示，例如：直線、圓弧。

步驟 1 點選弧

步驟 2 是否要將其變為一個？

輸入 Y＝是，進入編輯聚合線選項。

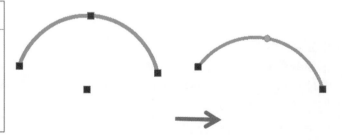

指令視窗

```
: _EDITPOLYLINE
找到 1
所選圖元不是聚合線。
確認: 是否要將其變為一個?
指定 是(Y) 或 否»
```

A2 多重圖元轉換為聚合線

承上節，2 條以上線段產生聚合線。

步驟 1 多個或指定聚合線

輸入 M＝多個（M）。

步驟 2 指定圖元

框選直線和圓弧，選完後出現，找到 2，2 總計→↵。

步驟 3 將直線與圓弧轉換為聚合線嗎？指定是（Y）或否（N）

輸入 Y＝是，進入編輯聚合線選項。

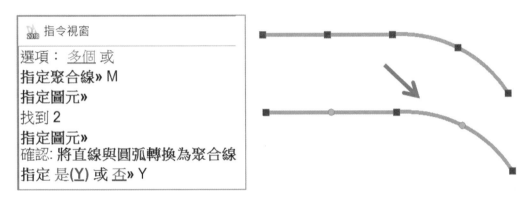

A3 聚合線選項

選項很複雜看起來直列，不過真的走迷宮。

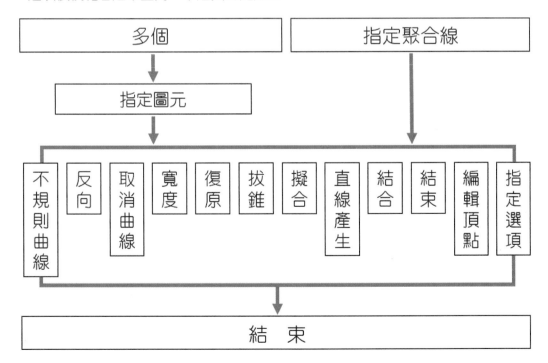

B 聚合線選項：不規則曲線（S）

將圖形轉換為不規則曲線（Spline），換句話說由原先圖元點形成不規則曲線的路徑點，例如：連續直線轉換成不規則曲線，下圖左。

C 聚合線選項：取消曲線（D）

將先前轉換的聚合線回復回，下圖中。

D 聚合線選項：寬度（W）

改變聚合線的寬度，例如：1，也可以在幾何屬性中改變寬度，下圖右。

 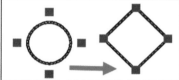 

E 聚合線選項：復原（U）

取消剛才操作，而不結束指令。

F 聚合線選項：拔錐（T）

將線段轉換為兩邊不等寬線段，下圖左。

G 聚合線選項：擬合（F）

將聚合線轉換平滑曲線，下圖右。

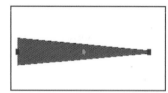 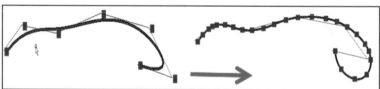

H 聚合線選項：直線產生（L）

針對虛線聚合線，指定使用連續的線條樣式圍繞頂點，適用連續線段。否＝在虛線頂點放置間隔。是＝在虛線頂點為連續（箭頭所示），下圖左。

❚ 聚合線選項：結合（J）

將選取圖元合併為單一聚合線，常用在開放圖元，例如：直線、圓弧為獨立圖元，合併為聚合線，本功能使用率最高。

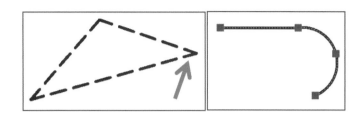

❚ 聚合線選項：編輯頂點（E）

在聚合線標示頂點進行編輯：拆分、拉直、寬度…等，必須為連續線段，下圖左。

J1 將頂點加入中點(V)

將聚合直線加入中點，可由中點進行轉折，下圖中。

J2 轉換為圓弧(A)

將直線轉換為圓弧，下圖右。

J3 上一個（P）、J4 下一個（N）

將 X 標示到上或下一個頂點，例如：移動、拆分，可以見到端點有圖示，下圖左。

J5 寬度（W）

將起始頂點線段寬度設定，例如：P2 頂點線段寬度 1，下圖中。

J6 拆分（SP）

將聚合線分割 2 段，例如：相切圓弧，分割成 1 條直線＋1 個圓弧，下圖右。

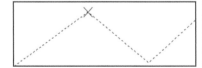

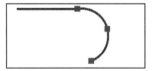

J7 拉直（S）

刪除頂點可以見到另兩點連成一直線，例如：由連 P3 點執行拉直，下圖左。

J8 插入（I）

加入 1 掣點且不分割該線段，例如：新增 P 點，下圖右。

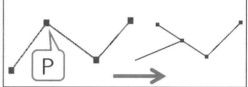

J9 相切（T）

將相切方向標記在曲線上，讓以後（F 擬合）時使用，下圖左。

J10 移動（M）

移動目前頂點到新位置並連接，例如：P2 往下移動，下圖右。

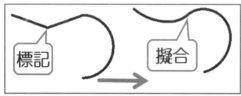

J11 重新產生（RE）

螢幕重新繪製，更新聚合線變化。

Ｋ 聚合線選項：關閉/開啟（C/O）

將聚合線起點和終點封閉或開啟。

若聚合線開放，選項會顯示關閉；相對亦然。

12-5-2 富線（EditRichLine）

將交錯線段進行多元化且有效率修剪，本指令應該為編輯複線。快點 2 下複線或在複線上右鍵→編輯複線，進入編輯富線視窗。要完成多元化且有效率修剪要學習，很多人還是習慣使用傳統修剪、，不使用編輯複線，因為要學嘛。

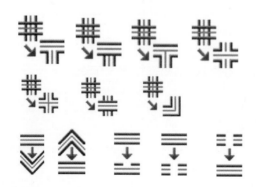
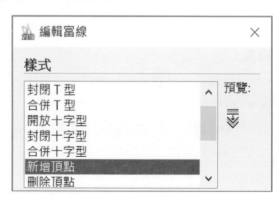

A 開放 T 型 ⛭

產生 T 型腳，1. 選擇要修剪圖元→2. 點選修剪參考邊界（該邊界會被保留），下圖左。

B 封閉 T 型 ⛭

上方複線刪除，與上節最大差異 T 型是否封閉，（箭頭所示），下圖中。

C 合併 T 型 ⛭

線段結合於中線相交，（箭頭所示），下圖右。

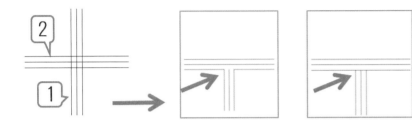

D 開放十字型 ⛭

兩條交疊十字開放，下圖左。

E 封閉十字型 ⛭

一條覆蓋另一線上，下圖中。

F 合併十字型 ⛭

2 條線變成一條，沒有先後順序，下圖右。

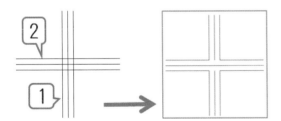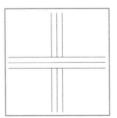

G 新增頂點 ⛭

增加頂點調整，可放置多點，進行多折線控制，下圖左。

H 刪除頂點 ⛭

點點選複線想刪除點的一端，下圖中。

I 角接合

2 條複線成為角落，下圖右。

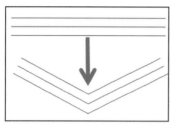
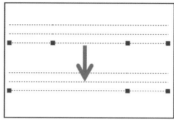
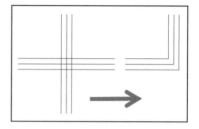

J 單一除料

切出單一線段切口，選擇其一線段中切段的兩點，下圖左。

K 全部除料

切出缺口，與單一除料做法相同，系統會切段所有線段，下圖中。

L 全部熔接

將切斷部分連接起，選擇切斷外兩側即可連接，下圖右。

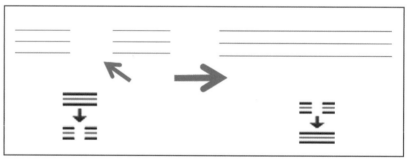

12-5-3 公差（EditTolerance）

在幾何公差視窗修改設定，通常是快點 2 下已經做好的公差，這樣比較直覺，不會在修改功能表點選指令。公差視窗先前已經在尺寸功能表→公差介紹，不贅述。

12-5-4 表格（EditTable）

編輯儲存格中的文字，由編輯註解視窗完成。使用本指令或快點 2 下儲存格都會進入註解工具列完成，不過工具列名稱沒有統一，其實內容是一樣的，本書後面有獨立章節介紹。

12-6 零組件（Component）

進行圖塊或參考物件的編輯與定義，先執行編輯才可從中新增、移除元素、編輯基準點…等設定。坦白說不好用，很多人用編輯圖塊來修改。

12-6-1 零組件－編輯（EditComponent）

快點 2 下參考（圖框），或在圖框上方右鍵編輯參考，會進入編輯零組件視窗，以下介紹該功能。按下確定，就地編輯零組件，編輯的物件為亮顯，背景灰色，下圖右。

A 選擇零組件

由清單選擇圖塊或參考的名稱，右上角預覽所選的圖塊所參考的縮圖。

B 縮放至邊界

按下確定後，回到繪圖區域，縮放至圖塊或參考的邊界方塊。

C 顯示選擇

回到工程圖，這時訊息視窗出現：選取或按 ESC 返回至視窗或按右鍵接受所選零組件
→畫面點一下回到編輯零組件視窗。

D 上移

將圖塊群組移高一層。例如：點選壓縮彈簧表→上移，與正齒輪併列同一層。

E 恢復（適用於圖塊）

承上節，將上移的圖塊回復至其原始的階層位置。

12-6-2 零組件－加入元素（ChangeElements）

將正編輯的正齒輪圖塊加入新增圖元，例如：加入壓縮彈簧圖塊，讓正齒輪和壓縮彈
簧為同一圖塊→↵。

指令視窗　　　　　—　　□

: _CHANGEELEMENTS
確認: 在零組件及來源之間轉換元素
指定 <u>加入</u> 或 <u>移除</u>» _Add
指定圖元»
1 個加入至零組件中。

正 齒 輪	
模數	2
齒數	25
節圓直徑	31
外徑	34.8
周節	6.28
壓力角	20°
加工方法	鉋削

壓 縮 彈 簧	
外徑	10
線徑	1.2
自由長度	30
有效圈數	6
座圈數	1
尾端型式	閉式+研磨
材質	SUS304

12-6-3 零組件－移除元素（ChangeElements）

承上節，將目前編輯的圖塊移除參考或圖元，換句話說就是編輯指令。例如：正齒輪和壓縮彈簧同一圖塊，點選壓縮彈簧圖塊移除→↵，讓正齒輪為獨立圖塊。

12-6-4 零組件－編輯基準點（EditBasePoint）

為圖塊設定新的插入基準點，例如：左下方，下圖左。

12-6-5 零組件－儲存並關閉（SaveComponent）

更新先前更改的圖塊或參考，回到工程圖。

12-6-6 關閉零組件（CloseComponent）

編輯完成後按右鍵→關閉零組件，或點選零組件工具列 Icon，下圖右。儲存✓＝更新圖塊、另存新檔＝將圖塊另存一個新圖塊名稱、丟棄✗，放棄剛才的編輯，下圖右。

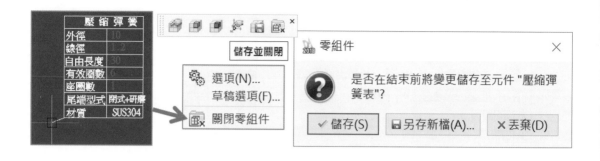

12-7 圖案（Pattern，PAT）

相同且重複圖元複製，不須一個個建立，被複製圖元規律排列。本節將圖元產生圓形（環狀）、線性或路徑複製排列，可在同一視窗進行。

複製後圖元屬性與原始圖元相同，例如：圖層、線條色彩、線條樣式和線寬，圖案應該叫複製排列。複製排列之前，確定來源正確，如此複製排列一定正確。

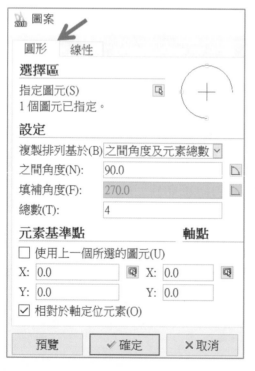

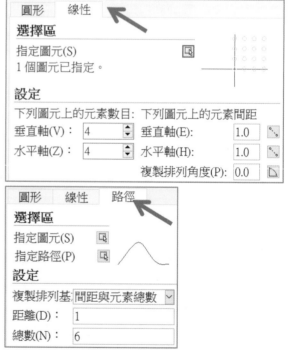

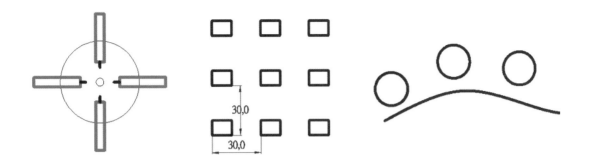

12-7-1 選擇圖元 🔍

按下🔍→在圖面選擇要複製排列圖元,例如:多邊形→↵。也可 1. 先選複製圖元→2.▦,右上方預覽設定結果,下圖左。

12-7-2 環狀設定

進行複製排列的角度與數量設定。由清單設定排列依據,清單項目不會同時出現,否則形成衝突。清單項目:1. 之間角度及元素總數、2. 填補角度及元素之間角度、3. 填補角度及元素總數,下圖右。

角度皆為絕對角度,X 軸正向=0 度、Y 軸正向=90 度。數量統一=螢幕數量。

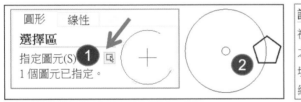

🅐 之間角度及元素總數

定義圖元之間角度和數量,例如:角度=90,共 4 個,每 90 度複製 1 個共 4 個,這時填補角度無法設定(箭頭所示),這就是先前所說避免矛盾或衝突。

複製排列總數=源數量 X 複製數,例如:要得知總角度,90 度 X4=360 度。

A1 圖面中指定角度 ◻

點選排列角度參考,例如:點選圓左方 4 分點,設定後回到複製排列視窗,下圖右。

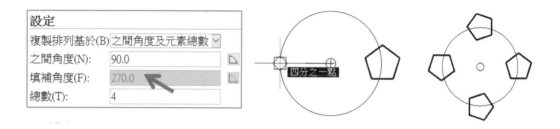

B 填補角度及元素之間角度

定義圖元角度和填補角度（總角度），例如：每 90 度 1 個，複製到 180 度為止，這時圖元總數量＝3。因為 180/90＝2＋1（包括原始圖元）＝3，下圖左。

C 填補角度及元素總數

輸入複製排列總角度與總數量，也就是複製數量等分排列，系統自動換算角度。例如：填補角度＝180，總數 3。若要知道之間角度，180/3＝60 度，下圖右。

12-7-3 元素基準點

控制非對稱圖元排列與方位擺放，配合所選圖元和相對於軸定位元素。

A 使用上一個選定的圖元

是否使用先前圖元作為複製基準。系統計算所選圖元中心位置，作為複製排列擺放。

A1 ☑ 使用上一個選定項目的基準點

該圖元相對旋轉角度。

A2 ☐ 使用上一個選定項目的基準點

由 XY 座標或選取基準點為複製基準，實務上，常用為旋轉基準（箭頭所示）。

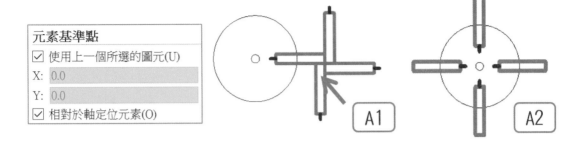

12-7-4 相對於軸定位元素

是否旋轉圖元，軸定位＝圖元中心位置（箭頭所示）。若不懂設定，由預覽得知結果。

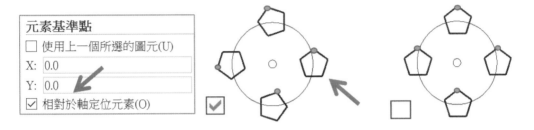

12-7-5 軸點

定義環狀複製排列的旋轉中心點，以 X、
Y 座標或指定圖元定義。

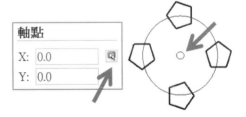

12-7-6 複製排列類型－線性設定

設定直線複製的數目與間距，不得水平或垂直同時＝0。

A 下列圖元上的元素數目

定義複製排列的垂直軸（Y 軸）與水平軸（X 軸）數量，例如：垂直軸＝3 與水平軸＝4。

B 下列圖元上的元素間距

定義直線性複製排列的垂直軸與水平軸間距與角度。

步驟 1 輸入水平或垂直軸間距

水平 30，垂直軸間距＝30。

步驟 2 選擇欄偏移 。

在圖面指定 2 點定義偏移距離。

**步驟 3 複製排列角度 **

輸入或 在工程圖點選 2 點定義複製排列角度。

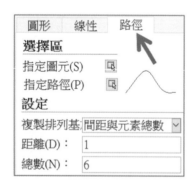

12-7-7 複製排列類型－路徑設定

在選擇區中指定圖元 和指定路徑 ，定義複製數目與間距，在 SolidWorks 稱曲線複製排列。本節僅說明元素對正選項，適用 Professional 或 Enterprise。

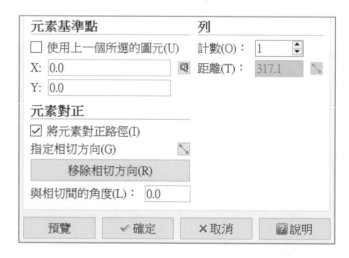

A 將元素對正路徑（T）

選擇是否將每個圖案相切對正路徑。

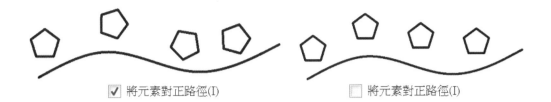

☑ 將元素對正路徑(I)　　　　　☐ 將元素對正路徑(I)

B 指定相切方向

指定圖面 2 點，複製的圖案相對路徑相切。

C 移除相切方向

承上節，清除先前指定的相切方向。

D 與相切間的角度

指定相對於指定相切方向旋轉角度。

12-8 刪除（**Delete，鍵盤**）

點選要刪除的圖元，強烈建議用鍵盤刪除，大郎想沒人會在功能表點刪除。

12-9 捨棄重複（**DiscardDoplicates**）

移除重複圖元或圖元重疊，在捨棄重複視窗設定圖元屬性，讓系統檢查並處理，類似 SolidWorks 修復草圖。不過可設定項目很多元，這點是不錯的，適用 Professional 或 Enterprise。

捨棄重複	✕
忽略圖元屬性	**選項**
☐ 圖層(L)	☑ 移除聚合線重複頂點和線段(R)
☐ 線條色彩(C)	☐ 忽略聚合線線段寬度(D)
☐ 線條樣式(I)	☐ 請勿拆分聚合線(P)
☐ 線條比例(N)	☑ 將重疊圖元合併為單一圖元(V)
☐ 線條寬度(W)	☑ 合併對齊端點至端點的共線圖元(E)
☐ 列印樣式(S)	☑ 請勿修改關聯圖元(M)
☐ 粗細(T)	
☐ 透明(A)	

```
: _DISCARDDUPLICATES
指定圖元»
找到 78
指定圖元»
0 個重複的圖元已捨棄
14 個重疊的圖元或線段已捨棄
```

12-9-1 忽略圖元屬性

選擇那些屬性要被合併,例如:線條色彩,相同色彩的圖元會合併。

12-9-2 選項

設定重疊、非重疊、端點連接的重複圖元是否合併。

A 移除聚合線重複頂點和線段

利用頂點和線段的機制,將重複聚合線刪除。換句話說,相同頂點數量、頂點位置、線段長度、線段位置一致,也就是外型很接近,就是重複的線段了。

A1 忽略聚合線線段寬度

是否忽略線段寬度,視為同一圖元。

A2 請勿拆分聚合線

圖元被移除時,讓聚合線維持為單一線條,不要切斷為 2 條。例如:圓弧+直線為一條聚合線時,不要切斷為 1 條圓弧+1 條直線。

B 將重疊圖元合併為單一圖元

重疊圖元與聚合線合併,不是移除。

C 合併對齊點至端點的共線圖元

將 2 條連接的圖元,合併為同一條線。

D 請勿修改關聯圖元

讓相關聯圖元保持不變,例如:點選剖面線還是一整個群組,而非爆炸為一條條線段。

12-10 複製(Copy,CO)⤴

複製圖元或註解到指定位置。複製會包括圖元屬性,例如:圖層、線條樣式、線條顏色、線條寬度。常用 Ctrl+C→Ctrl+V 複製。

複製圖元也可輸入位移距離和游標定義方向。位移距離也可輸入座標,例如:10,10。

12-10-1 先睹為快,複製

3 步驟完成複製作業,1. 指定複製圖元→2. 指定複製基準→3. 指定複製位置。

步驟 1 指定圖元

選擇要複製的圖元，例如：幾何公差→↵

步驟 2 選項：位移(D)或指定來源點

點選左下角作為複製基準。

步驟 3 選項：按 Enter 使用第一個點作為位移或指定第二個點

指定複製位置→↵。

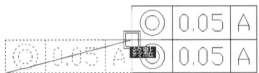

12-10-2 複製選項

很好理解，不需學習。

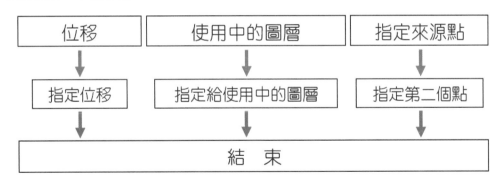

12-11 偏移（Offset，O）

將所選圖元偏移指定距離，也可說是複製，類似比例放大或縮小。原始圖元會維持在原處不變，例如：同心圓。

12-11-1 先睹為快，偏移製作

以圖元中心進行縮放，產生同心圓/弧，例如：Ø30 圓，偏移 10，會產生 Ø50 圓。

步驟 1 選項：刪除(D)，距離(DI)，...通過點(T)或指定距離

輸入偏移距離或指定距離都可以。

步驟 2 選項：結束(E)，復原(U)或指定來源圖元

點選圓。

步驟 3 兩邊，結束，多個，復原或指定目的地的邊

在圖面中點選偏移的方向，例如：點選圓外，可得到向外偏移 10 的圓。點選還可以重複步驟，進行同尺寸大量偏移作業。

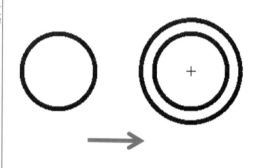

12-11-2 偏移選項

本節不說明結束指令。

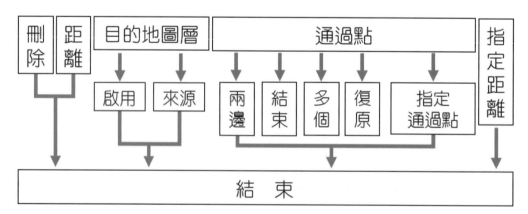

12-11-3 選項：刪除（D）

確認：是否刪除來源圖元？指定是（Y）或否（N），下圖左。

12-11-4 選項：距離（DI）

進行大量不同距離偏移作業，本節進行偏移距離＝10，下圖中。

步驟 1 進行指定來源

在圖面中點選偏移的來源，例如：矩形。

步驟 2 指定目的地邊

在圖面中點選偏移方向，例如：矩形外側。

步驟 3 指定第一個距離

步驟 4 指定第二個距離

可不斷輸入偏移距離 10，直到↵結束為止，例如：偏移兩個距離 10 矩形。

12-11-5 選項：目的地圖層（L）

指定被偏移圖元是否套用使用圖層或來源圖層上，下圖右。

A 啟用（A）

將圖元偏移至啟用圖層。例如：執行指令之前，目前已啟用中心線圖層，圓＝輪廓線圖層，將圓偏移到中心線圖層。

B 來源（S）（預設）

將圖元偏移至所選圖元之圖層。例如：所選圖元為中心線圖層，偏移後的圖元就會在中心線圖層。

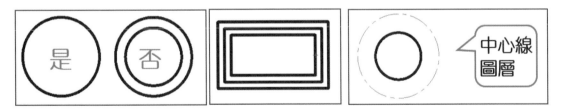

12-11-6 選項：通過點（T）

點選指定偏移的位置與距離，例如：圓偏移到直線端點，下圖左。

A 兩邊（B）

進行 2 邊方向的偏移，例如：得到 3 個矩形圓，下圖右。

B 多個（M）

每點選一次進行相同距離的偏移複製。

C 復原（U）

復原上一個偏移，而非結束。

D 指定通過點

點選偏移的位置與距離。

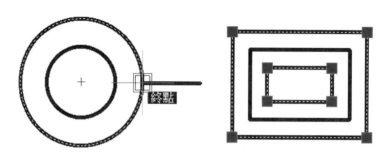

12-12 鏡射（Mirror，M）⚠

複製選取的圖元到鏡射軸對邊，透過 2 點定義鏡射軸，可以在螢幕空白區域或圖元上。

12-12-1 先睹為快，鏡射

以垂直線為基準，鏡射梯形。

步驟 1 指定圖元

點選要複製圖元，梯形。

步驟 2 指定鏡射線起點

步驟 3 指定鏡射線終點

點選鏡射的基準，起點和終點 P1、P2，下圖左。

步驟 4 是否刪除來源圖元？

是＝進行圖元對稱搬移、2. 否＝刪除圖元，下圖右。

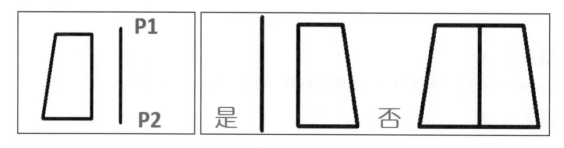

12-12-2 鏡射選項

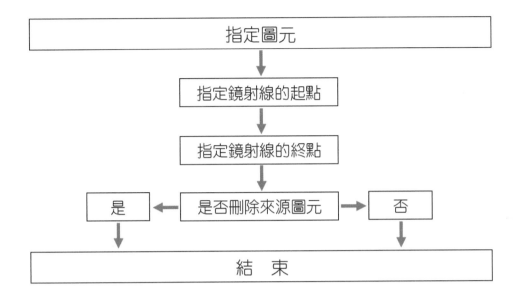

12-13 變更長度（**EditLength**）

變更直線或曲線長度以及圓弧夾角，不支援不規則曲線、封閉圖元（圓）。變更長度可由拖曳、圖元屬性、更改尺寸，拖曳改變圖元大小，無法得到精確長度。

圖元屬性是最常改變圖元大小的位置，除非必要才會使用，例如：增量、百分比。DraftSight 不是參數軟體，無法變更尺寸標註更新圖元大小，所以價值來自於此。

12-13-1 先睹為快，變更長度

進行指定動態變更長度。

步驟 1 選項：動態，增量(I)，百分比(P)，總計(T)或為長度指定圖元

輸入 DY＝動態。

步驟 2 指定圖元

點選直線。

步驟 3 指定新端點

由拖曳變更長度 P1 到 P2，不過游標在 P3 位置不會改變圖元角度。

12-13-2 變更長度選項

坦白說，這些術語不往下閱讀還蠻難理解的。

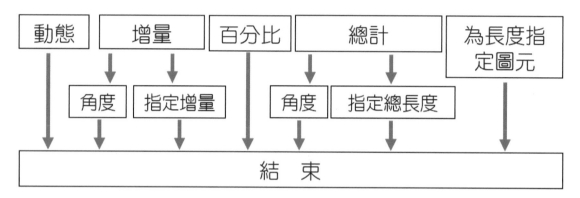

12-13-3 選項：增量（I）

以目前的長度再增加角度或距離。

A 角度

增加或減少圓心角。

步驟 1 選項：動態，增量(I)，百分比(P)，總計(T)或為長度指定圖元

輸入 i＝增量。

步驟 2 選項：角度或指定增量

輸入 A＝角度。

步驟 3 指定角度增量

輸入 30。

步驟 4 指定圖元

點選圓弧→↵，可見 90 變成 120 度。

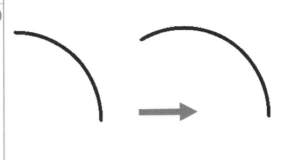

```
    指令視窗                                         —
選項：動態, 增量(I), 百分比(P), 總計(T)
為長度指定圖元» i
選項：角度 或
指定增量» A
指定角度增量» 30
指定圖元»
選項：復原, 按 Enter 來結束 或
指定下一個圖元»
```

B 指定增量

　　輸入數字或游標指定距離。＋增加長度；－減少長度，例如：+5、-5。可重複點選圖元，進行相同數據變更，例如：分別點選 2 直線增加距離 5，即使這 2 條直線長度不同。

12-13-4 選項：百分比（P）

　　依圖元大小相對比例加長或縮短，例如：直線 10 比例 150，直線會成 15，(10X150)／100 ＝15，下圖左。

12-13-5 選項：總計（T）

　　變更直線或圓弧總長度或總角度，而非相對尺寸。例如：設定圓心角 180 或指定總長度，設定線段長 5，下圖右。

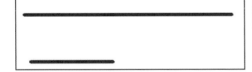

12-13-6 選項：為長度指定圖元

　　顯示目前長度資訊，例如：點選弧，可得知使用中長度＝7.5，夾角 120。

```
    指令視窗                                         —
選項：動態, 增量(I), 百分比(P), 總計(T)
為長度指定圖元»
使用中的長度: 7.504，夾角: 120
```

12-14 移動（Move，M）

搬移圖元到指定位置，不會變更圖元大小。常用 Ctrl＋X 剪下→Ctrl＋V 貼上，除非要指定移動距離，或指定移動基準，才會使用該指令。

12-14-1 先睹為快，移動

把圓移到指定方向與距離。

步驟 1 指定圖元

選擇圓→↵。

步驟 2 位移(D)或指定來源點

指定移動的基準，例如：圓心。

步驟 3 按 Enter 使用來源點作為位移或指定目的地

點選移動的位置，會看到元往另一方向移動。

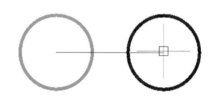

12-14-2 移動選項

由指令圖可以看出移動常用：位移（D）或指定位移，不難學習。

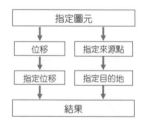

12-14-3 選項：位移（D）

輸入距離把圖元移到指定位置與距離，該距離為相對距離，例如：50。也可以利用輸入座標作為距離，例如：50，10，進行 X 軸 50，Y 軸 10 位移，下圖左。

12-14-4 抓取與追蹤

移動參考由抓取與追蹤，例如：抓取點定義移動基準 P1，抓取另一圖元 P2，如此可以進行大量移動。圖元依軸向移動，或圓心依水平對齊至角落點，下圖右。

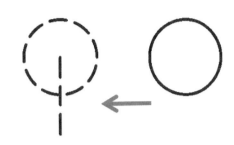

12-15 旋轉（**Rotate，RO**）

圖元以基準點＋輸入角度旋轉圖元。旋轉圖元無法複製，也算是搬移作業。透過正交將旋轉角度限制以 90 度為間隔。

12-15-1 先睹為快，旋轉

使用指令會出現：在 CCS 中使用的正交度：DIRECTION＝逆時針 BASE＝0。以上是指自訂座標系統（CCS）正交角度：方向逆時針，基準＝0 開始。

步驟 1 指定圖元

選擇矩形→↵。

步驟 2 指定樞紐點

指定旋轉基準，例如：圓心。

步驟 3 指定旋轉角度

輸入旋轉角度 90 或滑鼠控制角度。

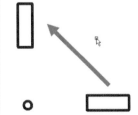

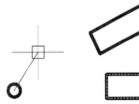

12-15-2 旋轉選項

選項常用參考（R）或指定旋轉角度。

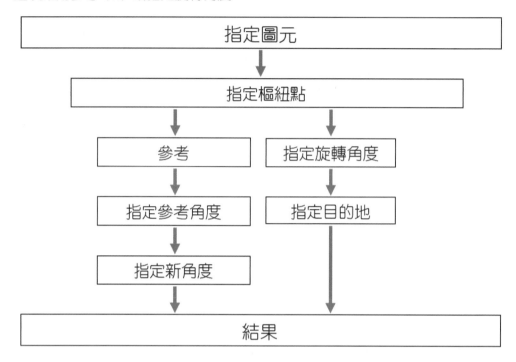

12-15-3 選項：參考（R）

輸入數值預覽旋轉參考。角度正負定義方位，例如：30＝順時針、-30＝逆時針旋轉。

步驟 1 參考或指定旋轉角度

輸入 R＝參考。

步驟 2 指定參考

輸入 60 度，可見圖元順時針旋轉 60 度，下圖左。

步驟 3 指定新角度：

輸入最後角度 30 度，可見到圖元以順時針旋轉 30 度擺放，下圖右。

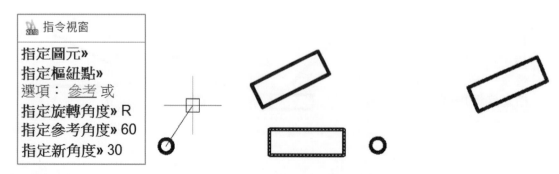

12-16 比例（Scale，SC）

以目前圖元為基準，放大或縮小圖元，被參考的圖元不會被保留。比例會真實改變圖元大小，例如：直線長 10、比例 2，直線就會 10*2＝20。

比例常用在圖元過程或視圖（圖元與註記的綜合）比例之用。SolidWorks 稱縮放圖元。

12-16-1 先睹為快，比例

進行狗頭放大。縮放係數＞1，會放大圖元，反之縮放係數。

步驟 1 指定圖元

選擇狗頭→↵。

步驟 2 指定基準點

指定比例基準，例如：左下角。

步驟 3 選項：參考或指定縮放係數

輸入比例或滑鼠控制比例大小。

指令視窗

```
:_SCALE
指定圖元»
指定基準點»
選項：參考 或
指定縮放係數» 1.5
```

12-16-2 比例選項

常用參考（R）、指定縮放係數。

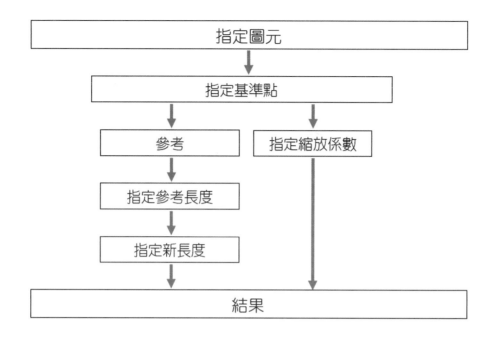

12-16-3 選項：參考（R）

可預覽比例大小作為參考，例如：2，比例被放大 2 倍。例如：指定參考長度。

步驟 1 參考或指定縮放係數

輸入 R＝參考。

步驟 2 指定參考長度

步驟 3 指定新長度

點選 2 圖元端點或任意 2 點，為比例放大基準值，例如：點選直線 10 兩端點，放大 10 倍預覽。

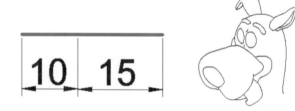

Ⓐ 點（P）

承上節，在圖面中另外點兩點作為比例參考，例如：該直線長＝15，點選線段 2 端點，這時比例會放大 1.5 倍。

先前長度參考＝10，以 10 為基準＝1，20 是 10 的 2 倍，所以比例會放大 2 倍。不能在點選先前的線段長 10，這樣圖元不會有任何效果。

B 指定新長度

承上節，直接輸入新長度＝30，圖面會放大 3 倍：指定新長度＝5，圖面會縮小 0.5 倍。

12-17 伸展（**Stretch，S**） ⌸

單向拉伸（伸縮）圖元，伸展與縮放不同，伸展僅以一個方向放大或縮小。

無法進行無端點圖元，例如：圓伸展過程會變成搬移，須拖曳掣點伸展。

矩形伸展過程不得點選所有圖元，否則也會進行位移，應該以矩形 3 邊，而非 4 邊伸展。

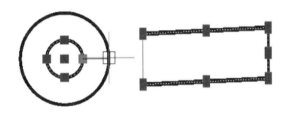

12-17-1 先睹為快，伸展

指定要依 CWindow（窗選）或 CPolygon（框選）伸展的圖元。

步驟 1 指定圖元

選擇被延伸的圖元，例如：ㄈ形圖元→↵。

步驟 2 選項：位移(D)或指定來源點指定來源點

步驟 3 選項：按 Enter 位移或指定目的地

點選端點 P1→游標向左移動 P2，完成線段延伸。

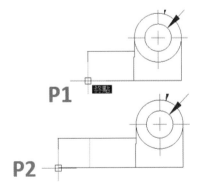

```
🔷 指令視窗
─────────────────────────
：_STRETCH
指定要依 CWindow 或 CPolygon 伸展圖元
指定圖元»
選項： 位移(D) 或
指定來源點»
選項： 按 Enter 來使用來源點作為位移 或
指定目的地»
```

12-17-2 伸展選項

伸展選項包含：位移（D）或指定來源點，看起來很簡單。

位移先前說過，本節不贅述。

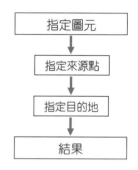

12-18 快速修改（**QuickModify**）

可在同一指令複製、移動、旋轉及縮放圖元，適用 Professional 或 Enterprise。

和 SolidWorks 的修正草圖相同。

DraftSight

QUICKMODIFY 是可用於 DraftSight Enterprise 和 Professional 版本的高階功能。如需更多資訊，請點選此連結，以造訪連結目標位置：按一下此處

確定

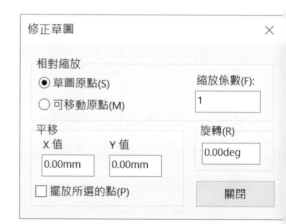

12-18-1 選項

本節不說明復原和結束(X)。

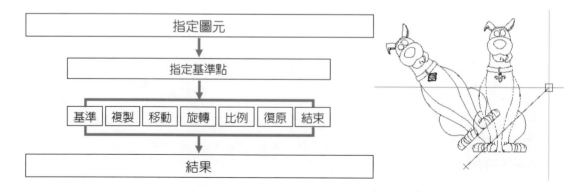

12-19 拆分（Split）⌐

刪除圖元 2 點區間，拆分又稱分割或切斷圖元（Break），甚至分割後會刪除圖元，例如：將單一圖元分割獨立圖元並刪除所選，圓變成弧、1 段線變 2 段。

常用在線路接點或改變圖元形式，並為分割點標尺寸，⌐不能用於複線（RichLines）。

12-19-1 拆先睹為快，拆分

你會發現系統保留所選的 P1+P2 範圍。

步驟 1 指定圖元

選擇要被拆分圖元，也是分割位置 P1。

步驟 2 第一個點(F)或指定第二個分割點

選擇第二位置 P2，刪除圖元。

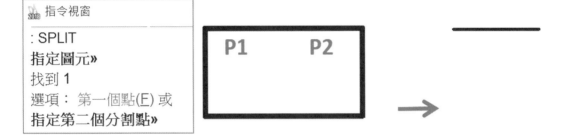

12-20 拆分於點（Split）⌐

承上節，將圖元分割 2 圖元但不刪除，拆分於點與拆分皆為 Split，希望這 2 指令合併，SolidWorks 稱分割圖元 ⌐。不能分割圓，否則會出現：圓弧不能為滿的 360 度。

12-20-1 先睹為快，拆分於點

步驟 1 指定圖元

選擇要被拆分圖元也是分割位置 P1，只能點選圖元不能框選。

步驟 2 第一個點(F)或指定第二個分割點

選擇第 2 位置 P2→↵，可見到矩形被分割。

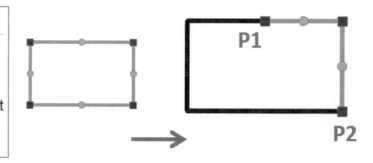

```
: _SPLIT
指定圖元»
選項: 第一個點(E) 或
指定第二個分割點» _First
指定第一個分割點»
指定第二個分割點» @
```

12-21 熔接（Weld）

將 2 個圖元合併成 1 個圖元，與拆分於點呼應，被熔接線段必須相接。熔接字面上不是鋼構的焊接，而是 JOIN 連結，所有 2D CAD 都這樣稱呼，不知為何要稱熔接。

將 2 個聚合線結合成一條，下圖左。將 2 個不規則曲線結合成一條，下圖右。

12-21-1 先睹為快，熔接

將 2 條直線合併。

步驟 1 指定基準圖元

點選被合併圖元的來源，例如：P1。

步驟 2 指定熔接區段

點選與來源圖元合併的圖元 P2→Enter，也可用框選熔接區段。

```
: _WELD
指定基準圖元»
指定要熔接到來源的圖元
1 條線段已加入聚合線
```

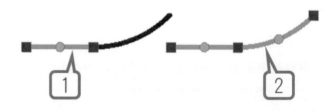

12-21-2 熔接選項

只有 3 步驟很容易學,分別為線段,下圖左和圓弧選項,下圖右。

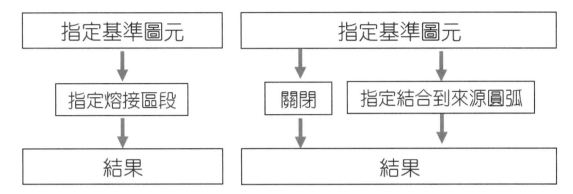

12-21-3 選項:圓弧

將 2 分段且連結的弧,將它們連接起來,製作過程會出現,選項:關閉(L)或指定要結合到來源圓弧。

步驟 1 指定基準圖元

步驟 2 關閉(L)或指定要結合到來源的圓弧

分別點選 2 個弧→Enter。

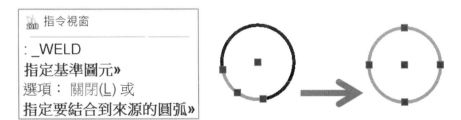

12-21-4 選項:關閉(L)

封閉圓弧成為圓。由於無法拖曳弧掣點進行合併為圓,只能靠這項功能。

12-22 導角(Chamfer,CHA)

將 2 相交圖元完成有斜度的角度,節省繪製和尺寸標註時間。導角屬於草圖處理,導角與圓角操作相同,只是型態不同,指令過程可使用角度或長度作為導角參數。

導角會自動延伸非相鄰圖元，不過導角距離不能超過圖元，否則沒動作。導角 0 用來封閉或回復先前未導角狀態，不過舊圖元會保留，可以運用此方法求得虛擬交角，下圖右。

12-22-1 先睹為快，導角

第一次進入導角必須透過選項＋參數設定，本例說明距離完成導角。使用指令系統會出現：（修剪模式），啟用的導角距離 1＝5，距離 2＝5。

這是先前已經定義導角參數，適用大量使用導角指令。

步驟 1 選項：角度(A)，距離(D)…或指定第一條線

步驟 2 指定第二條線

分別點選 P1＋P2，完成導角。

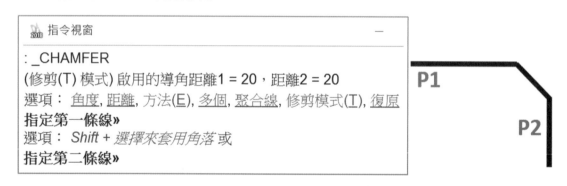

12-22-2 導角選項

導角選項包含：角度（A），距離（D），方法（E）…等，常用距離。

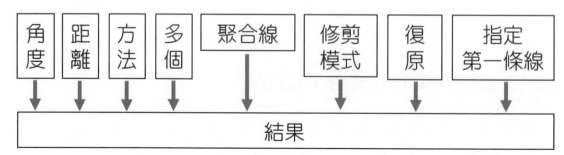

12-22-3 選項：角度（A）

定義預設導角角度。

步驟 1 選項：角度(A)，距離(D)...或指定第一條線

輸入 A＝角度。

步驟 2 指定第一條線長度

輸入 20→↵。

步驟 3 指定來自第一條線的角度

輸入 45→↵。

步驟 4 指定第一條線

步驟 5 指定第二條線

分別點選 P1＋P2，完成導角。

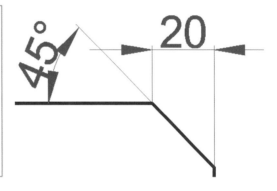

指令視窗

選項： 角度, 距離, 方法(E), 多個, 聚合線,
指定第一條線» A
指定第一條線長度» 20
指定來自第一條線的角度» 45
選項： 角度, 距離, 方法(E), 多個, 聚合線,
指定第一條線»
指定第二條線»

12-22-4 選項：距離（D）

定義導角模式為距離，並輸入第 1 與第 2 距離長度。

步驟 1 指定第一個距離

輸入第 1 導角距離 20→↵。

步驟 2 指定第二個距離

輸入第 2 導角距離 30→↵。

步驟 3 指定第一條線

步驟 4 指定第二條線

分別點選 P1＋P2，完成導角。

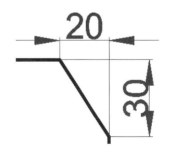

12-22-5 選項：方法（E）

更改導角方法為角度或距離。

12-22-6 選項：多個（M）

重複套用導角參數，直到按下↵為止。例如：將矩形 4 周導角。

12-22-7 選項：聚合線（P）

點選單一圖元的聚合線，可發現四個邊同時被導角。

12-22-8 選項：修剪模式（T）

是否刪除背後線段。不修剪＝新導角圖元重疊在上面。修剪＝刪除舊導角圖元，下圖左。

12-22-9 選項：復原（U）

撤銷上一個導角；只能在多個模式啟用時使用。

12-22-10 選項：指定第一條線

Shift＋選擇套用角落。指定第 1 條線後，按 Shift 指定第 2 個圖元，讓線段延伸不導角，使用開放圖元，下圖右。

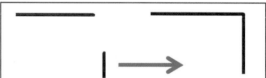

12-23 圓角（Fillet，F）

圓化 2 線段角落並形成切線弧，圓角屬於草圖處理，指令使用率很高，使用半徑作為圓角參數。導圓角常用在：1. 大圓角外觀、2. 小圓角修飾、3. 機械加工必要外型。

特別是刀具路徑，角落一定有 R 角，沒 R 角會認為製作不出來或放電加工。

12-23-1 先睹為快，圓角

首先設定圓角半徑，再進行圓角作業。第一次進入導角系統會出現：（修剪模式）啟用的半徑＝0，這是因為先前沒有定義圓角參數。

步驟 1 選項：多個（M），聚合線（P），半徑（R）…或指定第一個圖元

步驟 2 指定第二個圖元

分別點選 P1＋P2，完成圓角。

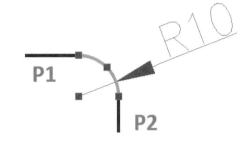

12-23-2 圓角選項

選項包含：多個（M），聚合線（P），半徑（R）…等。圓角與導角操作相同，不贅述。

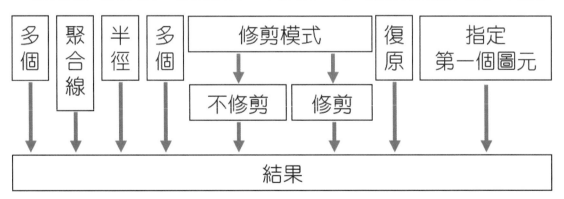

12-24 延伸（Extend，EX）

延伸圖元長度至邊界，和修剪是兄弟。延伸可避免拖曳圖元或接骨方式加長圖元。無法選擇單一條線進行線段延伸，再次按一下可繼續延展第 2 個邊界邊線。

12-24-1 先睹為快，延伸

使用指令過程會出現使用中設定：投影＝無，邊線＝無。

步驟 1 指定邊界邊線

步驟 2 選項：交錯(C)，交錯線(CR)，投影(P)...指定要延伸的線段

點選線段 P1→↵，點選第 2 條線段 P2，完成延伸。

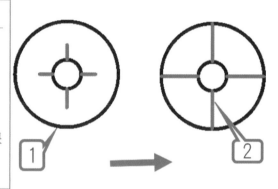

> **2018** 指令視窗
>
> : EXTEND
> 使用中設定: 投影=CCS，邊線=無
> 指定邊界邊線 ...
> 選項： *按 Enter 來指定所有圖元* 或
> **指定邊界邊線»**
> 選項： 交錯(C), 交錯線(CR), 投影(P), 邊線
> *Shift + 選擇來修剪* 或
> **指定要延伸的線段»**

12-24-2 延伸選項

延伸選項包含：交錯，交錯線，投影...等。本節不說明交錯和指定要延伸的線段。

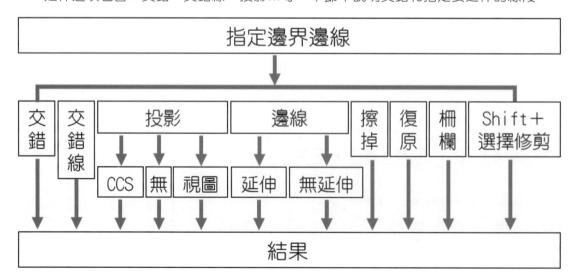

12-24-3 選項：交錯線（CR）

使用直線方式延伸選取圖元，例如：P1 矩形為延伸的邊界。

步驟 1 指定交錯線起點

選擇要延伸的圖元起點 P1。

步驟 2 指定下一個交錯線點

選擇要延伸圖元下一點 P2→↵，這時
可見到線條延伸。

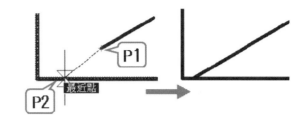

12-24-4 選項：投影（P）

設定投影模式為 CCS（目前座標系統 X-Y 平面）。

12-24-5 選項：邊線（E）（預設為無延伸）

設定 2. 要延伸的線段是否與 1. 邊界邊線進行相交。可以設定延伸或不延伸，下圖左。

12-24-6 選項：擦掉（R）

刪除所選圖元，而不結束延伸指令。點選直線 P1→↵，刪除所選線段，完成後回到延
伸選項，下圖右。

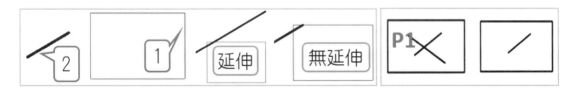

12-24-7 選項：柵欄（F）

用虛擬線段作為延伸圖元的選擇，適用於大量延伸作業，下圖左。

12-24-8 選項：Shift＋選擇修剪

按 Shift 鍵做為延伸與修剪切換。只能修剪邊界，不能全部剪光，下圖右。

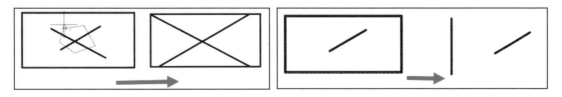

12-25 修剪（Trim，TR）✂

2 圖元相交時，將多餘線段剪除。修剪也可作為延伸圖元。無法修剪圖塊或文字，或是將圖塊或文字當作切割邊線。

12-25-1 先睹為快，修剪

使用指令過程會出現使用中設定：投影＝CCS，邊線＝無。

步驟 1 指定切割邊線

點選矩形 L1→↵。

步驟 2 指定要移除的線段

點選要修剪的線段。矩形為修剪參考，無法被修剪。

```
🐞 指令視窗

: _TRIM
使用中設定: 投影=CCS，邊線=無
指定切割邊線 ...
選項： 按 Enter 來指定所有圖元 或
指定切割邊線»
選項： 交錯(C), 交錯線(CR), 投影(P)
Shift + 選擇來延伸 或
指定要移除的線段»
```

12-25-2 修剪選項

修剪和延伸選很像，絕大部分於修剪介紹過，不贅述。

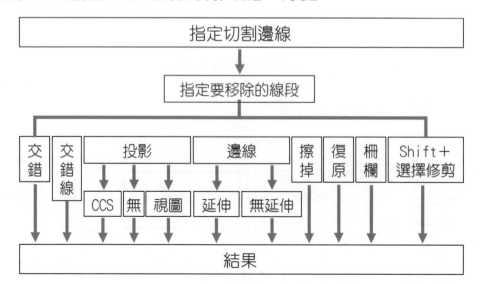

12-25-3 選項：交錯（C）

利用框選（非圖元）修剪矩形內部與矩形交錯的圖元。

步驟 1 選項：按 Enter 來指定所有圖元或指定切割邊線

點選矩形 L1。

步驟 2 選項：交錯(C)，交錯線(CR)，投影(P)....或指定要移除的線段

輸入 C＝交錯→↵。

步驟 3 指定對角

拖曳產生矩形範圍，修剪完成。

指令視窗

選項：*按 Enter 來指定所有圖元* 或
指定切割邊線»
選項：交錯(C), 交錯線(CR), 投影(P)
Shift + 選擇來延伸 或
指定要移除的線段» C
指定要移除的線段»
指定對角»
找到 4

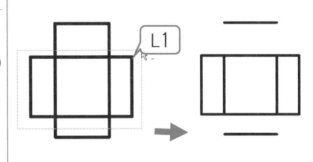

12-25-4 選項：交錯線（CR）

使用直線繪製修剪選取的圖元。

步驟 1 指定交錯線起點

步驟 2 指定下一個交錯線點

選擇要修剪的圖元起點 P1 和下一點 P2→↵。

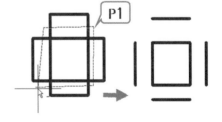

12-25-5 選項：邊線（E）（預設無延伸）

設定修剪後是否進行延伸，換句話說不直接刪除完整線段，下圖左。

12-25-6 選項：擦掉（R）

刪除所選圖元而不結束指令。例如：點選線 L→↵，刪除線段後回到選項，下圖右。

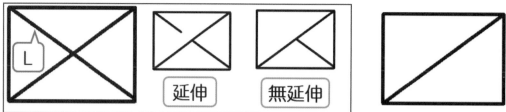

12-25-7 選項：柵欄（F）

拖曳來產生虛擬線段，作為修剪圖元選
擇，適用大量修剪作業。

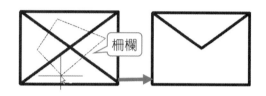

12-25-8 選項：Shift＋選擇延伸

按 Shift 鍵延伸圖元，做為修剪與延伸指令的切換。

12-26 強力修剪（PowerTrim）

按壓游標劃過圖元出現軌跡進行修剪，也可沿著圖元路徑延伸圖元，選項可以與角落
修剪指令切換，適用 Professional 或 Enterprise。

強力修剪效率最高，拖曳游標路過到圖元上，所到之處修剪，適合大量修剪。

12-26-1 先睹為快，強力修剪

修剪過程不是游標在圖元上，游標要避開圖元，例如：拖曳游標穿越到圖元上，完成
後↵。使用過程可利用中鍵滾輪，拉近/拉遠畫面。

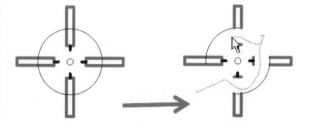

指令視窗
使用中的模式：強力修剪
預設：結束(X)
選項：角落, 復原 或 結束(X)
指定要修剪的圖元»

12-26-2 強力修剪選項

本節不說明復原與結束。

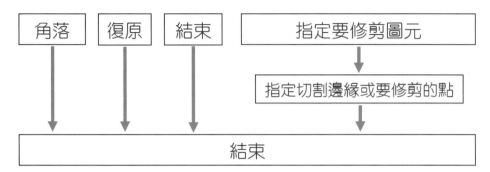

12-27 角落修剪（**CornerTrim**）

承上節，角落修剪應為強力修剪內的指令，角落修剪應該和修剪整合，比較好學。

12-27-1 先睹為快，角落修剪

先選圓或先選矩形結果相反，這部分建議不要理解順序，得到你要的就好。

步驟 1 指定要修剪圖元

選擇要修剪的圖元，例如：圓。

步驟 2 指定角落修剪的第二個曲線

點選矩形上面，可以見到修剪結果。

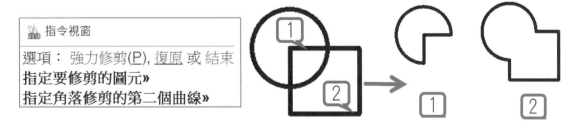

12-27-2 角落修剪選項

角落修剪和強力修剪很像，只是 2 指令的切換。

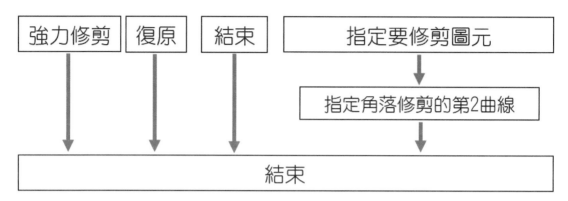

12-28 爆炸（Explode，X）

將群組圖元爆炸後產生個別圖元。1. 指定圖元→2. ↵，可見矩形被獨立 4 條線，而非單一聚合線。爆炸使用率高，可快速修改群組圖元或群組物件，例如：圖塊很多人使用爆炸。

常見濫用，特別是指令不熟悉趕時間先炸再說，等圖面處理後也沒時間回過頭來修整，道德淪喪呀。大郎以前常幹這種事，實在自身難保對不起了，親愛同事們。

12-28-1 爆炸註解（ExplodeTEXT，TXTEXP）

其實可以將註解（文字）爆炸，算是隱藏版指令。這部分我們等下一版加上大量隱藏版指令教學。

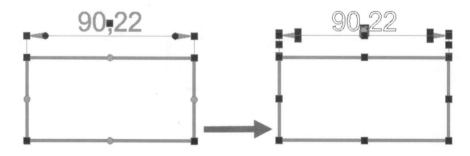

12-29 隱藏圖元（Hide Entities）

1. 隱藏選擇的圖元→2. ↵，重新開啟圖面後，會顯示先前隱藏的圖元，下圖左。

12-30 隔離圖元（Isolate Entities，）

承上節，隱藏選擇以外所有圖元。編輯複雜圖面時，可暫時將編輯外圖元隱藏，使畫面簡潔，避免更改到其他圖元。重新開啟圖面後，會顯示所有先前隱藏的圖元，下圖右。

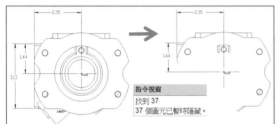 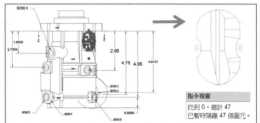

12-31 已取消隔離的圖元（Unisolate Entities）

承上節，取消隱藏或隔離的圖元，使圖面完整。

12-32 選擇相符項目（Select Matching）

將圖面具有相同性質的物件選擇，避免人工挑選，很像智慧選擇。

12-32-1 設定（SE）

進入選擇相符項目視窗，指定要符合的性質且可複選多個選項，例如：顏色、圖層、線條寬度或圖塊名稱。本節說明圖元樣式和名稱，其餘不贅述。

A 圖元樣式

將相同屬性圖元一起選擇，不同的圖層、色彩、樣式、線條比例、線條寬度也可以選擇。

B 名稱

將名稱相符物件，例如：圖塊、外部參考和影像看做相同物件。也可以將未命名相同類型，例如：直線和圓視為相同物件。

12-32-2 單一（SI）

不經由設定面板，系統直接選取單一符合選取條件的圖元，例如：屬性＋色彩。

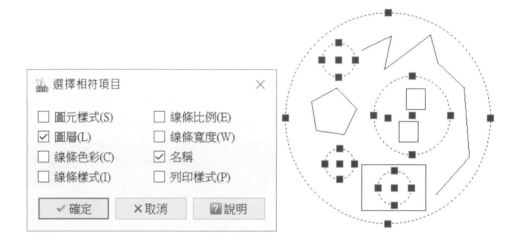

工具功能表

工具就是圖畫完後的作業。本章介紹工具功能表，包含：查詢、載入程式、座標系統、自訂介面、選項和滑鼠手勢。

工程圖製作完成，必須查詢工程資訊，很多人不知道有查詢工具。工程圖製作期間有很多動作是重複的，透過快速鍵或自訂環境來提升效率，本章後面就有自訂和滑鼠手勢。

本章讓你對工具更有觀念，讓你知道每套軟體的工具功能表都用來做啥。會坦白告訴你有些完全用不到，除非對 DraftSight 超級有興趣，最好是 DraftSight 能幫你賺錢的那種，因為它們屬於更深入學習，例如：巨集。

為了篇幅，部分指令先前已說明，不贅述，例如：連結到插入功能表。至於選項後面有獨立一章介紹。有些適用 Professional 或 Enterprise，本章一起講。

13-1 屬性（Properties，Ctrl+1）

開啟屬性窗格先前已說明，不贅述，大郎不解為何指令一再重複，分散在各地，會讓別人誤以為不同。

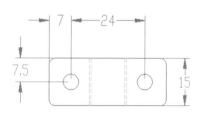

13-2 設計資源（Design Resources，Crtl＋2）

存取電腦或網路上其他工程圖的資源及內容。可採用輸入圖塊、參考工程圖、圖層、線條樣式、尺寸樣式、文字樣式、表格樣式及配置圖頁到目前的工程圖中，適用 Professional 或 Enterprise。本節就像 SolidWorks 右邊的工作窗格，下圖右。

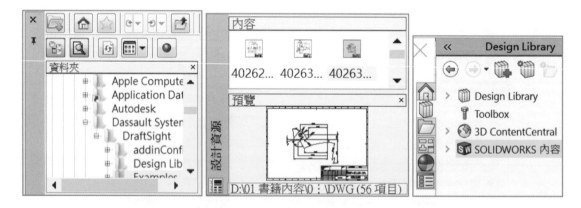

13-2-1 工具列

位於選單最上方，提供：開啟、首頁、我的最愛、返回、往前、上、樹狀結構切換、預覽切換、重新整理、檢視、3D Content Central 使用，下圖左。

A 開啟

開啟工程圖或影像檔案、設定資料夾樹狀視圖，並在內容清單顯示檔案名稱，下圖右。

開啟資源

B 首頁 ⌂

顯示資料夾樹狀視圖中選取的預設資料夾或檔案。

C 我的最愛 ☆

將常用或想要快速找到的資料加入書籤。最愛資料夾不是硬碟中實體資料夾,而是系統上資料夾與檔案的連結清單。項目上按右鍵,加入至最愛,下圖左。

D 返回/往前 ⇐

顯示前一個資料夾或檔案。

E 上 ⇗

向上移動一層。

F 樹狀視圖切換

顯示或隱藏資料夾樹狀視圖,下圖右。

G 預覽切換 🔍

顯示或隱藏預覽區域。預覽會顯示工程圖檔案、圖塊、參考及影像。

H 重新整理 ↺

如果是在所選資料夾的外部進行變更，重新整理資料夾樹狀結構、內容清單及預覽區域。

I 檢視 ▦

變更內容清單的顯示模式。提供 4 種選擇：縮圖、圖示、清單或詳細資料。

J 3D Content Central ◉

開啟 3D Content Central 網站，瀏覽及下載使用者上傳的免費 3D 與 2D CAD 模型。

13-2-2 資料夾樹狀視圖

瀏覽資料夾及檔案，會列 4 種檔案類型：1.DWG、2.DXF、3.DWT、4.DWS，下圖左。

13-2-3 內容清單

顯示資料夾樹狀視圖中所選的內容。如果選擇 1 個資料夾，內容會顯示資料夾及子資料夾中包含的工程圖及影像，影像檔案類型。

如果選擇工程圖檔案，會顯示已命名的類別清單：1.圖塊、2.參考工程圖、3.圖層、4.線條樣式、5.尺寸樣式、6.文字樣式、7.表格樣式、8.圖頁，下圖右。

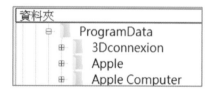
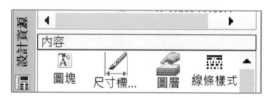

13-2-4 狀態列

位於選單最下方，顯示完整資料夾路徑及檔案名稱，會列出內容清單適用項目數量。

C:\ProgramData\Dassault Systemes\DraftSight\Examples\A-54643.DWG (8 項目)

13-2-5 使用設計資源

其他工程圖新增至目前文件。拖放工程圖內容進行複製、貼上、附加內容。

A 拖曳

連按 2 下類別（圖塊、圖層、線條樣式、尺寸樣式），將其他工程圖內容拖曳到圖面中。

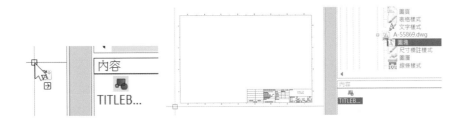

B 插入圖塊

將圖塊插入。在項目上按右鍵→插入圖塊或快點 2 下內容清單圖塊。

C 附加參考

可以使用相同的程序附加影像檔案。

D 新增圖層

將其他工程圖的圖層加入工程圖，在項目上按右鍵→加入圖層，下圖左。

E 加入配置圖頁定義

從其他工程圖加入配置圖頁，在項目上按右鍵→新增圖頁，下圖右。

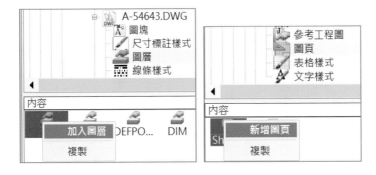

13-3 參考管理員（References Manager）

插入其他工程圖作為目前工程圖參考、管理連結，常用於圖框。

13-3-1 附加工程圖

選擇檔案→工程圖，本節和插入→參考工程圖連結，不贅述。

13-3-2 附加影像

工程圖插入圖片，本節和插入→參考影像連結，不贅述。

13-3-3 重新整理

重新整理參考，當檔案變更時系統會自動更新，下圖左。

13-3-4 全部重新載入

以最近儲存狀態重新載入，例如：（滑輪架）已經刪除 BOM，這時（參考管理員）檔案中，可以見到更新狀態。若滑輪架只有刪除 BOM 沒有儲存檔案，重新載入沒有效果。

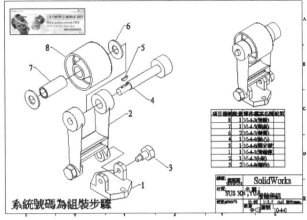

13-3-5 參考的檔案與狀態欄位

由視窗中可見到被加入參考的檔案與目前狀態。

A 參考的檔案

列出目前檔案,包含工程圖或影像檔案。最上層一定是目前文件,例如:13-3-1(滑輪架).dwg,接下來加入的工程圖或圖片都會在(滑輪架)之下。

B 狀態

可看到目前檔案的狀態,例如:已載入=參考檔案連結中、未參考、解除載入或找不到=參考檔案遺失、不在目前路徑或更改檔名時。

C 文字處右鍵功能

在工程圖或影像文字處右鍵,指令些許不同,差異在於工程圖多了結合。

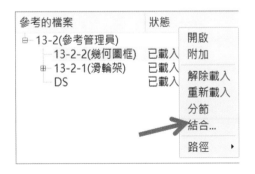

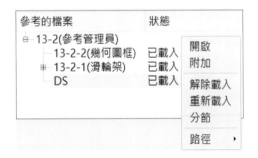

C1 開啟

直接開啟所選參考檔案，類似開啟舊檔。開啟指令無法用於遺失的外部參考，下圖左。

C2 附加

附加目前類型的文件，例如：在工程圖右鍵就是附加工程圖。

C3 解除載入

移除目前的參考，在工程圖會暫時看不見該工程圖，下圖中。

C4 重新載入

將所選項目更新或取回先前的參考，下圖右。

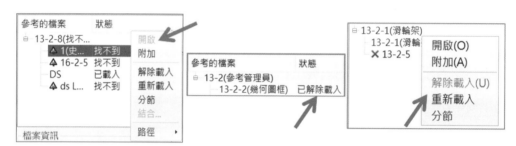

C5 分節

移除所選的外部參考，例如：移除 BOM 表的外部參考，換句話說無法移除所選項目。

C6 結合

外部參考與目前工程圖合併，過程會斷開先前參考，使外部參考檔案成為目前文件。結合無法用於遺失外部參考。

C7 插入

將外部參考插入功能相同，下圖中。

D 空白處右鍵功能

可進行重新整理、全部重新載入、附加工程圖、附加影像或離開指令，下圖左。

13-3-6 檔案資訊

點選參考的檔案可得到資訊，這部分於插入→參考影像已說明，不贅述，下圖右。

13-4 顯示順序（**DisplayOrder**）

調整圖片或圖元前後方顯示順序，對圖元來說，圖元間互相遮蔽情形不多見，反倒是因為圖片容易影響後續作圖，顯示順序就顯得重要。

此功能類似 PPT 排序物件功能，下圖右。

13-4-1 帶回前方（Bring To Front）

指定圖元移至最頂端，不會被其他圖元遮蔽，例如：小狗→↵，可見到小狗移至圖片上，下圖左。

13-4-2 送至後方（Send To Back）

承上節，指定移至最下方，例如：小狗移至最底端，下圖右。

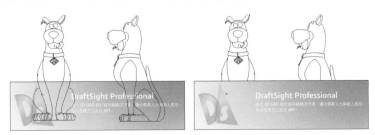

13-4-3 帶回圖元上方（Bring Above Entities）

指定物件往上一層，例如：將右邊小狗
往上一層，這時小狗會在圖片上方。

13-4-4 送至圖元下方（Send Under Entities）

將圖元下移一層，製作方法與帶回圖元上方相同，不贅述。

13-5 G 代碼產生器面板（**G-Code Generator**）

將工程圖元轉換 CNC 可讀取的 G 代碼，這部分大郎不了解，很難和各位說明本功能的
專業，留待下一版請專家解說，適用 Professional 或 Enterprise。

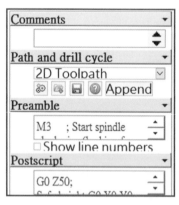
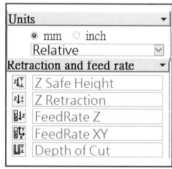
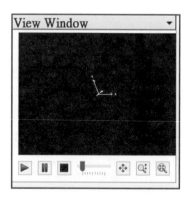

13-5-1 上方工具列

使用 G 碼產生的作業，例如：載入檔案與 G 碼產生。

A G 代碼類型

顯示要產生 G 代碼類型，例如：2D 工具路徑、鑽孔循環，下圖左。

B 產生

產生 G 碼並利用產生器面板修改代碼，由下方可見到工具路徑預覽，下圖中。

C 選擇檔案

將產生好的 G 碼檔案開啟*.TXT 或*.NGC，不必開啟用於產生 G 碼的工程圖。

D 儲存

將 G 碼另存為*.TXT 或*.NGC，並傳送給 CNC，下圖右。

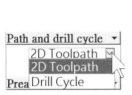

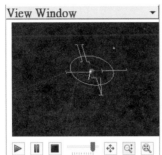

13-5-2 G 代碼參數－2D 工具路徑（2D Toolpath）

A 前序編碼（Preamble）

設定 G 碼開頭代碼，例如：CNC 啟動主軸和轉速 RPM 設定，也可以自行編輯代碼。

B PostScript

顯示 G 碼末端代碼，例如：將主軸關閉並撤回至安全高度的設定。

C Z 安全高度（Z Safe Height）

顯示非切割移動期間的 Z 高度。

D Z 撤回（Z Retraction）

顯示切割完成時的 Z 高度。

E 饋進速率 Z（FeedRate Z）

顯示投入工件時沿著 Z 軸的饋進速率。

F 饋進速率 XY（FeedRate XY）

顯示沿著 XY 軸切割期間沿著 XY 軸的饋進速率。

G 切割深度（Depth of Cut）

顯示 Z 軸移動到工件的深度，切割參數為-Z，例如：-10。

13-5-3 G 代碼參數－鑽孔循環（Drill cycle）

僅用於點及圓，其他圖元會忽略。

Ⓐ 鑽孔循環類型

顯示所選鑽孔循環類型：G81 鑽孔循環（Drill Cycle）、G82 鑽孔循環與暫停（Drill Cycle With Dwell）、G83 尖端鑽孔循環（Peck Drill Cycle）。

Ⓑ 鑽孔饋進速率（Drill Feedrate）

顯示鑽孔會發生的饋進速率。

Ⓒ 深度（Depth）

顯示切割的最終深度。

Ⓓ 撤回高度（Retract height）

顯示工具鑽孔後到移至下一個鑽孔前移動的高度。

Ⓔ 暫停（Dwell）

顯示於 G82 及 G83，工具在鑽孔操作間無動作時間長度。

Ⓕ 尖頭深度（Peck Depth）

僅限 G83，顯示每個深度。

13-5-4 預覽及預覽控制

選擇的工具路徑或鑽孔循環的預覽會出現在 G 代碼產生器面板中。預覽會顯示 X、Y 及 Z 軸、所選圖元位置、切割工具路徑，以及鑽孔循環鑽孔深度。

13-5-5 播放 ▶、暫停 ‖、停止 ■

啟動所選 2D 工具路徑或鑽孔循環的模擬。暫停模擬、停止模擬。

13-5-6 速度 ▮

控制模擬速度。

13-5-7 移動 ✛、捲動縮放 ◔、擬合 ◔

在預覽視窗影像，滾輪拉近、拉遠、旋轉，檢視預覽視窗影像。

13-6 DrawingCompare

比較 2 工程圖所有圖元，檢查後以色彩顯示差異。常用在相似 2 張圖，肉眼不易判斷或大量判斷圖面差異性，例如：工程圖 3 次變更，且留下 3 個檔案，可以比較第 2 次和第 3 次變更差異性，適用 Professional 或 Enterprise。

13-6-1 比較工程圖

1. 分別在工程圖 1、2 瀏覽找出檔案→2. 按下比較工程圖。會在工程圖 1 與工程圖 2 顯示縮圖，由檢視工具放大或縮小查看。不過縮圖為點陣圖，過度放大會看出點陣效果。

比較只會呈現圖片變更，不能判斷尺寸或模型大小參數，例如：尺寸 100 和 80 還是會被比較出，那是因為 100 和 80 的圖形不同。

13-6-2 差異

以重疊方式顯示 2 個工程圖，工程圖 1＝藍色、工程圖 2＝綠色。在視窗右邊可使用新增和移除選項，由顏色看出差異，下圖左。

13-6-3 儲存和開啟結果

將比較後的結果儲存為點陣圖檔案（＊.Difference.BMP）。開啟結果：開啟之前儲存的結果，不必再重新比較才能看出結果，下圖右。

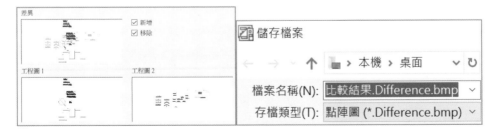

13-7 查詢（Inquiry）

快速計算面積、距離、座標以及圖元詳細資料。

13-7-1 計算面積（GetArea，Area）

計算圖元周長或區域面積，可加入或減除面積，不過無法量測剖面區域。計算面積選項包含：加入（A），指定圖元（E），減除（S）或指定第一個點。

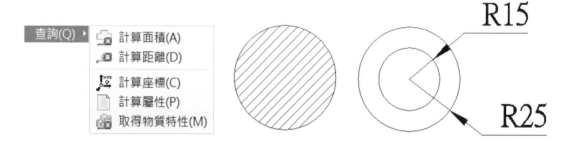

🅰 加入（A）

累加所選圖元面積，例如：R15 和 R25 圓相加面積。

步驟 1 選項：加入，指定圖元(E)，減除(S)或指定第一個點

輸入 A＝加入（A）。

步驟 2 選項：指定圖元(E)，減除(S)或指定第一個點

輸入 E＝指定圖元（E）。

步驟 3 指定圖元

點選 Ø50，得到面積＝1963.5，周長＝157.1，累加模式。

步驟 4 指定圖元

點選 Ø80，得到面積＝6990.0，周長＝157.1，總面積＝13980。

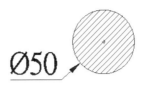

```
指令視窗
2018
: GETAREA
選項： 加入, 指定圖元(E), 減除(S)
指定第一個點» A
選項： 指定圖元(E), 減除(S) 或
指定第一個點» E
指定圖元»
面積 = 1963.5，周長 = 157.1
總面積 = 1963.5
指定圖元»
面積 = 6990.0，周長 = 0.0
總面積 = 13980.1
```

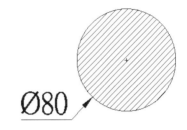

B 指定圖元（E）

點選圖元進行計算，自動結束指令。例如：點選 Ø40 圓，得到面積 1963.5，周長 157.1。對未封閉圖元，系統視為封閉圖元再計算面積。

C 指定第一個點

點選取得量測面積，例如：點選三角形頂點，可得到面積、周長。不支援框選或壓選，下圖左。

D 計算面積屬性

點選圓可以在幾何屬性得到附加區域和面積，下圖右。

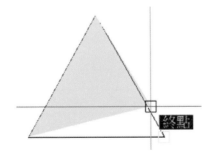

13-7-2 計算距離（GetDistance，DI）

指定起點和終點，量測 2 點間距離或角度，使用率最高的指令。得到以下資訊：

A 距離＝3.7225

B 在 XY 平面角度＝232

C 從 XY 平面角度＝0

D Delta X＝-2.2767，Delta Y＝-2.9451，Delta Z＝0.0

13-7-3 計算座標（GetXY）

查詢點座標，常用於孔位，例如：夾治具要求孔檢測，以點座標作為驗收標準，X＝110.8，Y＝182.6，Z＝0.0。

13-7-4 計算屬性（GetProperties）

取得圖元詳細資料。查詢圖元類型、圖層、線條色彩、線條樣式、線寬、模式（模型或圖頁）、圖元座標和其他詳細資料（視圖元類型而定）。

編輯別人圖面覺得不好編輯，代表與你習慣不同，藉由計算屬性查詢所選圖元資訊。點選要查詢圖元，例如：圓剖面→Enter，列出圖元資訊並帶出指令視窗，下圖左。

13-7-5 取得物質特性（GetMassProperties）

顯示區域涵蓋的區域、周長和質心、自訂座標系統（CCS）的相關資訊（CCS 名稱、CCS 原點及 CCS 的 X、Y 及 Z 軸定義）。本功能要以 REGION（局部範圍）製作，下圖右。

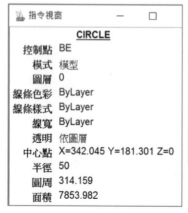
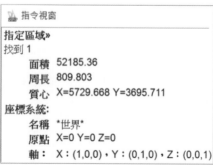

13-8 DELMIA（輸入處理程序）

DELMIA 以生產製程為核心技術，包含所有製造業的組裝作業程序，利用 3D 模型完成製程規劃與驗證，適用 Professional 或 Enterprise。

輸入程序期間，有不相符長度會出現警告，與 DSDelmiaConverterConfig.xml，MINIMUMSEGLENGTH 設定衝突。錯誤會記錄在 DSDelmiaLog.txt，檔案位於 \AppData\Roaming\DraftSight。

13-8-1 Import Part Contour（輸入零件輪廓）

將 DELMIA 產生的*.XML 檔案輸入至 DraftSight，以便檢查、修改及編輯輪廓。可儲存為.DWG 讓 CNC 做為切割用途。

13-9 開啟參考（**OpenReference**）

將工程圖內外部參考檔案開啟，就像 SolidWorks 組合件開啟所選零件。也可以在參考管理員點選圖框右鍵→開啟，下圖左。

13-9-1 指定參考

點選圖框，圖框會開啟。不過無法開啟非外部參考的文件，例如：圖塊，下圖右。

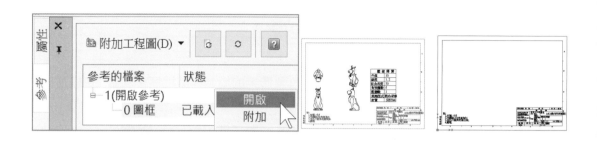

13-10 執行 Script（RunScript）→

Script[skript]也稱巨集（Marco）或腳本，可自動執行連續步驟的特定指示。本節說明不在功能表的指令：1. 重複 Script（ScriptN）、2. 暫停 Script（PauseScript）、3. 中斷 Script（ResumeScript）。

13-10-1 如何編寫 Script

將繪圖步驟（由指令視窗取得），記錄於記事本，例如：畫圓。複製歷程紀錄，可以分行或直鋪表示，建議分行表示。

歷程記錄	分行	直鋪表示（要有空格）	畫圓
: CIRCLE 選項: 3點(3P), 2點(2P), Ttr, TTT, 指定中心點» 20,20 預設: 10.0000 選項: 直徑(D) 或 指定半徑» 10	Circle 20，20 10	Circle 20，20 10	

13-10-2 儲存 Script

將分行表示貼上記事本後，另存新檔儲存為指令碼（＊.SCR）或巨集（＊.MCR），例如：circle.SCR，該編碼必須為 ASCII，下圖左。

13-10-3 執行 Script

透過選擇檔案找出 circle.SCR，可以見到圓已經繪製完成，下圖右。

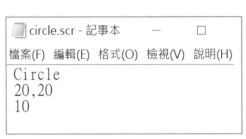

13-10-4 重複 Script（ScriptN）

可重複剛才執行的 script 檔案，對演講或需要持續展示場合十分有用。

13-10-5 暫停 Script（PauseScript）

script 使用過程，PauseScript 可以指定延遲時間暫停執行 script。輸入下個指令延遲時間，毫秒為單位，0～32767 之間整數，例如：1 秒＝1000 毫秒。

13-10-6 中斷 Script（ResumeScript）

按 Esc 或 Backspace 可中斷 Script，在編寫與測試，十分有用。

13-11 附加程式（**Addins**）

進入 DraftSight 附加程式視窗，啟用或關閉（*.dll），又稱模組。於下拉式功能表和工具列使用該程式內容，例如：Enterprice PDM，下圖左。

13-11-1 啟用

左方的啟用＝這次使用，下回開啟 DraftSight 不會再使用，下圖右（箭頭所示）。

13-11-2 開始

右方☑開始＝每次都使用該模組。

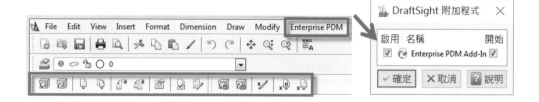

13-12 載入應用程式（**LoadApplication**）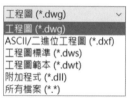

承上節，由選擇檔案視窗開啟 EPDMDraftSight.dll，可以支援的格式有：LSP、MNL、DLL，下圖左。與開啟舊檔的檔案類型，附加程式（*.dll）相同不贅述，下圖右。

本節簡易說明 DraftSight EnterPrise PDM 企業版產品資料管理的載入。

13-12-1 DraftSight EnterPrise PDM 企業版產品資料管理

自 2016 須使用 SOLIDWORKS PDM Client 進行安裝。附加 DraftSight add-in，將所有項目勾選附加，本節簡單敘述。

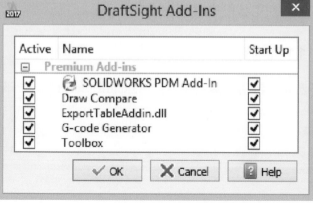

A 顯示 SOLIDWORKS PDM 工具列

下拉式功能表多出一欄 SOLIDWORKS PDM 工具列。

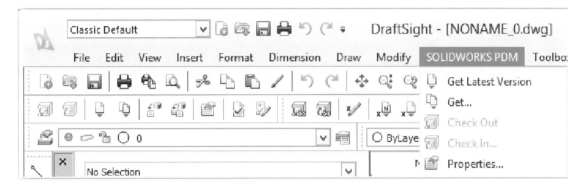

13-13 巨集（**Marco**）

可在軟體中自動執行操作的指令碼產生巨集，然後在軟體外設計程式，或者也可以錄製巨集，以便執行一連串動作和指令時進行擷取，適用 Professional 或 Enterprise。

13-13-1 記錄（Recodmacro）●

錄製巨集包含相當於在使用者界面執行操作時對 API 函數的呼叫，巨集可以記錄滑鼠點取的位置、功能表的選則、以及鍵盤的輸入，以便日後執行。

錄製巨集過程中，游標右上方會出現小紅點，表示正在執行錄製的動作。

13-13-2 停止 ■

操作結束後，按一下停止巨集，將錄製的巨集儲存。

13-14 CCS 管理員（CSStyle，CSS）

於選項→工程圖設定→座標系統介紹。

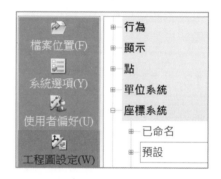

13-15 新增 CCS（New CCS）

CCS（Custmer Cooridinate System，自訂座標系統），可以移動、儲存、恢復、重新命名與刪除座標系統。預設座標為左下角世界座標，對大部分作業很足夠，本節讓你得知任意更改座標系統方位。

由功能表清單控制座標系統，例如：選擇檢視，會直接進入檢視選項，下圖左。或輸入 CCS，在指令視窗輸入要執行的項目，減少功能表點選指令時間，下圖右。

新增 CCS(W) ▸
- 世界座標系統(W)
- 上一個(P)
- 圖元(E)
- 檢視(V)
- 原點(N)
- Z 軸向量(A)
- 3 點(3)
- X(X)
- Y(Y)
- Z(Z)

指令視窗

```
: _CCS
預設: 世界
選項： 對正圖元(E), 已命名(NA), 上一個(P), 視圖,
指定原點» _World
```

13-15-1 世界座標系統（World）

將自訂座標位置回到世界座標原始位置（預設座標為左下角），也可在指令視窗輸入 CCS 後連續 2 次↵。

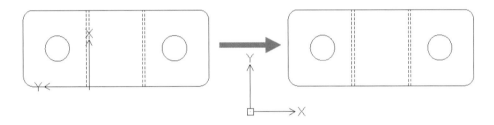

13-15-2 上一個（Previous）

回到上一個指定的座標系統，最多可以回到先前 10 個座標系統。類似 Uudo，不過不能透過 undo 或 Ctrl＋Z 將座標系統復原。

13-15-3 圖元（Entity）

透過圖元定義座標系統位置，例如：點選 P1。

無法指定 3D 模型，指定時會出現：無法定義以選定圖元為基礎的座標系統。

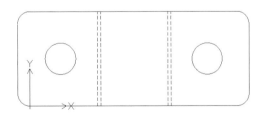

13-15-4 檢視（View）

更新座標系統為目前的 XY 平面，特別用在模型轉動時，下圖左。

13-15-5 原點（Origin）⌐

輸入座標值，指定座標原點，例如：10，10，10，下圖右。

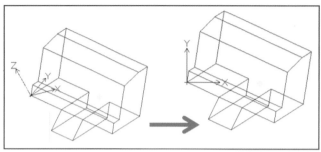
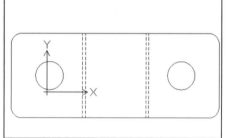

13-15-6 Z 軸向量（ZAxis）⌐

透過 2 點定義 Z 軸位置。

步驟 1 指定新的原點位置

點選 P1 作為座標原點。

步驟 2 指定穿過點的正 Z 軸

點選 P2 作為 Z 軸方向參考。

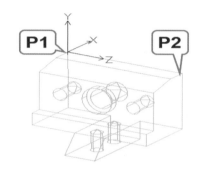

13-15-7 3 點（3point）⌐

透過 3 點位置定義 XY 座標。

步驟 1 指定新的原點位置

定義原點位置 P1

步驟 2 指定穿過點的正 X－軸

定義 X 軸的點位置 P2

步驟 3 指定 CCS XY 平面的 Y 軸正值的點

定義 Y 軸的點位置 P3，可見到座標完成。

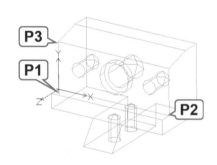

13-15-8 X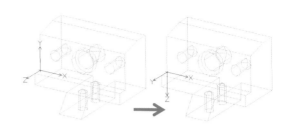、Y、Z

圍繞指定軸旋轉，常用於 3D 模型繪製，作為繪圖基準面。

例如：指定 X 軸旋轉，輸入角度後可以見到座標系統被轉動。

記得，旋轉的是座標系統不是 3D 模型。

13-16 標準（**Standards**）

分別進入工程圖標準█和確認標準█，與 Solidworks 的 Design Check 相同。

13-16-1 工程圖標準（DrawingStandards）█

指定工程圖標準（*.DWS），讓確認標準█使用，於選項→工程圖設定→標準組態介紹（箭頭所示）。

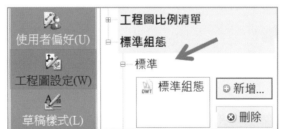

13-16-2 確認標準（VerifyStandards）█

承上節，載入工程圖標準。執行指令過程，系統會自動載入選項的工程圖標準。萬一沒有，會出現☑執行標準檔案關聯，進入選項要你新增工程圖標準。

13-16-3 確認標準視窗

本節說明確認標準視窗的用法。簡單經過 3 步驟：1. 查看（於確認標準視窗）➔2. 固定（接受）或下一步➔3. 關閉（關閉驗證摘要）。

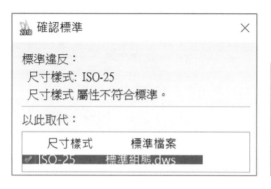

Ⓐ 標準違反

顯示違反工程圖標準的項目類別及名稱。

Ⓑ 以此取代

清單超過 1 個標準，例如：DWS 類別包含多物件，或目前 DWS 清單包含超過一個檔案。

Ⓒ 變更預覽

顯示符合規定而進行驗證的項目，和取代清單中所選標準的不同，若項目名稱不同，屬性相同，此清單會是空的。

Ⓓ 忽略此標準違反

目前的項目標示不要被取代，忽略資訊會顯示，此狀態會與工程圖一起儲存。

Ⓔ 固定

接受以指定的工程圖標準，取代目前項目。

Ⓕ 下一個

繼續下一個項目的標準驗證，你會見到上方的標準違反項次不同（箭頭所示）。

13-16-4 驗證摘要

當下一步按到底，也就是驗證完成，會出現工程圖驗證完成敘述，並說明修正資訊。

13-17 圖元群組（EntityGroup，G）

將 2 個以上獨立圖元成為群組，讓操作更加靈活，例如：可同時將圖元移動、旋轉、鏡射或縮放，不必進行複選圖元。比較特殊能在群組編輯個別圖元，例如：相交或伸展，也可隨時從群組中新增或移除圖元。

圖元群組如同 POWERPOINT 的群組，另外群組與圖塊最大差異，圖塊可重新使用且有插入點，圖元群組沒有。

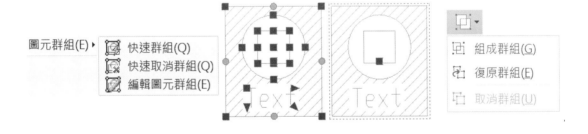

13-17-1 快速群組（QuickGroup）

點選圖元後即可快速產生圖元群組，下圖左。

13-17-2 快速取消群組

快速將圖元群組取消群組，指定要取消群組的群組圖元與說明相同，不贅述。

13-17-3 編輯圖元群組（EditEntityGroup）

新增及移除圖元群組的圖元，或重新命名圖元群組。

A 加入圖元（A）、移除圖元（R）

選擇原有群組➔加入或移除其他圖元。

B 重新命名（REN）

選擇原有群組➔輸入群組名稱，例如：原來為 A2，更名為 17-83。

13-18 自訂介面（Customize）

進入自訂指令視窗，本書後面有獨立章節介紹，下圖左。

13-19 選項（Options）

進入選項視窗，本書後面有獨立章節介紹，下圖右。

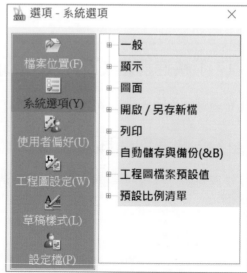

13-20 滑鼠手勢（Mouse Gestures）

　　滑鼠手勢是 2010 產物，因應觸控螢幕需求以及快速鍵另一種作業方式，如同快速鍵一樣至今已經不新奇了，你不能不依賴她陪伴作圖。

　　滑鼠手勢為快速執行指令，類似快速鍵。於繪圖區域按 1 下右鍵啟用，手勢方塊預設 4 個，最多 8 個指令，Solidworks 2018 已支援 12 個。

　　手勢不得重複，若有重複時，會自動切換最新設定，例如：↑冂＝繪製圓，↑冂＝改為弧，圓就不會有滑鼠手勢。手勢屬於下意識操作，會比快速鍵來得直覺。

　　在圖面出現指令光環，快速執行指令類似快速鍵，滑鼠手勢與快速鍵搭配可加乘效果。

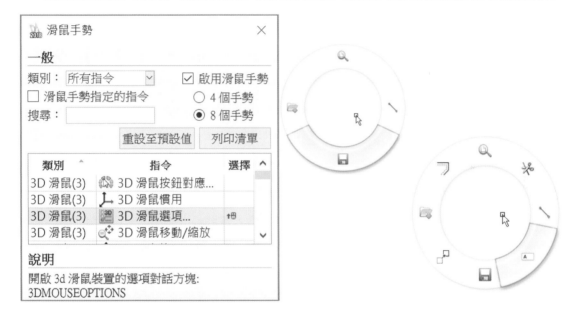

13-20-1 使用滑鼠手勢

　　1. 按住滑鼠右鍵→2. 滑鼠往單一方向移動，得到指令光環，將游標移到圖示，指令就會執行。

13-20-2 取消滑鼠手勢

　　只要放開滑鼠右鍵，即可退出滑鼠手勢。

13-20-3 滑鼠手勢使用技巧

　　很多人說快速鍵比較好使用，那代表不會使用滑鼠手勢。滑鼠手勢有項技巧背光環內指令屬於下意識操作，換句話說看光環指令，就失去滑鼠手勢意義。

13-20-4 滑鼠手勢與右鍵不同處

教學過程很多人不習慣使用，滑鼠手勢會與右鍵快顯功能表衝突，其實滑鼠手勢有一項技巧，滑鼠手勢必須按右鍵後動一下才會啟用。

13-20-5 類別

過濾 DraftSight 功能表清單，避免在所有指令下逐一找尋，適用進階使用者，例如：在檔案下，只看到檔案指令。

13-20-6 滑鼠手勢指定的指令

顯示已經設定滑鼠手勢的指令，這樣可知道有哪些快速鍵已被設定（箭頭所示）。

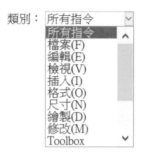 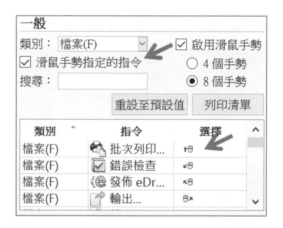

13-20-7 搜尋

輸入指令名稱或關鍵字搜尋指令位置和上網一樣。有時知道指令名稱，就是不知道放哪裡，或只知道關鍵字，例如：弧，找到尺寸標註的弧長、圓弧和橢圓弧，下圖左。

13-20-8 啟用滑鼠手勢

啟用滑鼠手勢，設定 4 或 8 個手勢。一開始先設定為 4 個滑鼠手勢，待上手後再往 8 個手勢設定。不過有些人不要滑鼠手勢，避免不小心右鍵按到，下圖右。

13-20-9 重設至預設值

刪除自訂設定回到軟體預設，系統會發出重設回預設確認通知。

13-20-10 列印清單

開啟印表機視窗,直接列印出滑鼠手勢的設定清單,這部份很少人用,下圖左。

13-20-11 手勢欄

利用類別、指令與選擇欄位,用來查看與設定滑鼠手勢並排序。

A 類別

顯示功能表位置,例如:檔案、編輯、顯示,也可以點選類別直接排序功能表位置。

B 指令

列出指令,也可點選指令欄進行位置排序。

C 選擇

清單設定滑鼠手勢。清單顯示 4 或 8 個手勢對應,移除滑鼠手勢選擇 NONE,下圖右。

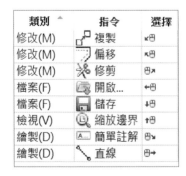 

筆記頁

視窗功能表

文件開啟後為 DraftSight 獨立視窗，如何管理視窗聽起來無意義沒程度，其實視窗常用在比對文件、文件（視窗）數量的控制，甚至與電腦效能有關。

14-1 關閉（Close，Ctrl+F4；Ctrl+W）

關閉目前工程圖，而非關閉 DraftSight，建議使用 Crtl＋W 關閉。

14-2 全部關閉（CloseAll，Quit，Crtl＋Q）

關閉所有已開啟工程圖。

14-3 重疊顯示（Cascade）

將已開啟工程圖視窗重疊顯示標題列，只有最上方視窗可完全看見，適用找尋或切換大量已開啟的圖面，下圖左。

重疊顯示後快點 2 下標題將所選視窗最大化開啟文件，最小化文件不會重疊顯示。

14-4 水平非重疊顯示（Tile Horizontally）

水平排列多個工程圖視窗，適合比對文件用，特別是長形圖面，下圖中。

14-5 垂直非重疊顯示（Tile Vertically）

垂直排列多個工程圖視窗，適合比對文件用。對於寬螢幕來說，垂直非重疊顯示是最常用指令，也是最有效率方式，下圖右。

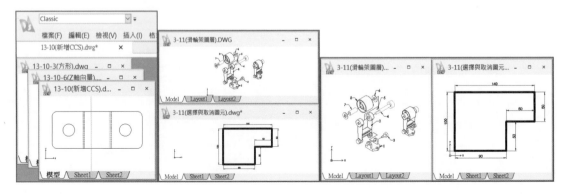

14-6 顯示目前開啟的文件

　　在視窗功能表最下方顯示已開啟工程圖（包含路徑與名稱），點選要顯示的工程圖，立即切換顯示，例如：✔1 D:\4-13(掣點).dwg，下圖左。

14-7 使用 **Windows** 指令

　　在指令視窗輸入 Windows，選擇其中選項也可進行重疊顯示、水平非重疊顯示或垂直非重疊顯示，下圖右。

筆記頁

說明功能表

位於視窗最尾端，主要功能是查詢，例如：線上說明、使用授權、新版功能、Professional 或 Enterprise、關於（軟體資訊），只有**說明**使用率最高。

對於深入研究的人，參考使用許可與關於，內容有需多資訊可以發掘與佐證。有部分資訊在首頁窗格可以直接對應與連結。

15-1 說明（Help，F1）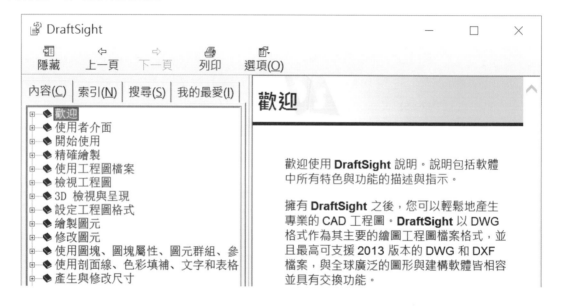

尋找答案的地方，為獨立視窗顯示。說明也有人翻譯成幫助，以前軟體翻譯成線上說明，現在應該稱為離線說明，因為線上說明＝連線到網站，也就是雲端應用。

DraftSight 說明，大郎感覺用心，因為用語在地化通順，不會像外國人硬翻感覺。有效使用說明獲得更多幫助。大郎寫書過程最常在說明求救一下，是最直接學習。

使用指令按 F1 可直接帶出指令說明，例如：使用直線→F1，進入直線說明。

說明視窗分 2 大類：1. 左邊窗格、2. 右邊內容。左邊窗格顯示主題，右邊顯示主題內容。左邊窗格會看到 4 個標籤頁：1. 內容、2. 索引、3. 搜尋和 4. 我的最愛，每個標籤有不同特性，都可用來找主題。

15-1-1 內容

書本◆是單元，☐展開閱讀主題。利用單元學習比較有目標或階段性，例如：等高鐵時，由學習單元點滴學會 DraftSight 專業知識。

15-1-2 索引

透過排序表列專有名詞（主題），輸入關鍵字找出主題，屬於大分類找尋。

A 輸入要尋找的關鍵字

系統只找標題不找內文！例如：輸入「不」，找到不規則曲線主題。輸入 K，找不到任何項目，你要找內文必須透過搜尋標籤。

B 找到相關主題

　　有些關鍵字可找到相關主題，透過視窗點選主題。例如：尺寸，快點 2 下尺寸標題，會出現找到主題視窗→快點 2 下相關的主題（相關尺寸），可以得到結果。

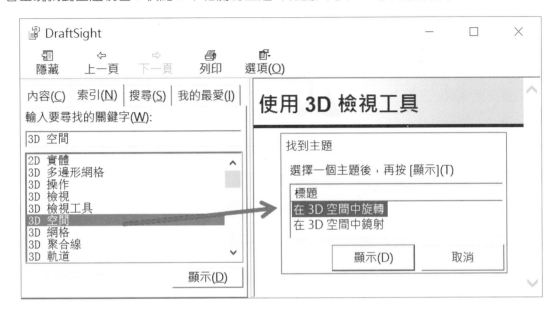

15-1-3 搜尋

　　輸入關鍵字或片語搜尋主題，屬於細部找尋。和上網搜尋資料操作一樣，例如：尺寸→Enter，或按列出主題，可得到右邊內容。

　　若覺得右邊畫面太小，CTRL＋中間滾輪可以放大內容。

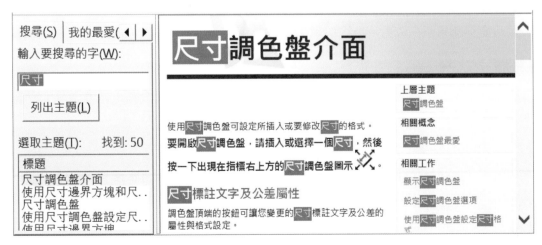

A 搜尋清單

展開先前搜尋的字詞，不必重新輸入，下圖左。

B 列出主題

列出主題和↵一樣的功能，我們推薦輸入完關鍵字↵即可，下圖中。

C 顯示

點選主題→顯示主題內容。快點兩下標題，右邊清單可見到詳細內容。

D 標題

顯示搜尋到的標題，右邊清單可以見到標題詳細內容。

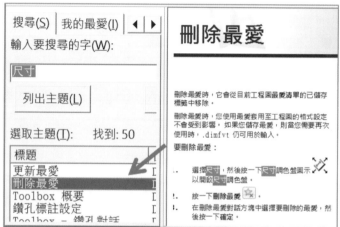

E 位置

顯示資料結果所在位置，由於 DraftSight 為獨立程式，僅有 DraftSight 說明位置。

F 階層

顯示主題順序。階層可用來溝通，例如：和對方說第 4 階是答案。點選標題、位置、階層可以排序，例如：點選階層標題可以進行排序。

G 搜尋先前的結果

搜尋上一個關鍵字結果，無須輸入關鍵字。功能和上一頁相同使用上一頁較方便。

H 符合相似的字詞（預設開啟）

字詞出現的頻率次數越多則相關性越高，會影響到階層順序。例如：直線主題點選的頻率很高，該主題顯示順位（階層）就會越前面。

Ⅰ 僅搜尋標題

是否縮小搜尋範圍，可以更精確尋找。僅搜尋與標題相關的關鍵字，不含內容。例如：直線原本搜尋到 85 個主題，☑僅搜尋標題，剩下 4 個主題。

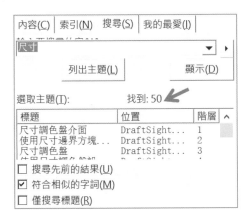
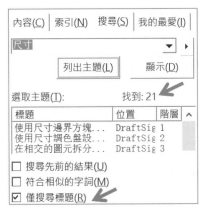

Ｊ 找不到主題

有些關鍵字不在索引中，會出現錯誤提示音，也找不到主題，例如：ACISIN。

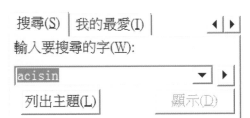

15-1-4 我的最愛

加入經常搜尋的主題來管理標記，很可惜很多人不知道可以這樣用。1. 搜尋尺寸→2. 快點 2 下使用尺寸樣式→3. 我的最愛→4. 新增，看出尺寸...，快點 2 下主題可顯示內容。

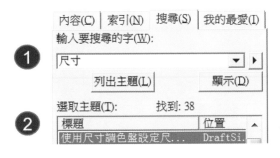
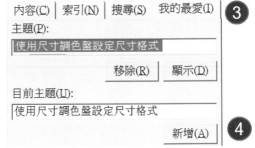

15-1-5 隱藏與顯示

隱藏/顯示樹狀結構窗格，下圖為隱藏，下圖左。

15-1-6 上一頁、下一頁

追蹤上一頁或下一頁的結果，有支援滑鼠按鍵。

15-1-7 列印

將搜尋內容列印出來，不包含主題。

15-1-8 選項

選項與網頁操作是相同的操作，在此僅介紹關閉重點搜尋摘要，下圖右。

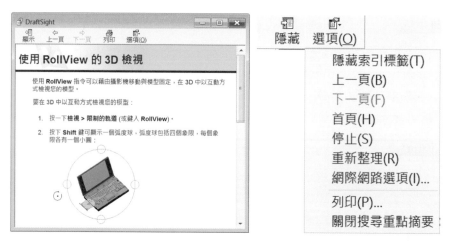

A 關閉重點搜尋摘要

關閉搜尋關鍵字的標記，適合文件編輯，例如：寫書會 COPY 說明文件到 WORD 中，這些標記造成排版困擾。

B 重點搜尋摘要（預設）

啟動搜尋關鍵字的標記，由標記可快速找出關鍵字所在。

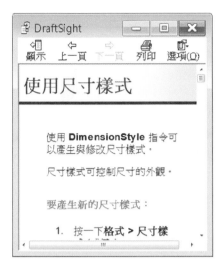
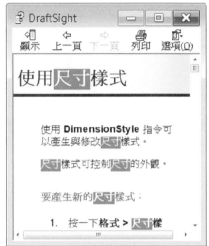

15-1-9 內容右鍵

於顯示內容右鍵可以得到一些功能,在此僅介紹重點。

A 檢視原始檔

顯示內容的 HTML 編碼,這部份給軟體開發人員使用。

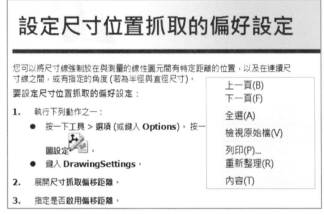

B 重新整理(F5)

來重新整理選項切換的結果。

15-1-10 英文搜尋

不是所有指令有中文化,有些主題以英文搜尋會得到更精確結果,例如:3Drotate。

15-1-11 有些指令找不到

線上說明原則上可查看所有指令，不過並非所有指令都有列表，例如：3Drotate、ACISIN 就找不到。

原則上所有指令都在下拉式功能表，但指令視窗才是所有指令集合位置。

然而我們不是開發工程師，還是無法全面得知 DraftSight 有哪些指令，例如：CAL 可以開啟小算盤。

15-2 使用許可（ShowLincnse）

查看使用許可協議書屬於道德性勸說，對於公司而言詳細閱讀可以釐清使用上限制與法律責任。

以下合約內容為 DraftSight 2018 SP0，軟體以使用新版為主。

如果有疑義可以請律師幫你看，DraftSight 真的免費且可商業使用。

15-2-1 合理使用

DraftSight 可以在商業使用，例如：在公司檢視、編輯以及產生一張圖面。

15-2-2 複製 DraftSight

在公司進行複製 DraftSight 軟體都是合理使用範圍。

15-2-3 絕對禁止

簡單的說不要拿來販賣，無論修改後重製成為自己的產品，這樣是絕對禁止的。需要規劃，可透過 DraftSight Premium。

15-3 DraftSight 新版說明

每當新版推出甚至小版次更新，會以 PDF 形式說明，讓你快速了解新功能，我們建議每節能附上影片連結，這樣會更有效果。

學習與上一版改進之處，不必擔心軟體更新跟得很辛苦，只要花 1 小時閱讀新增功能，閱讀過程必定產生震撼。

每年 6 月、10 月、隔年 2 月都有為之一亮新消息釋出，會迫不及待了解新功能。2018 年 10 月 2019 BETA 釋出，查看新增功能手冊，絕對更容易操作並減少設計時間，吸引你期盼來臨，甚至到了不滿足眼前版次。

有 2 個地方可以看出新版功能：1.DraftSight 原廠網站、2.新增功能手冊，該手冊在網站中，點選 Release Notes：Click here to view the SP0 release notes。

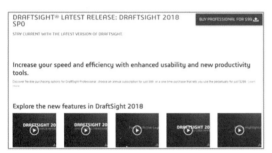

15-4 檢查是否有更新

連結到 DraftSight 下載頁面，得知目前最新版本，不過目前網頁連結失效。

15-5 啟動/購買/試用 DraftSight Professional

本節統一說明啟動/購買/試用 DraftSight Professional

15-5-1 啟動 DraftSight Professional

進入 SolidWorks 產品啟動視窗，輸入序號，下圖左。

15-5-2 購買 DraftSight Professional

進入購買線上購物頁面，可以購買 12 月$2500 或永久訂閱$8200。

15-5-3 試用 DraftSight Professional

承上節，購買前可以先試用，進入試用頁面輸入重要資訊。關閉 DraftSight 後，重新啟用 DraftSight，會先看到試用版 30 到期通知。

15-6 關於（about）

查詢 DraftSight 版本資訊，可以成為話題，例如：有些操作問題必須透過新版本才能解決。

確認對方使用的版本，如果是舊版，就要引導對方進行升級作業。目前版本為 2018 SP0，用年份區分版本。

15-6-1 關於的內容

可以看出 DraftSight 有很多技術的合成，例如：有部分技術來自於....，以下簡略列出。

- DraftSight and the DraftSight logos are trademarks of Dassault Systèmes or its subsidiaries in the US and/or other countries.

- Portions of this software © 1991-2012 Compuware Corporation.

- Portions of this software © 2004-2017 Gräbert GmbH.

- Portions of this software © 2015 The Qt Company Ltd.

- Portions of this software © IBM Corp. and others 1998-2013

- This application incorporates Teigha® software pursuant to a license agreement with Open Design Alliance.

- Portions of this product are licensed under US patent 5,327,254 and foreign counterparts.

- Portions of software © 1995-2013 Visual Integrity LLC/Square One bv.

- Portions of this software Copyright © 2009-2015 Developer Machines (http://www.devmachines.com)

筆記頁

16

自訂－指令

　　本章介紹自訂指令視窗，規劃指令圖示、指令名稱、或創建新指令，協助指令效率與繪圖環境。有些指令沒有 ICON 你可以加入它，也可以自己寫程式（巨集）建立新指令，所建立的指令儲存到 Aapplication.XML，自訂檔案遺失，會造成介面損壞。

　　本章先介紹介面，再說明如何規劃指令圖示。自訂指令是給進階者用的，因為牽涉到寫巨集，本章沒介紹巨集寫法，你想認識建議找 AutoCAD 相關書籍。對初學者，本章看一遍即可。後續章節介面、滑鼠、鍵盤或 UI 設定檔，不贅述。

16-0 進入自訂指令 3 種方法

1. 工具→自訂介面、2. 工具列右鍵→自訂介面、3. 指令視窗輸入 Customize。

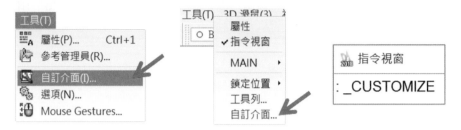

16-1 來源

清單指定所有自訂檔案或自訂檔案，作為修改基準，下圖左。

16-1-1 所有自訂檔案（預設）

列出所有指令列表，顯示指令圖示大小、名稱和來源，下圖右。

16-1-2 載入自訂檔案（Application.XML）

選擇自訂的檔案，包含：自訂檔案（＊.XML）、功能表檔案（＊.MNU）、色板檔案（＊.MNP）、其他自訂檔案（＊.CUI）、自訂檔案（＊.CUIX）。

A DraftSight 自訂檔案（*.XML）

自訂檔案涵蓋範圍比較廣：包含功能表、色板或其他。預設為 Application.XML，實務上，更新預設檔案即可，除非是很懂的人，否則不建議更動。

檔案路徑 C:\Users\使用者\AppData\Roaming\DraftSight\18.0.1145\UI\chinese\traditional。

B DraftSight 功能表檔案（*.MNU）

下拉式功能表檔案。

C DraftSight 色板檔案（*.MNP）

左邊屬性窗格檔案。

D 自訂檔案（*.CUIX）

以 XML 為基礎 CUIx 檔，取代舊版的 CUI、MNU。

E 其他自訂檔案（*.CUI）

使用者介面工具列檔案（CUI）。

16-1-3 產生自訂檔案 ⊕

由產生自訂檔案視窗，定義自訂檔案名稱與路徑，下圖左。常遇到想不起來檔案是什麼，想刪或搬移都不敢做。將檔案與預設位置相同，可知道這檔案用來做什麼的，萬一想不起來，線上說明可得到答案。

A 名稱

輸入自訂檔案名稱，例如：application.XML，名稱最好用英文，命名原則後面以 application 結尾，方便歸類及與預設名稱對照，下圖左。

B 路徑

定義自訂指令資料夾位置，下圖右。

16-1-4 刪除自訂檔案 ⊗

刪除所選自訂檔案，例如：HARK. XML，下圖左。

16-1-5 尋找

輸入指令名稱或關鍵字搜尋指令。例如：輸入 1，可找到 3D 滑鼠速度 100%，下圖右。

16-2 指令欄位

本節說明由上到下指令欄位：小、大、名稱、來源、ID、指令字串…等，下圖左。

16-2-1 小、大

顯示小圖示和大圖示點陣圖，因應 4K 螢幕很多軟體將 ICON 以向量圖示呈現。小圖示 16*16；大圖示 32*32。若不是 32*32，DraftSight 會將 ICON 調整至適當大小。

A 定義圖示

快點 2 下大或小圖示儲存格，由清單套用圖示。這用在自訂規劃中，自行定義指令沒有圖示，下圖中。

16-2-2 名稱

顯示或修改指令名稱，快點 2 下更改名稱，例如：圓改為直徑圓，下圖右。

16-2-3 來源

　　顯示指令來源，DraftSight 內建指令會顯示 MAIN，如果是自訂檔案 HARK. XML，來源就會顯示為 HARK，下圖左上（箭頭所示）。

16-2-4 ID（Identity）

　　點選指令後，顯示指令 ID。ID＝軟體識別名稱，不能改。例如：點選直線出現 ID_LINE。

16-2-5 指令字串

　　指令的輸入顯示 ^C^C 代碼＋指令名稱。不能有連字（-）、底線（_）、其他標點符號，例如：直線，^C^C_LINE，下圖左。快點 2 下可更改指令字串，下圖右。

16-2-6 小圖示位置、大圖示位置

顯示或修改圖示位置，預設路徑：/images/small_icons/draw/line.png，下圖左。

16-2-7 描述

顯示或修改指令說明。當游標放在指令上和狀態列顯示的文字，例如：游標放在儲存圖示上，顯示儲存指令的訊息，下圖右。

16-3 管理指令

承上節，本節說明指令右方：新增指令⊕、移除指令⊗、顯示/隱藏圖示檔案總管柜，下圖左（方框）。製作前要新增指令檔案，1. ⊕→2. 見到自訂檔案視窗↵→3. 切換新增的檔案。

16-3-1 新增指令 ⊕

在左方指令清單加入新指令，這時會見到空白一行。

A 定義名稱

快點 2 下名稱欄位，輸入指令名稱，例如：清除，下圖左。

B 定義 ID

預設 ID 為 MNU_0，下圖右。

C 定義指令字串

輸入指令表達式，以ˆCˆC開頭，例如：ˆCˆC1。ˆC＝取消。

D 大、小圖示位置

紀錄圖示檔案位置。

E 描述

輸入自訂指令的敘述。

16-3-2 移除指令 ⊗

點選指令清單不要的指令→⊗。

16-3-3 顯示或隱藏圖示檔案總管 ⼤⼝

點選顯示圖示檔案總管⼤⼝，會見到圖示清單，分別為濾器、小圖示與大圖示。快點 2 下需要圖示✎，會套用左邊大小圖示。

A 濾器

過濾工具列圖示：所有圖示、小圖示或大圖示。

B 瀏覽

透過尋找影像視窗（開啟舊檔），瀏覽找尋自訂圖示。

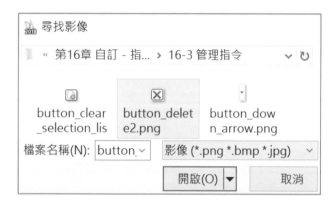

16-4 指令清單中右鍵功能表

在指令清單上右鍵可見功能表，與右方指令圖示相對應，本節說明重複。

16-4-1 重複

將原本的指令拿來改，會比無到有新增來得快。例如：點選直線指令右鍵→重複，更改直線指令為其他指令。

17

自訂－介面

前延續上一章介紹自訂介面，規劃功能表與工具列的指令排列，減少找尋指令時間。由於預設工具列沒有你常用指令，可以新增進來，對於不常用或沒用到指令也可移除。

本章說明：1. **快速存取工具列**、2. **功能區**、3. **功能表**、4. **工具列**。這些會儲存到 Aapplication. XML，本章有很多項目先前說過，不贅述。

坦白說本章的功能區不好學習如何規畫，建議不要更動，指令若要執行順手用快速鍵和滑鼠手勢來替代就算了，剩下留給未來版本解決，以後一定會更好用。

17-1 快速存取工具列

視窗右上角為快速存取工具列（方框），放置最常使用指令，例如：新增、開啟、儲存、列印、復原、取消復原，這些分布在檔案和編輯功能表。

17-1-1 管理快速存取工具列

由清單切換顯示：1. 所有快速存取工具列、2. 快速存取工具列，進行存取工具列內指令規劃。於快速功能表名稱左邊點選＋可展開清單，例如：展開自訂的工具列，下圖右。

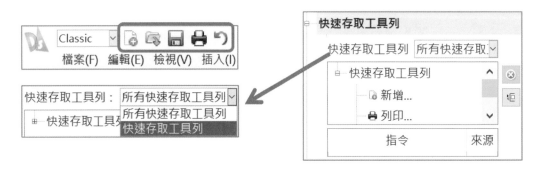

17-1-2 變更指令順序

指令清單內，拖曳指令變更順序，例如：將儲存移至開啟上方，下圖左。

17-1-3 快速存取工具列右鍵功能

本節說明清單上右鍵，製作屬於自己習慣的工具列，下圖右。

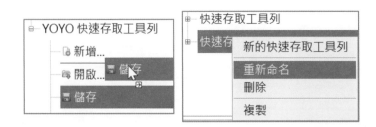

A 新的快速存取工具列

保留系統預設新增自訂，預防不小心刪除或更改，至少還有預設可使用，與 Solidworks 複製設定精靈概念相同，下圖左。

B 重新命名

重新命名工具列避免混淆，常用 F2 快速鍵，下圖中。

C 刪除

刪除所選快速存取工具列。僅能使用右鍵清單刪除，不支援 Delete 快速鍵。

D 複製

複製相同所選工具列。可利用先前完成的再進行新規劃，下圖右。

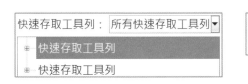

17-1-4 移除 ⊗

移除清單內的指令，使工具列指令更簡化，不支援 DEL 鍵盤。

17-1-5 指令總管 Explorer ⊡

顯示所有指令的總管窗格，位於⊗下方。

17-1-6 新增快速存取工具列指令

透過拖曳將指令放置工具列中，例如：將 3D 滑鼠選項於快速工具列中。

步驟 1 展開快速存取工列

步驟 2 指令 Explore 尋找 3D 滑鼠選項

步驟 3 拖曳指令至快速存取工取列

步驟 4 套用

可以見到工具列有指令圖示。

17-2 功能區－標籤

提供標籤及面板規劃。將常用指令整理在面板中，減少找尋指令時間。功能區是由面板＋ICON 組成，本節適用 Drafting and Annotation 介面。本節不好學，看看就好。

17-2-1 標籤顯示

由多個面板組成，管理面板顯示，將相似面板蒐集在同標籤，坦白說你要重新學習，因為他不是下拉式功能表。

顯示所有標籤或過濾顯示指定標籤，進行標籤內指令規劃，例如：新增或移除指令（箭頭所示）。與前面快速存取工具列說明相同，不贅述。

17-2-2 標籤右鍵功能

標籤上右鍵有 4 項：1. 產生新標籤、2. 重新命名、3. 刪除、4. 複製，接下來說明新標籤，其餘不贅述。新標籤應該就是新增●，可惜沒有這按鈕。

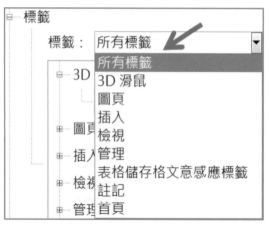
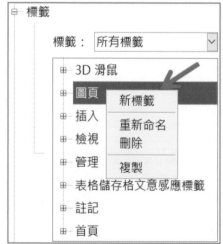

17-2-3 新標籤

　　將常用指令整合於一個標籤，減少不同標籤找尋指令，例如：統整標籤，並由指令檔案總管將指令拖曳到統整標籤中。

 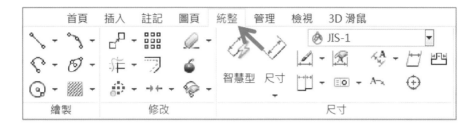

步驟 1 產生新自訂檔案

　　一定要新的自訂檔案，名稱自訂，因為系統認定預設的不能更動。

步驟 2 在預設標籤上右鍵→新標籤

步驟 3 TAB 名稱上 F2，更名為統整

步驟 4 於功能區面板檔案總管拖曳項目至統整標籤中（箭頭所示）

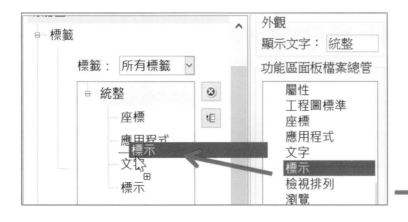 

步驟 5 製作完成後→套用✔

　　常理來已經完成，但統整標籤卻沒出現。

步驟 6 UI 設定檔→功能區標籤

步驟 7 拖曳統整到功能區標籤，下圖左。

步驟 8 於上方功能區可以見到統整，下圖右。

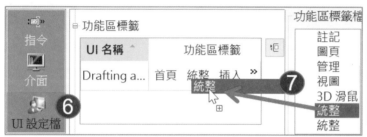 

17-3 功能區－面板

　　功能區面板分 1. 列、2. 子面板、3. 由分隔符號分 2 區域。列僅在面板展開時顯示，點選向下箭頭（箭頭所示）。本節說明面板內的指令，新增、移除、排列。

　　本節更不好學，看看就好。

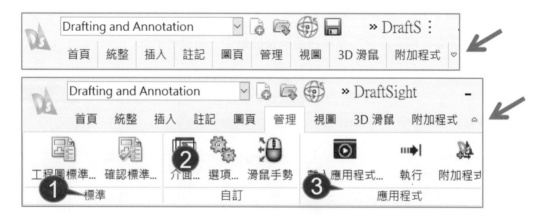

17-3-0 面板介面

與標籤相同,比較不同的是右方面板預覽和外觀。

17-3-1 面板右鍵功能

右鍵有 5 種項目:1. 新面板、2. 新增列、3. 重新命名、4. 刪除、5. 複製。在主項目和右項目上的右鍵不同,例如:在圖層右鍵,在 ROW1 右鍵會不同,差在新子面板、新下拉式清單(箭頭所示)。由於新面板=新標籤,所以新面板不說明,僅說明新增列,其餘不贅述。

17-3-2 新增列

新增列包含:子面板、下拉式清單,預設名稱 Row1 無法重新命名。

A 新子面板

在面板內產生多列區域,無法使用下拉式功能表按鈕,下圖左。

B 新下拉式功能表

Icon 旁有向下三角形,指令有下拉功能。在新下拉式清單右鍵有分隔字元選擇,可分隔類似指令的群組,下圖右。

17-3-3 指令 Explore

規劃面板裡的 Icon 按鈕樣式、行為、顯示文字…等。

A 面板預覽

更改面板按鈕樣式或顯示文字,透過面板預覽確認是不是所要的。

B 按鈕樣式

點選面板預覽上的圖示才可編輯按鈕樣式,提供按鈕是否含文字。

C 行為

顯示下拉式功能表的模式,提供 5 項選擇:1. 最近動作的下拉式功能表、2. 下拉功能表(靜態圖示與靜態文字)、3. 以最近項目拆分、4. 下拉按鈕、5. 分割,包含最近項目(靜態文字)。Draftsight 這方面比 Solidworks 更彈性,可讓使用者設定顯示樣式。

不同指令所呈現項目不同,不是每個指令都有這麼豐富的設定,例如:點選剪貼簿→貼上,就能呈現這麼多資訊。

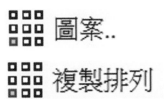

C1 最近動作的下拉式功能表

顯示最近所選取下拉式功能表項目的圖示和文字。

C2 下拉式功能表（靜態圖示與靜態文字）

顯示最近所選擇下拉式功能表項目的圖示，但文字為靜態（定義為面板樹狀視圖中下拉式功能表標題的文字）。

C3 以最近項目拆分

使用固定圖示。下拉式功能表中會顯示文字項目，如果未指定圖示，拆分的運作如同以最近項目拆分。

C4 下拉按鈕（靜態圖示與靜態文字）

等同以最近項目拆分。

C5 分割，包含最近項目（靜態文字）

等同拆分。

🄓 顯示文字

更改指令名稱，例如：圖案→複製排列。

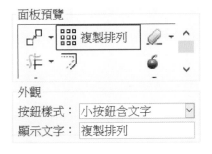

🄔 小圖示、大圖示

更改下拉式按鈕圖示大小，僅在下拉式功能表（靜態圖示與靜態文字）及下拉按鈕（靜態圖示與靜態文字）才能使用。

步驟 1 點選右方瀏覽

步驟 2 跳出選擇圖示視窗，可由濾器選擇種類清單

步驟 3 點選大圖示→✔確定

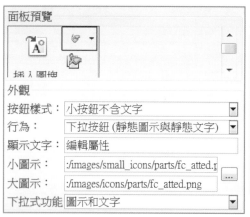

F 下拉式功能表樣式

定義功能表清單按鈕中的顯示：1. 圖示、2. 圖示及文字、3. 文字。

17-3-4 製作面板

將相關指令蒐集在同面板中，例如：將插入標籤圖塊、零組件、圖塊定義，整合圖塊編輯相關面板。由左到右放置原本面板中指令，不同面板則新增下一列，下圖左。

步驟 1 新面板

在預設面板上按右鍵→新面板，下圖中。

步驟 2 新增列

於面板上按右鍵→新增列，看到 ROW1，下圖右。

步驟 3 新增子面板

於列上按右鍵→新增子面板，見到 SUB-PANEL1，下圖左。

步驟 4 新增列

於子面板按右鍵新增列，見到 ROW1，下圖右。

步驟 5 尋找圖塊

於功能區檔案總管→尋找輸入關鍵字，例如：圖塊，下圖左。

步驟 6 製作指令圖示

將指令拖曳進入列中，拖曳過程列會顯示方框，表示放入正確位置，下圖中。

步驟 7 子面板再新增列

由於預設圖塊面板已加入，所以接下來於子面板再新增列，下圖右。

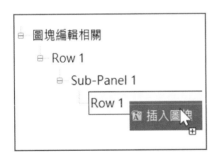

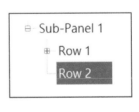

步驟 8 新增至列

重複步驟 5 將指令新增至列。

步驟 9 製作完成後→套用✓→確認。

但和上節製作標籤相同還是沒有顯示圖塊編輯相關面板，但這次問題卻不是 UI 設定檔，而是因為沒有將面板加入標籤中。

步驟 10 檔案總管拖曳進入標籤

17-4 功能表

自行規劃功能表名稱、指令順序。例如：點選檔案，會出現檔案下清單。由於功能表不太去更動他，除非你有外掛模組，所以適合進階者。此選項適用 Classic 模式。

17-4-1 替換功能表指令

自訂功能表內指令，讓功能表指令操作更靈活。

步驟 1 點選檔案功能表發佈 eDrawings 指令

步驟 2 展開 eDrawings 指令欄位

點選要修改的指令於下方指令欄位切換，例如：將檔案功能表發佈 eDrawings 變更為爆炸（箭頭所示），變更完畫面點一下。

步驟 3 可以見到發佈 eDrawings 變更為爆炸

17-4-2 功能表右鍵功能

功能表清單右鍵，製作自己習慣的功能表階層，製作時由上而下點選即可完成。清單上右鍵：1. 新功能表、2. 新子功能表、3. 新項目、4. 新分隔字元、5. 重新命名、6. 刪除、7 重複，下圖左。本節僅說明新分隔字元，其餘不贅述。

🅐 新分隔字元

將指令分隔以示區別，下圖中（箭頭所示）。

17-4-3 無法變更功能表順序

由於功能表為系統的重點，無法將檔案與檢視功能表對調位置，下圖右。

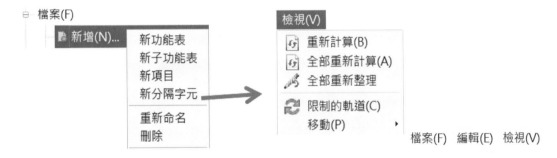

17-5 工具列

替換或新增工具列指令，常用來整合工具列使用，避免過多工具列的排列。本節操作與快速存取工具列相同，僅簡易說明不贅述。

17-5-1 更名

在尺寸上按右鍵→重新命名,將常用的尺寸工具列→尺寸標註。由指定工具列可以看出。

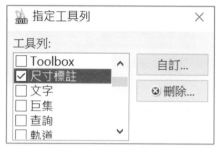

17-5-2 新增指令

在檔案 Explorer 視窗中,將繪圖工具加到尺寸標註中,例如:直線、矩型、圓,立即看到結果。

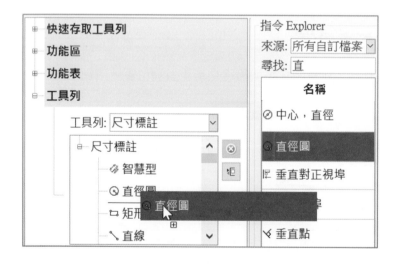

自訂－滑鼠動作

　　前設定三鍵滑鼠按鍵作業。滑鼠動作視窗包含 3 大項：1. 按一下右鍵、2. 連按兩下、3. 捷徑功能表。寫到這發現 SolidWorks 沒有這樣功能，希望未來能加上這一段。

　　本章比較不錯的連按兩下，其他沒在設定，因為都用快速鍵取代了。本章有很多項目於指令視窗已說明，不贅述。

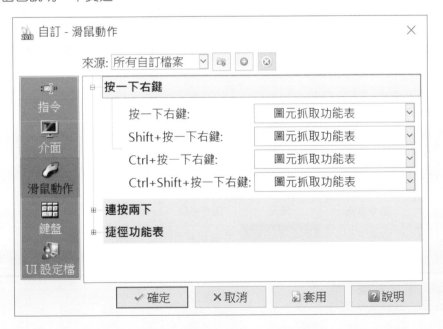

18-1 按一下右鍵

變更滑鼠在圖元上方右鍵效果，預設皆為：圖元抓取。有些人將右鍵改為確認，不建議這麼做，增加手指負擔。

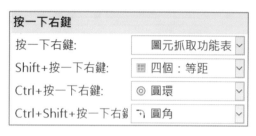 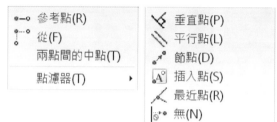

18-2 連按兩下

新增滑鼠在圖元上方快點 2 下左鍵出現指令，例如：在直線上方快點 2 下，得到屬性視窗。也可以在註解上快點 3 下，進入編輯註解視窗。

以上都是常見任務，這部分就不錯，你可以調整快點 2 下→編輯的便利性，下圖左。

18-2-1 圖元與指令名稱視窗

顯示圖元名稱與指令清單，下圖左。

18-2-2 加入 ⊕

進入視窗，由選擇 DXF 名稱清單加入新圖元名稱，例如：image。DXF 應該是贅字，清單內容未中文化和指令不多，不建議使用，常用右方指令瀏覽器加入指令，下圖右。

18-2-3 指令 Explore

展開指令瀏覽器，拖曳置放指令圖示到指令名稱，這是新增指令最簡單方式。例如：在 IMAGE 右方加入發佈 eDrawings ⚙。當你快點 2 下圖片邊框，系統執行發佈 eDrawings ⚙。

18-3 捷徑功能表

設定常用與文意感應設定。

18-3-1 常用

設定 1. 預設功能表、2. 編輯功能表、3. 指令功能表。在預設功能表、編輯功能表，都講右鍵的快顯功能表，若你覺得太長，可以移除部分指令。

滑鼠右鍵顯示的功能表，最大好處不必到工具列或功能表找指令。早期軟體必須大量依賴右鍵點選指令，隨軟體幾十年進步現在不必這麼做，因為沒效率，要知道使用時機。

為何說按右鍵沒效率呢，因為要在快顯清單找指令，每次指令位置不同，例如：刪除位置每次不一樣。

A 預設功能表

設定沒有點選任何指令，在繪圖區域右鍵的快顯功能表，下圖左。

B 編輯功能表

設定點選圖元、尺寸標註、註記...等右鍵→顯示的編輯功能表。最好是點選圖元右鍵，否則直接在圖元右鍵，會變成預設功能表。方框所示與預設功能表不同，下圖中。

C 指令功能表

設定指令使用中的右鍵功能表。例如：直線使用過程→右鍵，顯示指令功能表。

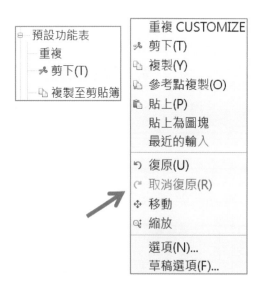
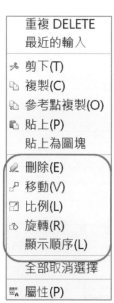
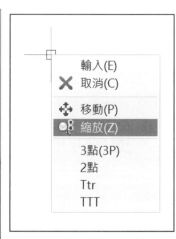

D 右鍵功能表

在功能表或指令右鍵，可以見到新功能表或新項目清單，可以自訂常用捷徑。

刪除絕對好用，把不常用的移除，避免清單太長。

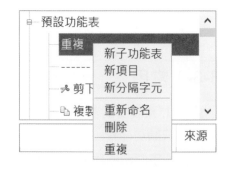

18-3-2 文意感應

在特定指令為使用中按右鍵，則會顯示文意感應功能表。例如：在公差項目有：公差編輯、註記圖元比例。

在游標點選物件後採取相關指令直覺式存取，取代右鍵快顯功能表，適用 Professional 或 Enterprise。

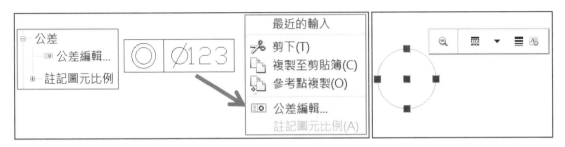

筆記頁

CHAPTER

19

自訂－鍵盤

　　把常用指令用鍵盤是最便利方式，省去滑鼠點選。本章介紹設定快速鍵方式，例如：拖曳將指令放置設定清單，這種方式真是太便利了。

　　快速鍵取代 Icon，Icon 取代輸入指令，而 2D CAD 還保有大量鍵盤輸入，所以一定會用快速鍵，例如：直線會設定＝L＝Line 指令縮寫。先前介面就是用來配合快速鍵設定，減少工具列 Icon 數量，讓視窗更簡潔。例如：將直線、矩形、圓、尺寸標註的 icon 移除。

　　快速鍵最大好處避免眼睛過於專注螢幕，增加眼球活動範圍，繪圖往往太專心不自覺而造成傷害：近視、脊椎側彎。快速鍵下達指令時，眼睛會短暫注視鍵盤上，可增加眼球活動範圍。本章說明**捷徑**和**取代鍵**，有很多部分項目於第 16 章指令視窗說明，不贅述。

19-1 捷徑鍵

新增、移除與更改快速鍵。

19-1-1 新增快速鍵

以下介紹如何新增快速鍵，只要 3 步驟：1. 新增→輸入快速鍵→3. 設定指令名稱。

步驟 1 新增

點選新增❶或在清單上按右鍵選新鍵盤捷徑，會出現空白行。

步驟 2 輸入快速鍵

於鍵欄位輸入快速鍵，例如：Ctrl＋Shift＋R。

步驟 3 設定指令名稱

由清單切換 3D 旋轉。也可由右方指令檔案瀏覽器，拖曳指令到指令快速鍵。

19-1-2 移除快速鍵

點選刪除指令或右鍵刪除。若使用 Delete 鍵刪除，最好將游標放置在指令名稱項目中。

19-1-3 更改快速鍵

快點 2 下欄位或 F2 即可更改快速鍵。

19-1-4 相同快速鍵提示

無法設定相同快速鍵。

19-2 取代鍵

來回切換指令,例如:F8 切換正交模式。其實不需要取代鍵,應該整合為捷徑鍵即可,新增做法和上節相同,不贅述。

19-2-1 更改快速鍵

快點 2 下鍵欄位即可更改快速鍵,目前不支援數字鍵。

19-3 常用的快速鍵

常用的快速鍵分別為:鍵盤捷徑和取代鍵。

19-3-1 鍵盤捷徑

鍵盤捷徑	描述	相關指令
Ctrl+0	將繪圖視窗最大化	FullScreen
Ctrl+1	開啟和關閉屬性調色板	Properties
Ctrl+9	開啟和關閉指令視窗	CommandWindow
Ctrl+A	選擇目前視埠內所有非凍結的圖元	SelectAll
Ctrl+B	指令執行期間切換抓取模式	Snap
Ctrl+C	將圖元複製到剪貼簿	ClipboardCopy
Ctrl+Shift+C	將指定參考點的圖元複製到剪貼簿	Copy@
Ctrl+F	尋找和取代註解文字、註記和尺寸文字	Find
Ctrl+G	在指令執行期間切換網格顯示	Grid
Ctrl+K	附加超連結至圖元或修改現有超連結	Hyperlink
Ctrl+L	指令執行期間切換正交模式	Ortho
Ctrl+N	建立新的工程圖檔案	New
Ctrl+O	開啟現有的工程圖檔案	Open
Ctrl+P	將工程圖輸出、印表機或檔案	Print
Ctrl+Q	結束軟體	Exit
Ctrl+R	不用按鍵而在重疊檢視中循環	—
Ctrl+S	以目前檔案名稱或指定的名稱儲存工程圖	Save

鍵盤捷徑	描述	相關指令
Ctrl+Shift+S	儲存命名或重新命名工程圖	SaveAs
Ctrl+V	插入剪貼簿中的資料	Paste
Ctrl+Shift+V	將剪貼簿中的圖元插入為圖塊	PasteAsBlock
Ctrl+X	將圖元複製到剪貼簿然後刪除圖元	Cut
Ctrl+Y	撤銷上一個 U 或 UndoN 指令的效果	Redo
Ctrl+Z	撤銷最近的指令（復原）	U
Del	從工程圖中移除強調顯示的圖元	Delete
Shift	強制執行正交模式	Ortho

19-3-2 功能鍵

功能鍵	描述	相關指令
Esc	取消目前指令	—
F1	顯示線上說明	Help
F2	顯示及隱藏指令視窗中	CommandHistory
F3	開啟和關閉圖元抓取	EntitySnap
F4	—	—
F5	將等角視網格切換為下一個等平面	IsometricGrid
F6	—	—
F7	開啟和關閉網格顯示	Grid
F8	開啟和關閉正交模式	Ortho
F9	開啟和關閉抓取模式	Snap
F10	開啟和關閉極性導引	—
F11	開啟和關閉圖元追蹤	—
F12	—	—
Ctrl+F4	退出工程圖但不結束程式	Close
Alt+F4	結束程式	Exit

20

自訂－UI 設定檔

UI（User InterFacce，使用者介面），設定介面的檔案管理。例如：功能表、工具列或元素，Aapplication.XML。

坦白說不好理解分太細，應該 1 個檔案，也不需要本介面設定，就本章很多項目於指令視窗說明，不贅述。

20-1 顯示

透過清單顯示設定檔，例如：所有 UI 設定檔或 Classic Default.xml。預設檔案 C:\Users\武大郎\AppData\Roaming\DraftSight\1.2.285\Workspace\Classic Default.xml。

20-2 UI 設定檔（**UI Profiles**）

設定工具列顯示與顯示順序。

20-2-1 新增工作空間

按下⊕，定義新工作空間，快點 2 下啟用→套用，可以見到沒有介面的 DraftSight。

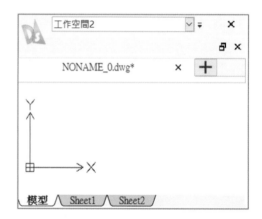

20-3 快速存取工具列

在先前章節新增的快速存取工具列，點選清單可以切換模式。

20-4 功能區標籤

於功能區標籤檔案總管將新增標籤拖曳進入功能區標籤，放入順序為介面排序。

20-5 功能表列

Classic Default 設定功能表列的名稱，在功能表列上方 F2 即可改變名稱。

20-6 工具列

設定在 Classic 介面模式，繪圖區域預設工具列有哪些項目，例如：顯示工具列上有 6 項，在繪圖區上也要有 6 項。

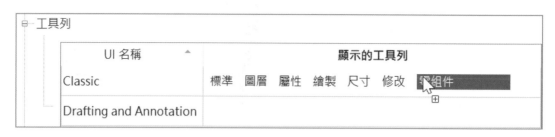

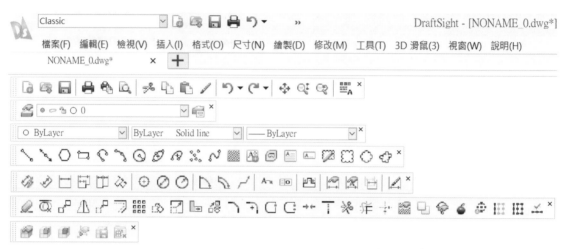

20-7 元素

設定狀態列、指令提示、屬性視窗、參考（引用）...等顯示。

選項－檔案位置

本視窗僅提供工程圖支援、介面、系統檔案路徑規劃，這些設定不須重新啟動，直接套用即可。選項很常設定，透過 OP 快速鍵或滑鼠手勢可以進入。

檔案路徑讓 DraftSight 從中快速搜尋或對應支援檔、使用者定義檔、驅動檔、功能表檔案…等，例如：開啟舊檔對應專案路徑。

所有設定為預設狀態，本章看出 DraftSight 預設檔案位置在 2 大地方：

1. C:\ProgramData\Dassault Systemes\DraftSight\Examples
2. C:\Users\23\AppData\Roaming\DraftSight\17.0.1197

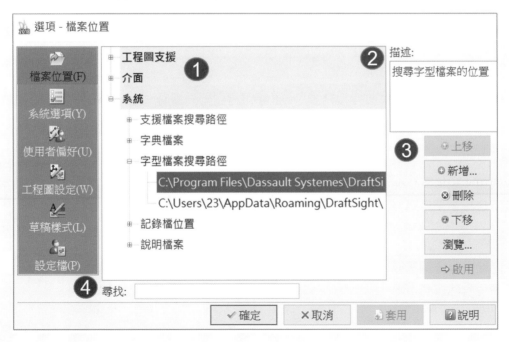

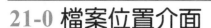
21-0 檔案位置介面

本節說明介面 4 大項：1. 檔案位置清單、2. 描述、3. 設定按鈕、4. 尋找。

21-0-1 檔案位置清單

指定系統抓取的位置。位置最好改到非 C:\，避免磁碟過度存取危害和資料安全性與讀取速度，例如：D:\DraftSight 範本。

建議將自訂檔放同一資料夾，不須管理只要維護，例如：電腦遇到問題需要重灌，不會為了自訂檔案放或指定到哪傷腦筋。快點 2 下路徑項目來更改檔案位置。

21-0-2 描述

點選檔案位置，由上方框得到敘述。

21-0-3 設定按鈕

透過按鈕進行上移、下移、新增、刪除…等作業。

A 上移、下移

將檔案路徑上或下移改變搜尋順序。上移可得到優先搜尋，特別用在 2 組檔案路徑時，例如：系統→字型檔案搜尋路徑。

B 新增

增加 1 組檔案路徑，也可以快點 2 下路徑項目來更改檔案位置。只有字型檔案搜尋路徑或支援檔案搜尋路徑，才可使用新增按鈕。

C 刪除

刪除 1 組檔案路徑，不支援 Delete 鍵。只有字型檔案搜尋路徑或支援檔案搜尋路徑，才可使用刪除按鈕。

D 瀏覽

更新檔案路徑或更改檔案，其實快點 2 下項目也可更新檔案路徑。

E 啟動 ⇨

啟動常駐的檔案，例如：系統→主字典檔案→英文（美國）→啟動。

21-0-4 尋找

快速找到你要的功能位置，這點就很不錯。

21-1 工程圖支援（Drawing Support）

定義與工程圖相關的檔案位置，常用為：工程圖檔案位置、工程圖範本檔案位置。

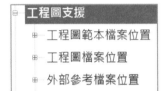

工程圖檔案位置
  C:\ProgramData\Dassault Systemes

21-1-1 工程圖範本檔案位置

指定範本檔案位置。預設範本路徑不適合工作應用，將規劃好的範本搬移到非 C:\路徑，例如：F:\DraftSight 範本。

A 預設路徑

…AppData\Roaming\DraftSight\17.0.1197\。

21-1-2 工程圖檔案位置

指定使用開啟舊檔、儲存、另存新檔預設位置。這項功能相當好用，例如：檔案路徑指引到 F:\專案，可以減少搜尋檔案時間。

A 預設路徑

C:\ProgramData\Dassault Systemes\DraftSight\Examples。

21-1-3 外部參考檔案位置

指定外部參考搜尋位置，例如：參考工程圖📐或參考影像🖼會使用此位置。

A 預設路徑

C:\ProgramData\Dassault Systemes\DraftSight\Examples，下圖左。

21-1-4 列印設定位置

列印管理員定義的檔案位置，下圖右。

A 預設路徑

C:\Users\23\AppData\Roaming\DraftSight\17.0.1197\Print Settings\。

21-1-5 字型對應檔案

設定文字樣式A參考的字型檔案，下圖左。

A 預設檔案

C:\Program Files\Dassault Systemes\DraftSight\Fonts\fonts.fmp。

21-1-6 富線樣式檔案

指定富線樣式檔案的搜尋位置，下圖右。

A 預設路徑

C:\Users\23\AppData\Roaming\DraftSight\17.0.1197\RichLine Styles。

21-1-7 替換字型檔案

指定 SHX、大字型、型狀檔案替換的字型，在字型檔案快點 2 下，選擇替換字型。

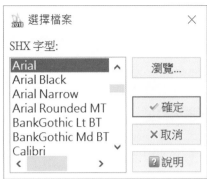

A 預設路徑

C:\Program Files\Dassault Systemes\DraftSight\bin\imageformats。

B 預設字型

SHX 字型＝arsimp.shx。大字型＝Big_Font.shx。形狀檔案＝LTypeShp.shx。

21-1-8 資料庫檔案位置

指定插入圖塊位置，下圖左。

A 預設路徑

C:\ProgramData\Dassault Systemes\DraftSight\Examples。

21-1-9 線條樣式檔案

指定線條樣式檔案位置。預設檔案 Inch.Lin 或 mm.Lin，下圖右。

A 預設路徑

C:\Users\23\AppData\Roaming\DraftSight\17.0.1197\Linestyles。

21-2 介面（**Interface**）

定義介面的檔案位置，例如：ICON 圖示、自訂檔案或功能表檔案，下圖左。

21-2-1 功能表檔案

功能表或工具列檔案的位置，預設檔案 application.xml，下圖右。

A 預設路徑與檔案

C:\Users\23\AppData\Roaming\DraftSight\18.0.1145\UI\chinese\traditional。

21-2-2 自訂圖示位置

指定工具列和功能表的自訂圖示檔案的搜尋位置，下圖右。

A 預設路徑與檔案

C:\Users\23\AppData\Roaming\DraftSight\17.0.1197。

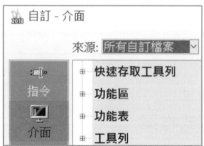

21-2-3 自訂檔案

指定自訂檔案位置，預設路徑與檔案與上節相同，下圖左。

A 預設路徑與檔案

C:\Users\23\AppData\Roaming\DraftSight\18.0.1145\UI\chinese\traditional。

21-2-4 別名檔案位置

指定別名指令檔案的位置。

A 預設路徑與檔案

C:\Users\23\AppData\Roaming\DraftSight\18.0.1145\Aliasalias.xml，下圖右。

21-3 系統（System）

設定拼字字典，字型、支援檔案、暫存檔、記錄檔以及說明檔案路徑，下圖左。

21-3-1 支援檔案搜尋路徑

指定附加應用程式、剖面線、自訂檔案、工程圖檔案、字型及線條樣式檔案的位置。預設檔案 sample.cus 或 Sample.pat，下圖右。

A 預設路徑

C:\Users\23\AppData\Roaming\DraftSight\18.0.1145\Support。

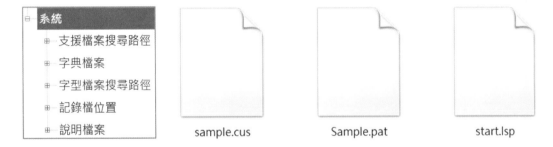

sample.cus　　　　Sample.pat　　　　start.lsp

21-3-2 字典檔案

定義自訂字典或主字典路徑，下圖左。

A 自訂字典檔案

SpellCheck 拼字字典位置，C:\Program Files\Dassault Systemes\DraftSight\bin。

B 主字典檔案

指定拼字檢查（SpellCheck）的字典，預設英文（美國）。

21-3-3 字型檔案搜尋路徑

指定字型檔案的搜尋位置,下圖右。

A 預設路徑

C:\Program Files\Dassault Systemes\DraftSight\Fonts。

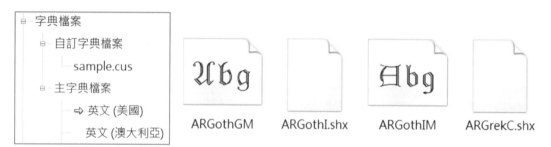

ARGothGM   ARGothI.shx   ARGothIM   ARGrekC.shx

21-3-4 記錄檔位置

指定儲存文件歷程記錄檔的位置。

A 預設路徑

C:\Users\23\AppData\Roaming\DraftSight\17.0.1197。

21-3-5 說明檔案

指定線上說明檔案的資料夾和名稱,預設檔案 DraftSight.chm。

A 預設路徑與檔案

C:\Program Files\Dassault Systemes\DraftSight\Help\chinese\traditional

DraftSight.chm
DraftSightPremium.chm

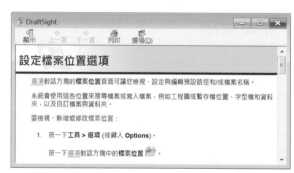

22

選項－系統選項

　　系統選項是軟體心臟，屬於整體設定，包含：系統效能、圖面顯示、檔案資料、備份、列印…等。要知道需求是什麼，才能設定符合需求再製作成範本，達到最大效益。

　　要初學者進入密密麻麻選項設定，是件很困難的事，會擔心變更後影響效能與操作，不知或不敢下手。選項設定學習有個技巧，1.用 2 分鐘看標題→2.靜下心學會標題術語是什麼，一定達到 80%理解。

　　絕大部分和繪圖區域有關→視覺→檔案管理→列印...等，很多人沒想到設定，只是把 DraftSight 打開來用了多年。這就要靠旁人提醒，或遇到困難被逼到才會進來設定。

　　例如：把這選項打開會比較好看或比較方便，就是感覺罷了。或找回備份檔，就會被逼到選項設定，順便認識。選項很常設定，OP 快速鍵，或滑鼠手勢進入，大郎常用滑鼠手勢。

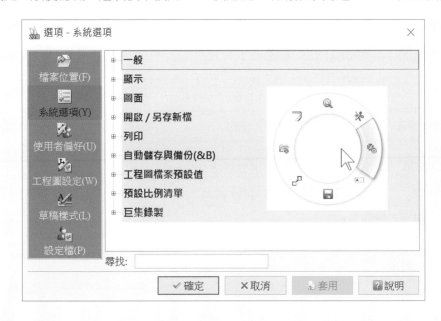

22-1 一般（General）

進行系統面設定，少部分是操作，例如：縮圖大小、使用許可、安裝檔的管理...等。

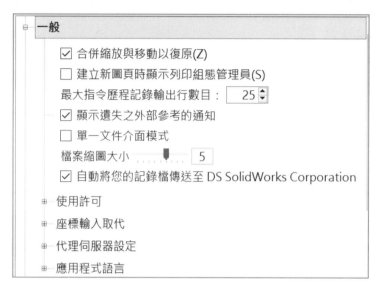

22-1-1 合併縮放與移動以復原（預設開啟）

將多個連續縮放與平移指令，是否合併為復原↺或取消復原↻單一動作。此選項和復原↺指令連結，可以設定開啟或關閉，下圖左。

A ☑ 合併縮放與移動以復原

組合縮放或移動作業，一次完成。例如：大郎執行拉近/拉遠和平移→↺，同時復原還未縮放狀態，下圖右。

B ☐ 合併縮放與移動以復原（建議）

一段段單一縮放或移動找回你要的畫面，就不會感覺到好像在重來。

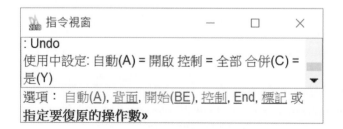

22-1-2 建立新圖頁時顯示列印組態管理員（預設關閉）

產生新圖頁是否顯示設定列印組態，本項目與視窗下方☑產生新圖頁時顯示對話方塊對應（箭頭所示）。實務上關閉，事後有需要再進來列印組態管理員，免得覺得囉嗦。

22-1-3 最大指令歷程記錄輸出行數目

控制指令視窗顯示的行數上限。欄位可輸入最小值為 25，調高以利往前追蹤或適用顯示長清單的指令，例如：聚合線。

以大郎抓畫面為例，測試指令過程很多重複且細節輸入，顯示多行數感覺很亂。

22-1-4 顯示遺失之外部參考的通知

開啟工程圖 1 或多個外部參考檔案遺失或因為損毀而無法載入時顯示快顯警示。

22-1-5 單一文件介面模式（預設關閉）

多個 DWG 以多個 DraftSight 開啟，或多個 DWG 以 1 個 DraftSight 開啟。

適用執行效能與顯示。

A ☑ 單一文件介面模式

多個 DWG 以多個 DraftSight 開啟，適用多螢幕比對文件，多核心 CUP 運作分配，適用圖檔很大或電腦很好，想要提高效率之用，對進階者來說是極佳且方便設定，下圖左。大郎很喜歡這設定，還想辦法更改 WORD 和 POWERPOINT 如同 DraftSight 一樣，可以獨立執行。

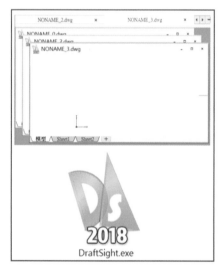 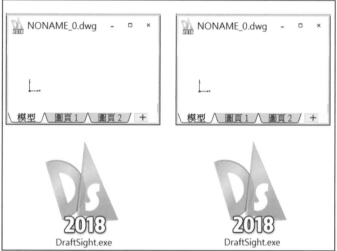

B □ 單一文件介面模式（預設）

多個 DWG 以 1 個 DraftSight 開啟，好處可以在檔案標籤直接切換你要的工程圖。若要臨時以一個 DWG，一個 DraftSight 開啟的需求，可以啟動第 2 個 DraftSight 後，開啟 DWG。

22-1-6 檔案縮圖大小

在檔案總管或開啟舊檔工程圖時，顯示縮圖大小。此設定會在儲存檔案時套用，縮圖大小會稍微影響檔案大小，可設定 0～8（極小～極大）值，例如：0、3、8。

習慣設定極大，透過縮圖直覺找圖，視覺上圖形判斷優於文字。

檔案縮圖大小 |⎯⎯⎯⎯⎯⎯⎯■| 8

 _550_021.dwg

 _550_021.dwg

_550_021.dwg

22-1-7 自動傳送效能報告（預設關閉）

當操作到一半 DraftSight 當機，系統會詢問是否要自動傳送報告，將錯誤報告資訊傳送到 DraftSight，以利系統未來改進的參考。實務上關閉這項功能，因為我們老是覺得和原廠搭不上線，就不必回饋了。小技巧，把網路關閉，再進入 DraftSight 可以得到該視窗。

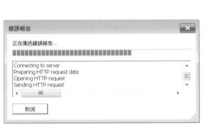

A 儲存

將當機報告儲存起來，系統以 ZIP 壓縮，將該檔案寄到 performance@DraftSight.com。

 DraftSight_20171124192650.zip

B 描述

輸入當機資訊，建議用英文填寫，不一定要輸入描述也可傳送當機報告。

22-1-8 使用許可

提供給網路版部署使用，閒置時間超過設定時間，使用許可會自動讓出。避免長期占用，讓下一個人無法使用，網路版會有同一時間 X 人同時上線限制。

使用許可
☐ 如果閒置超過下列時間即歸還使用許可： 30 ⇕ 分鐘

22-1-9 座標輸入取代（預設圖元抓取）

繪圖過程以何種方式優先座標輸入，座標過程是否會取代物件鎖點，控制輸入是給寫程式的人用，例如：圖元抓取、座標輸入、執行 script。

此功能是 2D CAD 的 Osnapcoord、DraftSight 的 Setcrdinptmode，下圖左。

A 使用圖元抓取

由圖元抓取作為座標輸入，例如：繪製直線時，由座標抓取要畫的下 1 點（箭頭所示），這是常用設定，Setcrdinptmode＝0，下圖右。

B 座標輸入取代圖元抓取

鍵盤輸入座標，Setcrdinptmode＝1。

C 執行 script 時的座標輸入（鍵盤）

透過巨集取代座標輸入，避免程式執行時型物件鎖點，Setcrdinptmode＝2。

座標輸入取代
○ 使用圖元抓取(U)
○ 座標輸入取代圖元抓取(C)
◉ 執行 script 時的座標輸入(鍵盤)

22-1-10 代理伺服器設定

網路版安裝須設定以下作業，萬一沒設定成功，會出現以下訊息。

A 類型

由清單設定伺服器類型：Socks5、HTTP、HTTP 快取或 FTP 快取。

B 主機、連接埠、使用者、密碼

設定連線主機 IP 位址。設定代理伺服器的連接埠。設定使用者名稱與者登入密碼。

22-1-11 應用程式語言

將介面改為其他國家語言，像大郎想學日文，下圖左。

22-2 顯示（**Display**）

設定螢幕功能、文字大小與色彩。

22-2-1 螢幕選項

繪圖視窗是否顯示捲軸與大圖示，下圖左。

A 顯示捲軸列

顯示水平與垂直捲軸，捲軸適用大型圖面滑動，避免大量滑鼠中鍵，下圖中。

B 使用大圖示

將工具列圖示放大 2 倍。現為 24 吋寬螢幕時代，使用大圖示是必要的，減少眼睛負擔，但在 NB 上，因為螢幕小使用大圖示，反而感覺有壓迫感，下圖右。

22-2-2 指令視窗文字

設定指令視窗的字型、文字大小與顯示文字，下圖左。

A 字型（預設 Arial）、大小（預設 10）

由清單設定指令視窗字型與文字大小。自行不必更動，大小建議提高到 11～12，字大一點好識別，對於長期使用與年長者一定要設定。

B 指令列文字

設定要提示的文字常用在識別，例如：DS（箭頭所示），下圖右。

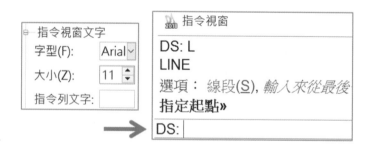

22-2-3 自動完成

指令輸入過程會自動找到最接近的指令，就像上網輸入或輸入法過程，適用 Professional 或 Enterprise，下圖左。

A 自動選擇最接近的建議

按下 Enter 自動選擇最近輸入指令。否則必須輸入完整名稱或從建議清單選擇項目。

B 顯示建議清單

鍵入指令是否顯示建議清單，下圖中。游標旁也會出現建議清單，下圖右。

B1 建議清單延遲時間（預設 400 毫秒）

設定指令名稱建議清單顯示前的延遲時間，建議＝0，因為現今電腦效能已經很好了。

B2 在清單中包含別名

是否在建議清單中包含別名指令名稱，可以加強選字，對指令印象模糊使用。

B2-1 以別名顯示指令

指令名稱後加上括號顯示別名。別名＝指令縮寫，也有人稱快速鍵。

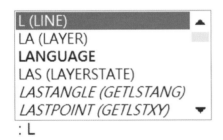

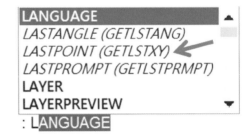

B3 包含中間字串搜尋

是否顯示包含輸入的指令名稱，不限於初始字元。例如：輸入 TION，會出現 OPTION、DRAFTINGTION，下圖左。原則以初始指令優先（左邊的字母），例如：輸入 L，下圖右。

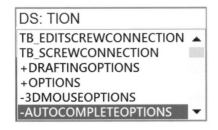

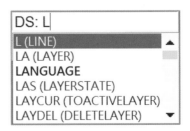

B4 包含指令變數

建議清單顯示內部指令，清單顯示的指令會比較多，例如：Setcrdinptmode＝顯示選項視窗中的指令。實務上會開啟，因為有時我們會希望顯示多一點來找指令。

22-2-4 元素色彩

設定介面色彩。該設定相當廣，例如：模型背景、圖頁背景、指標…等，當色彩衝突時，必須避開相同顏色。

設定屬於個人化色彩，用於繪圖區域、網格線、背景…等。色彩定義也可製作成範本，讓色彩成為標準。

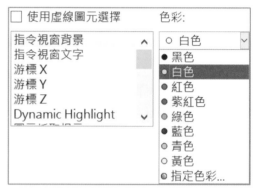

A 使用虛線圖元選擇

游標靠近圖元，圖元是否以虛線或亮顯呈現，藉以區分是否有選到圖元。

這選項不應放在這。

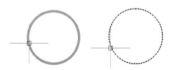

B 元素色彩清單

列出可被控制的色彩清單，本節後面依序介紹所有元素色彩項目代表什麼。

C 色彩

點選左邊項目後→由清單切換色彩。色彩會以預設且常用為主，不太會指定色彩。

D 全部重設

將所有元素色彩全部設定為預設，特別是不知設定到什麼改變。

E 重設所選項次

將所選項次設定為預設。例如：模型背景設定白色，設定回預設黑色。

F 元素色彩－指令視窗背景（預設白）

習慣上白底黑字，會與下方文字搭配。

G 元素色彩－指令視窗文字（預設黑）

承上節，指令視窗背景白色會避開文字白，有些人喜歡黑底白字，下圖 A。

H 元素色彩－游標 X、游標 Y、游標 Z（預設紅、綠、藍）

3 度空間時，3D 指標 XYZ 軸色彩，下圖 B。

I 元素色彩－Dynamic Hightlight（預設橘）

游標接觸到圖元的色彩，常用在查詢，下圖 C。

J 元素色彩－圖元抓取提示（預設黃）

設定圖元抓取色彩，下圖 D。

K 元素色彩－模型參考導引（預設黑）

游標離圖元附近時，提示線就是參考導引，當背景白色時有些人改藍色，下圖 E。

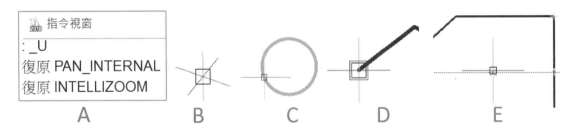

L 元素色彩－模型背景（預設黑）

設定模型空間背景色彩。WORD 文件避免黑色底影響美觀，專利圖面會建議白色底工程圖。SolidWorks 背景白色，線條或圖層以白色為主再行配色，例如：尺寸標註＝藍色。

背景黑色在尺寸標註＝藍色不容易顯示。實務上，這 2 套會搭配作業，建議統一白色比較理想，試想 Office 介面底色為白色也比較耐看。

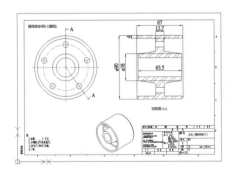

M 元素色彩－模型十字標示（預設白）

設定模型的游標十字方塊色彩，下圖 A。

N 元素色彩－Selected Entity（預設天空藍）

游標點選圖元的色彩，可以即時判斷所選圖元，也會出現掣點，下圖 B。

O 元素色彩－圖頁參考導引（預設黑）

圖頁環境作業時，圖元追蹤的色彩。

P 元素色彩－圖頁背景（預設白）

顯示圖頁背景來襯托圖頁大小下圖中，下圖 C。

Q 元素色彩－圖頁十字標示（預設黑）

設定圖頁的游標十字方塊色彩，圖頁與模型游標外型相同，不贅述。

R 元素色彩－快速輸入背景、邊框、文字（預設灰）

設定快速輸入背景、邊框、文字，適用 Professional 或 Enterprise，下圖 D。

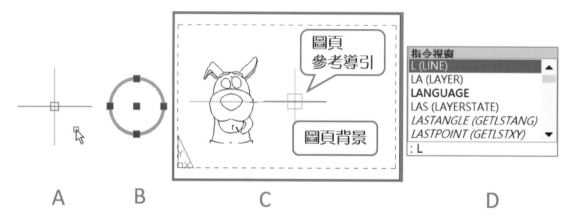

A　　　　B　　　　　　　　C　　　　　　　　　　D

S 元素色彩－元件編輯器背景（預設灰）

使用零組件過程，編輯零組件會改變背景顏色。

22-2-5 工程圖標籤

　　控制多個工程圖顯示方式，啟用中標籤白色其餘灰色。當游標停在標籤上，會顯示檔案完整路徑、名稱、預覽模型和配置縮圖，拖曳標籤可調整順序，檔名結尾以*標示，表示工程圖未儲存。使用 Ctrl＋Tab 可循環顯示工程圖。

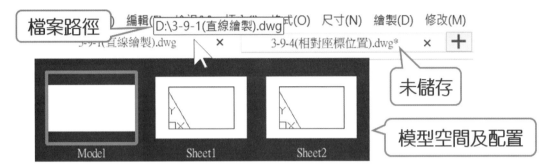

A 顯示工程圖標籤

顯示或隱藏工程圖標籤，下圖右。

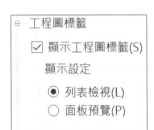

B 顯示設定

　　游標放在標籤上，顯示該檔案的模型和圖頁標籤，提供 2 種選擇：1. 列表顯示（直向，沒縮圖），下圖左、2. 面板預覽（橫向，有縮圖），下圖右。

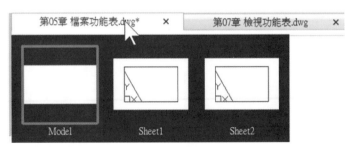

22-2-6 自動隱藏選單

設定文意感應的顯示與隱藏的反應時間，適用 Professional 或 Enterprise。

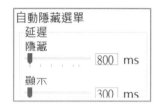 

22-3 圖面（**Graphics Area**）

設定滑鼠游標顯示大小、指令訊息顯示，下圖左。

22-3-1 顯示指標為十字標示（預設關閉）

未執行指令時，設定滑鼠游標顯示：1. 十字標示、2. 游標。

A ☑ 顯示指標為十字標示

選擇游標以箭頭顯示，下圖中。

B ☐ 顯示指標為十字標示

游標為十字型，紅色 X 軸、綠色 Y 軸。常見很多人改成這樣，因為多年習慣，下圖右。

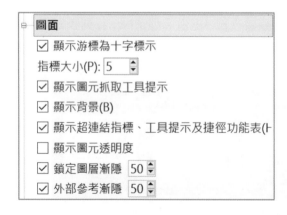 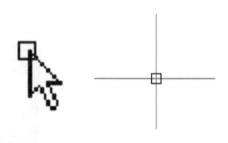

22-3-2 指標大小（預設 5）

　　設定十字游標大小，介於 1～100。輸入最大值十字延伸至繪圖區域，對框選圖元非常有用。有點像十字尺直覺看出圖元是否在游標外，減少圖元沒選到又要再一次。

　　這點和早期 2D CAD 很像，有些人喜歡這樣的游標介面，下圖左。

22-3-3 顯示圖元抓取工具提示（預設開啟）

　　圖元抓取時，是否顯示提示，例如：游標到頂點時顯示終點（箭頭所示），下圖右。

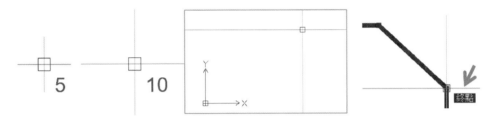

22-3-4 顯示背景（預設開啟）

　　是否顯示視圖背景色彩，視圖背景僅會在模型空間顯示，執行 shade 指令才可以呈現。這部分於檢視➔命名的檢視➔新增，格式化背景介紹，下圖左。

22-3-5 顯示超連結指標、工具提示及捷徑功能表（預設開啟）

　　游標停留在物件上是否要顯示超連結、指令提示或捷徑功能表。對進階者不需要這提示，因為會有等待時間，下圖右。

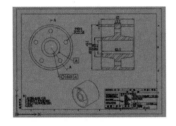
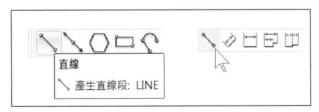

22-3-6 顯示圖元透明度

　　是否顯示被圖層控制的透明度，常用在浮水印。

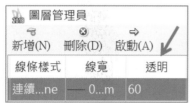

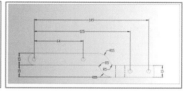

22-3-7 鎖定圖層漸隱（預設 50）

承上節，設定被鎖住🔒圖層上的圖元，是否顯示透明度，用來看出哪些圖元被🔒，設定 0～90 間，值越大顏色越淺。例如：模型輪廓圖層原本為黑色，被🔒會變成灰階。

本功能與未鎖定圖層的圖元產生對比，降低工程圖顯示複雜度。

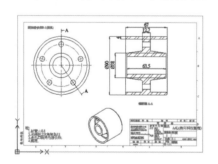
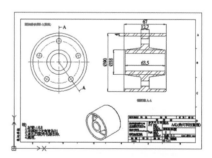

22-3-8 外部參考漸隱（預設 50）

與上節相同，只差別用於外部參考圖元，讓圖元變得豐富有層次。例如：圖框為外部雌考，可以見到圖框由原本黑色，變成灰色。

22-4 開啟/另存新檔（Open/Save As）

設定開啟或另存檔案的類型及範本。這裡設定相當好用，可預訂開啟的範本、開啟的檔案類型（＊.DWG）或儲存檔案類型或版本（R2013 工程圖＊.DWG）。

最後，以編碼開啟使用率不高。

- 開啟 / 另存新檔
  - 預設檔案類型
  - 用於智慧新增的範本檔案名稱
  - 以編碼開啟

22-4-1 預設檔案類型

設定開啟和存檔的類型，習慣上開啟 DWG、存檔也是 DWG，不必設定，下圖左。

🄰 開啟文件類型（預設工程圖（*.DWG）

清單設定開啟舊檔或插入工程圖使用的預設類型，常用第 1 項：1. 工程圖（*.DWG）、2. ASC II／二進位工程圖（*.DXF）、3. 工程圖範本（*.DWT）、4. 附加程式（*.DLL），下圖中。

🄱 文件存檔類型（預設 R2013 工程圖（*.DWG））

設定預設存檔類型與版本，例如：R2013 工程圖。特別用在對應版本，例如：協力廠檔案都是 R2010，就讓存檔類型 R2010 工程圖，減少另存新檔切換存檔清單作業，下圖右。

話說回來，使用舊版建立的圖面，不保留新版提供的功能給舊版軟體開啟，類似轉檔作業，例如：R2013 儲存為 R2002，會遺失 R2013 新版資料，因為舊版軟體讀不到。

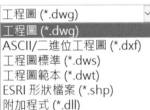

🄲 保留原始檔案格式

指定備份檔案（*.BAK）是否要儲存目前軟體版本的檔案版次，此項目應該在自動儲存與備份項目定義比較洽當。

C1 ☑ 保留原始檔案格式

以目前 DraftSight 2018 儲存的 R2013 版本儲存備份檔。

C2 ☐ 保留原始檔案格式

移除目前版本特有資訊，備份檔以舊版相容格式儲存。

22-4-2 用於智慧新增的範本檔案名稱

設定最常用的工程圖範本檔案，這項設定比檔案路徑更明確指定檔案。新增文件（開啟新檔）時，系統會載入所指定的範本檔，例如：A4L，你只要毫不思考的按下↵。

這就是常說 CTRL ＋N→↵，以最快速開新文件，這項設定配合工程圖範本檔案位置才可使用，下圖右。

用於智慧新增的範本檔案名稱

C:\Users\23\DraftSig 瀏覽...

22-4-3 以編碼開啟

是否指定工程圖字碼。當工程圖與作業系統字碼頁不同時，工程圖會有亂碼。

A 照常開啟檔案

以工程圖預設的的字碼（編碼）直接開啟。

B 以系統字碼頁開啟檔案

以作業系統預設的字碼開啟工程圖，例如：中文（繁體，台灣）BIG-5。作業系統編碼，由地區及語言而來，每個國家編碼不同，繁體中文（Big5）、簡體中文（GB2312）。

在網頁空白處右鍵→編碼，切換不同編碼會出現網頁亂碼無法閱讀，例如：Unicode（UTF-8）切換成繁體中文（BIG5）。

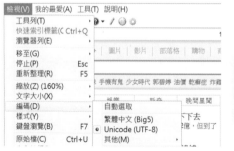

C 檢查檔案的字碼頁並讓使用者選擇

開啟檔案過程，如果與作業系統編碼不同，會出現手動選擇字碼頁，下圖左。手動選擇字碼頁。透過以編碼開啟視窗的清單選擇新編碼，下圖右。

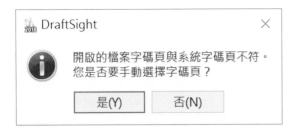 

D AutoCAD 轉碼工具

2000 年大陸經濟崛起，兩岸圖面交流開始密集，但中文簡
體於繁體圖面出現亂碼，所以 AutoDesk 開發轉碼工具，至今
還有許多人用來轉換舊圖面。

對轉碼工具 wnewcp2000.exe 有興趣，上網搜尋可以下載
得到。

22-5 列印（**Printing**）

定義列印紀錄、列印樣式以及列印選項，下圖左。

22-5-1 列印記錄檔

設定列印完成後的紀錄檔案位置：C:\Users\23\AppData\Roaming\DraftSight\
17.0.1197，下圖右。

A 儲存列印記錄（預設開啟）

是否建立列印工作記錄檔（plot.log），追蹤列印情形。可用記事本開啟該檔案，紀
錄 3 項記錄：1. 工程圖檔案路徑、2. 列印時間、3. 列印身分和列印裝置。

如果你要省麻煩就關閉吧，大郎是關閉的，因為沒在看這檔案。若公司有圖面管制時，
將列印紀錄儲存在 SERVER 以便留查，對專案控管是不錯功能，下圖左。

B 記錄樣式（預設開啟）

承上節，每列印 1 次，系統會將列印檔儲存在 1 個記錄檔中，下圖右。

22-5-2 列印樣式檔案位置

設定列印樣式定義檔案的路徑：C:\Users\yoyo\AppData\Roaming\DraftSight\17.1.2157\Print Styles。

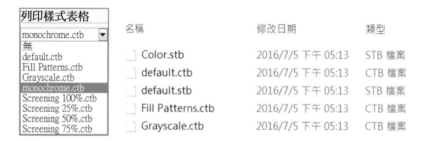

22-5-3 預設設定

設定列印的預設定義，下圖左。

A 預設類型

定義列印樣式或工程圖面色彩，本設定影響新工程圖，不影響目前圖面，下圖右。

A1 使用命名的列印樣式

以列印管理員定義的列印樣式為主，下圖左。

A2 使用色彩相關的列印樣式

以工程圖色彩定義列印樣式，工程圖色彩來自圖層，也就是所見及所得，下圖右。

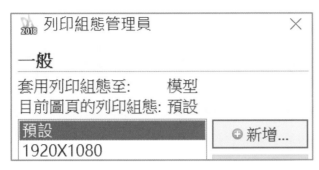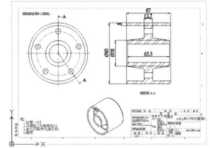

B 預設列印樣式

清單點選列印樣式檔案作為列印預設，黑白列印就設定為 monochrome.ctb。

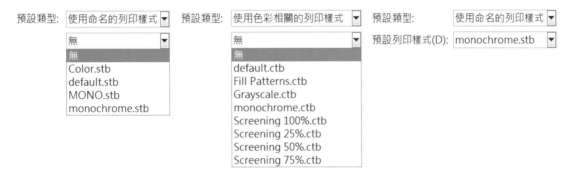

C 取代項目的列印樣式（預設 Bylayer）

承上節，指定列印樣式設定以外的控制，下圖左。例如：Byblock＝以圖塊的色彩，不受列印樣式控制。ByLayer＝依圖層來定義定義列印樣式。正常＝以工程圖色彩列印樣式。

D 取代圖層 0 的列印樣式

不以圖層 0 的列印樣式，以本設定為主，下圖右。

22-5-4 一般選項

設定預覽列印顯示的項目，包含：圖紙大小、圖紙背景、列印區域…等，下圖左。

A 變更印表機時保持圖紙大小（預設關閉）

在列印視窗中變更印表機時，是否保持圖紙大小，下圖中。

A1 ☑ 變更印表機時保持圖紙大小

永遠保持相同紙張大小，例如：A4。

A2 □ 變更印表機時保持圖紙大小

在列印視窗變更印表機時，會自動切換圖紙大小。例如：切換 PDF 或其他印表機時，紙張大小會自動切換，屬於手動設定（箭頭所示）。

B 顯示圖紙背景（預設開啟）

圖頁空間中顯示圖紙背景，灰色表示。

C 顯示可列印區域（預設開啟）

圖頁空間中顯示虛線矩形＝可列印範圍，下圖右。

D 指定以下列項目為基準的列印偏移

指定以哪項為基準偏移列印：1. 可列印區域（左下角為基準的偏移）、2. 紙張邊緣（紙張邊緣左下角為基準的偏移），下圖左。

本設定與列印視窗的偏移對應（箭頭所示），下圖右。

22-6 自動儲存與備份（**Auto-save&Backup**）

定義自動儲存檔案位置與時間，可避免系統發生問題時，擁有危機處理。工作時萬一斷電或電腦故障等意外，嚴重時造成圖檔損壞無法挽回困擾，利用自動復原（Auto Backup）、備份（Backup）救回圖檔。圖檔損壞不易修復，學習降低風險是必要課題。

22-6-1 自動儲存檔案位置

設定備份檔案資料夾。檔案遺失或系統未預期下終止時，由先前指定的資料夾找回來。備份位置改到非系統磁碟，例如：D 磁碟避免磁碟過度存取和安全性（病毒）。

將備份存在安裝目錄，萬一硬碟損壞、重新安裝作業系統、DraftSight 時，路徑中的檔案會無法找回或被覆蓋，造成不必要困擾，最好預留 5 到 10G 可用空間。

A 預設路徑

C:\Users\yoyo\AppData\Local\Temp\DraftSight_autosave。

22-6-2 自動儲存/備份

設定自動儲存與備份機制，設定時間或額外的備份檔案。自動儲存檔案有專屬副檔名 *.DS$，和 AutoCAD 的 SV$是相同觀念並非真實 DWG，檔名為目前的檔案名稱。

自動儲存/備份
☑ 啟用自動儲存(E)
儲存文件，每隔(S) [0] 分鐘
□ 每次儲存時儲存備份(B)
□ 使用原始格式

自動儲存檔案位置
C:\Users\23\AppData\Local\Temp\DraftSight_ [瀏覽...]

A 啟用自動儲存（預設開啟）

啟動自動儲存作業，設定每隔 X 分鐘儲存文件。由資料夾看到被自動儲存的檔案，其附檔名為 DS$。這時會占用系統資源，例如：大型圖面使用手動備份即可。

名稱	類型	大小	修改日期
1(超連結)_5028.ds$	DS$ 檔案	35 KB	2013/3/20 下午 04:55
2(編碼不同)_3220.ds$	DS$ 檔案	24 KB	2013/3/24 下午 10:10
3(參考工程圖)_5028.ds$	DS$ 檔案	31 KB	2013/3/20 下午 04:27

B 儲存文件，每隔 X 分鐘（預設 10 分鐘，SaveTime）

設定自動儲存時間，儲存間隔以分鐘為單位。時間到後系統會執行 Auto Saving（自動儲存），於指令視窗敘述：自動儲存至 C:\Users\武大郎...NONAME_0_4792.ds$，下圖左。

C 每次儲存時儲存備份

每次儲存是否要建立另一個備份副本*.BAK，為最後一次儲存結果。當 DWG 檔案遺失或系統未預期終止，透過備份設定找先前檔案。

備份檔案與原始檔案（DWG）同一個位置，且無法改變，下圖右。

1(滑輪架組).BAK
1(滑輪架組).dwg

D 使用原始格式

存檔圖時，是否以目前版本（DraftSight 2018 的 R2013 DWG）備份 BAK。

D1 ☑ 使用原始格式

存檔時自動更新 DWG 檔案與 BAK 備份檔，例如：DWG 為 2018/5/15 版本，儲存後 BAK 也是相同日期與版本。

D2 □ 使用原始格式

儲存時自動更新 DWG，不更新 BAK，例如：22-6-2D（滑輪架組）.DWG 為 2011/3/23，儲存後只有 DWG 更新 2013/5/13，BAK 保留舊日期 2011/3/23。

名稱	修改日期	類型
22-6-2D2(滑輪架組).bak	2011/3/23 下午 …	BAK 檔案
22-6-2D2(滑輪架組).dwg	2013/5/15 下午 …	DWG 檔案

22-6-3 復原

上課中常遇到同學畫圖畫到一半，因為軟硬體錯誤或停電，圖形必須重繪，這是教學損失，也是自己要承擔的風險。一定先存檔再開始繪圖，最簡單就將檔案暫存到桌面，如果有建資料夾最好。

Ａ 救回自動儲存檔案（DS$→DWG）

目前被儲存的檔案導致資料遺失，只要將 DS$或 BAK→改為 DWG 即可救回自動儲存檔案。

Ｂ 資料夾指引到 D:\備份

預設路徑不好找尋，更改路徑到備份資料夾方便找尋。也可以將路徑放置在與專案路徑下，這樣比較好找。不過很多人放在同一專案資料夾中，檔案會過於凌亂。

22-7 工程圖檔案預設值

設定插入圖塊或工程圖的預設比例。支援的單位系統：釐米、分米、百萬公里、百米、千米、米、微米…等單位。當圖塊設定為無單位，才會以選項設定為主。

22-7-1 用於插入圖塊的單位

定義圖塊的單位，例如：毫米 mm。設定無單位，就是讓插入圖塊時，不調整比例。

22-7-2 現用的工程圖單位

定義圖塊到工程圖時，以工程圖單位為主。設定無單位，插入圖塊時，以工程圖單位為主，例如：工程圖單位毫米，圖塊自動為毫米。

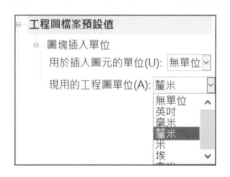 

22-8 預設比例清單（**Default Scale List**）

定義工程圖比例，讓列印或製圖過程可以使用比例清單，比例的套用對目前工程圖有效。

22-8-1 檔案（scalelist.xml）

設定比例清單的檔案路徑和名稱，預設：\AppData\Roaming\DraftSight\17.1.2157\ Support\scalelist.xml。

22-8-2 公制或英制

顯示公制或英制比例清單。

⦿ 公制(M)	◯ 英制(I)	
比例名稱	紙張單位	工程圖單位
1:1	1	1
1:2	1	2
1:4	1	4
1:5	1	5
1:8	1	8
1:10	1	10

◯ 公制(M)	⦿ 英制(I)	
比例名稱	紙張單位	工程圖單位
1:1	1	1
1/128" = 1'-0"	0.0078125	12
1/64" = 1'-0"	0.015625	12
1/32" = 1'-0"	0.03125	12
1/16" = 1'-0"	0.0625	12
3/32" = 1'-0"	0.09375	12

22-8-3 比例名稱

快點 2 下儲存格，鍵入新比例。通常不設定，除非產品有固定大小於圖面。

22-8-4 紙張單位

顯示比例左邊數字，例如：2：1，紙張單位＝2。

22-8-5 工程圖單位

顯示比例右邊數字，例如：2：1，紙張單位＝1。

22-8-6 加入 ⊕、上移、下移

在比例名稱欄中輸入新比例，例如：1：7。上移或下移比例清單作為排序用。

22-8-7 刪除 ⊗

刪除所選比例。要大量刪除可以 CTRL 或 SHIFT＋選擇，無法刪除使用中的比例。

22-8-8 重設 🗐

重設比例，下場就是自訂比例會被刪除。

22-8-9 輸出

將 scalelist.xml 輸出，以下回套用，下圖左。

22-8-10 工作窗格更改比例 xn

在圖頁環境下點選工程圖，在綜合屬性快速切換比例或輸入自定比例，下圖右。

22-9 巨集錄製（**Marco Recording**）

設定巨集檔案位置、詳細程度和套用的
程式語言，適用 Professional 或 Enterprise。

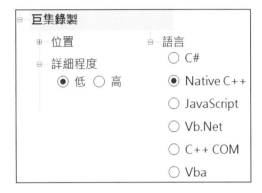

22-9-1 位置

更改儲存的預設位置。

22-9-2 詳細程度

設定紀錄資料的詳細程度：高或低。

22-9-3 語言

更改儲存程式語言，例如：C#、Native C++、JavaScript、VB.NET、C++COM、VBA。

筆記頁

23

選項－使用者偏好

　　設定使用者習慣，包含：草稿選項、滑鼠選項與別名，簡單的說設定顯示與選擇。有些設定有關聯性很像迷宮，萬一沒很熟，選項產生的功能會出不來。

　　選項設定有很多子選項，為增加標題視覺可看性，將編號向上提一階，並在編號註明主題。例如：23-2 草稿選項－指標控制；23-9 滑鼠選項－快速輸入行為。

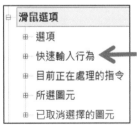

23-1 草稿選項－指標控制（**DraftingOptions**）

設定草稿工具及喜好設定，包含：指標控制、顯示或圖元選擇、OLE 編輯器、便利顯示、快速輸入...等，下圖左。設定游標控制圖元抓取和抓取設定，下圖中。

23-1-1 圖元抓取

指令進行中游標接近圖元，會出現抓取圖示，每個抓取有獨特辨識圖示，下圖右。

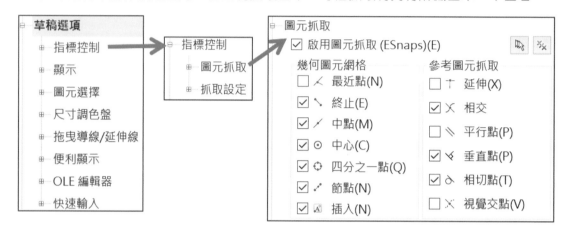

A 啟用圖元抓取（F3）

圖元抓取可自動選取圖元，提升製圖效率。控制幾何圖元網格和參考圖元抓取設定。

B 全選 ⤵ 或全部清除 ⤵

將抓取項目全部啟用或全部清除。可以僅挑選幾項設定，讓設定速度較快。

C 幾何圖元網格

指令啟用的情形下，游標接近圖元時會出現圖示，由圖示可以看出抓到哪些項目。

C1 最近點（Snap to Nearest）⟋

顧名思義離游標最近的圖元，游標和圖元接觸會出現▨，下圖 A。

C2 終點（Snap to Endpoint）⟍

抓取最接近的圖元端點會出現■，常用在 1 條線或弧的 2 端點，下圖 B。

C3 中點（Snap to Midpoint）⟋

抓取直線、圓弧或其他圖元線段中點會出現▲，下圖 C。

C4 中心（Snap to Center）⊙

抓取至圓、橢圓、圓環或圓弧圓心會出現■，下圖 D。

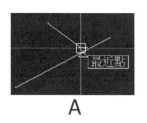
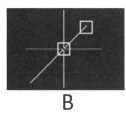
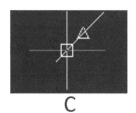
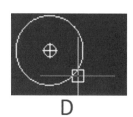

A　　　　　B　　　　　C　　　　　D

C5 四分點（Snap to Quardant）

抓取至圓或圓弧 1/4 點出現◙。四分點就是 0、90、180、270 度位置點，下圖 A。

C6 節點（Snap to Node）

抓取至點、尺寸標註或尺寸文字原點會出現⊠，下圖 B。

C7 插入點（Snap to Insert）

抓取文字、區塊或屬性的插入點會出現◘，下圖 C。

D 參考圖元抓取

圖元追蹤作業，有些抓取必須在指令啟用過程中才可使用。

D1 延伸（Snap to Extension）

抓取弧或線至延伸虛線，例如：基準點與游標點間出現延伸虛線，下圖 D。

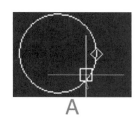
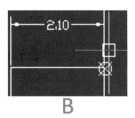
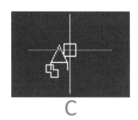
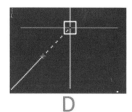

A　　　　　B　　　　　C　　　　　D

D2 相交（Visual Intersection）

抓取 2 圖元間相交處，會出現⊠，下圖 A。

D3 平行點（Snap to Parallel）

平行抓取指定的線。繪製第 2 條線時出現虛線，在現有直線上顯示▤，下圖 B。

D4 垂直點（Snap to Perpendicular）

垂直抓取指定的線。繪製第 2 條線時出現虛線，在現有直線上方顯示�，下圖 C。

D5 相切點（Snap to Tangent）

與弧、圓、橢圓或曲線相切。繪製直線過程，游標接近圓會出現◙，下圖 D。

D6 視覺交點（Snap to Intersection）

抓取 2 圖元投影交錯位置，也就是虛擬交點。繪製過程 2 圖元交錯出現⊠，下圖 E。

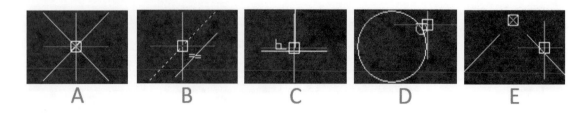

A   B   C   D   E

E 圖元抓取工具列

圖元抓取可分 3 部分：1. 幾何圖元抓取、2. 參考圖元抓取、3. 抓取設定。工具列有些指令補足選項沒設定到的抓取，以下介紹上節沒說明到的地方。

F 推斷點（Interference Point）●─○

繪圖過程創造一個點圖元，讓抓取使用。實在沒有可以參考時臨時做點，該點可以在圖元上或任何空間上。

23-1-2 抓取設定

抓取設定就像網格鎖點功能，不必顯示網格就可進行抓取。啟用抓取（F9）控制類型，下圖左和間距設定，下圖右。

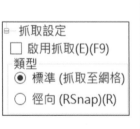

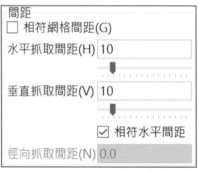

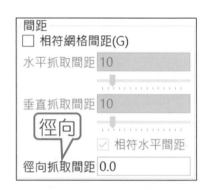

A 類型

設定標準（抓取至網格）＝游標水平與垂直間距抓取，或徑向＝游標沿角度間距抓取。

B 間距

設定水平、垂直以及徑向抓取間距。

B1 相符網格間距

是否在網格啟用下抓取，會自動與網格間距相同（顯示→網格設定）為主（箭頭所示），這部分就是關聯性。換句話說，這裡的抓取間距與網格間距，在選項是分開設定的。

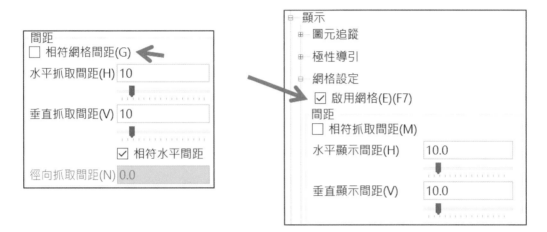

B2 水平/垂直抓取間距

設定網格水平與垂直間距。

B3 相符水平間距

讓垂直與水平間距直相等，例如：水平間距＝10；垂直間距＝10。

B4 徑向抓取間距

設定抓取角度。繪製斜線時游標每 15 一個分度，此項必須啟用顯示→極性導引。

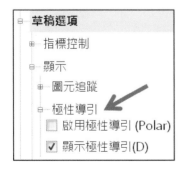
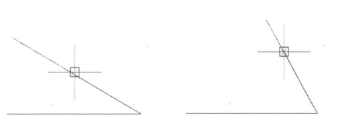

23-1-3 右鍵啟用抓取

實務上，在指令過程按 SHIFT＋右鍵，出現抓取清單，直接選擇要抓取項目。或輸入抓取快速鍵，例如：按 C 代表圓心（箭頭所示），游標停在邊線上會自動抓取圓心，此方法可大幅減少游標來回邊線及圓心間。

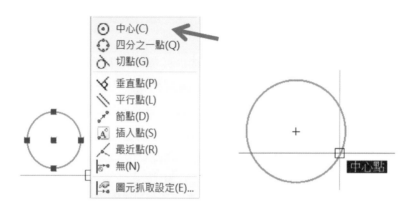

23-2 草稿選項－顯示（**Display**）

進行圖元追蹤、極性導引、網格設定、指標提示和重力方塊…等顯示設定，以下設定有搭配性，下圖左。

23-2-1 圖元追蹤

繪圖過程進行圖元追蹤導引，類似 SolidWorks 推斷提示線。例如：直線時，游標接近圖元，進行圖元的延伸線追蹤，下圖右。

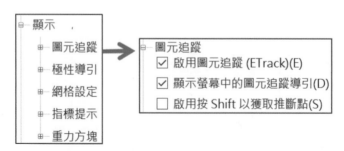

A 啟用圖元追蹤（ETrack）

顯示圖元追蹤導引。例如：繪製直線，指標停在圖元→游標向外延伸，顯示追蹤導引（虛線）。必須啟用圖元抓取（F3），才可使用圖元追蹤，下圖左。

B 顯示螢幕中的圖元追蹤導引

承上節，得到更多相對其他圖元的追蹤導引。例如：繪製直線，游標停留 P1→游標停留在 P2→游標向外延伸，顯示多項追蹤導引。

必須啟用圖元追蹤，如果不喜歡圖元追蹤，覺得礙事也可以關閉，下圖右。

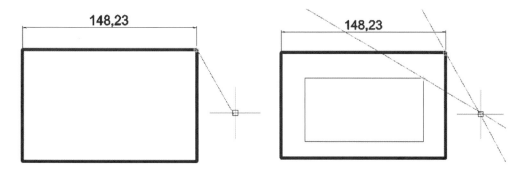

C 啟用按 Shift 以獲取推斷點

承上節，按 Shift 才會顯示追蹤導引，否則直接追蹤導引。

23-2-2 極性導引（F10）

角度推斷提示，藉由精確角度間隔繪製，可明顯感受間隔手感，例如：30 度，就會對 30 度進行極性推斷導引顯示，下圖左。

A 啟用極性導引（Polar）

繪圖過程游標接近 P1，極性導引（虛線）會從圖元起始點推斷角度顯示，下圖中。

B 顯示極性導引

顯示極性導引延伸線，下圖右。

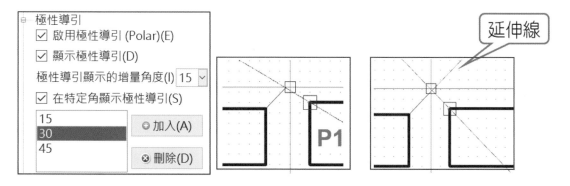

C 極性導引顯示的增量角度（預設 90）

選擇清單內的角度，套用極性導引的角度增量。

D 在特定角顯示極性導引

當極性導引增量角度不足，可新增角度增量值，例如：17、34、51。

23-2-3 網格設定

設定網格間距。網格為點均勻分布，不是圖元也不會被列印出，可以視覺距離參考，以及角度和圖元間相對關係，協助精確繪圖。

拉近或拉遠時，自動調整網格線顯示，例如：拉遠時網格會因為太密而不顯示。本節不說明間距設定。

A 啟用網格（F7）

啟用或關閉網格顯示。

B 方向

定義矩形（正視圖）或等角視間距。

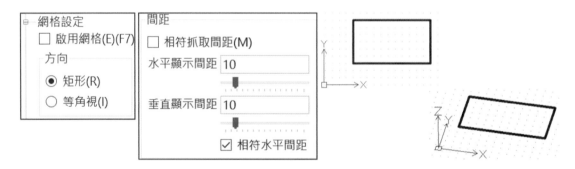

23-2-4 指標提示

設定圖元抓取的色彩和方塊大小。繪圖過程，游標移至點、端點或交點上方時顯示方塊、三角形或菱形提示，下圖左。

A 顯示圖元抓取提示（預設黃色）

透過清單設定抓取方塊色彩，左下角縮圖可看到顏色，下圖左。建議開啟此功能，否則以黑色作為抓取提示，不代表沒有圖元抓取。

B 圖元抓取提示大小

滑桿調整抓取標記大小，右大左小，有些人喜歡大一點不傷眼力，下圖右。

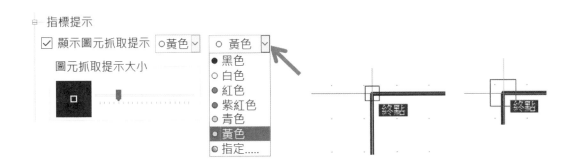

23-2-5 重力方塊

設定圖元抓取磁力回饋或重力方塊大小。例如：直線過程，游標接近圖元點、端點或交點上方時，顯示方塊大小與磁力牽引手感，下圖左。

A 啟用圖元抓取重力

指標接近圖元抓取點，滑鼠有牽引手感，類似滑鼠內容的☑增強指標的準確性（箭頭所示），下圖中。

B 顯示重力方塊

指令執行過程十字游標是否顯示正方塊，該方塊很多人使用，可以聚焦下圖右。

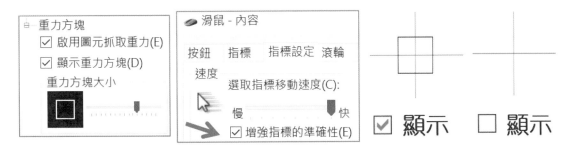

23-3 草稿選項－圖元選擇（Entity Selection）

圖元選擇設定、強調顯示、掣點設定、色彩與大小，本節不贅述選擇方塊大小。

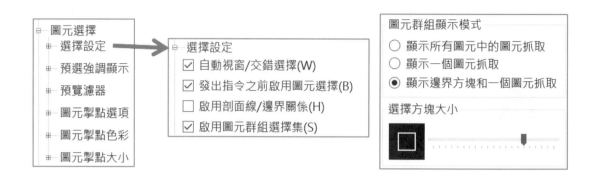

23-3-1 選擇設定

進行圖元群組選擇的設定。

A 自動視窗/交錯選擇

游標在圖形上是否產生窗選或框選視窗,否則僅以點選方式操作,下圖左。

B 發出指令之前啟用圖元選擇

先選圖元再選指令,雙向選擇操作,否則為單向操作,例如:先選邊線→偏移圖元。這是我們強調的操作,不過分割、修剪、延伸、導角和圓角指令並沒作用。

C 啟用剖面線/邊界關係

選擇剖面線時,系統會自動選擇剖面線及邊界圖元,下圖右。

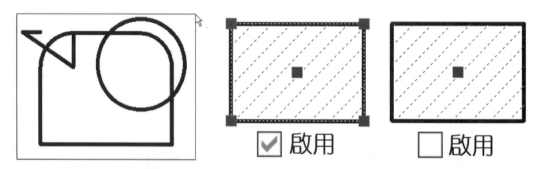

D 啟用圖元群組選擇集

選擇 1 個圖元時,會選取整個群組。這項設定需配合工具→圖元群組(EntityGroup)視窗,將圖元產生群組才可以被選擇。

E 圖元群組顯示模式

選取圖元群組顯示模式 3 項選擇。

E1 顯示所有圖元中的圖元抓取

顯示所有圖元掣點、中點、4 分點，看起來與沒有製作物件群組一樣，下圖左。

E2 顯示一個圖元抓取

在圖元內部顯示一個點，點選此點可移動群組，下圖中。

E3 顯示邊界方塊和一個圖元抓取（預設選項）

圖元內部會顯示點及圖元外有一邊界方框，下圖右。

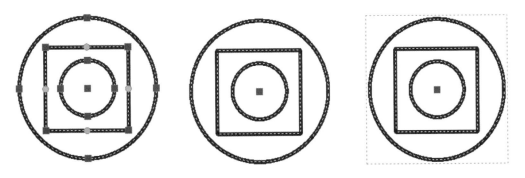

23-3-2 預選強調顯示

設定指令是否使用過程，游標在圖元上方，是否開啟預覽亮顯，下圖左。

A 提示指定圖元或點時

游標在圖元上方會亮顯（粗毛邊），例如：圓角製作系統要求選擇圖元時，下圖中。

B 指令之間

沒有指令時，游標在圖元上方圖元會亮顯（粗毛邊），下圖右。

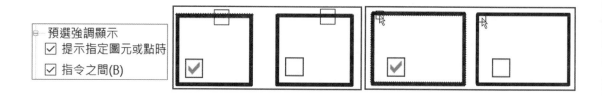

23-3-3 預覽濾器

設定游標在圖元上排除亮顯的圖元類型，例如：鎖定的圖層、註解、參考、剖面線表格、群組。通常☑所有項目，游標判斷是否為群組物件，例如：鎖定圖層的圖元亮顯。

23-3-4 圖元掣點選項（Egrips）

掣點協助抓取或編輯圖元，掣點多寡影響顯示效能，使用指令過程掣點會自動消失。

A 啟用圖元掣點（EGrips）

點選圖元會顯示掣點，預設藍色方塊，例如：點選直線出現 3 掣點（2 端點、中點），可以點選其中 1 掣點拖曳，下圖左。

B 在圖塊中啟用圖元掣點

顯示圖塊掣點。點選圖塊後，是否顯示圖塊每個圖元掣點，下圖右。

C 啟用圖元網格提示（Enable EGrip Tips）

此選項應該為啟用掣點提示。游標在掣點上，顯示工具提示，下圖左。

D 圖元掣點顯示限制（預設 100）

顯示掣點最多可顯示數目，下圖右。

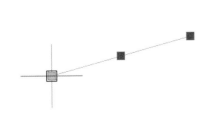

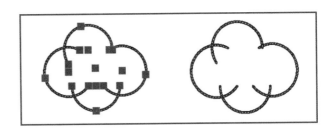

23-3-5 圖元掣點色彩

設定使用中、非啟用、游標在圖元上的掣點色彩，實務上不更動，下圖左。

A 使用中的圖元掣點（預設紅色）

點選掣點後色彩，例如：點選藍色掣點後，藍色會變紅色。

B 非啟用的圖元掣點（預設藍色）

未點選掣點色彩。

C 滑鼠停留圖元掣點（預設綠色）

游標在掣點（非點選）色彩。

23-3-6 圖元掣點大小

設定圖元掣點的顯示大小，下圖右。

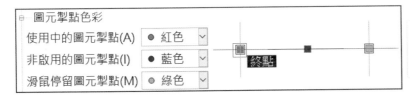

23-4 草稿選項－尺寸調色盤（Palette）

選擇尺寸標註後出現，輕碰它會跳出尺寸調色盤視窗，可變更尺寸公差、精度和格式設定，不必前往屬性。也可重複使用其他尺寸，例如：參考尺寸或公差設定，與 Solidworks 尺寸調色盤相同，適用 Professional 或 Enterprise。

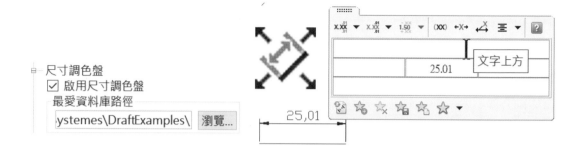

尺寸調色盤
☑ 啟用尺寸調色盤
最愛資料庫路徑
ystemes\DraftExamples\   瀏覽...

25,01

23-4-1 最愛資料庫路徑

將常用設定記錄起來，未來可以套用。尺寸檔案 *.DIMFVT，路徑：C:\ProgramData\Dassault Systemes\DraftSight\Examples。

23-4-2 調色盤介紹

介紹調色盤內工具欄功能與使用方法。要臨時取消調色盤顯示，標尺寸過程按 ESC。

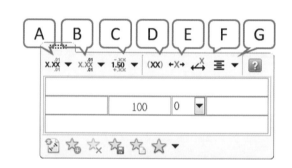

A 公差顯示

無：不產生公差值。

對稱：單一值表現正偏差與負偏差。

偏差：將偏差個別加減值附加到尺寸中。

限制：上下方位顯示最大值與最小值。

基本：單一值顯示其他尺寸結果與偏差。

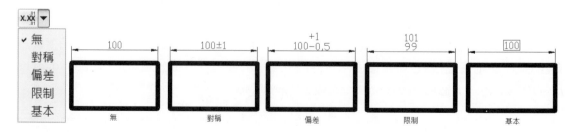

B 單位精度

設定尺寸精度，0～8 個小數位數，下圖左。

C 公差精度

設定公差小數位數。僅在公差顯示設定為對稱或偏差時才可使用。

D 加入括弧

將括弧置於尺寸標註文字外。參考尺寸會顯示在括弧中，下圖中。

E 使尺寸標註文字置中

將尺寸標註文字置中於尺寸線間。

F 偏移尺寸標註文字

尺寸線位置是否會跟隨文字移動。

G 文字調整

建立尺寸標註文字的水平和垂直調整，下圖右。

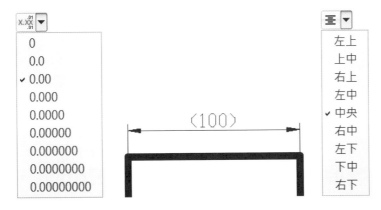

23-5 草稿選項－拖曳導線/延伸線

拖曳導線、圖元、尺寸線（直徑）、尺寸延伸線變更尺寸，適用 Professional 或 Enterprise，這部分於尺寸標註已，不贅述。

23-6 草稿選項－便利顯示（**Heads Up Display**）

　　選擇圖元時會顯示便利顯示工具列，提供：1.放大選取圖元、2.線條樣式、3.線寬、4.變更圖層…等，相似 Solidworks 文意感應。

　　可拖曳改變工具列的指令順序。如果未按下任何選項，很快就會消失。若要重新顯示，請重新選擇圖元，適用 Professional 或 Enterprise。

23-6-1 啟用便利工具列

　　啟用選項，工具列會在選擇圖元後顯示。

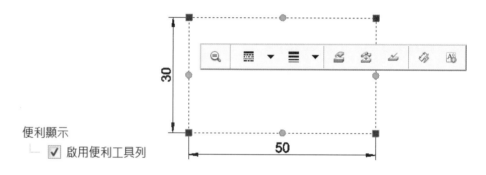

便利顯示
　　☑ 啟用便利工具列

23-7 草稿選項－OLE 編輯器（**OLE Edit**）

　　於插入→物件，對 OLE 有詳盡說明，不贅述。

23-7-1 使用就地編輯器

　　指定工程圖內部或外部編輯物件連結與內嵌（OLE）物件。

OLE 編輯器
　　☑ 使用就地編輯器

23-8 草稿選項－快速輸入（**Using Quick Input**）

　　快速輸入會在游標旁提供指令輸入介面，可以聚焦在繪圖區域，不鼻賣頭看下方的指令視窗。快速輸入會出現提示，可用於座標、距離、長度、角度和其他項目的輸入。

　　移動指標時，提示會追蹤座標位置、長度及角度等，下圖右。這項功能必須啟動狀餐列上的 QInput 圖示，快速鍵 F12（箭頭所示）。

　　快速輸入無法完全取代指令視窗功能例如：指令視窗會顯示提示、選項、錯誤訊息、要求的資訊，以及檔案清單，適用 Professional 或 Enterprise。

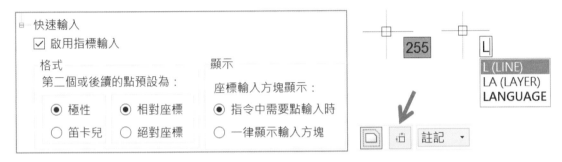

23-8-1 格式（預設極性、相對座標）

　　指令過程設定游標旁顯示：1. 極性，顯示長度與角度、2. 笛卡兒，顯示 XY 座標值，下圖左。設定顯示為：1. 相對座標或 2. 絕對座標，下圖右。

23-8-2 顯示

　　承上節，定義何時座標輸入方塊顯示：1. 指令中需要點輸入時＝指令過程（圖 A）、2. 一律顯示輸入方塊＝任何時候（圖 B）。

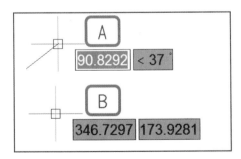
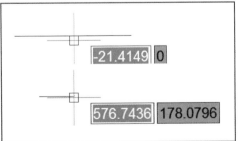

23-9 滑鼠選項－選項（Mouse Options）

控制滑鼠行為、按鍵設定，讓製圖工作更有效率，下圖左。

23-9-1 反轉縮放輪方向

預設滾輪向前＝拉進（放大）；滾輪向後推＝拉遠（縮小）。會發現它和 SolidWorks 滾輪相反，和 DraftSight 搭配使用時，若以 SolidWorks 工作為主就要☑此項目。

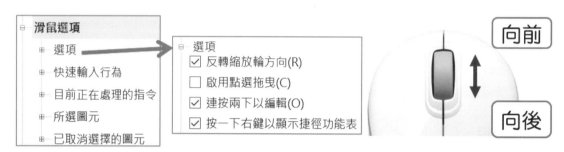

23-9-2 啟用點選拖曳（預設關閉）

設定左鍵以拖曳或點放畫出矩形選擇視窗。照字面上真難理解，而且選項應該是反過來的定義☑＝拖曳、□＝點選，下圖左。

點選＝第 1 階段（常用），窗選＝第 2 階段（不常用），這是作圖認知不要混在一起。

🅐 ☑ 啟用點選拖曳

左鍵拖曳 P1+P2 完成選擇視窗，這與 Windows 作業相同，強烈建議開啟。

🅑 □ 啟用點選拖曳

左鍵點選 P1+P2 完成選擇視窗圖元，不建議這樣，因為選擇窗選屬於第 2 階作業。不過很神奇的，還是可以用拖曳方式完成選擇視窗。

23-9-3 連按兩下以編輯（預設開啟）

是否快點 2 下左鍵進行編輯，不必右鍵→編輯，例如：快點註解 2 下可以直接編輯圖塊。快點 2 下左鍵進行編輯，是 Windows 作業，建議開啟，下圖右。

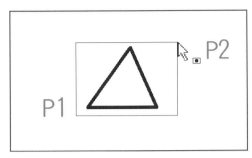
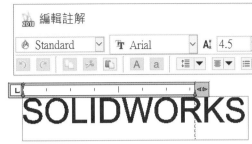

23-9-4 按一下右鍵以顯示捷徑功能表

是否在繪圖區域（未選擇圖元）右鍵啟用快顯示功能表。

A ☑ 按一下右鍵以顯示捷徑功能表

按右鍵，顯示捷徑功能表，下圖左。

B ☐ 按一下右鍵以顯示捷徑功能表

接下來的滑鼠選項將無法設定。本選項與目前正在處裡的指令相關聯，下圖右。

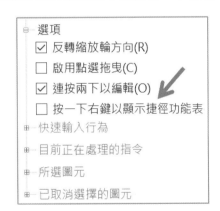

23-10 滑鼠選項－快速輸入行為

承上節，按 1 下右鍵啟用 Enter，和空白鍵一樣加速繪圖效率，且 Enter＝上一個指令。本設定與按右鍵顯示捷徑功能表無法同時使用。當 2 項開啟時，系統以右鍵＝Enter 為主，大郎常說不使用右鍵，因為右鍵沒效率。

23-10-1 快速按一下右鍵時啟用 Enter

右鍵啟用 Enter 與快速點選時間一同設定。

A ☑ 快速按一下右鍵時啟用 Enter

繪製圖形後→右鍵，啟用 Enter 重複上個指令。例如：畫完圓右鍵，重複畫圓指令。

B ☐ 快速按一下右鍵時啟用 Enter

使用空白鍵重複上個指令，可區隔右鍵為其它用，例如：按右鍵顯示捷徑功能表。

23-10-2 快速點選時間（預設 2500 毫秒）

在清單輸入 100～10000，數字越低按右鍵啟用指令時間較短。例如：10000 毫秒，很快顯示快顯功能表。

23-11 滑鼠選項－目前正在處理其他指令

設定執行指令時右鍵行為，以下設定為 3 選 1，下圖左。必須☐快速按一下右鍵時啟用 Enter，才可使用本項設定（箭頭所示），下圖右。

23-11-1 顯示捷徑功能表

指令過程，按右鍵顯示捷徑功能表，例如：直線過程右鍵，可見到下方線段、復原指令捷徑（箭頭所示），下圖左。

23-11-2 僅在指令選項可用時顯示捷徑功能表

只有指令選項存在時顯示捷徑功能表，例如：畫圓過程→右鍵，顯示捷徑功能表，下圖右。若使用複製（COPY），右鍵沒有反應，因為複製指令沒有選項。

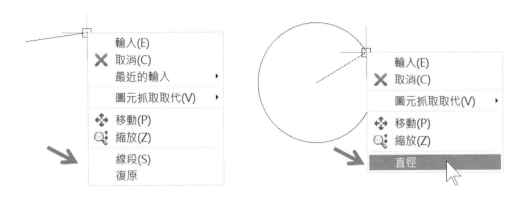

23-11-3 與按下 Enter 相同

按右鍵與 Enter 相同，Enter 預設為上一個指令。

23-12 滑鼠選項－所選圖元（**Selected Entities**）

選取圖元時右鍵，顯示捷徑功能表或重複上一指令。

23-12-1 顯示捷徑功能表

選取圖元→右鍵，顯示捷徑功能表，例如：點選邊線→右鍵，可以顯示捷徑功能表。

23-12-2 重複上一指令

選取圖元→右鍵，重複上一指令，例如：點選直線→右鍵進入選項，因為上個作業為選項，有些人喜歡這項功能。

23-13 滑鼠選項－已取消選擇的圖元

沒選取圖元時，按右鍵顯示顯示捷徑功能表或重複上一指令。本項設定與上一節所選圖元互補，下圖右。

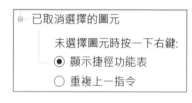 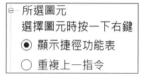

23-13-1 顯示捷徑功能表

沒有選取圖元→右鍵，顯示捷徑功能表。

23-13-2 重複上一指令

沒選取圖元→右鍵，重複上一指令。

23-14 別名（**Aliases**）

別名就是指令規劃，管理鍵盤捷徑。別名有 2 種意義：1. 快速鍵、2. AutoCAD 相對指令。執行指令方法有很多種，最有效率還是快速鍵。

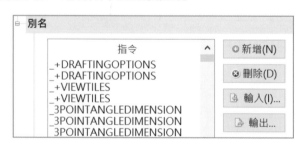

A 快速鍵

於別名清單設定快速鍵 L＝直線、C＝圓、A＝圓弧，這項功能用在其他 CAD 快速鍵轉移，可自行輸入設定。

B 與 AutoCAD 相對指令

DraftSight 與 AutoCAD 指令絕大部分相通，對 AutoCAD 用戶來說，可直接使用 DraftSight，下圖左。

23-14-1 新增 ⊕

在別名清單建立新的鍵盤捷徑，輸入完成後會自動儲存，下圖右，例如：新增 _SMARTDIMENSION 為 D。

步驟 1 新增⊕

步驟 2 快點 2 下空白指令欄位→輸入 _SMARTDIMENSION

步驟 3 快點 2 下別名欄位→輸入 D

步驟 4 確定

DraftSight	AutoCAD
Clean	Purge
ViewTiles	Vports

23-14-2 刪除 ⊗

將所選鍵盤捷徑從別名清單中移除。

23-14-3 輸入 📖

於開啟舊檔找出別名檔案，可以為*.XML、*.ICA 或*.PGP，XML 比較常見，下圖左。

Ⓐ 預設路徑

C:\Users\23\AppData\Roaming\DraftSight\18.0.1145\Alias。

23-14-4 輸出 📖

自訂別名檔後輸出為*.XML 下回使用，下圖右。

筆記頁

24

選項－工程圖設定

定義特定工程圖指令行為、圖元外觀、管理自訂座標系統（CCS）和目前的單位，選項設定會隨著檔案獨立儲存，輸入 DrawingSettings。

24-1 行為（Behavior）

設定義尺寸、線條樣式比例和工程圖邊界，下圖左。

24-1-1 啟用相對尺寸

圖形是否與尺寸標註關聯，例如：拉伸圖元尺寸是否相對變更。無論設定與否，影響的是下一個尺寸標註。

A ☑ 啟用相對尺寸

拖曳圖形得到尺寸標註關聯，例如：R30。

B ☐ 啟用相對尺寸

更改圖形大小不與尺寸標註關聯，例如：R11。

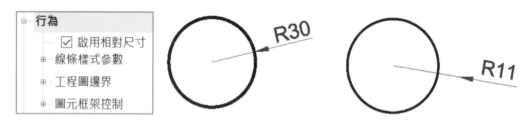

24-1-2 線條樣式參數

設定線條比例顯示，常用在中心線或虛線，1＝標準、大於 1＝放大；小於 1＝縮小比例。

A 整體直線比例（預設 1）

設定整張工程圖的線型縮放係數。例如：圓為虛線與中心線構成，線條此選項在進行縮放時十分有用，下圖左。

B 新圖元的直線比例（預設 1）

為新圖元設定線型比例，換句話說不影響目前圖元，將影響下一條圖元。

C 根據圖頁的單位縮放

將工程圖自訂比例 X 新圖元直線比例，進行線型縮放。

D 直線比例屬性

在屬性窗格也可以直接設定直線比例（箭頭所示），下圖右。

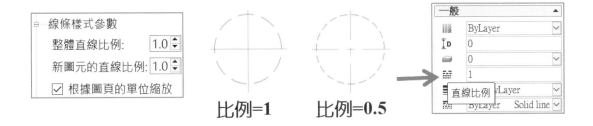

比例=1　　比例=0.5

24-1-3 工程圖邊界（DrawingBounds）

定義工程圖邊界大小也是圖紙大小，下圖左。

A 啟用工程圖邊界

將圖元限制邊界內利於出圖列印。圖形無法繪製在工程圖邊界外，例如：直線繪製過程會在指令視窗出現外工程圖邊界，下圖中。

B 位置

設定工程圖邊界，左下角基準，右上角範圍。例如：A4 橫（297*210）左下角 0，0、右上角 297，210，下圖右。

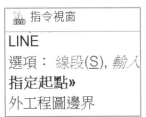

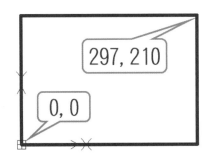

C 在圖面中選擇 ⬚

回到繪圖區域，點選 P1 和 P2 設定邊界，例如：為這張圖量身訂做邊界。

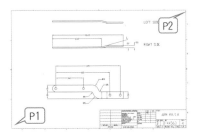

24-1-4 圖元框架控制

設定邊框是否顯示，例如：插入影像（插入→參考影像）、OLE 物件（插入→物件）、PDF 參考底圖（插入→PDF）、DGN 參考底圖（插入→DGN）。

每項提供 3 種樣式：1. 不顯示和列印框架、2. 顯示但不列印框架、3. 顯示並列印框架。
通常設定所見及所得 3. 顯示並列印框架。

A 不顯示和列印框架、顯示但不列印框架、顯示並列印框架

◉ 不顯示和列印框架　　　　◉ 顯示並列印框架　　　　◉ 顯示但不列印框架

24-2 顯示（**Display**）

顯示模型或圖頁標籤、座標系統以及預覽設定。這部分由於預設已經設定好，常遇到
不小心動到設定找不回來，答案就在這裡。

24-2-1 顯示模型及圖頁標籤（預設開啟）

切換模型和圖頁標籤顯示位置。

A ☑顯示模型及圖頁標籤

繪圖區域下方顯示模型和圖頁標籤，下圖左。

B ☐顯示模型及圖頁標籤

由按鈕切換模型及圖頁標籤，下圖右。

24-2-2 顯示圖塊屬性

切換圖塊屬性的顯示：正常、開啟或關閉。

A 正常

依圖塊屬性定義中的設定，例如：定義圖塊屬性行為...，下圖左。

B 開啟、關閉

強制顯示或隱藏圖塊屬性，下圖右。

24-2-3 座標系統圖示

控制座標圖示顯示方式，例如：圖示顯示/隱藏、強制在左下角或跟者圖面原點移動。
模型或圖頁標籤內的座標系統圖示可獨立設定。

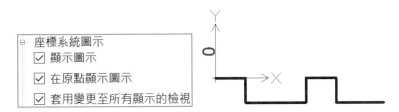

A 顯示圖示

在模型和圖頁標籤中顯示座標系統圖示,下圖左。

B 在原點顯示圖示

是否在座標原點顯示座標圖示。

B1 ☑ 在原點顯示圖示

以座標原點顯示座標圖示。移動圖面時,座標圖示也會跟著移動,下圖中。

B2 □ 在原點顯示圖示

始終在繪圖區域左下角顯示座標圖示,下圖右。

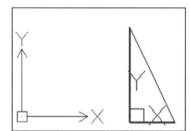
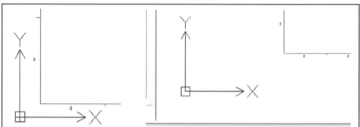

C 套變更至所有顯示的檢視

決定座標系統圖示是否套用至目前開啟的視圖,因為選項設定可以單獨儲存在特別工程圖中,如同身分證。

24-2-4 縮圖

展開縮圖並指定縮圖預覽的更新時機,以人性會要看縮圖。本節單獨設定那些要不要顯示縮圖,例如:模型空間、圖頁視圖、圖頁或檢視已產生...等。

24-3 點(Point)

設定點的類型與大小。數學上點沒有大小分,但可指定顯示大小。由類型清單設定點顯示類型,輸入數字決定大小。

A 絕對單位

控制點大小以工程圖單位相同。中鍵拉近/拉遠時,會維持點大小。

B **％相對顯示**

以相對百分比定義點大小。中鍵拉近/拉遠時，點會相對變大變小，下圖右。

24-4 單位系統（**Unit System**）

控制座標、距離和角度的格式與精確度，單位可以儲存在範本中，所有的設定都可以由下方預覽看出。

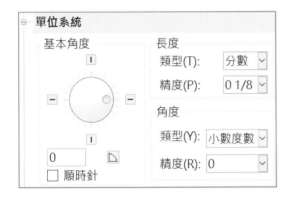

24-4-1 基本角度（預設向右）

拖曳圓盤指定 0 角度方向，例如：90 度（向上）為 0 度。

A **基本角度**

輸入或顯示圓盤角度。

B **順時針**

以順時針方向增加角度，標準座標來說，是逆時針。

C **在圖面中選擇**

輸入角度或回到繪圖區域指定點，作為預設角度方向，也可由圖元做為角度參考。

24-4-2 長度

設定單位長度類型與精度,下圖左。

A 類型（預設小數）

切換單位系統:分數、小數＝10 進位（公制單位）、工程＝10 進位的英呎和英吋、建築、科學記號。例如:1.5,由下方範例（預覽）看出顯示狀態,下圖右。

類型	範例
分數	1 1/2
小數	1.5
工程(英呎和英吋)	0'-1.5"
建築(英呎和英吋)	0'-1 1/2"
科學記號	1.5000E+00

B 精度

就是小數位數,不同類型所顯示精度樣式不一樣,例如:小數常用第 2 位,0.00。

24-4-3 角度

設定單位角度類型與精度,下圖左。

A 類型（預設小數度數）

切換單位系統:小數度數＝10 進位、度/分/秒＝12d30′0″、百分度＝360°、徑度＝2π＝360°、測繪單位系統＝羅盤方位角,N、S、E、W,下圖右。

類型	範例
小數度數	0.00
度/分/秒	0d0'0"
百分度	13.889g
徑度	0.218r
測繪單位系統	N 77d30'0" E

24-4-4 單位比例

設定插入圖塊和量測單位,例如:要插入圖塊（或工程圖）單位與目前工程圖單位不同時,系統會縮放圖塊。

其中無單位＝插入圖塊過程防止縮放。

24-5 座標系統（**Coordinate System**）

管理座標系統。已命名與預設為相對設定，只能設定其中 1 個座標系統，例如：設定已命名，就不能設定預設（箭頭所示），下圖左。

24-5-1 已命名

選擇座標系統→啟動，會顯示在現用座標系統的旁邊，要產生已命名的座標系統，請使用 CCS 指令，下圖右。不可以刪除或重新命名世界座標系統（WCS）。

A 相對於

選擇世界（世界座標系統）。

24-5-2 預設

在方塊面上設定暫時的正投影圖座標系統，下圖左。

A 名稱

選擇 1 個面（上、下、前、後、左或右）→啟動。

B 深度

指定視圖深度，也就是 Z 軸高度。

C 相對於

選擇應該與暫時座標系統相對照的座標系統，下圖右。

24-5-3 選項

設定工程圖是否隨座標系統變更。

A 座標系統變更時更新視圖

座標系統變更時，變更平面檢視。

B 隨檢視組態儲存座標系統

強制所有檢視排列反映其現用座標系統，否則排列座標系統維持不變。

24-6 工程圖比例清單（Drawing Scale List）

定義工程圖比例。自訂比例，進行列印、管理列印組態，以及縮放配置圖頁上視埠。關於視窗項目設定，於預設比例清單介紹。

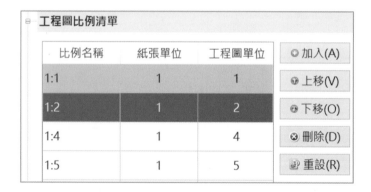

24-6-1 重設

透過重設工程圖比例視窗進行設定，下場就是自訂比例會被刪除。設定僅顯示公制或英制或同時顯示公制英制比例，下圖左。

A 使用系統比例清單

是否套用系統選項的預設比例清單，下圖右。

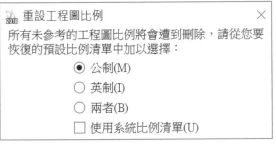

24-7 標準組態（**Standards Configuration**）

由公司內部的 CAD 管理員建立圖層、標註型式、線型與文字型式的標準，使所有工程師的圖面保持一致性，與 Solidworks 的 Design Check 模組功能相同。

設計相關文件種類非常多，其中細節規範又相當瑣碎，一不小心就會設定錯誤不符合公司規範，例如：單位、尺寸標註、字型、註記…等。

通常都由主管或資深工程師藉由人力進行圖面審查，檢視文件細節，也是人力關係一定會有疏漏。標準組態就是要減輕審核者負擔，自動找出不符合處並更新這些項目。

24-7-1 標準

設定標準須在新圖面建立圖層、標註型式、線型與文字型式的檔案，儲存為標準檔案（*.DWS），下圖右。

A 新增

新增標準組態檔案，用來驗證正在進行的工程圖。

B 上移、下移

將標準組態檔案向上或向下移動 1 層，以最上層進行審查，下層的標準檔可以保留，以套用未來的檢查，下圖左。

C 設定

顯示檔案路徑、工程圖格式、修改日期、儲存者，下圖右。

D 確認標準

　　進入確認標準視窗，檢查目前工程圖的圖層、線條樣式、尺寸樣式及文字樣式的名稱和屬性是否符合業界的項目。

　　可取代非標準的項目符合規定，加上旗標加以忽略，或保持原狀。

　　確認標準視窗先前已說明過，工具→標準→確認標準。

24-7-2 工程圖類別

　　選擇哪些樣式符合標準組態，與圖面關聯後應定期檢查圖面，確保遵循標準。例如：尺寸標註樣式、圖層、線條樣式、文字樣式，是否符合相關聯標準檔案，下圖左。

24-7-3 選項

　　設定標準組態通知情形和確認標準視窗中的項目。

A 通知－停用警示訊息

關閉違反標準項目的通知。

B 通知－違反標準時快顯警示（預設）

在目前工程圖偵測違反標準時，顯示快顯警示。

C 確認標準－自動更正非標準屬性（預設為清除）

執行確認標準指令，是否要自動更正非標準物件。

D 確認標準－顯示忽略的標準違反情形（預設為選取）

是否顯示在確認標準視窗中，標示忽略的標準違反情形。

E 確認標準－偏好的標準檔案

設定標準檔案（*.dws）或無。

24-8 尺寸抓取偏移距離

設定尺寸與圖元間、連續尺寸線的距離，放置半徑或直徑尺寸的角度，放置尺寸的邊界方塊，適用 Professional 或 Enterprise，下圖左。

24-8-1 啟用偏移距離

是否啟用圖元與尺寸之間的距離，保持相對距離可避免圖面過於擁擠。定義 1. 圖元和第一條尺寸界線之間距離＝10、2. 在尺寸界線之間距離＝8。

24-8-2 徑向/直徑抓取角度（預設 15 度）

設定半徑與直徑尺寸時放置的抓取角度間隔，下圖右。

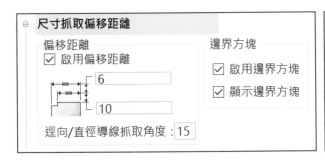
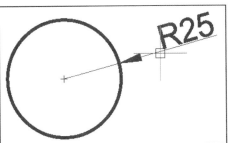

24-8-3 邊界方塊（Widget）

使用智慧型尺寸標註十◎指令時，啟用尺寸邊界方塊，自動放置尺寸，可以更快放置尺寸。有 4 種情形來放置尺寸：1. 線性水平、2. 線性垂直、3. 徑向、4. 平行

尺寸線段	邊界方塊	表示	說明
線性水平			尺寸放置於水平線段上方或下方。
線性垂直			控制尺寸放置於垂直線段左側或右側。
平行			控制尺寸放置於已標註尺寸之線段的上方或下方。
徑向			控制放置角度、半徑和直徑尺寸的四分之一點。

24-9 中心線設定（**Centerline Settings**）

設定中心線延伸輪廓的長度，設定 2 即可，適用 Professional 或 Enterprise。

中心線設定
延伸：2 1/2

24-10 方向鍵移動

設定方向鍵增量、往上/往下翻頁每按一下按鍵移動值，例如：方向鍵移動圖塊、註記時，適用 Professional 或 Enterprise。

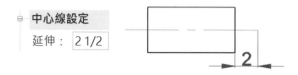

方向鍵移動
方向鍵增量：2.5
往上/往下翻頁增量：1

solid

25

選項－草稿樣式

　　草稿樣式可建立、編輯與修改、儲存文字樣式、尺寸樣式、富線格式和表格個別管理，通常拿預設樣式來改。工程圖參考來自選項，選項是核心又以**草稿樣式**最複雜。

　　設定樣式會比較辛苦，不如繪圖區域左邊屬性窗格有圖示，按**套用**可直接看到設定後結果，這點很貼心。很多說明在尺寸標註的屬性已說明過，本章不贅述。

　　絕大部分樣式可由預覽看出結果，方便看出設定前後差異，例如：預覽下方也可輸入文字，讓系統顯示**指定字型**與**參數定義樣式**（箭頭所示）。

　　本章很多說明相同，幫你整理相同部分並特別提醒，不讓你混淆，例如：ByLayer＝依圖層指定相同、ByBlock＝依圖塊指定相同，不贅述。

25-1 使用中的草稿樣式

查看文字、尺寸、富線、表格、圖層和線條字型預設或啟用中樣式，這裡只能看不能改，下圖左。展開標題可見預設項目，快點 2 下項目啟動成為預設設定，例如：快點 2 下圖層中的模型輪廓，使該圖層為預設。

25-1-1 文字（預設 Standard）

顯示啟用中的文字樣式，下圖左，與下方文字設定相關，下圖右。

25-1-2 尺寸（預設 ISO-25）

顯示啟用中的尺寸樣式，下圖左，與下方尺寸設定相關，下圖右。

25-1-3 富線（預設 Standard）

顯示啟用中的富線樣式，下圖左，與下方富線設定相關，下圖右。

25-1-4 表格（預設 Standard）

顯示啟用中的表格樣式，下圖左，與下方表格設定相關，下圖右。

25-1-5 圖層（預設 0）

顯示啟用中的圖層樣式，下圖左，在圖層管理員設定，下圖右。

25-1-6 線條字型

設定使用中的 1. 線條樣式、2. 線條色彩、3. 線寬，下圖左。

A 線條樣式（LineStyler）

設定預設的線條樣式：ByLayer、ByBlock、連續，下圖右。由載入線條樣式視窗，查看目前使用的樣式檔案與內容，例如：mm.lin，下圖左。

B 線條色彩

由清單指定色彩，可使用：1. ByLayer、2. ByBlock、3. 其他色彩，下圖右。預設 7 種色彩：1. 白色、2. 紅色、3. 紫紅色、4. 綠色、5. 藍色、6. 青色、7. 黃色。

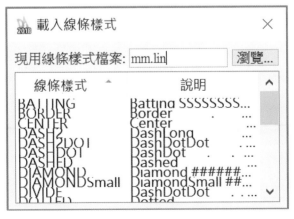

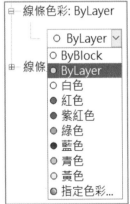

C 線條寬度：ByLayer

設定線條寬度與比例，線條粗細強調輪廓重要性，線條寬度不僅是輪廓還包含尺寸。由清單指定寬度依據，不過線粗超過一定比例時，會增加重新運算時間。

C1 預設寬度

設定預設線條寬度，只會影響之後所畫的圖形。可套用在圖層上，圖層不必每次設定相同的線寬，例如：0.25 是常用的線寬。

C2 在圖面中顯示寬度（預設關閉）

設定線條寬度後，是否要在螢幕中顯示。

C2-1 ☑ 在圖面中顯示寬度

螢幕顯示線條粗細，適用粗細或虛線區分時，例如：大郎要在書中表現圖形時，線寬就顯得特別重要。

C2-2 □ 在圖面中顯示寬度

希望效能最佳化。有些人不喜歡整張圖線條寬度有粗有細，要每張圖統一寬度顯示。圖面被縮放時，線寬不會改變，且線寬不代表實際單位。

C3 比例（預設 55）

設定調整線寬比例，範圍為 10～100，例如：線寬 2mm，50%＝1mm 顯示。

這項設定必須☑圖面中顯示寬度。

C4 英吋或毫米

選擇英吋或毫米作為線寬單位，下圖左。

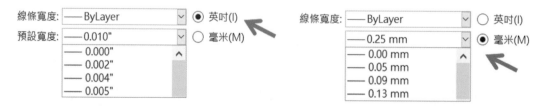

D 線條寬度與比例屬性 ≡

由屬性窗格可直接切換比例、寬度設定，下圖右。

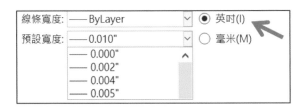 

25-2 文字（**TextStyle**）

可產生、編輯、啟用或刪除工程圖中的文字樣式，套用在註解或簡單註解。由字型、高度與方向設定文字樣式。

這些設定都可以由註解過程，由註解格式設定視窗中修改。

25-2-1 樣式（預設 standard）

由清單指定文字樣式，進行查閱並修改，下圖左。

25-2-2 濾器（預設所有樣式）

設定 1. 所有樣式＝由上方列出在工程圖中定義的所有樣式、2. 工程圖中樣式＝僅列出工程圖正在使用的參考樣式，下圖中。

25-2-3 重新命名 🖳

重新命名文字樣式名稱，不能重新命名 Stardard 名稱，但可編輯設定。

25-2-4 啟動 ⇨、刪除 ⊗

指定文字樣式→啟動成為預設。被啟用的樣式會有箭頭，🔥 字高3.5。刪除多餘文字樣式，但不能刪除 Stardard。

25-2-5 文字

指定 SHX、格式以及大字型。

A 字型（預設 Arial）

列出已安裝 TrueType、SHX 字型。

B 格式（預設正常）

套用至字型格式，例如：正常、斜體、粗體、粗體、斜體。

C 大字型

列出所有大字型 SHX 檔案，常用 Big_Font 或 Chineset，下圖左。

25-2-6 高度

指定字高。

A 註記縮放

是否套用註記縮放。在樣式中，可註記文字樣式會以 A 圖示標示。

B 調整文字方向，使其與圖頁相符

圖頁環境的視埠中註解方向是否遵循圖頁方向。

C 高度或圖頁文字高度

以工程圖單位設定字高，套用註解文字高度。

25-2-7 方向

設定文字方向：向後、上下顛倒、垂直、角度、間距。

向後、上下顛倒

顯示文字垂直軸鏡射影像，下圖左。上下顛倒顯示文字，下圖右。

垂直

垂直對正文字，適用部分字型，例如：FC-Arial.shx，下圖左。

角度（預設0）

文字的傾斜度。0～84.9向右（向前），0～-84.9向左（向後）傾斜，下圖中。

間距（預設1）

定義文字高寬比。

25-3 尺寸（**Dimension Style**）

讓尺寸標註使用一致樣式。尺寸樣式包含：角度、箭頭、雙重…等，可分別建立特殊文字或箭頭樣式，儲存後善加利用，讓尺寸標註更為輕鬆。

右上方預覽會顯示縮圖與樣式，下方表列樣式的設定，可以將文字敘述選取複製。坦白說，尺寸樣式過多不容易管理，現代人誰想要了解這麼細，只要統一一種就好。

A 新增 ⊕

產生新的尺寸樣式：輸入名稱、基於、套用至，清單內項目，每個都可以獨立設定。

步驟 1 輸入名稱

步驟 2 基於

以哪個為基準進行修改。

步驟 3 套用至

由清單指定要套用的項目，常用所有尺寸。

B 差異 🔍

在尋找尺寸標註樣式中的差異視窗，在比較和至分別選擇尺寸樣式。不同的尺寸樣式設定會列出，看得出差異。按複製，將差異內容貼到 WORD，進行比較。

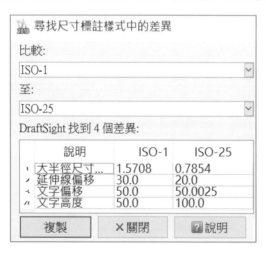

說明	ISO-1	ISO-25
大半徑尺寸折線角度	1.5708	0.7854
延伸線偏移	30.0	20.0
文字偏移	50.0	50.0025
文字高度	50.0	100.0

C 設定取代 ✎

暫時套用目前的尺寸樣式，不會修改尺寸樣式設定，適合臨時作業。1. 選擇樣式→2. 按右上方的啟用➡→3. 執行✎。會發現名稱為 ISO-60<樣式取代>（箭頭所示），下圖左。

D 樣式（預設 ISO-25）

由清單指定尺寸樣式，尺寸標註樣式會以圖學規範自行調整，所以預設有 ISO 字樣，沒規定一定要 ISO 開頭名稱，下圖右。

E 存至現用樣式（適用）

承上節，被設定的臨時性樣式，是否儲存並更新。

25-3-1 角度尺寸

進行角度設定與圓弧長度符號位置。

A 角度尺寸設定

進行格式、經度、顯示零定義。

A1 格式

設定角度單位格式：1. 小數度數（十進制）、2. 度/分/秒、3. 百分度或 4. 徑度。

| 24° | 26,597g | 23°56'15" | 0,418r |

A2 精度

清單選擇小數點後的位數。例如：0.123 就是小數點後 3 位顯示。小數位數系統會以四捨五入的方式顯示，不影響實際值，例如：小數位數.12，10.358 會自動進為 10.36，這一點要留意，很多人在此失去江山。

A3 顯示零

是否顯示角度的前置零和零值小數位數。

A3-1 隱藏前置零

小數點前面有 0 時，是否隱藏，例如：0.75＝.75。

A3-2 隱藏零值小數位數

小數點後面有 0 時，是否隱藏，例如：0.750＝0.75。

B 圓弧長度符號

設定弧長尺寸的符號顯示。1.尺寸標註文字之前、2.尺寸標註文字上方、3.無。

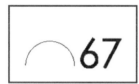 

25-3-2 箭頭

選擇箭頭樣式，套用在起始箭頭、終止箭頭、導線箭頭，甚至箭頭可以自訂。

A 起始箭頭、終止箭頭

指定尺寸的起始、終止箭頭，通常相同。

B 導線箭頭

設定導線箭頭樣式，下圖左。

C 大小

設定箭頭整體比例大小。箭頭大小會與文字相對比例，20 為示意。也可在屬性窗格設定箭頭樣式與大小，下圖右。

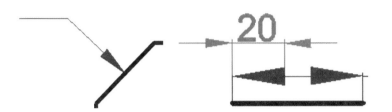

D 自訂箭頭

將箭頭作為圖塊，由選擇自訂箭頭視窗指定圖塊。

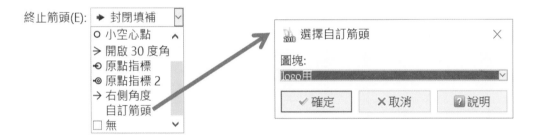

25-3-3 雙重尺寸

設定尺寸是否同時顯示 2 單位（主要單位＋換算單位），常見公制＋英制顯示，毫米 mm，換算單位英吋 in。被換算數值在尺寸旁[顯示]，例如：10mm[3/8]。

A 顯示雙重尺寸標註

開啟後可以設定以下清單,進行雙向尺寸標註設定。

B 格式

設定小數位數記號:Windows 桌面、科學記號、小數、分數…等,分數用在英制單位。

B1 Windows 桌面

以 Windows 預設小數符號為主,以下是 Windows 10 設定小數符號頁面。

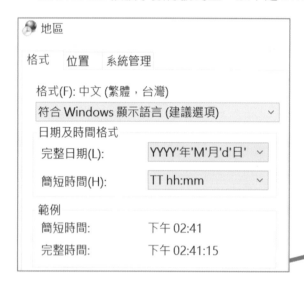

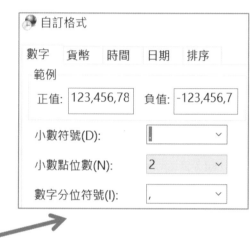

B2 格式清單

由左至右:科學記號、小數、工程、建築、分數。

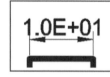  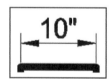 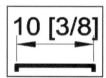

B3 用於轉換單位的乘數

設定換算係數,例如:英吋轉換公釐=25.4(1 英吋=25.4mm)。

B4 捨入至最近值(預設 0)

指定接近倍數進位,並透過小數位數進行 4 捨 5 入進位,例如:0=不捨入。

B5 字首和字尾

指定尺寸值的字首和字尾,不影響實際值,例如:@15mm。

C 顯示零

隱藏前置零、隱藏零值小數位數，先前說明過，不贅述。

C1 隱藏，如果 0'

隱藏零英呎。適用於建築、建築堆疊或工程。

C2 隱藏，如果 0"

隱藏零英吋。適用於建築、建築堆疊或工程。

D 插入點

指定替換單位置於主要值的後方或下方。

25-3-4 擬合（Fit）

進行尺寸文字放置、尺寸比例項設定，下圖左，擬合選項設定與屬性相對應，下圖右。

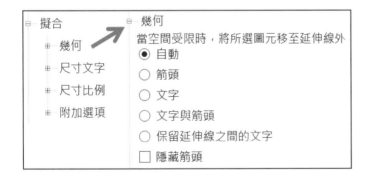

A 幾何（預設自動）

當延伸線（尺寸界線）間沒有足夠空間可供文字和箭頭放置時，如何安排尺寸。

A1 自動（自動判斷）

判斷基準以文字與延伸線空間是否足夠，尺寸與箭頭是否同一側，與下方設定互補。

A2 箭頭

強制箭頭在尺寸界線外，下圖 A。

A3 文字

強制文字在外側，下圖 B。

A4 文字與箭頭

強制文字與箭頭在同一側，即使數字會壓到箭頭，下圖 C。

A5 保留延伸線之間的文字

文字在尺寸線之間，下圖 D。

A6 隱藏箭頭

無法容納箭頭尺寸，則隱藏箭頭，下圖 E。

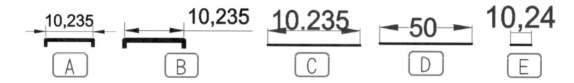

B 尺寸文字

當尺寸標註文字不在預設位置時移動...。

B1 尺寸線上方，帶導線

保留尺寸線與文字，下圖左。

B2 尺寸線上方，不帶導線

移動文字加入導線，下圖中。

B3 尺寸線旁邊

移動文字加入導線，下圖右。

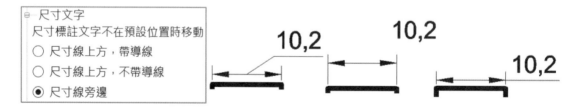

C 尺寸比例

輸入縮放係數或根據圖頁縮放尺寸。此設定不改變實際尺寸，下圖左。必須口註記縮放，才可使用以下功能。實務上不設定此功能，預設＝1 即可。

C1 縮放係數（預設 1）

尺寸樣式的整體比例，值越大尺寸越大。縮放係數會對大小、距離和間距造成影響，包括文字和箭頭大小，下圖右。

C2 根據圖頁縮放尺寸

根據圖頁空間的工程圖比例，設定縮放係數。

D 附加選項

提供放置尺寸的設定。

D1 延伸線之間的尺寸線

即使箭頭產生於尺寸外部，仍然強制尺寸線維持在延伸線之間。

D2 指定文字位置

手動放置尺寸文字，忽略水平對齊設定。

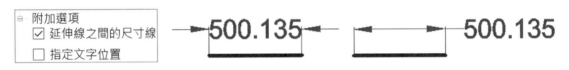

25-3-5 線性尺寸

定義連續式尺寸文字樣式，絕大部分先前介紹過，以下僅說明不同處。

A 分數顯示

設定分數單位的堆疊顯示，例如：水平、對角、未堆疊，下圖左。

B 小數分隔符號（預設,逗號）

設定小數尺寸的小數分隔符號，適用於小數格式，例如：逗號，下圖右。

C 量測比例（預設 1）

設定縮放係數。將線性尺寸標註乘以指定縮放係數，以 1 為基準，設定不會改變圖元大小，此設定適用非關聯尺寸標註。

D 遵循圖頁尺寸

將量測縮放係數僅套用至在圖頁尺寸，例如：模型空間比例 1：1，圖頁空間 1：2。

25-3-6 直線

尺寸標註組成設定，包含尺寸線與延伸線（尺寸界線）之線條寬度、色彩、偏移…等，以下設定影響新尺寸標註，下圖左。

A 尺寸線設定

尺寸線在文字下方或旁邊，進行以下設定，下圖右。

A1 樣式

套用尺寸線的線條樣式，建議 Bylayer，已於線條樣式介紹，不贅述。

A2 線寬

設定尺寸線寬，分別為 0.5 或 0.1，下圖左。

A3 偏移

使用基準標註時，設定尺寸線間的間距，下圖中。

A4 與起始箭頭的距離

延伸線的尺寸線距離，例如：10，適用箭頭→啟始箭頭→建築記號箭頭。

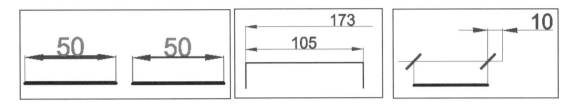

A5 隱藏

是否要隱藏第 1 或第 2 尺寸線和箭頭。沒有尺寸線就沒有箭頭，適用半尺寸標註。

B 延伸線設定

延伸線與尺寸線大部分設定相同，以下僅說明不同處，下圖左。

B1 偏移

設定延伸線與輪廓間的距離，CNS 要求設定 2-3mm，8 為示意，下圖中。

B2 與尺寸線的距離

設定延伸線與尺寸線向上的距離，CNS 要求設定 2-3mm，10 為示意，下圖右。

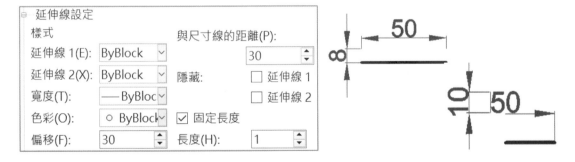

B3 隱藏

是否顯示第 1、第 2、全部隱藏尺寸延伸線，適用半尺寸標註，下圖左。

B4 固定長度（預設關閉）

設定延伸線與尺寸線向下距離。設定 2～3mm，8 為示意，下圖右。

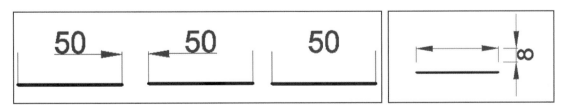

C 尺寸拆分

設定拆分尺寸（尺寸→拆分尺寸凹）間隔距離。拆分尺寸其他圖元交錯的尺寸線與尺寸界線時，預設間隔的寬度，適用 Professional 或 Enterprise。

25-3-7 徑向/直徑尺寸

使用中心符號線⊕時，圓或弧的中心符號要如何顯示，以下設定影響新標註，下圖左。

A 中心符號線顯示

設定標註圓或弧的中心符號顯示，以下圓直徑＝10。

A1 無

不顯示中心標記。

A2 作為標記

以中心十字符號顯示並定義大小，例如：10。

A3 作為中心線

定義中心線超過輪廓的尺寸，設定為 2.5 即可，10 為示意，下圖中。

B 半徑尺寸凸折（預設 45 度）

凸折╱尺寸標註時，設定斷縮尺寸線角度，下圖右。

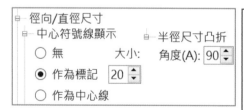
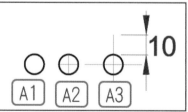

25-3-8 文字

定義尺寸文字樣式與位置，如圖右。

🅐 文字設定

定義尺寸文字樣式、色彩、高度與比例，下圖左。

A1 樣式

由清單切換文字樣式，或點選∕回到文字，用來新增或編輯尺寸文字樣式，下圖右。

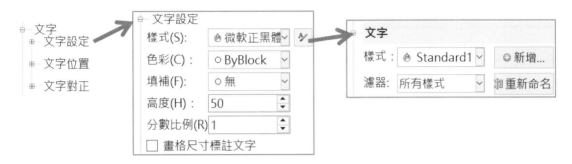

A2 填補

設定尺寸文字背景色彩，下圖左 1。

A3 高度

設定尺寸文字高度，例如：10，下圖左 2。

A4 分數比例

尺寸於分數表示時（箭頭所示）設定縮放係數，設定 0.5 為字高一半，對複雜圖面不會占空間，下圖左 3。

A5 畫格尺寸標註文字

在尺寸文字以方框圍繞，圖學定義為標準值，下圖左 4。

🅑 文字位置

定義尺寸文字水平、垂直放置。

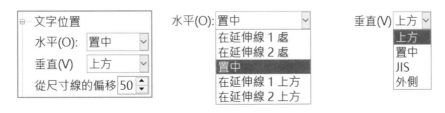

B1 水平

由清單切換文字相對於延伸線位置，由左至右分別為：1. 置中、2. 延伸線 1 處、3. 延伸線 2 處、4. 延伸線 1 上方、5. 延伸線 2 上方。

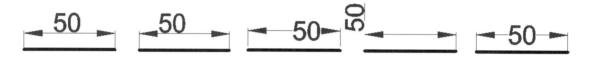

B2 垂直

由清單切換文字相對於尺寸線位置，由左至右分別為：1. 上方、2. 置中、3. JIS、. 4 外側，其中 JIS＝文字於標註線上方 3mm，下圖左。

B3 從尺寸線的偏移

設定文字從尺寸線的偏移距離，下圖右。

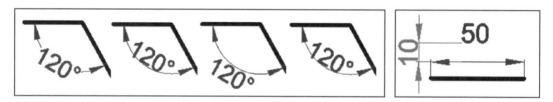

C 文字對正

設定對正尺寸標註的文字放置。

C1 使用 ISO 標準

文字在延伸線外側時，水平對齊文字，文字在延伸線內側時。

C2 水平對正

將文字放置在水平位置，下圖左。

C3 與尺寸線對正

文字與尺寸線平行，下圖右。

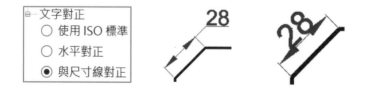

25-3-9 公差

定義尺寸標註公差顯示設定，很多項目先前說明過，例如：顯示零、雙重尺寸（箭頭所示）不贅述，可減少閱讀壓力。

公差設定

計算(C): 偏差

精度(P): 0

最大值(M): 0

最小值(I): 0

比例(S): 1

垂直文字調整(V):

下

顯示零: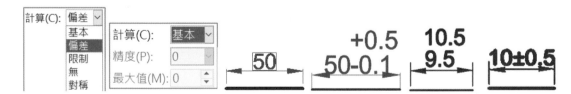

☐ 隱藏前置零　　☑ 隱藏，如果 0'

☑ 隱藏零值小數位數　☑ 隱藏，如果 0"

雙重尺寸

精度(R): 0.000

顯示零:

☐ 隱藏前置零　　☑ 隱藏，如果 0'

☐ 隱藏零值小數位數　☑ 隱藏，如果 0"

A 公差設定

定義公差標示、精度、比例…等。

A1 計算

由清單切換格式由左至右分別為：1. 基本、2. 偏差、3. 限制、4. 無、5. 對稱，下圖左。

A1-1 基本

周圍方塊圍繞，無法進行以下設定，只能進行雙重尺寸設定。

A1-2 偏差

設定公差上、下限值，例如：雙向公差。

A1-3 限制

承上節，換算輸入的公差，例如：00＋0.5＝10.5、10-0.5＝9.5。

A1-4 無

不產生公差值，無法進行以下設定。

A1-5 對稱

輸入最大值表現正偏差與負偏差，例如：10±0.5，下圖右。

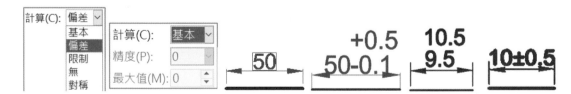

A2 最大值和最小值

於最大值輸入正公差值，反之負公差值。

A3 比例

設定公差與文字大小比例。以字高為基準，公差 0.5 就會比字高小一半，下圖左。

A4 垂直文字調整

設定公差文字調整，適用於偏差顯示，下圖右。

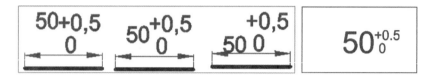

25-4 富線（**RichLine Style**）

設定新複線圖元的樣式，樣式與濾器先前已說明（方框所示），不贅述。

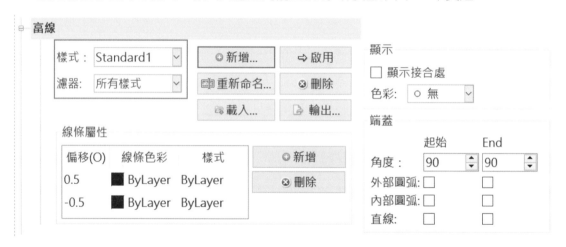

🇦 載入、輸出

於載入富線定義視窗→瀏覽，*.MLN 樣式檔案，下圖左。儲存富線樣式，下圖右。

25-4-1 線條屬性

指定線條偏移、線條色彩和樣式,本節不說明線條色彩和樣式,快點 2 下於窗格中修改,下圖左。

A 偏移

指定線條偏移距離。線條位置由中心決定,例如:線條中心線 0.0,下圖中。

B 新增

加入線條元素,被加入的元素會放置在窗格中,下圖右(箭頭所示)。

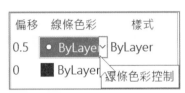
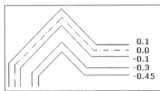
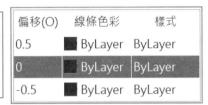

25-4-2 顯示

是否在線段斷開處顯示直線結合,以及將複線上色。

25-4-3 端蓋

指定起始或結束端蓋形式,例如:圓弧或直線。

A 角度

設定直線端蓋的角度,與直線一同設定。

B 外部圓弧、內部圓弧

以圓弧將 2 個內部或外部線條相結合,例如:4 條線組成的複線,下圖左。

C 直線

以線段蓋住圖元,與角度一起設定,下圖右。

25-5 表格（Table）

產生新的表格樣式，本節樣式與濾器於先前已說明，不贅述。

25-5-1 儲存格樣式設定

由內容清單選擇儲存格類型：

1. 資料、2. 標頭、3. 標題，分別進行以下顯示、
文字、邊框以及儲存格邊界設定。

25-5-2 顯示

設定表格背景色彩和儲存格中文字對正，下圖左。

25-5-3 文字

儲存格中文字色彩、文字樣式和文字高度，下圖中。

25-5-4 邊框

顯示的邊框色彩、線寬和邊框顯示，下圖右。

25-5-5 儲存格邊界

設定儲存格水平和垂直寬度，例如：水平 50、高度 40，下圖左。

25-5-6 表格頁首方位

指定表格標題向下或向上顯示，此設定會影響使用中的表格，下圖右。

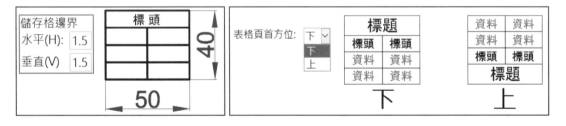

筆記頁

選項－設定檔

儲存選項中所有設定檔，可分別套用與管理。你希望不同的整體規劃，可以新增好幾個規劃檔，分別啟用並分別儲存起來。

套用的設定會影響正在使用，和未來開啟文件。選項設定儲存在 Windows **登錄器**（Regedit），也可以儲存出來。

26-1 加入（**Add**）⊕

點選右方加入，跳出已命名的設定檔視窗，輸入設定檔的名稱和描述。例如：大郎希望大圖示＋模型空間的背景白色，下圖左。

26-2 重新命名（**Rename**）

重新命名所選的設定檔，下圖右。

26-3 輸入（**Import**）

將先前輸出儲存的設定檔輸入，下圖左。

26-4 輸出（**Export**）

輸出所選的設定檔 XML。常用於備份，減少系統重大錯誤救不回來，下圖右。

27

圖塊製作與定義

　　將圖元、文字集群組單一圖元，日後可重複使用，繪圖效率大幅提升。實務上，根據領域不同發展出專用的圖塊庫，例如：機械、土木、室內建築…等，坊間也有賣圖塊庫光碟甚至網站提供下載。

　　對於經常使用的圖形或註解，都可製作、儲存、編輯，形成圖塊插入工程圖中，圖塊附檔名一樣為*.DWG。圖塊建立與編輯是 2D CAD 特色，解決重複製圖最佳方案，是常用也是必備專業技能。

　　實務上，許多工程師會將圖框製作成圖塊，依零件尺寸縮放圖框，但究竟是要以零件還是圖框為主？自從有了 3D 作業，這部分很少人討論這類比例關係。

　　本章詳細介紹圖塊**建立**與**編輯**。圖塊作業分散 4 處，例如：1. 插入→圖塊、2. 繪製→圖塊、3. 修改→圖元→圖塊屬性、4. 修改→零組件→編輯。

  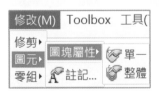 

27-0 圖塊製作流程

圖塊學習不能依功能表順序，例如：先插入再製作，沒有製作要怎麼使用呢？必須依本節順序：1. 繪製圖元→2. 圖塊定義→3. 插入圖塊。

27-0-1 繪製圖元

製作圖塊前要先把圖元畫好，假設史酷比已畫好。

27-0-2 圖塊定義（MakeBlock，B）

透過圖塊定義視窗，將畫好的圖元、零件甚至整張圖面轉換為圖塊。這些圖塊都可搬移、複製、旋轉或到其他檔案，當然也可以再度編輯這些圖塊。

本節說明如何製作圖塊：1. 先選狗頭圖元→2. 點選定義，進入圖塊定義視窗→3. 在名稱欄位輸入：狗頭→4. ✔儲存圖塊。

27-0-3 定義圖塊屬性（MakeBlockAttribute）

將資料訊息貼附於圖塊或標籤上。由定義圖塊屬性視窗開始製作，若圖塊內沒有文字這步驟可省略。

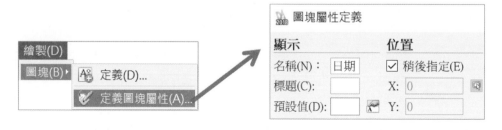

27-0-4 插入圖塊（InsertBlock，I）

將製作完成後的狗頭圖塊插入至工程圖中，1. 插入→2. 圖塊→3. 瀏覽找出狗頭檔案。

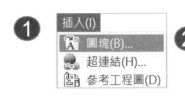

27-0-5 進階屬性編輯（EditXBlockAttribute）

快點 2 下圖塊也可編輯圖塊屬性值。

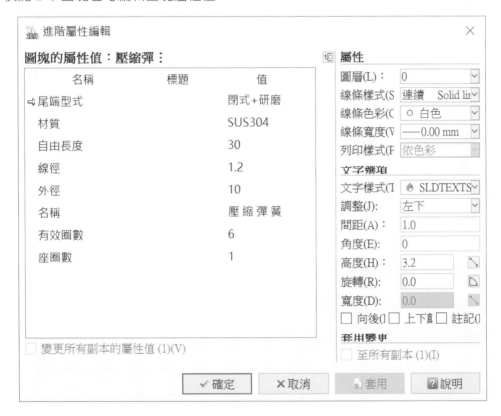

27-1 圖塊定義（**MakeBlock**）

定義就是產生圖塊的意思：1. 繪製圖元→2. 繪製→3. 圖塊→4. 定義，進入定義圖塊視窗→5. 定義圖塊，下圖左。圖塊定義視窗可以：1. 建立新圖塊、2. 更改圖塊預設定義。換句話說，本節設定會使用插入圖塊（插入→圖塊）到工程圖過程。

如果不要這麼麻煩,也可以 1. 圖元繪製→2. Crtl＋C→3. 滑鼠右鍵→4. 貼上為圖塊,很多人沒想到的技巧,下圖右。

27-1-1 名稱

輸入圖塊名稱:1. 字母、2. 數字、3. 空格、4. 特殊字元$、#、_。

A 輸入名稱

在名稱清單選擇現有圖塊,例如:壓縮彈簧表,修改圖塊定義→✔,下圖左。系統出現覆寫圖塊定義視窗,詢問是否要更新圖塊→是,完成圖塊更新,下圖右。

 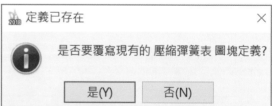

27-1-2 描述 ✎

輸入圖塊的說明,例如:壓縮彈簧專用,避免時間太長,忘了為何製作此圖塊。

27-1-3 設定

定義使用插入圖塊(插入→圖塊)到工程圖過程,例如:比例、單位或超連結,每個圖塊可擁有獨立設定(箭頭所示)。

A 註記縮放

註記隨圖塊大小縮放。游標接近圖塊顯示**A**，表示該圖塊可用註記縮放，下圖左。

B 調整圖塊方向，使其與圖頁相符

使用插入圖塊（插入→圖塊）到工程圖過程，是否可調整圖塊旋轉角度，此選項僅能於☑註記縮放才可使用，下圖中。

B1 ☑ 註記縮放

插入圖塊可旋轉角度，例如將橫長方形→直長方形。

B2 ☐ 註記縮放

維持製作時的方向，例如：永遠維持橫長型，無法利用旋轉指令變更。

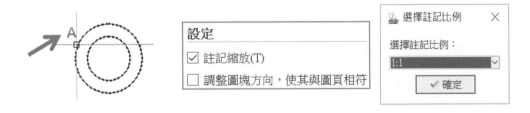

C 套用統一比例

插入圖塊（插入→圖塊）到工程圖過程是否可以更改圖塊比例。統一比例是圖元的高寬比一致性，不會變形但沒彈性。與 Solidworks 的縮放比例指令相同。

D 允許圖塊爆炸

插入的圖塊，是否可以爆炸圖塊。建議☑減少不必要麻煩，例如：我們常遇到新人拿到圖面，但圖塊就是怎樣也炸不掉，只能無奈重描。

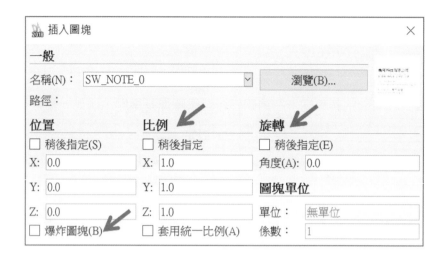

E 附加超連結

指定圖塊連結至關聯檔案或網站,例如:彈簧圖塊可連結到廠商公司網站,方便查詢使用地方,本節先前說明過,不贅述。

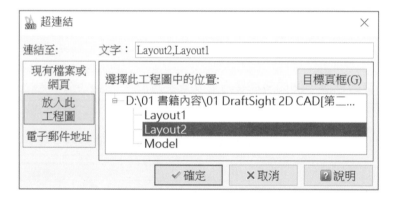

F 單位

由清單選擇圖塊單位,設定後無法於插入圖塊過程改變,呈現灰階狀態,例如:圖元 10mm→單位設定為米,插入圖塊時該圖元就會 10m。

G 基準點

定義圖塊的基準，基準點也可在插入圖塊視窗指定。較常用在圖面中選擇。

G1 在圖面中選擇 ◨

點選◨後退出圖塊定義視窗，在繪圖區域選擇圖塊基準點，例如：圓心。選擇完成系統顯示所選圖元的 XYZ 座標值，該座標值不必理會。

G2 XYZ 座標值

輸入 X、Y、Z 座標值，作為圖塊基準點。

H 圖元

選擇要產生圖塊的圖元。在繪圖區域選擇圖元後，進行以下設定。

H1 在圖面中選擇◨

於繪圖區域選擇形成圖塊的圖元。這些圖元將依以下選項個別處理，如果沒有選擇任何圖元，系統會提示選擇，隨後進行◨。

H2 保留為單獨的圖元

將所選圖元產生圖塊後，仍維持未做成圖塊的狀態。

H3 轉換為圖塊（預設）

所選圖元轉換為圖塊。

H4 從工程圖移除

產生圖塊後→移除圖塊。

27-1-4 編輯圖塊屬性值

圖塊完全定義後→✔，系統會自動進入編輯圖塊屬性值，請參考下一節圖塊屬性定義。當圖塊屬性完全定義後→產生圖塊，原本工程圖上的試作章文字會變成 2012，下圖左。

若完成圖塊屬性定義，無法回到該視窗，只能重新製作。例如：圖塊文字在工程圖形成中文字亂碼???，這時只能重新製作，下圖右。

27-2 定義圖塊屬性（**MakeBlockAttribute**）

　　將文字或數字資料整合於圖塊，可彈性輸入文字資料，特別用在圖塊包含文字時，例如：試作章。

　　圖塊沒有文字，這部份可省略。重點是，並非每個圖塊都進行定義階段，有需要再定義即可。

　　指令位置：1. 繪製→2. 圖塊→3. 定義圖塊屬性。

27-2-1 顯示

　　定義圖塊屬性：1. 名稱、2. 標題、3. 預設值，這是最重要的。快點 2 下圖塊，由編輯圖塊屬性值視窗看出設定的屬性值。

A 名稱

　　定義圖塊名稱，可把名稱當作檔名，例如：試作章。

B 標題

定義屬性值標題，可以是文字或數字，例如：日期。製作過程標題和預設值會同時顯示，例如：在指令視窗中要求輸入圖塊屬性值。

C 預設值

顯示圖塊屬性的可見值，可為文字、數字或變數。插入圖塊過程，標題和預設值同時顯示，例如：在指令視窗中要求輸入圖塊屬性值，預設：2012，日期，下圖左。

D 進入欄位

進入欄位指定變數連結（箭頭所示），例如：連結檔案名稱，下圖右。

D1 類別

依清單切換指定類別：1. 全部、2. 其他、3. 文件、4. 日期與時間。

D2 名稱

依清單選擇要插入的欄位：1. 上次儲存者、2. 主旨、3. 作者…等。

D3 格式

指定欄位文字格式，例如字串大小寫、日期欄位的日期格式等。

D4 屬性值與變數連結

螢幕顯示方塊圍繞，例如：fotterm。

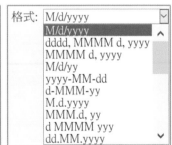

27-2-2 文字設定

設定文字樣式、高度與位置。

A 文字樣式

由清單選擇預設文字樣式。若文字樣式不足,使用選項➔草稿樣式➔文字,產生新樣式,特別是名稱文字無法完整顯示使用。

圖塊為中文亂碼,除非把圖塊炸開或轉檔前先進行字型設定,不然複製到另一份工程圖中,還是會為中文亂碼,這時就要進行零組件修改了。

B 調整

由清單選擇與插入點有關的文字對齊位置。

C 註記縮放

指定透過定義的圖塊屬性插入圖塊時是否套用。

D 高度

輸入文字高度,也可透過 由螢幕選擇高度。

E 旋轉

指定插入角度,輸入 0~360 值。逆時針=正值,順時針=負值。也可透過 由螢幕指定旋轉。

F 寬度

為數行圖塊屬性定義文字行在處理到下一行前的最大寬度。將值設為 0.00 定義文字行長度上沒有任何限制。

27-2-3 位置

定義圖塊插入點,這部分與先前定義-設定的基準點相同,不贅述。

27-2-4 行為

控制插入圖塊時,圖塊屬性值的顯示狀態。

A 固定(預設關閉)

是否更改圖塊內的值。

A1 ☑ 固定

插入圖塊後，僅顯示圖塊屬性預設值，無法更改，例如：希望日期為今天日期。此選項☑時，標題、預先定義、驗證選項為灰階狀態，無法使用，下圖左。

A2 ☐ 固定

插入圖塊後，快點 2 下圖塊→編輯零組件視窗切換名稱與預設值，下圖右。

B 隱藏（預設關閉）

控制圖塊屬性的顯示狀態。

B1 ☑ 隱藏

插入圖塊後不顯示圖塊屬性值。若要暫時顯示被隱藏的圖塊屬性，1. 檢視→2. 顯示→3. 圖塊屬性→4. 正常，下圖左。

B2 ☐ 隱藏

插入圖塊後顯示圖塊屬性值，下圖右。

C 預先定義（預設關閉）

設定插入圖塊的過程，系統直接直接顯示圖塊屬性，或詢問預設值的圖塊屬性。

C1 ☑ 預先定義

插入圖塊後直接顯示圖塊屬性，例如：試作章日期 2013 年 1 月 1 日。

C2 ☐ 預先定義

插入圖塊時，命令提示是否輸入圖塊屬性值。

D 驗證（預設關閉）

設定插入圖塊過程，會提示確認（驗證）圖塊屬性值，特別用在更改預設值時。

D1 驗證

插入圖塊時，於指令視窗日期輸入非預設值後，例如：123，系統出現確認圖塊屬性值，預設也會更改為 123，如果確定後↵即可顯示於螢幕上，下圖左。

D2 驗證

插入圖塊時，如果要更改日期直接輸入，系統不會出現驗證，下圖右。

E 數行

指定圖塊屬性為單行或數行。

27-2-5 鎖定圖層

插入圖塊後，圖塊屬性是否為鎖定狀態。被鎖定的圖塊無法移動和點選。若要解除鎖定，拖曳掣點移動圖塊（箭頭所示）。

→2017/05/27

27-2-6 上一個定義下方的位置

設定圖塊是否對正至上一個圖塊下方，使用該功能一定要有 1 個單行圖塊屬性。

A ☑ 上一個定義下方的位置

插入圖塊後，會自動定義在上一個圖塊下方，例如：下方的試作章。此選項☑時，文字設定及位置皆為灰階狀態，無法使用。

B □ 上一個定義下方的位置

圖塊位置依圖塊屬性定義或稍後指定。

位置	文字設定	
☑ 稍後指定(E)	文字樣式(S):	⚙ Standar ▾
X: 0	調整(J):	左 ▾
Y: 0	☐ 註記縮放(T)	
Z: 0	高度(H):	2.5
	旋轉(R):	0
	寬度(W):	0

27-3 插入圖塊（**InsertBlock**）

　　將圖塊插入工程圖中，插入過程決定位置、調整比例與旋轉角度。也可在檔案總管將 DWG 檔案拖曳到已開啟的圖面中，完成圖塊插入作業。

　　插入圖塊，該圖塊可以成為圖檔一部分是屬於外部連結。另一種使用圖塊的方法就是用外部參考，在 DraftSight 稱為參考工程圖（插入→參考工程圖）。

插入圖塊

一般

名稱: 27-3(正齒輪圖塊) ▾ ｜ 瀏覽...

路徑: D:\01 SOLID：(正齒輪圖塊).dwg

位置(P)	比例	旋轉
☐ 稍後指定(S)	☐ 稍後指定	☐ 稍後指定
X: 0	X: 1	角度(A): 0
Y: 0	Y: 1	**圖塊單位**
Z: 0	Z: 1	單位: 毫米
☐ 爆炸圖塊(B)	☐ 套用統一比例(A)	係數: 1

27-3-1 名稱、路徑

　　在清單中選擇 1 個圖塊，或是按瀏覽找出圖塊，顯示由外部載入圖塊的存放路徑。

27-3-2 位置

　　透過點選或輸入座標 X、Y、Z 值，定義圖塊出插入位置。

A 稍後指定

　　✓離開插入圖塊視窗後，在工程圖面點選放置圖塊的位置。

B X、Y、Z

輸入絕對座標 X、Y、Z 值，精確放置圖塊位置。例如：表面加工符號在左上角，可以將圖塊定義 X＝10、Y＝200、Z＝0。

位置有方向性，例如：X＝-100、Y＝-200、Z＝-0，圖塊會被置於左下角。

27-3-3 比例

輸入比例值改變圖塊大小，如果在 X、Y、Z 各欄位輸入不一樣值，圖塊會變形，例如：圓→橢圓。

輸入每個軸向的比例係數，例如：將表格以 X＝1、Y＝2、Z＝1 放置，不過 XYZ 欄位不得為 0，會出現該值無效提醒視窗。

```
指令視窗
: INSERTBLOCK
預設: 1.0
選項: 角落, 統一比例(S) 或
指定 X 比例或指定對角»
```

```
DraftSight        ×
      該值無效。
   ✔ 確定
```

A 套用統一比例

在 X 欄位中輸入比例倍數。例如：比例＝1，以原始大小插入圖塊。比例<1，縮小原始比例，例如：0.5＝原來的一半。比例>1，增大比例，例如：2＝原來 2 倍。

27-3-4 旋轉

在旋轉底下角度中輸入一個數值設定圖面中的旋轉角度。逆時針旋轉：正值、順時針旋轉：負值、稍後指定：點選的方式指定角落定義圖塊角度。

27-3-5 圖塊單位

顯示要插入的圖塊單位、比例或爆炸圖塊。

27-3-6 爆炸圖塊

將圖塊爆炸分解成各個圖元。爆炸後圖塊將喪失特性，只能爆炸比例一致的圖塊。

27-4 工作窗格之圖塊屬性

點選圖塊，透過工作窗格可快速修改圖塊值，例如：位置、比例、旋轉角度…等。

27-4-1 幾何

設定圖塊 X、Y、Z 座標位置和比例大小，比例通常相等，例如：1：1：1。

A X、Y、Z 座標值

顯示或設定圖塊 X、Y、Z 座標值，例如：X＝100、Y＝50、Z＝0。

B 比例 X、Y、Z（預設 1）

顯示或設定圖塊 X、Y、Z 相對比例，例如：X＝2、Y＝2、Z＝2 就是放大 2 倍。

27-4-2 綜合

顯示或設定圖塊角度、名稱單位與比例。

27-4-3 圖塊屬性

顯示或修改目前圖塊名稱與屬性，適用圖塊有定義文字。

壓 縮 彈 簧	
外徑	10
線徑	1.2
自由長度	30
有效圈數	6
座圈數	1
尾端型式	閉式+研磨
材質	SUS304

27-5 修改圖塊屬性

透過進階屬性編輯視窗,編輯圖塊屬性,可以修改單一或多個。指令位置:1. 修改→2. 圖元→3. 圖塊屬性→4. 單一、整體。也可以最簡單方式,快點 2 圖塊,進入視窗。

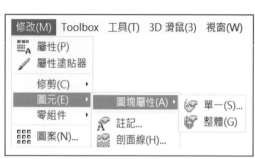

27-5-1 單一(_EditBlockAttribute)

承上節,進入編輯圖塊屬性,更改名稱、標題與值。

27-5-2 整體(-EditBlockAttribute)

修改一或多個圖塊屬性值,例如:插入點、高度和文字樣式,好處可以同時大量變更圖塊屬性,接下來過程很繁複,看看就好。

指令視窗

: _-EDITBLOCKATTRIBUTE
確認: 是否一次編輯一個圖塊屬性?
指定 是(Y) 或 否»
選項: 按 * 來選擇所有圖塊 或
指定圖塊»

步驟 1 或 EditBlockAttribute

是否一次編輯一個圖塊屬性,過程繁複。

步驟 2 按*來選擇所有圖塊或指定圖塊:

=選擇所有圖塊,進行所有圖塊變更。要指定圖塊,須輸入圖塊名稱,也可 Enter 來指定預設。

27-6 編輯圖塊圖元

如果要編輯圖塊又不想更新圖塊，用爆炸指令就可以直接編輯，也是最簡單及常用的方式。修改圖塊不會讓圖塊更新，例如：狗頭加上 2 圓，唯有圖塊儲存，檔案才會更新。

編輯圖塊方式有很多種，先前介紹都是編輯圖塊屬性，其實還可編輯圖塊內的圖元，於 1. 修改→2. 零組件→3. 編輯介紹。

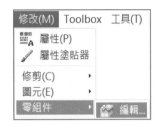

27-7 儲存檔案（ExportDrawing）

所建立的圖塊暫存目前工程圖，隨時等待使用。結束工程圖時，圖塊還是工程圖一部份，要與其他圖面共用，必須儲存檔案視窗，將圖塊儲存起來也包含工圖圖元。

只能辨識目前工程圖的圖塊，例如：可看出目前工程圖有試作章和…圖塊。換句話說，開另一張工程圖，會在圖塊定義視窗看到不同圖塊名稱。

由於儲存檔案與圖塊定義、插入圖塊相似，僅說明一般及目的地，其餘不贅述。

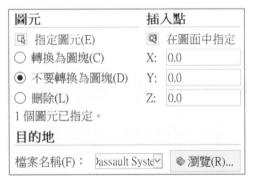

27-7-1 一般

選擇在目前的工程圖要輸出成外部檔案的內容。

A 圖塊

由清單選擇要輸出至獨立檔案的圖塊，實務上，可將每個圖塊儲存為資料庫。

B 所有圖元

只有出現在工程圖圖元輸出成獨立檔案。實務上可以減少檔案容量，因為儲存在背景的圖塊不會存出。

C 所選圖元

將所選圖元輸出成獨立檔案。實務上，你的同事要參考你的部分圖面才能進行，就透過所選圖元給他他要的，避免你整個圖面給他，還會找錯圖的情況發生。

27-7-2 目的地

點選瀏覽選擇要儲存於外部位置的空間。

27-7-3 插入圖塊 🄰

分別透過清單將三視圖圖塊插入工程圖中，插入圖塊的過程，於位置☑稍後指定，可以事後決定位置、調整比例與旋轉角度，下圖右。

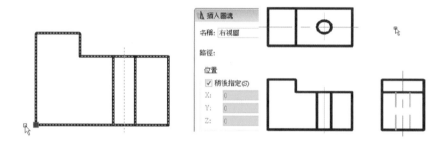

27-7-4 爆炸圖塊

透過爆炸💣將圖塊分解，特別是不要圖塊時。1.💣（修改→爆炸）→2. 點選圖塊→3. ↵，完成爆炸。這時點選圖形會見到一段一段圖元，不是圖塊一整組。

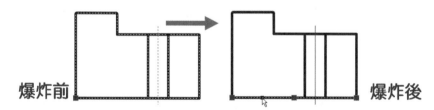

爆炸前　　　　　　　　　　爆炸後

區域剖面線－填補

將本章講解剖面線/填補視窗（繪製➔剖面線），和**自訂剖面線圖案**。剖面線他一定加在封閉圖元中，常用於剖面視圖。剖面線用來區分不同材料或不同零件，增加工程圖易讀性讓圖面更富意義。

物體被剖切後，表達物體被假想剖切而非真實形狀，必須在剖切面上加剖面線（Hatch）區別。

剖面線可大量減少繪圖時間，沒有剖面線功能，必須花精神處理佈滿在區域的線條。剖面線由多重線條繪製，這些線條常以斜代表，並以不同的間隔隔開。線條種類包含短線、長線並混和呈現。

28-1 類型

剖面線/填補視窗左上方切換剖面線或填補標籤，定義剖面線或設定色彩樣式。快點 2 下剖面線可進入該視窗進行查看或編輯。

28-1-1 剖面線或填補共同性

這 2 類型有共通性，在右邊的
邊界設定與模式。

28-2 圖案

設定剖面線類型及圖案，由預覽得知剖面圖案。

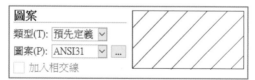

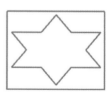

28-2-1 類型、圖案

由類型清單切換自訂、預先定義或使用者定義的剖面線類型。切換類型後，系統自動帶出圖案清單，換句話說類型與圖案是搭配使用。

點選圖案清單旁預覽圖示，進入圖案樣式視窗，分別為：1. ANSI、2. ISO、3. 範例、4. 自訂。

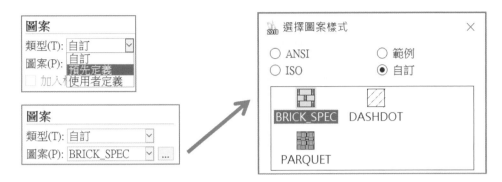

A 自訂

自訂就是自行設計的圖案。由圖案清單或透過瀏覽選擇圖案樣式。在選擇圖案樣式視窗（預設自訂），顯示 ANSI、ISO、範例或其他業界標準的剖面線樣式。

B 預先定義

定義預設剖面圖案，下回進入剖面線/填補視窗不必再次選擇。由圖案清單或選擇圖案樣式視窗中，選擇常用圖案套用至圖面，常用 STEEL 斜線。

C 使用者定義

使用自行設定的剖面線套入圖面。關於使用者定義於自訂剖面線圖案介紹。

C1 加入相交線

將圖案加入垂直線使其相交錯，常用在找不當類型時，用這功能配套。

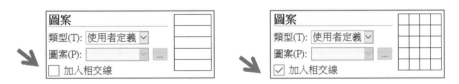

28-3 圖案開始點

設定剖面線圖案基準（起點位置），貼附於指定範圍。可由工程圖原點、使用者定義位置定義剖面線的起點。由於剖面線圖案沒有基準，例如：星形無法平均分布在區域範圍內，只好依角度與比例控制。

28-3-1 目前工程圖原點（預設）

產生填充線樣式起始位置，預設以工程圖原點（UCS 原點）為基準。

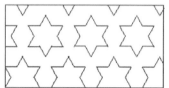
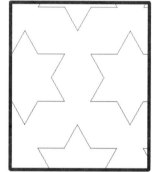

圖案預覽　　　　目前工程圖原點　使用者指定座標

28-3-2 使用者定義位置

承上節，無法得知剖面線圖案原點，如果不能接受這樣的配置，可進行調整。

A 指定座標 ⌖

按下 ⌖ → 在圖面中指定剖面線圖案的基準點。如果要完成指定的位置，要不斷嘗試 ⌖ 才有可能達到（箭頭所示），下圖右。

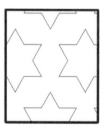

B 使用邊界（預設中心）

由清單選擇位置：1. 中心、2. 左上、3. 右上、4. 左下、5. 右下。

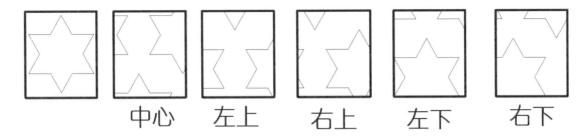

中心　　左上　　右上　　左下　　右下

C 設為預設

　　儲存剖面線圖案指定位置。以後加入圖案時不必重新定義圖案位置，例如：星星圖案
要置中，設為預設要與指定座標配合。

28-4 角度與比例

　　設定角度和縮放剖面線圖案，下圖左。

28-4-1 角度

　　設定剖面線角度。角度清單包含 0～360 度間、以 15 增量，0 度為水平線。角度會將
圖案以逆時針方向旋轉，也可自行輸入角度。

A 預設圖案角度＝0

　　圖案如是斜線，該角度就是 0 度而非 60 度，例如：ANSI31，下圖中。

B 剖面線的角度的意義

　　角度用以區分相鄰的零件，特別是組合件模型，下圖右。

28-4-2 比例（預設 1）

　　指定圖案比例 0.25～2 之間、以 0.25 為增量比例值，也可自行輸入，使用者定義無
法使用比例功能。

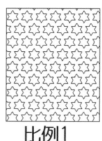

比例2　　　　比例1　　　　比例0.5

28-4-3 間距（適用使用者定義）

指定圖案間距，值越大間距越寬。

28-4-4 ISO 畫筆寬度（適用預先定義之 ISO）

定義剖面線條寬度：1. 無、2. 0. 13～2 間。比例會和筆寬同步變更。

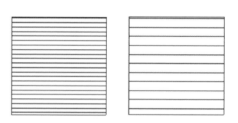

Ａ 無

以圖層或屬性來定義線條寬度。轉檔或自訂圖案，無法設定線條寬度（箭頭所示），下圖左。也可透過線條寬度來改，例如：1mm，下圖右。

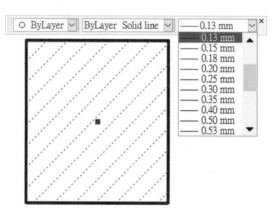

28-4-5 根據圖頁的單位縮放

相對於圖紙空間單位，調整剖面線比例。

28-5 邊界設定

在繪圖區域指定加入剖面線邊界。可以指定圖元、指定點、邊界計算...加入剖面線的，邊界設定步驟都相同。

28-5-1 指定圖元 ⬚

選擇形成邊界圖元，加入剖面線，下圖左。

步驟 1 指定圖元 ⬚

步驟 2 指定邊界圖元

於繪圖區域選擇剖面的區域（可以框選）→↵。

步驟 3 預覽

回到剖面線/填補視窗→預覽，看到剖面線附加在圖元內部。

步驟 4 確定 ✔

關閉剖面線視窗立即看出剖面線圖案，如不滿意 ESC 回視窗重新製作。

28-5-2 指定點 ⸪

於封閉區域中按 1 下，系統自動計算邊界，下圖右。

28-5-3 重新計算邊界 ↻

將已完成的剖面線邊界加上聚合線或局部範圍，透過指令視窗完成輸入。

步驟 1 左邊矩形為 4 條線構成

步驟 2 製作完剖面線

步驟 3 重新計算邊界

系統產生一組新的邊界，下圖是將這 3 個元素分開示意。

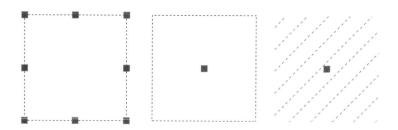

A 額外取得聚合線

剖面線與新邊界關聯，下圖左。

步驟 1 編輯剖面線

快點 2 下要編輯的剖面線（進入剖面線視窗）

步驟 2 重新計算邊界 ⌗

步驟 3 聚合線（P）

步驟 4 是否將剖面線與新邊界關聯？Y

B 額外取得局部範圍

與剖面線新邊界關聯。承上節步驟 4：局部範圍（R），其餘步驟相同，下圖右。

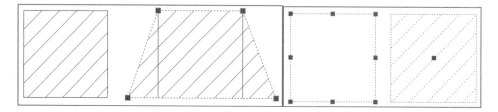

C 額外取得聚合線、額外取得局部範圍

不與剖面線新邊界關聯，下圖左。不與剖面線新邊界關聯，下圖右。

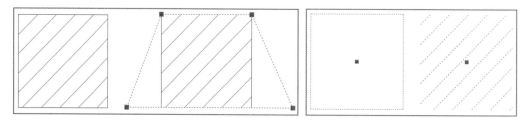

28-5-4 刪除邊界圖元 ⊗

移除形成邊界的圖元，與上節呼應。例如：重新計算邊界後，可刪除剖面線外圍的聚合線，也可 Delete 刪除。

28-5-5 強調顯示邊界圖元 🔍

顯示剖面線邊界，適用於相鄰剖面線的邊界顯示，本選項不是製作剖面線。強調顯示邊界圖元與點選剖面線不同，例如：點選剖面線無法明顯看出剖面線邊界。

28-6 模式

進一步自訂剖面線圖案選項，下圖左。

28-6-1 註記縮放

指定產生或編輯剖面線時套用可註記縮放。變更配置圖頁上的視埠比例，剖面線圖元會自動保留剖面線大小。此屬性可確保配置圖頁上的視埠具有類似的圖案大小。

28-6-2 保持剖面線與邊界相關（預設開啟）

剖面線邊界發生變更，是否保持剖面線與邊界關連並自動更新剖面線。開放輪廓無法使用該選項，下圖中。

A ☑ 保持剖面線與邊界相關

自動更新剖面線圖案，自動更新剖面線圖案包含比例大小。

B ☐ 保持剖面線與邊界相關

不更新剖面線圖案，舊的剖面線會停留在上方。

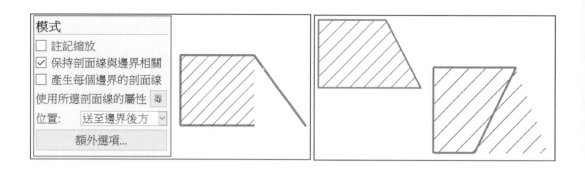

28-6-3 產生每個邊界的剖面線

是否保持剖面線邊界設定並同步更新剖面線圖案。

A ☑ 產生每個邊界的剖面線

使用不同的屬性剖面線與邊界,剖面線為分開的群組,下圖左。

B ☐ 產生每個邊界的剖面線

使用相同屬性的剖面線與邊界,點選剖面線會得到群組性的選擇,下圖中。

28-6-4 使用所選剖面線的屬性 ✎

複製剖面線屬性,套用到其他邊界製作剖面線,下圖右。

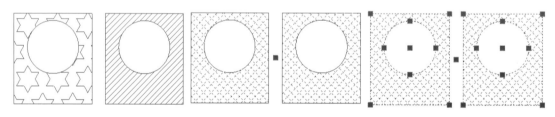

28-6-5 位置

將剖面線置於其他物件位置。例如:方形填實位於圓的前方、後方、邊界前方、邊界後方、不指定。

28-7 額外選項

進行剖面線區域設定。

28-7-1 內部區域

當剖面區域點選最外側時，尋找剖面邊界的內部區域（孤立物件），例如：1 的位置就是外側區域，下圖左。

A 替用填補

只在最外部區域產生剖面線圖案。由於方形被圓擋住，所以不會被計算。

B 填補/替用填補（預設）

會連同方形一起計算。

C 忽略

忽略內部結構並在整個區域中加入剖面線，例如：剖面線通過文字。

   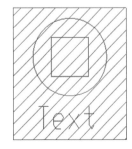

替用填補　　填補/替用填補　　忽略

28-7-2 原點

指定非對稱剖面線起始位置,例如:星形複製排列與開始點互補,下圖左。

A 使用目前

在圖面中指定剖面線原點進行剖面線製作,下圖右。

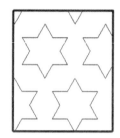

B 使用來源

以剖面線原點為基準。

28-7-3 間隙

製作剖面線過程,邊界範圍沒有封閉,輸入 0 以上數值,系統將邊界視為已封閉。不過建議製作邊界(Boundary)不能輸入-1,將出現紅色欄位代表無效間隙。

28-7-4 透明

透明度可增強圖面效果,例如:廠房規劃、建築工地或是現場技術的人員,皆可藉由透明化區分。設定剖面線或填補透明度 0~90 數值,值越大透明度越高,下圖左。

A 使用目前、依圖層

可使用目前物件或圖層的透明度設定,下圖右。

28-7-5 邊界保留

剖面線產生後邊界是否保留，保留可將邊界設定聚合線或局部範圍，下圖左。

Ⓐ 類型

選擇剖面線產生後，邊界輪廓為聚合線或局部範圍，下圖右。

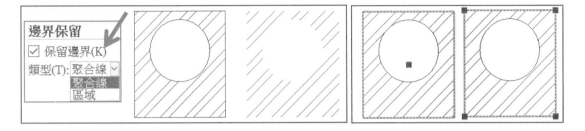

28-7-6 邊界群組

將剖面線邊界設定為群組或非群組，群組可統一更改剖面線圖案。

Ⓐ 使用中的視圖並列顯示

以目前圖元單獨顯示剖面線，獨立調整區域內剖面線圖案，下圖左。

Ⓑ 選擇邊界群組

在圖面選擇所有線條產生 1 組剖面線，調整剖面線圖案將會同步變更，下圖右。

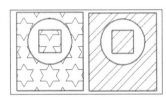

28-8 類型－填補

以實體或漸層色彩填補封閉區域，就像剖面線一樣。色彩填補可使工程圖更富意義，並有助區分不同材料和區域。右邊的邊界設定與模式（選項）先前提過，不贅述。

28-8-1 色彩

1 種色彩或 2 種色彩的設定，調整暗→亮滑動桿，設定漸層色彩明亮度。無法快點 2 下編輯色彩，必須透過修改剖面線，下圖左。

A 一種色彩

為漸層色，若要改變顏色需透過線條色彩視窗調整。

B 兩種色彩

為漸層，可以調整 2 種顏色，例如：紅色＋綠色，下圖右。

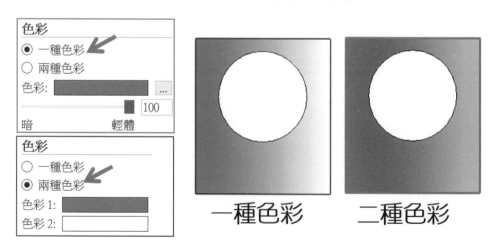

28-8-2 方向

設定顏色角度與對稱更新方位，下圖左。

A 角度

由清單控制色彩角度也可自行輸入，由於為漸層所以可看出角度效果，下圖中。

B 對稱

色彩是否對稱顯示，下圖右。

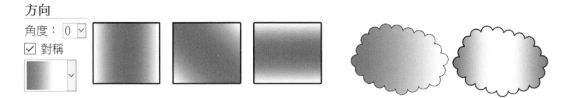

C 樣式

從樣式清單中選擇色彩漸層樣式。

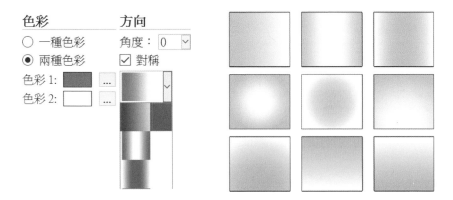

28-9 剖面線圖案樣式 AEC

ACE（Architecture Engineering and Construction，建築、工程、結構），剖面樣式代表各種材料，以下表列剖面線圖案樣式。

28-9-1 ANSI（美國國家標準）

ANSI31（Iron Brick Stone 鐵碇）

ANSI 32 （Steel 鐵）

ANSI 33（Bronze Brass 青銅）

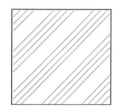

ANSI34（Plastic Rubber 塑膠）

ANSI 35（Fire Brick 防火磚）

ANSI 36 （Marble 大理石）

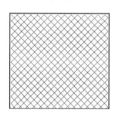

ANSI 37（Lead Zinc Mg 鉛鋅混合）

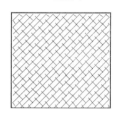

ANSI 38 （Aluminum 鋁）

28-9-2 ISO（國際標準）

最常用的標準圖案。

ISO 03W100

ISO 04W100

ISO 05W100

ISO 06W100

ISO 07W100

ISO 08W100

ISO 09W100

ISO 10W100

ISO 11W100

ISO 12W100

ISO 13W100

ISO 14W100

28-9-3 範例

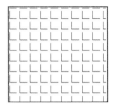

ANGLE（Angle Steel 角鐵）

AR-B 816（Block Elev 磚塊）

28-9-4 自訂

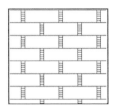

Brick or Stone（石頭）

DASHDOT（短線與點）

Parquet（拼花）

28-10 自訂剖面線圖案

　　本節介紹剖面線的產生、儲存、載入或刪除剖面線，使用記事本透過語法定義剖面線樣式，包含線條長度及間距，這些樣式將放置在自訂項目中，下圖左。

28-10-1 自訂剖面線圖案檔案

由預設檔案來新增剖面線圖案，使用記事本開啟 sample.pat，下圖右。

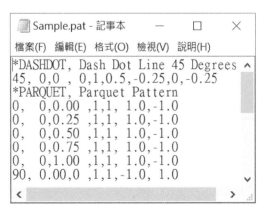

28-10-2 自訂剖面線圖案路徑

選項→檔案位置→系統→支援檔案搜尋路徑，C:\Program Files\Dassault Systemes\DraftSight\Default Files\Support\Sample.pat。

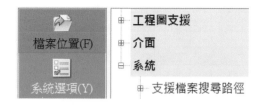

28-10-3 剖面線圖案檔案語法

剖面線圖案包括：標頭、剖面線圖案定義。

1. 標頭　　　　　　　　　*DASHDOT, Dash Dot Line 45 Degrees

2. 剖面線圖案定義　　　　45, 0,0 , 0,1,0.5,-0.25,0,-0.25

28-10-4 標頭

標頭為剖面線名稱。剖面線名稱以星號*開頭，以逗點說明圖案，該說明可以為中文，例如：*ISO（Steel），ISO 鐵。

剖面線圖案名稱必須少於 15 個字元，說明必須少於 80 個字元。

28-10-5 剖面線圖案定義

剖面線以行開始，依順序包含下列元素：角度、線起點 X、Y 座標，線 X、Y 偏移間距，線段長度。

標頭	*剖面線圖案名稱[, 圖案說明]
第 1 剖面線	角度, 起點座標 X, 起點座標 Y, X 間距, Y 間距, Ls1, Lsn
第 n 剖面線	與第 1 剖面線相同

28-10-6 水平剖面線範例

0° 直線，起點座標位置 0,0，X 偏移 0，Y 偏移 1，下圖左。

*水平剖面線, Horizontal line 0, 0,0 , 0, 1

28-10-7 虛線剖面線範例

45°，起點座標位置 0,0，X 偏移 0，Y 偏移 1，線長度 0.5，縫隙 0.25。負值代表線段間縫隙。剖面線定義最多只可有 6 個線段長度項目，下圖右。

*虛線剖面線,

Dash dot line 45 degrees 45, 0,0 , 0,1, 0.5, -0.25, 0, -0.25。

28-10-8 失敗案例

如果語法錯誤，會出現空白剖面線，甚至無法進入選擇圖案樣式視窗。編輯或建立剖面線檔案，原則上可立即使用，否則需重新啟動 DraftSight。

28-10-9 複製 SolidWorks 剖面線圖案

由於 SolidWorks 剖面線圖案很多，也可以加至 DraftSight。

A 取出 SolidWorks 剖面線檔案（Sldwks.ptn）

由 SolidWorks 安裝路徑\lang\chinese\Sldwks.ptn，使用記事本手動編輯。

B 標頭語法調整

SolidWorks 剖面線標頭語法過於冗長，必須更改。

SolidWorks 更改前	DraftSight 更改後
*:002:ANSI32（Steel）,ANSI Steel	*ANSI32（Steel）,ANSI Steel

C SolidWorks 剖面線案例

以下是新增加 SolidWorks 剖面線案例，也可以從其他軟體的剖面線檔案進行修改為 DraftSight 語法，增加剖面線樣式。

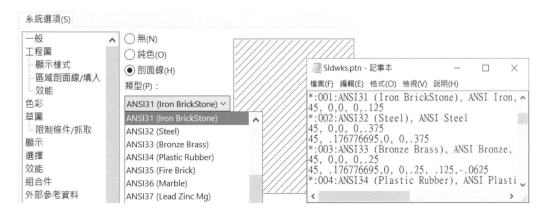

28-10-10 網路下載樣式

於 www.cadhatch.com 載現成的.PAT，放置於剖面線預設路徑即可。

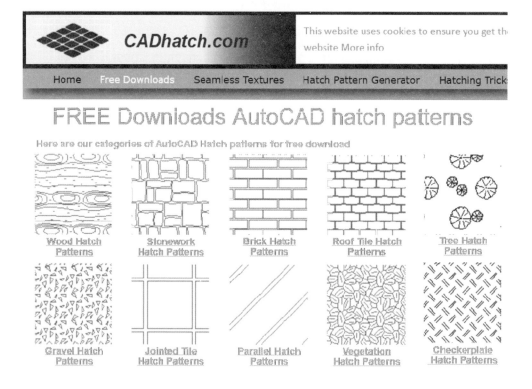

28-11 剖面線屬性與注意事項

點選剖面線，由剖面線屬性進行調整，不必透過視窗，不過屬性調整屬於基本設定。

剖面線屬性分為圖案、幾何 2 大類別，也可以查看剖面面積。

28-11-1 將剖面加入圖層管理

剖面樣式可以由圖層管理顏色、開關、線型或粗細。

28-11-2 刪除剖面

由於剖面為群組，可以直接刪除該群組。

28-11-3 搬移

承上節，點選剖面線，拖曳剖面線中間的掣點來搬移剖面線。

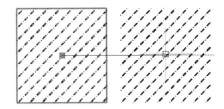

28-11-4 爆炸剖面利於編輯

由於剖面為群組表現，使用爆炸後，剖面圖示為單一線條，利於編輯。

28-11-5 可以複製貼上剖面線

剖面線為獨立圖元，可以複製貼上。

筆記頁

29

編輯註解

本章說明註解工具列組成，前一版書籍為某一節，由於細項太多所以獨立介紹。有些節屬於連續會合併解說，例如：29-2 上一步、下一步。

選擇註解後，透過註解工具列進行格式設定。註解分為註解和簡單註解，所進入的工具列會不同。這項指令我們推薦快點 2 下註解後，進行編輯比較快。

註解指令位置：1. 繪製→2. 文字 3. 註解或簡單註解。註解=多行文字、簡單註解＝單行，功能上如文字所述，簡單註解比較陽春，也不容易學習，還是統一為**註解**即可，別再分單行或多行了。

29-1 文字樣式  Standard

　　清單切換已經定義的文字樣式（格式→文字樣式），文字樣式包含字型、文字大小。於文字樣式介紹，下圖左。

29-2 文字字型 T Arial

　　清單選擇字型。常用英文字型→Arial Unicode MS，中文→細明體，下圖右。

29-2-1 TrueType T

　　字型前有T=Windows 字型，例如：Arial、Arial Black...等。

29-2-2 SHX Ⴟ

　　於字型前有Ⴟ=DraftSight 字型，例如：APGRECM.SHX、APGRECP.SHX...等，下圖左。

29-2-3 @

　　字轉 270 度適合由上而下垂直書寫，例如：T@細明體。該字無法轉回 0 度，必須重新指定字型，下圖右。

29-3 文字高度 Aᴵ 2.5 ∨

文字高度簡稱字高。從清單選取或輸入，通常輸入比較多。

可以定義全部或某個字母定義字高，例如：Solid 與 Works 字高不同。

29-4 粗體 B 、斜體 I

設定文字粗體，適用 True Type，例如：Solid 比較粗，下圖左。設定文字斜體，適用 True Type，下圖右。

SolidWorks　*SolidWorks*

29-5 底線 U 、頂線 ō 、刪除線 S

設定文字底線，快速鍵％％U，於文字前輸入％％USolidWorks，下圖左。頂線文字快速鍵％％O，於文字前輸入％％OSolidWorks，下圖中。刪除線會在文字中間，下圖右。

SolidWorks SolidWorks SolidWorks

29-6 堆疊/取消堆疊

代表分數的顯示方式，下圖右。

取消堆疊

29-7 線條色彩

透過清單選擇文字色彩，下圖左。

29-8 尺規 ☑ 尺規

顯示或隱藏文字方塊頂端的尺規。尺規可以用來調整文字方塊寬度，下圖右。

☑ 尺規

☐ 尺規

29-9 插入欄位

在游標位置插入欄位，定義屬性連結，例如：日期與時間，被加入的連結會有底色。
於欄位（插入→欄位）介紹，下圖左。

29-10 更多選項

從功能表中選取以下選項，下圖右。

29-10-1 尋找及取代

搜尋並取代文字，例如：SolidWorks 取代為 DraftSight。

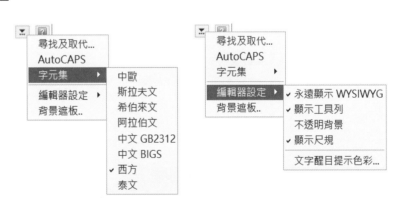

Dassault Systèmes SolidWorks Corp. develops and markets 3D CAD design software, analysis software, and product data management software. SolidWorks

29-10-2 AutoCAPS

輸入註解產生大寫字，不會更改先前輸入的文字。使用上不如由鍵盤切換 Caps Lock 好用，也可以輸入時按 Shift 強制輸入大寫最好用。

29-10-3 字元集

文字的字碼，例如：台灣就用中文 BIGS。字碼不相容會出現亂碼，對於數字或英文比較不會出現亂碼，下圖左。

29-10-4 編輯器設定

註記工具列的顯示設定，下圖右。

A 永遠顯示 WYSIWYG（What You See Is What You Get）

WYSIWYG（所見及所得），編輯文字時顯示文字，下圖左。

A1 □ 永遠顯示 WYSIWYG

以定義的大小和插入角度來顯示文字。

A2 ☑ 永遠顯示 WYSIWYG

對極小難以閱讀文字，會自動縮放讓你輕鬆閱讀。

B 顯示工具列

顯示編輯註解工具列。也可在編輯註解過程 1. 右鍵→2. 編輯器設定→3. 顯示工具列，下圖右。還是快點 2 下文字比較快。

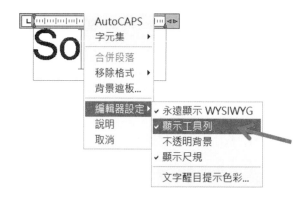

C 文字醒目提示色彩

指定選取文字背景色彩，這裡不是更改文字色彩，要更改請參照 1. 格式→2. 線條色彩。

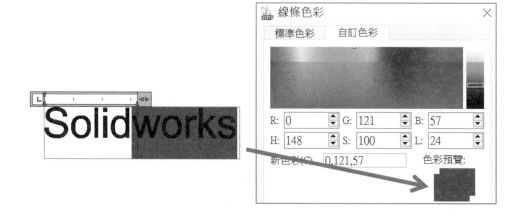

29-10-5 背景遮板（預設關閉）

由背景遮板視窗，指定註解後面的不透明背景色彩，下圖左。

A 邊框偏移係數（預設 1.5）

邊框與背景圖的偏移係數 1～5 間，例如：1＝邊框與背景色彩位置相同，下圖右。

 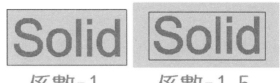

係數=1　　係數=1.5

B 填補色彩

設定註解背景遮版色彩，下圖左。

B1 □ 使用工程圖背景色彩

註解背景＝工程圖背景色彩。

B2 ☑ 使用工程圖背景色彩

透過清單設定註解背景色彩，例如：清單選擇綠色，註解背景也同樣為綠色，下圖右。

29-11 復原（**Ctrl＋Z**）↺、重做（**Ctrl＋Y**）↻

移除或還原先前的文字編輯或格式設定。

29-12 複製 ▢、剪下 ✂、貼上（**Ctrl＋V**）▢

框選要複製的文字到剪貼簿。移除框選的文字到剪貼簿。在游標處貼上剪貼簿的文字。

29-13 大寫 Ⓐ、小寫 ⓐ

將所選的文字變更為大寫或小寫，例如：框選 S，solid ⇆ Solid。

29-14 行距

與 Word 行距意思相同，調整行與行間的空白間距。

29-15 段落對正

調整某一段落進行左、右邊界的縮排工作。

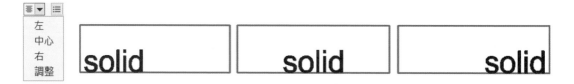

29-16 項目符號和清單 （預設關閉）

定義註解開頭的英文字母大小寫、加入編號或符號，特別用在多行文字的排版作業，例如：每行加入 ABC 項目（箭頭所示）。

29-16-1 關閉

關閉以下設定，註解開頭沒有任何符號與編號，下圖左。

29-16-2 大寫/小寫

定義每行開頭自動以字母 A～Z 編排，且為大寫或小寫，下圖右。

29-16-3 編號

定義每行開頭自動以阿拉伯數字 123 編排，下圖左。

29-16-4 項目符號

定義每行開頭自動以點編排，下圖中。

29-16-5 註解開頭製作編號或項目符號

如果覺得這項不好用，由 word 排好註解貼到 DraftSight，不必擔心 DraftSight 與 Word 相容性。將游標放置在每行開頭→切換編號或項目符號即可完成，下圖右。

29-17 對正

調整每行註解之間的排列，例如：中央，下圖左。

29-18 插入符號

在游標處插入符號，包含：度、加號/減號、直徑…等。另外，也可用輸入方式，例如：％％D，會出現°，下圖右。

29-18-1 符號表

輸入變數名稱進行符號輸入，例如：％％P 為±，很多人習慣這種方式。

度°	加/減±	直徑 Ø	約等於≈	Delta△	身分≡
不等於 ≠	歐姆 Ω	歐米加Ω	平方 10²	立方 10³	

29-18-2 其他

進入字元對應表指定其他符號，並插入註解中。

可以由下方查到所選符號，輸入的代碼（箭頭所示）。

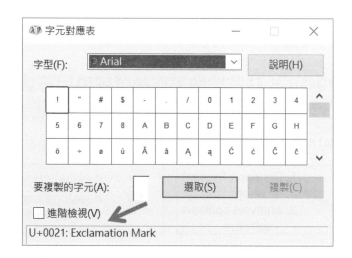

29-19 傾斜角度 A/ [0.0000]

設定文字的傾斜度，可以向左或向右傾斜。

29-19-1 正值、負值

文字向右傾斜，下圖左。文字向左傾斜，在 85～-85 範圍，下圖右。

SolidWorks SolidWorks

29-20 追蹤係數 Av [1.0000]

加大或縮小字元間距離。加大字元間距，例如：1.5，下圖左。縮小字元間距，例如：0.95，下圖右。

S o l i d W o r k s　SolidWorks

29-21 寬度係數 A [1.0000]

加大或縮小字寬。加大字寬，例如：1.5，下圖左。縮小字寬，例如：0.9，下圖右。

SolidWorks　SolidWorks

29-22 確定 ☑

完成修改並結束視窗。在圖面中點 1 下退出，比較有效率。

29-23 右鍵註解設定

在編輯註解過程右鍵→出現工具列清單，適合進階使用者。有些設定在工具列比較麻煩，利用右鍵反而更有效率，例如：符號。

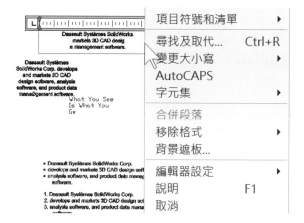

圖層/圖層工具

　　本章說明圖層組成，前一版書籍為某一節，由於細項太多所以獨立介紹。有些節屬於連續會合併解說，例如：顯示/隱藏、凍結/解凍。

　　圖層（Layer）透過**圖層管理員**，把物件放在不同層管理。圖層具可重疊性，功能類似透明投影片，例如：將圖元分別置於指定圖層並定義該圖層名稱、顯示與隱藏、色彩、線條樣式、線條寬度…等。

　　例如：中心線、模型輪廓、尺寸標註…等圖層，所以你要學會新增圖層與圖層控制。使用圖層時，會有更清楚的繪圖結構以及更好繪圖控制。

　　可依功能或用途規劃，降低圖面複雜度，能暫時隱藏圖元改善效能。實務上，圖層可以連同範本一起儲存，每次開啟新圖面時不必再設定。

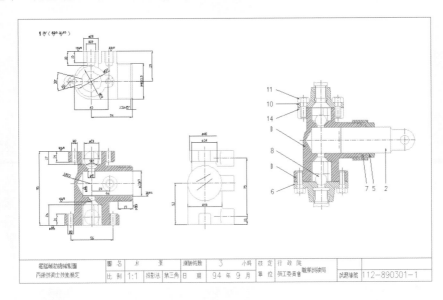

30-0 先睹為快，圖層

圖層分 4 大類，依常用順序：1. 圖層屬性、2. 圖層管理員、3. 屬性工具列、4. 圖層工具列。圖層使用率極高，常透過圖層屬性控制，進階控制由圖層管理員設定狀態。

30-0-1 圖層屬性

又稱圖層控制與顯示，分 3 大類：1. 圖層管理員、2. 快速切換、3. 圖層狀態管理員。

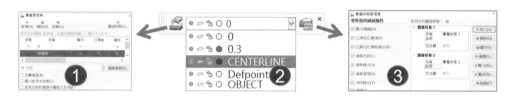

A 圖層管理員

進入進階圖層設定，於下節介紹，不贅述。

B 圖層快速控制

由清單快速切換圖層控制，使用率最高。顯示/隱藏、凍結/解凍、鎖住/解鎖、色彩、名稱顯示。除了名稱不能更改外，其餘皆可在清單中設定。

30-0-2 屬性工具列

分 3 大清單由左至右控制：1. 線條色彩、2. 線條樣式、3. 線寬。可快速更改圖元的樣式，但這屬於臨時性的，要一勞永逸還是得回到圖層做設定。

ByBlock＝依圖塊，和圖塊屬性相同。ByLayer（預設）＝依圖層，與圖層屬性相同。

A 線條色彩

由清單臨時變更圖元色彩，例如：將藍色→紅色，其他色彩＝臨時指定其他色彩。新圖元產生時，可不依預設的圖層色彩。

換句話說，相同圖層可擁有不同色彩，除非你將色彩變更為 ByLayer。

B 線條樣式

由清單臨時變更線條樣式，例如：ByLayer→HIDDEN。

C 線寬

透過清單臨時變更線條寬度，例如：0.18mm→0.3mm。如果在圖面顯示實際的粗細必須到：1. 選項→2. 使用中的草稿樣式→3. 線條字型→4. 線條寬度→5. ☑在圖面中顯示寬度。

30-0-3 圖層工具列

不在圖層管理員視窗進行設定，由指令點選圖元進行圖層作業，後面會說明。

30-1 圖層－圖層管理員（Layer）

可以新增、刪除、更名圖層，變更圖層性質…等。管裡範圍：名稱、顯示/隱藏、凍結、鎖定、線條色彩…等。

30-1-1 新增（New）

當圖形複雜會新增圖層方便管理。1. 新增→2. 在名稱欄位，輸入尺寸標註→3. ✔才算正式完成，假如不小心壓到 ESC 會退出圖層管理員，先前建立圖層不存在。

在選擇的圖層→新增，系統自動會在下方建立新圖層，例如：在尺寸標註圖層上新增中心線圖層。新圖層會繼承圖層 0 所有屬性，你也可變更圖層 0 屬性。建議將圖層順序納入作業辦法，常見為：3 階文件之工程圖製作規範。

30-1-2 刪除圖層（Delete）⊗

刪除未使用圖層。被刪除圖層會顯示，不會立即消失，當✓圖層就會被刪除。有 3 種方式刪除：1. 選擇圖層→⊗、2. 鍵盤快速鍵 Delet、3. 選擇圖層右鍵→刪除圖層。

A 取消刪除

再按一次⊗即可恢復，像反刪除。不能刪除使用中圖層、圖層 0，或相關圖層。

 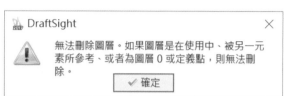

30-1-3 啟動 ⇨

將圖層啟動為使用中。在狀態格顯示⇨，有 3 種方式：1. 選擇圖層→⇨、2. 狀態儲存格上連按 2 下、3. 在圖層上右鍵→啟動圖層。

 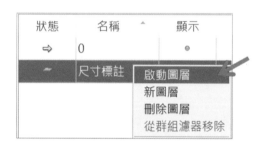

30-1-4 顯示狀態 ●

顯示圖層相關資訊，例如：目前使用中的圖層、圖層總數（左箭頭所示）。

30-1-5 搜尋圖層

在濾器表達式輸入關鍵字找尋圖層（右箭頭所示）。

30-1-6 圖層欄位與儲存格

控制圖層欄位大小與排序顯示。

A 改變欄位大小

游標停留在欄位間的線條,顯示 改變欄位寬度,例如:調整圖層名稱欄位,下圖左。

B 名稱排序

進行所選欄位的排列,例如:點選名稱,可以升冪▲或降冪▼圖層名稱的顯示,在欄位右方會出現三角形顯示,名稱▲,下圖中。

C 儲存格

快點 2 下進行儲存格內容命名、切換狀態或展開清單,例如:線條色彩,下圖右。

30-1-7 狀態

顯示啟用中圖層。圖層至少要 1 個為使用中狀態,被啟用的圖層會出現⇨。

30-1-8 名稱(Name)

顯示與更改圖層名稱。每個圖層都有名稱,包含:中文、英文、數字或特殊字元。不可以更改圖層 0 名稱,他是唯一圖層。

30-1-9 顯示/隱藏

控制該圖層在工程圖內是否顯示，如為顯示狀態為綠色，像綠燈；相反，為灰色。被隱藏的圖層無法被看見與選取，不會隨著可見物件移動。

我們無法由圖面中得知哪些是被隱藏的圖元，只能在圖層管理員得知。

由清單切換顯示/隱藏圖層。如果隱藏使用中的圖層會出現提示視窗，下圖左。

30-1-10 凍結（Freez）/解凍（預設解凍）

是否對圖層凍結，讓運算效能提升。凍結圖層不被計算，也看不見，有助提升計算效能，不過使用中的圖層無法凍結。

30-1-11 鎖定（Lock）/解除鎖定（Unlock）

是否保護圖層不被編輯、刪除，有助防止圖面不慎修改、加入或刪除圖層中的圖元。可以在鎖定的圖層上繪製新圖元，但不能修改。

鎖住的圖層會被顯示，也會被重新計算，對於複雜工程圖無法提升效能。鎖住過程若進行尺寸標註，該圖元會顯示被鎖住的符號，下圖右。

狀態	名稱	顯示	已凍結	鎖定
	0	◎		
⇨	尺...註	◎		

30-1-12 線條色彩（預設為白色）

由清單定義圖層的線條色彩。不同的圖層色彩可用來識別圖元的不同處，避免相同色彩混淆。實務上不同線型，例如：中心線、尺寸標註、虛線用不同圖和顏色。或是組合件，不同零件用不同圖層和顏色。

預設 7 種顏色，當標準色彩不夠用時，由指定色彩進入線條色彩視窗，於線條色彩介紹。為了避免螢幕顏色過於凌亂，我們建議 7 種以內的色彩，下圖右。

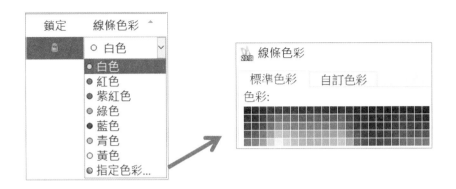

30-1-13 線條樣式

定義圖層線條樣式。常用為：1. 連續（Continue）、2. 中心線（Center）、3. 虛線（Dashed）。預設 6 大標準線條樣式或指定其他，於線條樣式介紹。

30-1-14 線寬

由清單定義圖層線寬。為了圖元性質由線寬差異顯示，常用 3 種線寬：粗、中、細。
粗度還是要以印表機列印出來，自行判斷能否明確分辨線條粗細，再自行調整參數。

線條粗細	粗度（mm）	用途
粗	0.35	輪廓線
中	0.25	隱藏線（虛線）
細	0.18	中心線、尺寸標註、剖面線

30-1-15 透明（預設 0）

依清單選擇圖元的透明度，簡單來說，就是色彩的深淺度。設定 0～90，0 為不透明。

30-1-16 列印樣式（PrintStyle）🖶

為屬性設定的集合，例如：線條顏色、線條樣式和線寬。預設色彩定義列印樣式，無法在圖層管理員直接更改，必須透過色彩由系統切換。

預設列印樣式 Color1～7：Color1＝紅、Color2＝黃、Color3＝綠、Color4＝青、Color5 ＝藍、Color6＝紫紅色、Color7＝白，下圖右。

A 預設列印樣式

預設為使用色彩相關的列印樣式，若要變更系統選項→列印→預設設定，下圖右。

30-1-17 列印 🖶

是否要列印該圖層，例如：🖰建構線圖層不需被列印（箭頭所示）。原則看到什麼就印什麼，以往在列印之前→先關閉不要列印的圖層→列印完成後，開啟圖層。有了這功能，不必這麼做了，只要🖰。

30-1-18 新的視埠 🗗

設定在圖頁視埠中選取的圖層，例如：在新圖頁凍結尺寸標註圖層，在任何新建的圖頁不顯示，但並不會影響之前已在視埠中的圖層。

30-1-19 說明

輸入圖層註解。常用來說明該圖層定義為何，例如：TEMP 圖層用來管理暫存圖元。有些公司會輸入圖層的英文，做為第 2 圖層名稱的翻譯，因為圖面經常寄到國外，老外可以由英文來控制圖層。

狀態	名稱	顯示	已凍結	鎖定	線條色彩	線條樣式		列印 ▾	新的視埠	說明
⇨	0	●	⌀	🔒	○ 白色	連續	Solid line	🖶	🗗	
⌀	Temp	●	⌀	🔒	● 藍色	連續	Solid line	🖰	🗗	暫存圖元

30-1-20 過濾圖層（Filtering）

透過清單過濾要選取的圖層或建立圖層群組。

30-1-21 編輯濾器

進入編輯圖層濾器視窗。可將圖層群組，方便圖層顯示，例如：組合件圖層，將每個零件分別為 1 個圖層後，次組件就可以建立圖層群組，以利切換顯示，下圖左。

A 新增群組濾器 ⊕

群組圖層建立群組過濾（箭頭所示）。

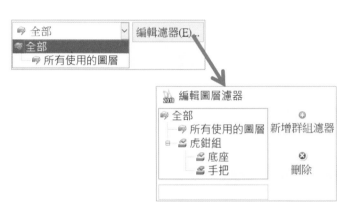
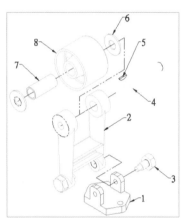

步驟 1 點選全部→新增群組濾器

可以見到所有下方多了 1 個群組濾器 1，更改名稱為軸心組。

步驟 2 點選軸心組→新增群組濾器

可以有階層關係，例如：在軸心組新增新群組。

步驟 3 關閉×

退出編輯圖層濾器視窗，這裡應該為確定。

步驟 4 將圖層拖曳至軸心組

選好軸心組的零件圖層，例如：10-4-4（軸心）與 10-4-5（趁套）→拖曳至軸心組，完成後放開左鍵即可。

步驟 5 驗證濾器的好處

切換至軸心組，可見到 10-4-4（軸心）與 10-4-5（趁套）圖層已被納入管理。

B 刪除⊗

刪除不要的圖層濾器。無法刪除所有或使用中的圖層。

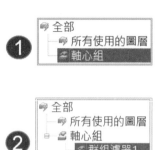
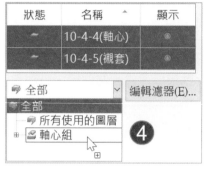
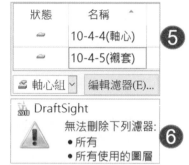

30-1-22 反轉濾器

反轉顯示過濾器結果，例如：選擇軸心組，上方圖層不會顯示軸心組圖層。

30-1-23 顯示使用中狀態

僅顯示使用中的圖層，透過標示判斷未使用的圖層，使用中圖層⟲，未使用圖層⟲。清除未使用的圖層可以改善效能。

30-1-24 套用目前的濾器至圖層工具列

將圖層群組反映在圖層工具列，例如：軸心組目前有 2 個，是否僅顯示這 2 個工具列。

開啟　　　　　關閉

30-1-25 右鍵選單

游標在欄位上右鍵，由快速選單進行圖層操作，有些設定已說明過，下圖左。

A 啟動圖層

啟動游標上的圖層，例如：將 DIM 圖層啟動，建議快點 2 下啟動圖層。

B 新圖層、刪除圖層

建立新的圖層。刪除游標上的圖層，例如：將 DIM 圖層刪除。

C 從群組濾器移除

將所選的群組濾器中的圖層移除，下圖中。

D 儲存圖層狀態、啟用圖層狀態

點選清單上的內容，視窗上會跳出圖層狀態管理員，於下節介紹。

E 指定所有

幫你從圖層管理員狀態欄位選擇所有圖層。

F 全部清除

選擇全部或取消所選圖層。

G 指定除使用中圖層以外的所有圖層

反向選擇目前啟用的圖層，例如：圖層是啟用的⇨，除了該圖層不被選擇外，其他圖層都被選擇。換句話說，非啟用圖層無法使用本功能，下圖右。

H 反向選擇

承上節，反向選擇所選外的圖層，沒有啟用圖層的限制，例如：游標在圖層上方，可選擇其他全部圖層。

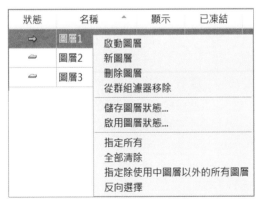

30-2 圖層工具－圖層狀態管理員

會在一圖頁會放置多視圖，同時表達不同作用，例如：建築圖上的插座、電線、照明設備，放在同一張圖紙比較好對照。

圖層狀態管理員可新增很多種類分對圖層個別控制，有點像 Solidworks 模型組態，例如：在照明圖層中，將隔間改為細鏈線、燈泡線寬加粗，因為該圖重點是照明。

加入及刪除使用方法和前面介紹都相同，不贅述。

30-2-1 要恢復的圖層屬性

控制新增圖層狀態的圖層屬性，例如：顯示/隱藏、凍結/解凍、鎖定/解鎖…等。模型空間無法控制使用中視埠的顯示情形。圖頁空間無法控制顯示/隱藏、凍結/解凍。

☑ 顯示/隱藏(O)	☑ 線條色彩(L)		
☑ 已凍結/已解凍(F)	☑ 線條樣式(N)	☑ 列印樣式(Y)	
☑ 已鎖定/已解除鎖定(K)	☑ 線條寬度(G)	☑ 透明(T)	☑ 新視埠已凍結/已解凍(Z)
		☑ 列印/不列印(P)	☑ 使用中視埠的顯示情形(V)

30-2-2 選項

設定圖層狀態的選項。

選項

☑ 隱藏未指定給圖層狀態的圖層(H)
☑ 將屬性設定為視埠取代(W)

Ⓐ 隱藏未指定給圖層狀態的圖層

圖層狀態儲存後再建立的圖層會關閉，用來保護儲存前的圖面，避免不小心把圖面改掉。

Ⓑ 將屬性設定為視埠取代

指定圖層屬性取代是否要套用到目前的視埠。設定圖層屬性是否要套用目前的視埠，只有在圖頁空間使用中視埠，定義圖層狀態時才可使用。

30-2-3 使用中的圖層狀態

顯示啟用圖層狀態。

30-2-4 圖層狀態

管理所有圖層狀態，以表格方式顯示，表格 3 大部分：1. 名稱、2. 說明、3. 空白鍵。

Ⓐ 名稱

快點 2 下名稱欄位更改圖層狀態標題，更容易辨識用於什麼地方，例如：圖層狀態 1→照明設備，下圖左。

Ⓑ 說明

輸入對該圖層狀態的備註，避免以後忘記這是用在哪裡，例如：用於 3 樓客廳。

Ⓒ 空白鍵

此欄為唯讀狀態。顯示該圖層狀態是控制模型環境還是圖頁環境，下圖右。

30-2-5 編輯

點選要編輯的圖層狀態→編輯,以視窗顯示。

30-2-6 輸入

將儲存於外部空間的檔案重新輸入,不用再重新設定的檔案類型有:1. *.DWG、2. 標準(*.DWS)、3. 工程圖範本(*.DWT)、4. 圖層狀態(*.LAS),下圖左。

30-2-7 輸出

將設定好的圖層狀態(*.LAS),下圖右。

30-3 圖層工具-隱藏圖層(HideLayer)

選擇圖面中任一圖元,系統會自動挑選圖面中所有有相同圖層的圖元,一起進行隱藏。

> **指令視窗**
>
> 啟用的設定: 視埠 = "視埠凍結(V)" 圖塊嵌套層級 = "無嵌套(N)"
> 選項: 設定, 復原 或
> **藉圖元指定圖層»**
> 找到 1
> 圖層 "TEMP" 已隱藏。
> 啟用的設定: 視埠 = "視埠凍結(V)" 圖塊嵌套層級 = "無嵌套(N)"

30-4 圖層工具－顯示所有圖層（**ShowAllLayers**）

將所有隱藏的圖元重新顯示於圖面上。

30-5 圖層工具－凍結圖層（**FreezeLayer**）

將所選圖元的圖層一起凍結。在複雜圖面將不要的圖層凍結可加速顯示及重生操作。

30-6 圖層工具－解凍所有圖層（**ThawALLLayers**）

解凍所有已凍結圖層，使圖層可再次顯示並編輯。

30-7 圖層工具－鎖定圖層（**LockLayer**）

　　將所選圖元的圖層鎖定。圖面中會有淺淺的痕跡但無法編輯，游標經過會有符號，防止圖層的圖元不小心修改。

30-8 圖層工具－解除鎖定圖層（**UnlockLayer**）

點選鎖住的圖層即可解除鎖定。

30-9 圖層工具－隔離圖層（**IsolateLayer**）

　　圖面只顯示所選擇圖元的圖層，其餘會隱藏，例如：圖面中有 3 個圓為綠色圖層，5個矩形紅色圖層，選擇其中 1 個矩形圖元，圖面只會顯示 5 個矩形紅色圖層。

30-10 圖層工具－取消隔離圖層 🗇

顯示被隔離的所有圖層的圖元。

30-11 圖層工具－啟動圖層（**ActivateLayer**）✓

將選擇圖元的圖層變更為目前使用中的圖層，發現用錯圖層可用此方式趕快變更。

30-12 圖層工具－要啟動圖層的圖元

將所選圖元的圖層變更為使用中圖層。例如：目前 10-4-7（墊圈）圖層為使用中（啟用），將所選的矩形➔🖳，套用至 10-4-7（墊圈），下方為啟動與使用中圖層的差異。

啟動圖層	使用中圖層
啟用圖層後，接下來的圖元會到目前圖層。	套用所選圖元到圖層中，屬於事後作業。

30-13 圖層工具－變更圖元的圖層 🖉

將所選圖元的同層變更指定的另一種圖層。

🔲 指令視窗

指定要變更的圖元»
找到 1
指定要變更的圖元»
選項： 圖層名稱 或
選擇圖元來指定目的地圖層»
找到 1
"1" 圖元變更為 "輪廓線

30-14 刪除圖層（**DeleteLayer**）🗑

刪除圖層上的所有圖元。

30-15 恢復圖層狀態（**Restore Layer's State**）

復原所有對圖層做的任何設定。

30-16 圖層預覽（**LayerPreview**）

逐一或依指定圖層快速預覽圖層內容。該指令可檢查圖元所在圖層。被凍結無法預覽，下圖左。

30-16-1 濾器表達式

與圖層管理員的濾器表達式功能相同，可輸入關鍵字搜尋圖層。

30-16-2 圖層清單

顯示所有新增的圖層，在圖層名稱上點 1 下，工程圖會立即顯示該圖層的圖元；如果點 2 下，圖層名稱前會新增驚嘆號，表示可在圖面上一次看多圖層的圖元像複選，下圖中。

30-16-3 結束時恢復圖層狀態

指令結束時恢復圖層預覽前的狀態，不會因為點選預覽的關係，變更原本的圖層。

30-16-4 結束時恢復視圖

指令結束時恢復圖層預覽前狀態，不會因為點選預覽關係，使圖元在圖面消失。

30-16-5 圖層屬性窗格

點選圖元，查看或切換圖層。儘量不要在屬性窗格變更線型或色彩，否則別人會以為這是另個圖層，下圖右。

筆記頁

31

列印

將工程圖由列印視窗列印至印表機,列印視窗分 6 大介面:1. 預覽、2. 印表機/繪圖機、3. 列印範圍、4. 比例、5. 列印組態選項、6. 其他。

列印有些設定適用**模型空間**,或**適用圖紙空間**,會誤以為設定為何無法使用,本章會在標題上註明。本章不說明**預覽列印**,因為先前說過了。

實務上很少人認真學列印,常用列印範圍→預覽,可應付所需,通常遇到困難才做中學,再加上很少書中詳細介紹列印,就算介紹也單調枯燥。

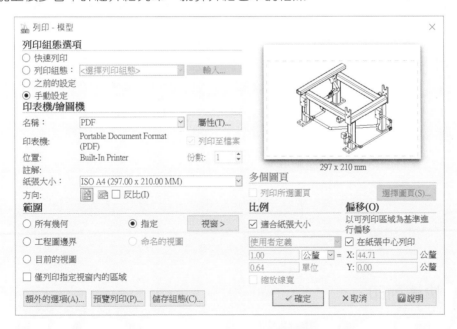

31-1 預覽

一進入列印視窗,第一所見一定是預覽,每個設定可即時預覽,可見對她依賴有多深,因為圖形吸引人。查看比例、紙張大小和方向,協助控制至列印範圍。預覽視窗方塊提供簡略顯示,而非完整顯示工程圖內容。

預覽很像預覽列印,算是預覽列印的簡易版,游標無法在縮圖上互動(進行檢視)。預覽列印與列印視窗的縮圖很像,以人性觀察會 1. 小縮圖→2. 預覽列印。

31-1-1 色彩代表意義

白色=圖紙大小、虛線=列印邊界、紅色=圖形超出圖紙大小(箭頭所示)。

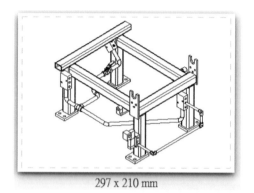
297 x 210 mm

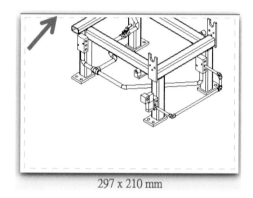
297 x 210 mm

31-2 列印組態選項

進行列印設定的套用,免於每次手動設定的不便,最常用的還是手動設定。快速列印=最有效率,或手動列印=常用選項。

31-2-1 快速列印

減少設定時間,特別用在相同紙張大小以及印表機,快速列印是最有效率作業,不過無法更改列印所有項目。

　　只要前置設定作業做好，不必擔心工程圖列印不理想，至於前置作業就是列印組態或上一次的列印設定。

A 快速列印之印表機名稱

　　快速列印由預設印表機而來，例如：大郎預設印表機為 SHARP MX-2700，可看到印表機名稱會被鎖定無法改變。

B 快速設定之紙張大小

　　紙張大小為印表機內容，例如：列印喜好設定，紙張尺寸為 A3。

C 快速設定之列印比例

　　列印比例配合目前工程圖紙大小。例如：已經開啟 A4 工程圖，紙張大小 A3，系統會自動☑適合紙張大小。

D 快速設定之列印範圍

　　列印範圍永遠為目前的視圖。

印表機/繪圖機

名稱：　SHARP MX-2010U ∨　　屬性(T)...
印表機：SHARP MX-2010U　　☐ 列印至檔案
位置：　192.168.0.151　　份數：1

紙張大小：A4
方向：　☐ ☐ ☐ 反比(I)

多個圖頁

☐ 列印所選圖頁　　　　　選擇圖頁(S)...

範圍
○ 所有幾何
○ 工程圖邊界
◉ 目前的視圖

比例
☑ 適合紙張大小

使用者定義 ∨
1.00　公釐 ∨ = X: 0.00

偏移(O)
以可列印區域為基準進行偏移
☑ 在紙張中心列印
0.00　　　公釐

31-2-2 列印組態

從清單選擇先前製作的列印組態，或按下右方輸入指定圖檔或列印組態檔。這項設定有點多此一舉，因為任何時候皆可按輸入按鈕。

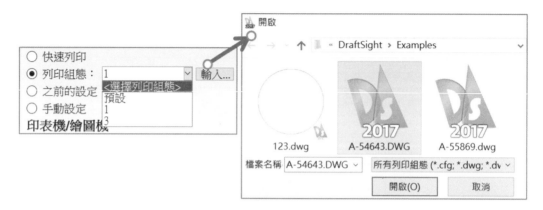

31-2-3 使用之前的設定

重複使用與上一個相同設定列印，適用已經列印的檔案。例如：底座剛才列印過，現在要列印升降柱圖面，該圖面的圖紙大小與方向皆相同，這時使用之前的設定就派上用場。

也可臨時改變列印設定，通常會改變列印方向。若先前沒有列印作業，使用之前的設定和下方的手動設定是相同。

31-2-4 手動設定

自行定義列印設定。這時列印視窗所有選項開啟，用於臨時選擇不同圖紙大小或印表機。常見到不願學習卻願意花時間判斷設定，看過比較安心，這是沒效率的。

因為先前圖紙印錯，就乾脆每次調整：1. 圖紙大小➡2. 列印方向➡3. ☑適合紙張大小➡4. ☑在圖紙中心列印➡5. 指定。

要想想戰力耗在這非常不值得，建議使用列印組態來切換列印設定。

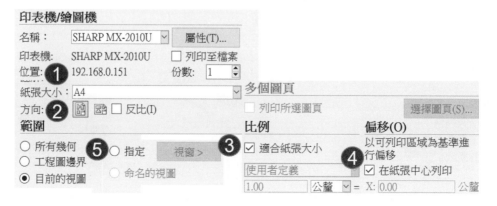

31-3 印表機/繪圖機

　　指定印表機設備名稱、屬性設定、列印份數、紙張大小與方向。比較特別的是虛擬印表機,利用列印方式進行轉檔作業,也就是其他非紙張項目,例如:PDF、JPG、PNG 和 SVG。

　　以常態想法就是另存新檔為 PDF,由於無法更改另存新檔或輸出項目,軟體開發商就用外掛方式,藉由列印指令增加轉檔項目。

　　也可自行安裝列印程式來增加支援度,例如:PDFCreator 或 Paperless。本節名稱與屬性一起講解比較有效率,屬性分 2 種:1. 印表機、2. 非印表機屬性(箭頭所示)。

31-3-1 名稱

　　由清單選擇已安裝的印表機名稱或列印檔案,透過下方名稱、印表機、位置以及註解得到相關資訊。點選其中一個項目,還可按右方屬性,進行圖紙大小和列印邊界設定(箭頭所示)。

　　列印原則來自印表機內容,例如:紙張大小、紙張方向、列印邊界...等。只是列印視窗把部分常用功能提出來,避免列印過程不斷進入印表機設定。

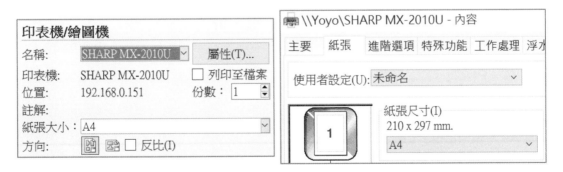

A 無

　　不列印圖頁。特別在機密、大量複雜或設計過程圖面,不小心被列印出會造成風險。這時無法使用屬性,除非選擇印表機,否則不會列印出來。

名稱:	無		屬性(T)...
印表機:	無		☐ 列印至檔案
位置:	不適用	份數：	1
註解:	除非選擇新印表機，否則不會列印圖頁。		
紙張大小:	ISO A4 (210.00 x 297.00 MM)		

B 印表機

指定目前已連接印表機，例如：SHARP MX-2700N。點選屬性→印表機內容，進階列印設定，例如：雙面列印、裝訂位置、色彩...等，調整後可改變預覽結果，會傳遞到列印視窗。

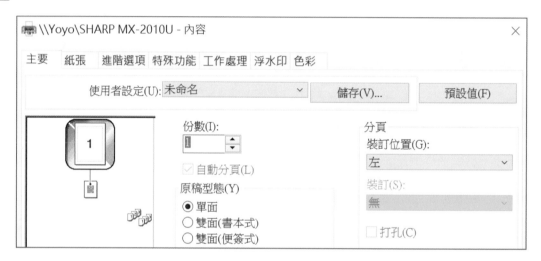

C MicroSoft XPS Document Writer

工程圖產生 XPS 文件，簡單說就是微軟 PDF。

D PDF

列印成 PDF 並進行設定，這是預設功能，無須額外安裝 PDF 產生器，下圖左。

E JPG、PNG

將工程圖列印成 JPG 或 PNG 圖片檔。

F SVG（Scalable Vector Graphics）

將工程圖列印成 SVG 可縮放向量圖形，該圖形會與視窗背景色彩同時儲存，下圖右。

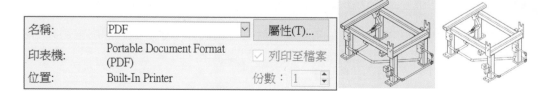

31-3-2 屬性

選擇項目後，若列印邊界設定＝0或非印表機預設邊界尺寸，會出現警告訊息決定以下2個項目來修剪列印邊界：1. 設定使用最接近的紙張大小、2. 使用預設的紙張大小。

我們推薦使用2，這樣就不會更改到指定的圖紙大小。

A PDF 或 SVG 的屬性－紙張大小

設定 PDF 或 SVG，點選屬性進入自訂紙張大小視窗，定義紙張大小和列印邊界，本視窗常用指定右下方邊緣。

邊緣就是圖紙邊界由於 PDF、JPG、PNG 和 SVG 屬於圖形檔，可讓邊界為0，圖片可以佈滿紙張大小成為電子檔案。不過列印出來時，因機構關係一定有邊界存在。

紙張大小和下方紙張大小相連結，換句話說，紙張大小不會在自訂紙張大小視窗設定。

B PNG、JPG 的屬性－圖片解析度

將圖片檔案列印成為檔案，由解析度定義大小。由於預設沒有高解析度的項目，可以1. 自訂→2. 加入（應該為新增）→3. 定義 1920、1080 大小。

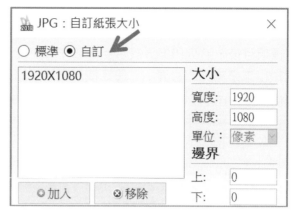

31-3-3 列印至檔案（*.PLT）

將工程圖輸出檔案。PLT（Programming Language Theory，程式語言理論）用於批次出圖，可不必進入 DraftSight 進行出圖作業。

適合大量出圖、減少檔案載入時間，PLT 也是文字檔，可由記事本編輯。不建議透過 PLT 進行圖面列印，DraftSight 開 DWG 列印就好，再加上 PLT 學習與維護只會越來越少數。

31-3-4 紙張大小

透過清單點選列印紙張大小，可以大圖輸出或自訂紙張大小，例如：將最常見的 A4 列印成 A3 放大列印。

紙張大小清單會因所選印表機有所不同，例如：印表機為 Microsoft XPS Document Writer，就沒有自訂大小來欄位。

紙張大小來自印表機，印表機預設紙張大小與列印視窗相同。名稱為印表機或 PDF 時，紙張大小可以選擇，紙張大小與印表機紙張尺寸設定相連結，不必到印表機屬性設定它們。

 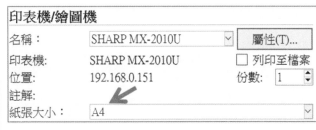

A 紙張大小配合非印表機名稱

名稱為非印表機：JPG、PNG 或 SVG，可另外選擇高解析度像素（Pixels），例如：Sun Hi-Res（1600x1280 Pixels）。

印表機/繪圖機

名稱：	JPG	屬性(T)...
印表機：	Independent JPEG Group JFIF (JPEG)	☑ 列印至檔案
位置：	Built-In Printer	份數： 1
紙張大小：	Sun 標準 (1152.00 x 900.00 像素)	

31-3-5 方向

依圖紙呈現圖形方向，選擇縱向、橫向或反向列印工程圖，可立即看見方向預覽，避免列印方向錯誤而不自知。

方向取決於模型標準擺放狀態，例如：鍵盤標準為橫放，就用橫的列印。列印方向是更改圖形，不是改變圖紙大小，例如：297X210 不能由此改為 210X297。

A 縱向

將工程圖直立列印，適用直式圖框，萬一工程圖為橫式就不適合。

B 橫向

將工程圖橫躺方式列印，業界橫式工程圖為主，比較好識別。

C 反比

反轉（鏡射）方向，例如：直向改成倒立。

 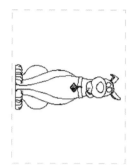 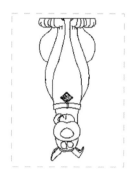

31-3-6 份數

輸入要列印的份數，此數字會傳送到印表機驅動程式。不過圖形檔案 PDF、PNG、JPG 無法設定份數，因為無意義。列印份數可以由印表機設定過程順便指定，例如：指定 8，這時 DraftSight 也會連結為 8。

實務上，列印過程會順邊瞄一下份數對不對，避免份數會記憶性上一次列印數量，而多印太多。有些軟體或同一軟體某些版本會記憶列印數量，這部分多留意就好。列印數量用在開會，或文管中心要發行正式圖面給多個單位，這時就要同一張圖面多印幾份。

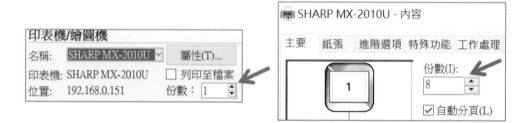

31-4 範圍

設定要列印區域，可整張工程圖或指定範圍列印，指定最常用。指定的範圍可以由縮圖看出結果，這部分就很直覺。實務上，最常用的指定（選擇範圍列印），因為很多公司將一個 DWG 檔案裏頭有很多個圖紙。

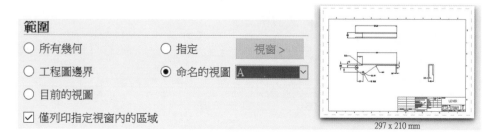

297 x 210 mm

31-4-1 所有幾何

列印工程圖所有圖元可見圖元，即使超出圖框外，下圖左。

31-4-2 工程圖邊界

以工程圖邊界為列印範圍，下圖右。

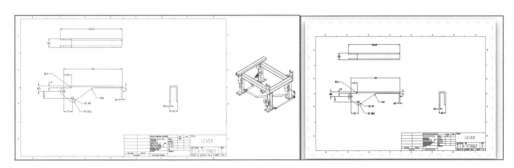

31-4-3 目前的視圖

列印螢幕所顯示視圖，所見及所得。列印前先退出列印視窗，在繪圖區域直覺調整要列印的樣範圍。左圖為原稿，右圖為目前的視圖。

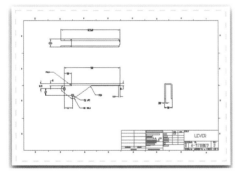 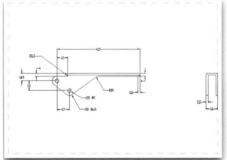

31-4-4 指定

在圖面選擇 2 個對角點（P1、P2）作為列印範圍，下圖左。可明確知道列印範圍，也多了心安作用，因為很少人使用工程圖邊界來製圖。

很多公司為了方便管理，將多個工程圖存在同一個 DWG 中，要出圖時以指定方式。指定與目前的視圖呈現互補作用，指定比較能容納列印的範圍，將圖佈滿在圖紙中。

31-4-5 命名的視圖

將先前儲存視圖作為列印範圍,萬一沒設定命名視圖(檢視→命名的檢視),無法使用該指令。

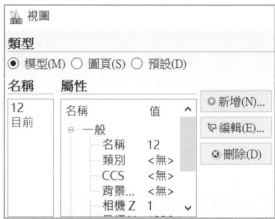

31-4-6 僅列印指定視窗內的區域

列印是否超出圖紙邊界,適用工程圖邊界、目前的視圖、指定。

Ⓐ ☑ 僅列印指定視窗內的區域

圖形不會超出圖紙邊界,確保一定會被列印,適用非專業繪圖機。事務機因為捲紙機構,一定會有列印邊界,必須透過列印邊界補正,下圖左。

由於不曉得印表機內容如何設定列印邊界,且絕大部分印表機不讓使用者這自行設定列印邊界,這時候這項設定就上用場。不過我們會用圖框的邊界距離(圖紙與圖框的距離),來補正這現象,避免啟用該設定造成佈滿圖形比例會失真,下圖右。

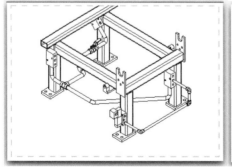
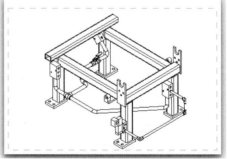

B □ 僅列印指定視窗內的區域

列印超出圖紙邊界成為無邊界列印,適用專業繪圖機,下圖左。由於繪圖機有裁紙機構,不必有列印邊界,下圖右(箭頭所示)。

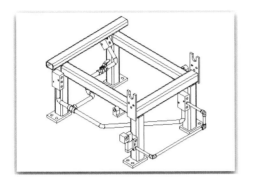 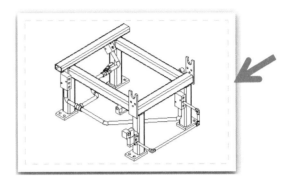

31-5 多個圖頁(適用圖頁)

在圖頁環境利用選擇圖頁視窗選擇單個圖頁或多個列印,不見得在目前啟用圖頁才可列印。適合工程圖有多圖頁時,1. 點選選擇圖頁按鈕→2. 選擇要列印的圖頁,或所有圖頁。

萬一只要列印目前啟用中的圖頁,就不要理會這項設定。☑列印所選圖頁或選擇圖頁,都會出現選擇圖頁視窗。

31-5-1 選擇圖頁

於選擇圖頁視窗中,☑要列印的圖頁。

31-5-2 列印組態

由清單清單指定列印組態才可列印選擇圖頁,例如:列印組態為 A3。

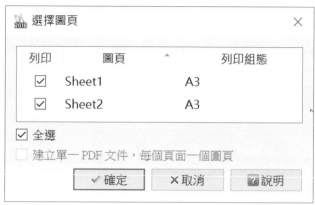

31-5-3 建立單一 PDF，每個頁面一個圖頁（適用 ProFessional）

列印為 PDF 時，將每個圖頁為多圖頁表示，於 PDF 可以見到左邊圖頁以縮圖呈現。

31-6 比例

將工程圖套用比例或 ☑ 列印至適合紙張大小。在比例欄位輸入數值來放大及縮小視圖，比例會動態改變。

比例是 1:1 為基準，要探討絕對圖框和絕對圖紙，印出來的圖才會達到標準，例如：A3 工程圖框列印到 A3 圖紙，才可以設定 1:1。

A4 圖紙要列印到 A3 工程圖框，即便放大比例 1.5:1，還會有換算的誤差。若不介意列印比例，只要讓圖看起來佈滿，有 2 種做法解決：1. 手動調整比例、2. ☑ 適合紙張大小。

31-6-1 適合紙張大小（適用模型空間）

配合紙張大小，以適當比例將工程圖完整列印在紙張中。現在幾乎沒有在工程圖直接量測，換算比例得到實際尺寸，例如：查詢尺寸都用電話問，或手上 DWG 檔自己查。

在圖紙空間將無法使用適合紙張大小，下圖右。

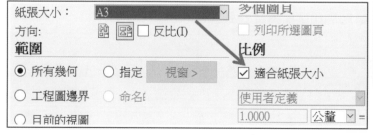

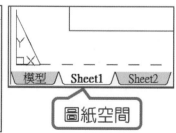

A ☑ 適合紙張大小

將圖面指定紙張大小（箭頭所示），例如：將 A4 工程圖放大比例佈滿到 A3 紙張列印。實務上，出圖設備都以事務機為主，且幾乎支援 A3 紙架，這時無法設定下方工程圖比例。

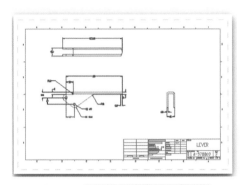

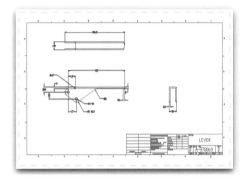

紙張大小：ISO A4 (297 x 210 MM) ▼ 　　　紙張大小：ISO A3 (420 x 297 MM) ▼

B ☐ 適合紙張大小

以指定的圖紙大小，並配合比例設定來調整工程圖列印在圖紙的大小。例如：指定 A3 圖紙大小，將 A4 工程圖列印到 A3 圖紙上，若比例 1:1 會印到相框，4 周留白，下圖左。

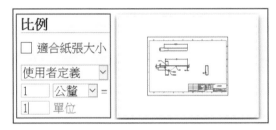

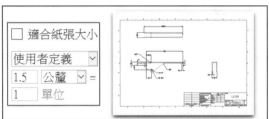

31-6-2 比例

由清單找出：使用者定義、常用比例、英制或公制，透過預覽比例會動態改變。由清單你會發現只有縮小，沒有放大比例，若要放大比例要自行輸入或由選項中加入。

設定比例過程會出現註記比例不等於列印比列的提示，因註記比例有專門設定。

A 比例單位＝毫米或英吋

比例只是換算，不會改變工程圖大小，例如：25.4mm（毫米）換算（英吋）。

B 比例單位＝像素

當名稱為非印表機名稱，例如：JPG、PNG 或 SVG，比例單位為像素。

C 1：1 列印

以實際尺寸列印，例如：100mm 線段列印後，可以於圖紙上量測正確尺寸，下圖左。

D 預設比例清單

比例於系統選項→預設比例清單連結，規劃比例來節省比例設定，下圖右。

31-6-3 使用者定義

指定比例與紙張單位，單位＝毫米或英吋。這項設定較複雜，其實只是單位換算，例如：1 毫米＝1 單位，或 1 英吋＝25.4 單位，列印結果一樣。

紙張尺寸比例		A0	A1	A2	A3	A4
		841x1189	594x841	420x594	297x420	210x297
A0	841x1189	100%	70.6%	49.9%	35.3%	25.0%
A1	594x841	141.6%	100%	70.7%	50.5%	35.4%
A1	420x594	200.2%	141.4%	100%	70.7%	50.0%
A2	297x420	400.5%	200%	141.4%	100%	70.7%
A4	210x297	568.2%	282.9%	200.0%	141.4%	100%

31-6-4 縮放線寬至列印比例（適用圖紙空間）

列印線寬以 1：1 為基準，列印時是否自動調整線寬。線寬會依圖紙大小有所不同，一般來說不會調整線寬。若設定 A4 和 A3 範本，這時在圖層就要設定符合圖紙大小的線寬。

	細	中	粗
A4 圖紙	0.13	0.25	0.35
A3 圖紙	0.25	0.5	0.7

🅐 ☑ 縮放線寬至列印比例

當工程圖不是絕對圖框和絕對圖紙 1：1 輸出時，自動縮放線寬至列印比例，可得到相對線條視覺效果。特別用在縮小圖面列印時，可以讓線條分明。

🅑 ☐ 縮放線寬至列印比例

以指定的線寬列印到圖紙大小。

31-7 列印偏移（適用模型）

調整圖形在紙張位置，常用在出圖前校正（補正或稱出血）。校正原因很多：印表機機構問題、紙張問題、印表機驅動程式、裝訂需求，或靈異現象。

調整在紙張中心或 XY 座標位置，由預覽來出偏移位置。本項設定適用模型空間，因為圖紙空間本身有圖頁，由圖形定義在圖頁範圍。

31-7-1 在紙張中心列印

將工程圖置於圖紙中心，最常用也最簡單設定。

31-7-2 X Y

以 X 或 Y 軸的偏移值來放置工程圖，例如：X＝0.25、Y＝1。設定完成後，游標到另外欄位點一下，更新上方縮圖，直覺看出偏移位置，下圖右。

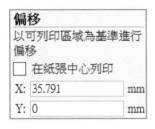
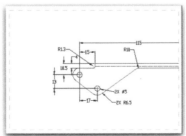
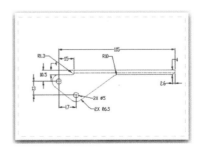

31-7-3 超出列印範圍

超出列印範圍系統會告知。

31-7-4 與單位連結

X、Y 值與左方單位連結，這部分很多人沒留意到，還好有預覽縮圖可看出設定值。

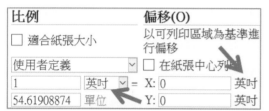 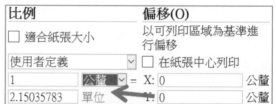

31-8 額外的選項

於列印視窗左下角點選額外的選項➔進入其他列印選項視窗，指定進階列印設定：1. 選項、2. 塗彩視圖以及 3. 列印樣式表格，本視窗設定絕大部分適用圖頁。

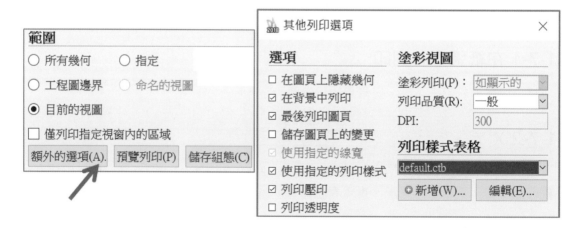

31-8-1 選項

進行以下進階設定。

A 在圖頁上隱藏幾何（適用圖頁標籤）

列印工程圖時，是否移除隱藏線。

B 在背景中列印

列印使用緩衝（多工）處理，特別是檔案很大圖檔，可不佔用系統資源，因此可以繼續進行工程圖，不過現在硬體都蠻強大的，已經感覺不到背景中列印功能。背景中列印不是列印背景（把背景列印出來）。

早期列印過程如同燒入光碟片一樣，電腦幾乎不會動，由移動滑鼠游標可以體會。於線上直播、剪接影片就可以感受感覺。

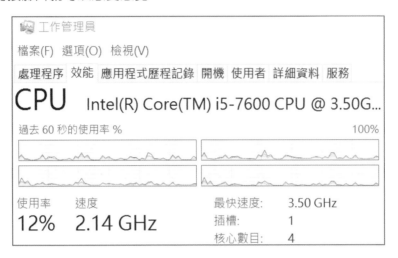

C 最後列印圖頁（適用圖頁標籤）

指定最先列印項目，列印完後再列印圖頁，例如：先列印視埠，別研究用不太到。

D 使用指定的線寬

以圖層線寬為主。必須圖層有指定線寬，若線寬＝預設，此項無法使用，下圖左。

E 使用指定的列印樣式表格

與右方的列印樣式表格搭配使用，下圖右。

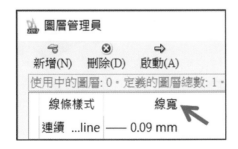

F 列印壓印（PrintStamp，適用圖頁標籤）

壓印又稱浮水印文字在工程圖，例如：工程圖名稱、圖頁名稱、日期和時間或使用者定義資料，壓印資訊必須事先定義好，列印同時套用到每張圖頁。

浮水印常把 LOGO 放在底圖，避免圖面被盜用。浮水印做法可來自：1. 圖層、2. 圖片、3. 軟體後置。

C:\Users\123\Desktop\temp\02(滑輪架工程圖)-1.DWG, 10-4-3(滑輪), 12-4-30 PM3:39, 123, SHARP MX-2700N PCL6, USER66, 1:1, a, c

G 列印透明度

是否要列印圖層的圖元透明度。

31-8-2 塗彩視圖（適用模型標籤）

工程圖有 3D 模型，可控制塗彩或非塗彩列印。以目前顯示狀態為主，或將執行 RENDER 後列印。

線架構　　　　　隱藏　　　　　已計算影像

A 列印品質

列印時套用品質等級，配合下方 DPI 會隨之顯示，常用等級為：草稿、最大、正常，也可指定 100～600 DPI 範圍。

列印品質依印表機而定，例如：印表機最大列印解析度 300 DPI，DraftSight 調整為 600 DPI，這時無法列印 600 DPI 品質。

B DPI（Dots per inch，每英吋點數）

由列印品質或自訂 DPI，DPI 越高品質越高，適合大圖輸出，一般來說正常＝300 DPI 就夠了，有一項技巧要看紙張大小。

草稿＝50 DPI、最大＝600 DPI、正常＝300 DPI、呈現＝600 DPI、預覽＝150 DPI，預覽＝預覽列印品質＝37 DPI。

DPI 越高畫面越細緻檔案會越大，系統運算會比較久。電腦運算過久，嘗試 DPI 降低，並調高紙張大小。工程圖 150 DPI 即可，列印圖片：PNG、SVG 或 PDF，列印品質相對重要。

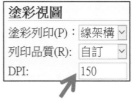

31-8-3 列印樣式表格（PrintStyle）

由清單選擇列印樣式表格，或新增、編輯查看它，最常用無和 Monochrome。本節設定要配合印表機屬性，看你是彩色還是黑白印表機。

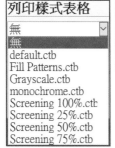

A 無、default

不套用列印樣式，以圖層色彩以及線條樣式列印。以預設列印樣式，default 最常用。

B Fill Patterns

9 種顏色填滿樣式就是彩色列印，適用專業出圖機（HP DesignJet T3500），下圖左。彩色印表機彩色列印速度會比較慢。彩色印在黑白印表機，彩色以灰階列印，不容易識別。

C Grayscale

灰階列印。列印速度比較快，預覽縮圖可見模型為灰階顯示。

D Monochrome

黑白列印最常用，適用工程圖面輸出，無論工程圖為彩色或黑白都以黑白列印。要將模型為黑白列印，先將模型為非塗彩模式。

E Screening 100%、75%、25%

顏色使用 100%、75%、25%墨水。

F 新增

產生新列印樣式，格式為*.CTB。

G 編輯

進入編輯或製作新的列印樣式。進入列印樣式表格編輯器，看出所選樣式內容，也可用來修改或產生新列印樣式。這使用率不高，會到這裡是非常專業的高手。

31-9 預覽列印

以獨立視窗呈現，檢視過程不能進行列印設定，預覽列印算是縮圖的進階版。我們希望可以將列印設定即時顯示在預覽視窗上，這樣比較直覺，eDrawings 就可以這樣。

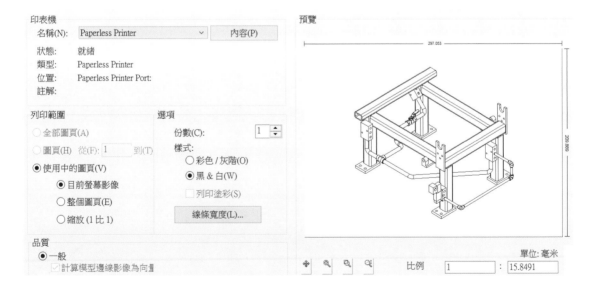

31-10 儲存組態

列印設定儲存至列印組態檔案，供下回使用。不必拘泥一定要先設定列印範本，可以把目前的列印設定，臨時決定成為列印範本，下圖左。

31-10-1 列印樣式對應圖元色彩

執行∥或輸入 PrintStyle，系統會出現列印樣式視窗，提醒列印樣式基準可來自：1. 使用命名的列印樣式、2. 使用色彩的列印樣式，下圖右。

32

Toolbox 標準

Toolbox 標準包含現有的工業或國家標準資料集合,建議產生自己的標準。

1. 於資料表格中選擇一個國家標準預設,或根據其中標準產生自訂標準。

2. 螺栓和螺釘、螺帽、銷及墊圈,以數個 2D 視圖將標準五金件插入工程圖。

3. 可指定幾何或文字鑽孔尺寸,產生鑽孔位置表,方便工程圖註記。

4. 透過產生、預覽以及加入表面加工和熔接符號,讓工程圖更為詳細。

5. 將零件號球相關資料,自動新增零件表於工程圖。

6. 將表格內容輸出為逗號或空格分隔的文字檔案。

7. 產生包含修訂符號連結的修訂表格,以追蹤工程圖變更。

8. 適用 Professional 或 Enterprise。

32-1 使用中的標準

顯示目前使用中的國家標準，該國家標準會與國旗一同列出。

32-2 基本標準

系統預設提供數個國家標準選擇，例如：ANSI、BSI、DIN...等，當選定基本標準時，會更新到每個細項。無法對預設標準進行修改、重新命名或刪除，與 Solidworks 整體草稿標準相同，下圖左。

32-2-1 複製

複製國家標準進行修改，不需要刪除預設標準，例如：複製 ISO 標準製作 CNS 標準。

32-2-2 啟用

預設標準為 ANSI Metric 標準，由清單選擇其他標準→啟用，例如：點選 ISO→啟用。

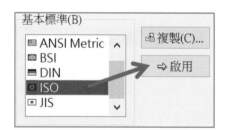
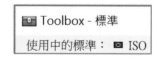

32-3 自訂標準

　　由基本標準複製且命名後會放置在自訂標準內,也可從前方頭像圖示看出標準是自訂的。點選自訂標準可複製、刪除、重新命名、編輯…等,本節僅說明刪除、重新命名、編輯、輸入及輸出,其餘不贅述。

32-3-1 刪除◎

　　只有非使用中的標準才能刪除,正在使用中的標準,刪除按鈕會呈現灰階,下圖左。

32-3-2 重新命名

　　重新命名自訂的標準,下圖右。

32-3-4 編輯

　　由於自訂標準是從其他國家標準複製而來,那麼這些資料基本上也和複製的標準相同,所以要對這些資料進行編輯,修改成為自己的。

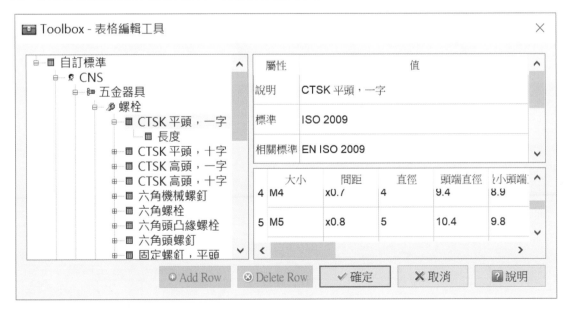

32-3-5 輸入🖼

將編輯儲存後的檔案載入作為 Toolbox 標準，附檔名為*.SQLITE，下圖左。

32-3-6 輸出🖼

實務上，由一位 CAD 人員進行標準設定，再輸出給其他人共用，附檔名*.SQLITE，下圖右。

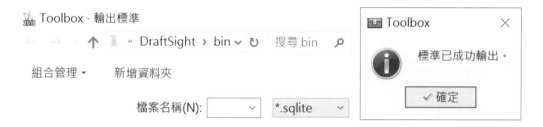

32-4 沒有使用中的標準

決定設定檔使用的標準狀態。☑＝無。□＝依預設設定 ANSI Inch 標準。

Toolbox 五金器具

以往用人工方式繪製這些標準件並產生圖塊，ToolBox 提供這些圖庫，不需要建置只要使用，不見得每個公司都有標準庫。沒有繪製這些標準庫時會採取，個人畫個人隨工程圖而儲存，並沒獨立出來成為公用標準檔案。

實務上會花時間將標準庫產生圖塊、整理類別或大小，在沒人主導情況下，除非工程師有使命或很強烈自主性，才有可能建置 ToolBox。

不須將這些重新繪製工程圖，僅在 BOM 表（零件表）上註明種類及規格。但在組合圖中，就必須畫出，才有辦法清楚呈現零組件位置及檢查機構運動干涉。

現今由廠商根據國家標準規定生產，設計者直接取得成為標準 2D 視圖，例如：螺絲、螺帽、墊圈…等模組，不必要重新畫過，增加繪圖效率。

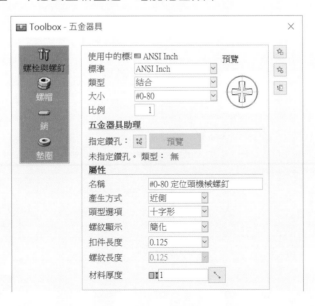

33-1 螺栓與螺釘（Hardware）

　　螺旋連接件用途非常廣泛，常用於連結機件、鎖緊、定位及調整…等，不做相對運動，分為 2 大類：1. 螺栓、2. 螺釘。外觀來看無明顯差別，原則以 Ø6.35 為界限，以上稱為螺栓，以下為螺釘。螺栓的桿身不具螺紋與螺帽配合，螺釘無需使用螺帽。

33-1-1 使用中的標準

　　清單套用標準，本項目讓你可臨時改變標準，不必回到 Toolbox－標準視窗。

A 標準

　　依清單選擇國家標準：ANSI、BSI、DIN、ISO、JIS，下圖左。

B 類型

　　選擇螺栓與螺釘類型，下圖右。

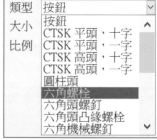

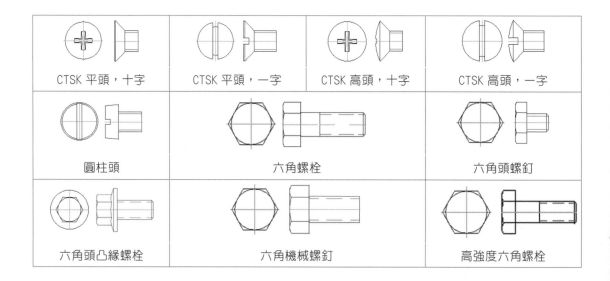

CTSK 平頭，十字	CTSK 平頭，一字	CTSK 高頭，十字	CTSK 高頭，一字
圓柱頭	六角螺栓		六角頭螺釘
六角頭凸緣螺栓	六角機械螺釘		高強度六角螺栓

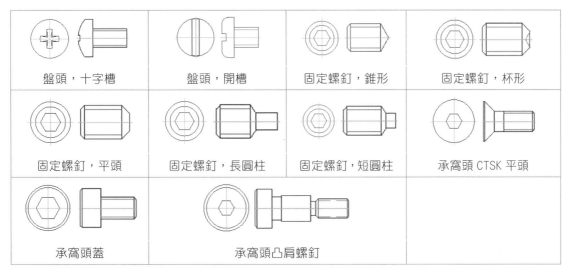

盤頭，十字槽	盤頭，開槽	固定螺釘，錐形	固定螺釘，杯形
固定螺釘，平頭	固定螺釘，長圓柱	固定螺釘，短圓柱	承窩頭 CTSK 平頭
承窩頭蓋	承窩頭凸肩螺釘		

C 大小

依清單選擇螺栓與螺釘的規格。

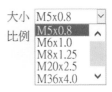

D 比例

設定縮放係數，依視圖比例調整。

33-1-2 五金器具助理

這裡指扣件，用來避免手動插入扣件與鑽孔規格不符，例如：鑽孔規格為 Ø7，插入螺栓規格為 M10，僅用於螺栓與螺釘。

A 指定鑽孔

點選 在工程圖上選擇鑽孔。

B 預覽

點選預覽可在工程圖中看見鑽孔內已插入螺栓與螺釘。

33-1-3 屬性

檢視或改變螺栓或螺釘資訊,與 Solidworks 零件屬性相同。

屬性	
名稱	六角頭螺栓 M5
產生方式	近側
頭型選項	無軸承
螺紋顯示	簡化
扣件長度	25
螺紋長度	16
材料厚度	□Ⅰ25

A 名稱

可在此處修改預設標準零件的描述。

B 產生方式

對所有類別產生不同方向視圖,例如:近側、遠側、側視圖、隱藏側視圖…等,螺栓和螺釘則有 4 個側視圖及 4 個隱藏側視圖。

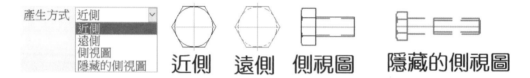

C 頭型選項

設定螺栓和螺釘的頭型,例如:六角頭螺釘分為:1. 軸承、2. 無軸承。依外型看來應該為有墊圈、無墊圈,下圖左。

D 螺紋顯示

由清單選擇側視圖螺紋的顯示狀態,有 4 項:1. 簡化、2. 圖示、3. 細目、4. 輪廓。實務上,建議使用簡化圖示,下圖右。

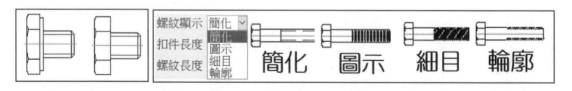

E 扣件長度、螺紋長度

設定螺栓、螺釘長度及螺紋長度。

材料厚度

顯示材料厚度，材料厚度會影響螺栓長度，建議扣件長度>材料厚度。點選 ⌇，於工程圖選擇 2 點測量材料厚度。 材料厚度 ▢ 25 ⌇

33-2 **螺帽**

又稱螺母。主要功用為連接機件，也可作為調整機件及防止機件鬆脫，內部有孔且為螺紋，使用上一定會與螺栓搭配。

33-2-1 類型

選擇螺帽類型。

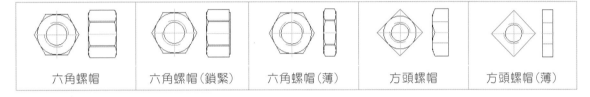

六角螺帽　　六角螺帽(鎖緊)　　六角螺帽(薄)　　方頭螺帽　　方頭螺帽(薄)

33-2-2 屬性

檢視或改變螺帽資訊。

A 角落距離

表示六角形對邊距離。

B 扳手大小

表示六角型平行邊寬，六角板手可套入的寬度。

C 厚度

表示螺帽厚度。

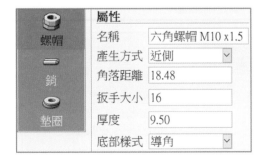
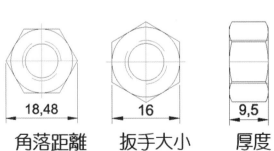

角落距離　　　扳手大小　　　厚度

33-3 銷

以細小長棒插入物件孔中，用以組合 2 機件，防止滑落或保持相對位置，可同時承受徑向或軸向之剪力。

33-3-1 類型

選擇銷類型。

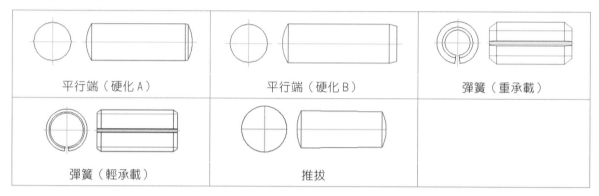

平行端（硬化 A）	平行端（硬化 B）	彈簧（重承載）
彈簧（輕承載）	推拔	

33-4 墊圈

又稱華司。在螺帽與機件間加裝金屬或非金屬的薄片，保護連接面表面不受螺帽擦傷，也因為墊圈外徑比螺帽大，可增加表面受力面積。

33-4-1 類型

依清單選擇類型：1.平墊圈、2.平墊圈（大）、3.平墊圈（小）、4.彈簧鎖緊墊圈。其中，彈簧鎖緊墊圈必須切換到 JIS 標準才有，下圖左。

33-4-2 屬性

檢視或改變墊圈資訊，表示墊圈外徑、內徑及厚度，下圖右。

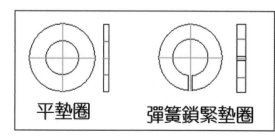

平墊圈　　彈簧鎖緊墊圈

屬性	
名稱	墊圈 ISO 4759/3 - M2
產生方式	近側
外部直徑	5
內部直徑	2.2
厚度	0.3

33-5 設定

這裡的設定與 Toolbox 下拉式最下方的設定相同，於 Toolbox－設定介紹。

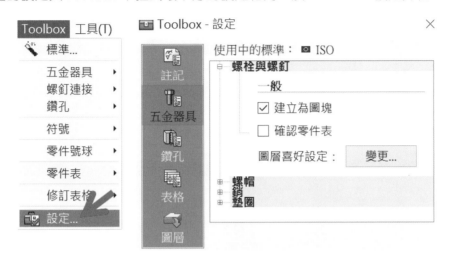

33-6 最愛的項目管理員

管理所有儲存在最愛管理員的 Toolbox，進行重新命名、刪除或全部刪除的作業。

33-6-1 使用中的標準

最愛管理員預設顯示最愛的 Toolbox 為在 Toolbox－標準視窗設定的標準，下圖左。

33-6-2 標準、類別

顯示尚未加入最愛管理員前 Toolbox 屬於何種標準及類別。

33-6-3 最愛

顯示加入至最愛過程中輸入 Toolbox 的名稱，下圖右。

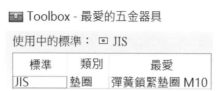

33-6-4 重新命名

重新命名 ToolBox 名稱。點選項目清單→重新命名，在 Toolbox－重新命名視窗更新名稱。

33-6-5 刪除 ✖、全部刪除 ✖✖

將單一 Toolbox 從最愛管理員刪除，下圖左。將所有刪除，下圖右。

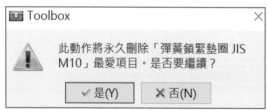
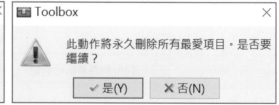

33-6-7 針對所有標準顯示最愛

預設只會顯示與 Toolbox－標準視窗相同標準的 Toolbox，☑顯示最愛管理員內所有不同標準的 Toolbox。不是正在使用中的標準，Toolbox 清單呈現灰階狀態，但還是可使用。

33-7 加入至最愛 ⭐

　　將常用 Toolbox 零件儲存於最愛管理員內，
讓你不用到處在不同標準中尋找。

33-8 顯示/隱藏最愛 🗔

　　點選🗔展開顯示或隱藏最愛窗格，所有加
入最愛的 Toolbox 會在右邊列出，游標停在名
稱上顯示詳細的使用標準及屬性資料。

33-8-1 顯示所有類別

是否顯示所選單一樣式或所有樣式的 Toolbox，例如：樣式類別選擇螺栓與螺釘，☑ 顯示所有類別，最愛清單中會顯示所有類別的 Toolbox。

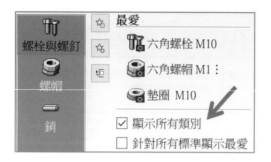 

33-8-2 針對所有標準顯示最愛

是否顯示所選標準或所有標準 Toolbox，例如：目前使用標準 ISO，☑針對所有標準顯示最愛，顯示所有標準 Toolbox。

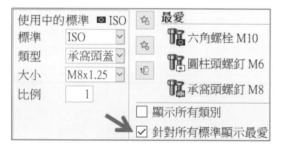 

33-9 編輯

編輯插入工程圖的 Toolbox 圖塊。繪圖過程總會插入不同類型或大小的 Toolbox 圖塊，常因為設計更改 Toolbox 大小，以前僅能使用人工替換，一不小心會常換錯。

由 Toolbox 功能表→編輯，指令視窗會提示在工程圖指定 Toolbox 圖塊圖元。

33-9-1 圖元資訊

列出 Toolbox 詳細屬性，包含：1. 找到的數量、2. 說明、3. 標準、4. 大小、5. 產生方法、6. 零組件特定屬性…等。與 Toolbox－五金器具－插入相同，本節僅說明找到的數量，其餘不贅述，下圖左。

A 找到的數量

點選 1 個工程圖的 Toolbox，自動顯示擁有相同屬性 Toolbox 圖塊，例如：點選工程圖任一 Toolbox 圖塊，出現 Toolbox－編輯定義視窗，說明有找到 6 個，下圖右。

33-9-2 圖元編輯

使用圖元編輯可以讓你很快的更改 Toolbox 圖塊，提供：1. 全部、2. 單一、3. 多個。

A 全部

自動選擇工程圖面中所有相同類型的 Toolbox 進行編輯，例如：工程圖有 4 個類型為承窩頭及 2 個類型為六角螺釘的螺栓，點選其中 1 個承窩頭，系統會自動找出其他 3 個。

B 單一

系統只允許選擇一個 Toolbox 圖塊進行編輯。

C 多個

系統可讓你在工程圖中複選多個相同 Toolbox 屬性的圖塊進行編輯，如果選擇到不同屬性的 Toolbox 圖塊系統會跳出提示方塊，例如：工程圖有 4 個類型為承窩頭，你可以手動選擇其中的 2 個進行編輯。

D 編輯

選擇以上 3 種其中之 1 後，點選編輯，系統會自動跳回 Toolbox－五金器具視窗，讓你更改大小、名稱、頭型選項、螺紋顯示、扣件長度、材料厚度。

33-9-3 變更 Toolbox 圖塊大小的步驟

以下說明如何使用 Toolbox－編輯定義更改大小。

步驟 1 選擇要編輯的種類

例如：多個。

步驟 2 點選右方編輯

步驟 3 點選要更改大小的 Toolbox 圖塊

已點選的 Toolbox 圖塊，圖元顏色會變為藍色。

步驟 4 於 Toolbox－五金器具視窗，大小清單變更→✓確定

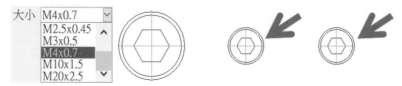

34

Toolbox 螺釘連接

產生螺釘作為圖塊,將所有子零組件產生為單一圖塊。

如果爆炸螺絲連接,則零組件會保持單一圖塊,與使用 Toolbox 五金器具對話方塊可插入的圖塊相同。螺釘連接中的每個零組件都有自己的圖層。

適用 Professional 或 Enterprise。

📦 Toolbox - 螺釘連接   ＞

使用中的標準: ◉ ISO

標準:	ISO	⌄	預覽
類型:	按鈕	⌄	
大小:	M3x0.5	⌄	
頭型選項:	十字形	⌄	
螺紋顯示:	簡化	⌄	
扣件長度	6	⌄	
比例:	1		
材料厚度:	▢Ⅰ1		⚬⚬

頭端

☐ 墊圈 1
類型: 平墊圈 ⌄ 大小: M2 ⌄

螺帽側

☐ 墊圈 2
類型: 平墊圈 ⌄ 大小: M2 ⌄

☐ 螺帽 1
類型: 六角螺帽 ⌄ 大, M5x0.8 ⌄ 底部樣式: 導角 ⌄

☐ 螺帽 2
類型: 六角螺帽 ⌄ 大, M5x0.8 ⌄ 底部樣式: 導角 ⌄

☑ 建立為圖塊   ☐ 顯示隱藏的零件

34-1 使用中的標準

本節使用方法與 Toolbox－五金器具相同，僅說明類型及扣件長度，其餘不贅述。

34-1-1 類型

選擇螺栓與螺釘類型。

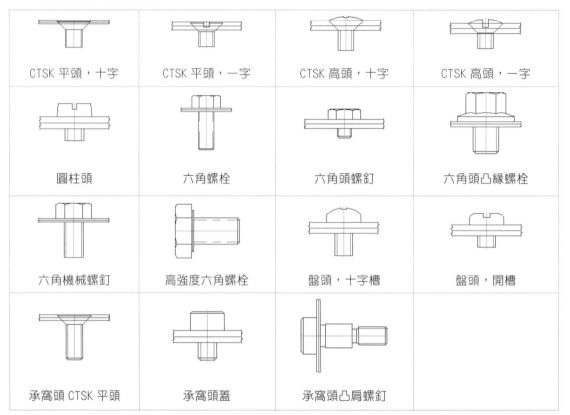

CTSK 平頭，十字	CTSK 平頭，一字	CTSK 高頭，十字	CTSK 高頭，一字
圓柱頭	六角螺栓	六角頭螺釘	六角頭凸緣螺栓
六角機械螺釘	高強度六角螺栓	盤頭，十字槽	盤頭，開槽
承窩頭 CTSK 平頭	承窩頭蓋	承窩頭凸肩螺釘	

34-1-2 扣件長度

使用下拉式清單選擇螺釘長度。

扣件長度2　扣件長度6

34-2 頭端

選擇是否在螺絲頭邊加入墊圈,依清單選擇類型及大小。

34-3 螺帽側

選擇螺帽端是否要加入墊圈或螺帽,及插入類型、大小。

34-3-1 墊圈 2

選擇是否在螺帽鎖緊邊加入墊圈,依清單選擇類型及大小,下圖左。

34-3-2 螺帽 1

選擇是否加入螺帽,依清單選擇類型及大小,下圖右。

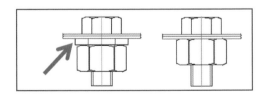 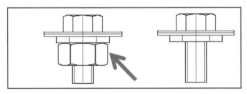

A 底部樣式

選擇螺帽是否為導角或軸承顯示,導角樣式可防止邊緣尖角手指刮傷,此選項控制螺帽與墊圈接觸的那一側(箭頭所示),下圖左。

34-3-3 螺帽 2

選擇是否需要插入第 2 個螺帽。防止機器運轉時第 1 螺帽因震動鬆脫，實務上，與墊圈接觸的螺帽會使用較薄的（箭頭所示），以迫緊前方較薄的螺帽，下圖右。

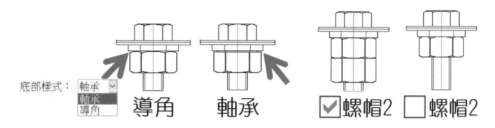

34-3-4 建立為圖塊

選擇插入工程圖時是否要將螺釘連接組（螺釘、墊圈、螺帽）製作成整個圖塊或是將零組件拆分單一圖塊，下圖左。

34-3-5 顯示隱藏的零件

選擇插入工程圖時是否要顯示螺釘連接組（螺釘、墊圈、螺帽）的隱藏線，建議不勾選選項，不然圖會很花，下圖右。

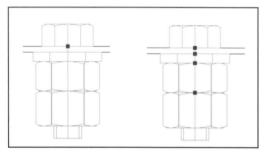
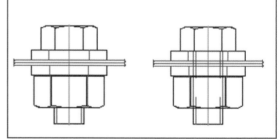

34-4 編輯

使用方法與 Toolbox－五金器具的編輯相同，不贅述。

35

Toolbox 鑽孔

將鑽孔加入工程圖，可新增、編輯鑽孔，包含鑽孔詳細資訊表格。每個選項的使用中標準已於 Toolbox－五金器具說明，還有**編輯**不贅述，適用 Professional 或 Enterprise。

35-1 柱孔

又稱沉頭孔、魚眼孔。為了達到螺絲安裝後表面平整,加工時會特別下凹一階,使螺絲頭藏在此處。

名稱	M3 平圓頭螺釘柱孔			☐ 頭端餘隙	0	
產生方式	近側 ∨			☐ 近側錐孔直徑與	0	0
終止型態與深度	貫穿 ∨	0.1		☐ 頭端之下錐孔直	0	0
孔配與直徑	一般 ∨	3.4		☐ 遠側錐孔直徑與	0	0
底端角度	118			材料厚度	1	⋰
柱孔直徑深度(& D)	6.7	1.65		頭端之下	0.935039	

35-1-1 屬性

檢視或更改鑽孔的相關資訊。會驗證屬性值的正確性,如果無效會以淡紅色顯示,下圖右。名稱與產生方式先前已說明,不贅述(方框所示)。

A 終止型態與深度

選擇鑽孔要為深度或貫穿,選擇深度須輸入數值(箭頭所示)。

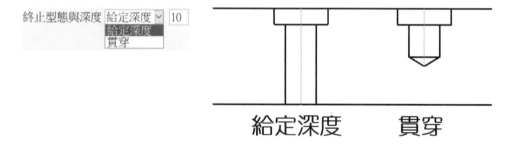

B 孔配與直徑

孔會有配合條件:1. 緊密、2. 一般、3. 鬆動選擇,若預設值不是你要的,可以在右方輸入更改(箭頭所示)。

C 底端角度

鑽孔底端角,預設 118 度,僅能介於 0〜180 度間,下圖左。

D 柱孔直徑&深度

柱孔直徑及深度,下圖中。

E 頭端餘隙

扣件安裝後，頭高低於表面的距離，下圖右。

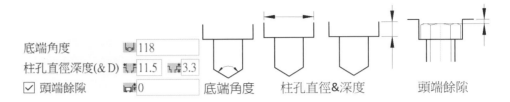

底端角度　　　　　　118
柱孔直徑深度(& D)　11.5　3.3
☑ 頭端餘隙　　　　0　　　底端角度　　柱孔直徑&深度　　頭端餘隙

F 近端錐孔直徑與角度

導角後的外徑及導角邊線的虛擬交角角度，好處可防止割傷，下圖左。

G 頭端之下錐孔直徑與角度

頭端指的是第 2 階的孔，設定導角後的外徑及導角邊線的虛擬交角角度，下圖中。

H 遠側錐孔直徑與角度

鑽孔導角後的外徑及導角邊線的虛擬交角角度，僅能使用終止型態貫穿，下圖右。

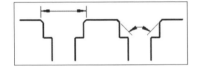 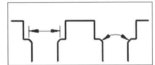 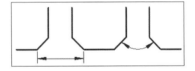

35-2 錐坑

錐孔常與平頭螺絲配合，可使表面平整，本節僅說明頭端的餘隙與類型，不贅述。

使用中的標準： ◉ ISO	預覽
標準	ISO
類型	承窩 CTSK 平頭
大小	M3
比例	1

屬性		
名稱	M3 六角凹錐坑螺釘 CSK	
產生方式	剖面	
終止型態與深度	給定深度	5
孔配與直徑	一般	3.4
底端角度	118	
錐孔直徑與角度	6.4	90
☑ 頭端的餘隙與類型	1	新增的柱孔
☐ 遠側錐孔直徑與角	0	0
材料厚度	25	

35-2-1 頭端的餘隙與類型

實務上，平頭螺絲會有小段垂直面，並不是直接由角度收尾（箭頭所示），在這裡可以將鑽孔增加一小段餘隙，使螺絲頭端低於表面。第一欄位輸入餘隙距離，由清單選擇樣式。

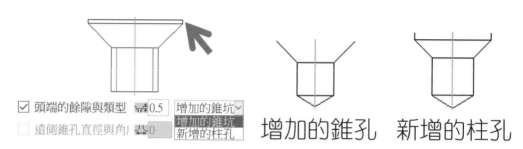

增加的錐孔　新增的柱孔

35-3 貫穿孔

從起始面到深度或貫穿孔徑皆相同，簡稱貫穿孔。本節操作與柱孔相同，不贅述。

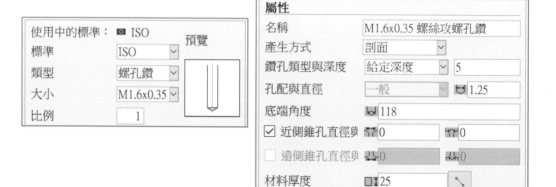

35-4 螺絲攻

螺絲攻又稱螺紋孔、牙孔。與有螺紋的螺絲鎖緊配合。本節僅說明螺紋鑽類型與深度、螺紋類型與深度，其餘不贅述。

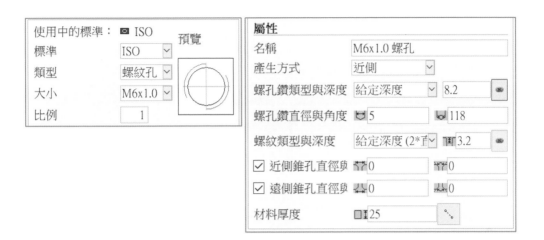

35-4-1 螺紋鑽類型與深度

設定鑽孔類型及深度。點選鍊條圖示（箭頭所示）可自動計算盲孔深度，或輸入變更。

35-4-2 螺紋類型與深度

設定螺紋類型及深度。點選鍊條圖示可自動計算鑽孔深度，或於輸入欄手動變更。

35-5 凹槽

凹槽又稱狹槽。實務上，狹槽孔常用於可調式機構，因應滑動需要或臨時調整螺絲鎖住位置。名稱、產生方式、比例與材料厚度先前已說明，不贅述（方框所示）。

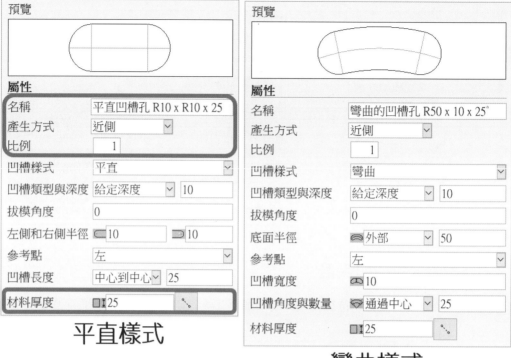

平直樣式　　　　　　　　彎曲樣式

35-5-1 凹槽樣式

清單選擇：1. 平直、2. 彎曲樣式的凹槽，下圖左。

35-5-2 拔模角度

指定凹槽的拔模角度。當凹槽為模具，拔模角度可使零件容易退出模具，下圖右。

平直　　　　彎曲

35-5-3 左側及右側

分別調整平直凹槽的左側、右側半徑大小。

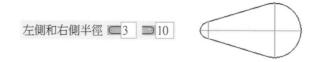

35-5-4 底面半徑

設定彎曲凹槽的半徑起始及終點位置，清單選擇：1. 外部、2. 中心、3. 內部。

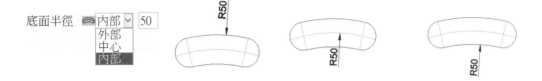

35-5-5 參考點

設定插入平直及彎曲圖塊的原點位置：1. 左、2. 中點、3. 右，樣式多了 4. 圓弧中心。

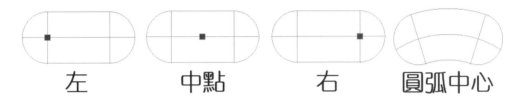

左　　　　中點　　　　右　　　　圓弧中心

35-5-6 凹槽長度

設定平直凹槽長度尺寸的位置：1. 中心到中心、2. 總體，下圖左。

35-5-7 凹槽寬度

設定彎曲凹槽的寬度，下圖右。

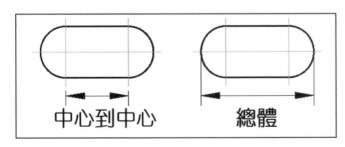

中心到中心　　　總體

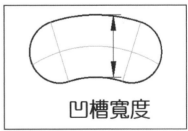

凹槽寬度

35-5-8 凹槽角度與數量

設定彎曲凹槽圓弧間的角度及長度，依清單選擇：1. 通過中心 2. 外側。

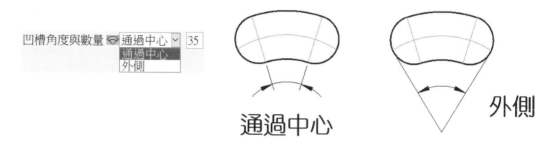

35-6 標註

對插入的鑽孔圖塊標註尺寸及註記，無法用於凹槽樣式標註。

步驟 1 TB_HOLECALLOUT 或

步驟 2 選擇圖元

步驟 3 指定起點

步驟 4 指定終點

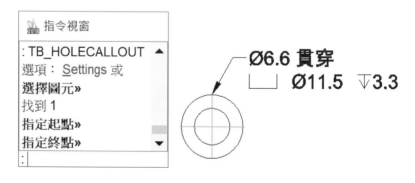

35-7 建立表格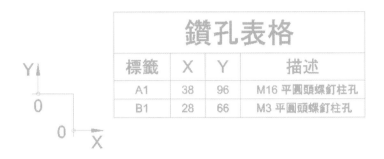

產生鑽孔表格，以 X、Y 座標距離及大小描述，與 Solidworks 鑽孔表格相同。

鑽孔表格			
標籤	X	Y	描述
A1	38	96	M16 平圓頭螺釘柱孔
B1	28	66	M3 平圓頭螺釘柱孔

步驟 1 TB_HOLECALLOUT 或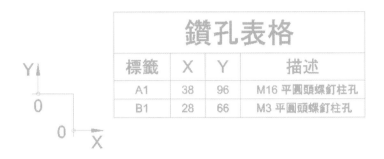

步驟 2 選擇 BL,TL,BR,TR,Settings 或指定原點

選擇 XY 軸的方向

步驟 3 指定表格的鑽孔

步驟 4 指定左上的插入點

35-8 表格編輯 🖉

編輯已經插入工程圖的表格，可重新變更座標。

35-8-1 選項

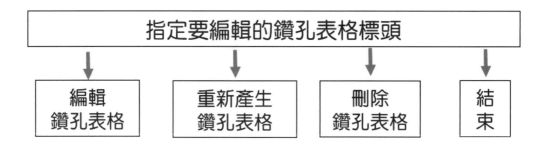

A 編輯鑽孔表格（E）

編輯鑽孔表格。

Toolbox - 修改鑽孔表格位置 ✕

資料

標籤	A1
X 位置	37
Y 位置	167

🔹 指定位置

✔ 確定　✕ 取消　❓ 說明

A1 標籤

顯示要移動表格的鑽孔，此欄為唯讀。

鑽孔表格

標籤	X	Y	大小	描述
A1	75	-93	Ø3.4 ▽5 ∨ Ø6.4 X 90°	M3 六角凹錐坑螺釘 CSK
B1	117	-108	Ø1.25 ▽5	M1.6X0.35 螺絲攻螺孔鑽
C1	-255	22	Ø7 貫穿 ⊔ Ø11.5 ▽5 ∨ Ø8.5 X 90° 中央側	M6 平圓頭螺釘柱孔

資料

標籤	A1
X 位置	75
Y 位置	-93

🔹 指定位置

A2 X 位置、Y 位置

由欄位輸入數值更改鑽孔的 X 軸、Y 軸座標距離。

A3 指定位置

在工程圖面點 1 下重新指定新的座標位置。

B 重新產生鑽孔表格（R）

先前插入的表格會被刪除，重新選擇要在表格內的鑽孔。

Toolbox 符號

符號包含：1. 表面加工符號、2. 熔接符號。表面加工符號：機件經各種加工母機製造，因機械震動、刀具尖端...等因素，造成表面產生凹凸的紋路，影響美觀。CNS 將它稱為表面機構，但感覺還是表面加工符號唸起來比較順口。

用以表示金屬接合的資訊稱為**熔接符號**，實務上稱銲接，現場技術人員以台語**燒**。利用加熱或加壓將 2 金屬達到接合，較少以熔接稱呼。

36-1 表面加工符號

由樣式清單設定表面加工符號，由上方預覽看出選擇的符號。清單包含：基本、切削作業、禁止切削作業樣式、JIS 基本、需要 JIS 切削、禁止 JIS 切削樣式的屬性相同。

36-1-1 基本、切削作業、禁止切削作業樣式

基本樣式：不限定是否切削加工表面。切削作業樣式：加工面必須做切削處理。禁止切削作業樣式：加工面禁止進行切削作業。

由於這 3 個切削作業屬性清單相同，以下一併介紹。

36-1-2 屬性：區域、全周

零件各個面表面加工相同，可以只在視圖邊線放置加畫一小圓符號表示，下圖左。

36-1-3 刀痕方向

加工過程在工件表面產生刀痕，清單選擇刀痕型式，沒特別要求可不必指定，下圖右。

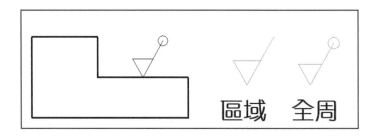

A 平行 =

刀痕方向與所指加工面的邊緣平行。

B 垂直點 ⊥

刀痕方向與所指加工面的邊緣垂直。

C 角度 ×

刀痕方向與所指加工面的邊緣呈兩方向交叉。

D 多向 M

刀痕成多方向交叉或無一定方向。

E 圓形 C

刀痕成多方向交叉或無一定方向。

F 徑向 R

刀痕成放射狀。

G 凸起 P

表面紋理成凸起的細粒狀。

H 無刀紋符號 ⊘

表面光滑。

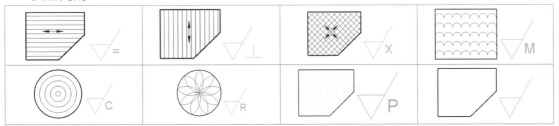

36-1-4 材料移除裕度

又稱加工裕度。有多重加工，才會有加工裕度標註，值會出現在加工符號左側。預留厚度讓加工到達理想值，例如：理想值＝10，加工裕度＝2，這時工件必須為 12，下圖 A。

36-1-5 最小粗度、最大粗度

2 組數字上下並列，表示粗糙度最大與最小極限值，下圖 B。

36-1-6 取樣長度和其他粗度值

又稱基準長度。表面粗糙度曲線並不是等距之規則線,測量過程在曲線上擷取一段長度測量,稱為基準長度。常用 6 種:0.08、0.25、0.8、2.5、8、25,0.8 最常使用,稱為標準基準長度,下圖 C。

36-1-7 粗度間距

設定粗糙度高度和寬度,會顯示在加工符號右側,下圖 D。

36-1-8 加工方法代號

指定加工方法,在基本符號右上角加一短線,上方加註加工方法文字,書寫方向朝上,例如:車削代表字=車、鑽孔=鑽、鑄造=鑄...等,下圖 E。

36-2 JIS 基本、需要 JIS 切削、禁止 JIS 切削樣式

JIS 基本樣式:不限定加工表面。需要 JIS 切削樣式:指定表面加工符號。禁止 JIS 切削樣式:不須切削加工,下圖左。

36-3 JIS 基本、需要 JIS 切削、禁止 JIS 切削屬性

這 3 個切削作業屬性清單相同,故一併介紹,下圖右。

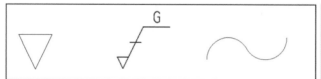

36-3-1 JIS 質地

標示表面符號通常花費較多時間也佔據空間,因此可使用簡化符號,例如:倒三角形。台語稱齒,以觸覺、視覺觀察刀痕,齒數越多精度越高。

A 粗切面 ▽

經一次或少次加工所得表面,有明顯刀痕,基準長度為 8mm。

B 細切面 ▽▽

經多次加工所得表面,感覺有些光滑,但仍有模糊刀痕,基準長度為 2.5mm。

C 精切面 ▽▽▽

多次加工所得表面,幾乎無法以觸覺、視覺觀察出刀痕。

D 超光面 ▽▽▽▽

以拋光所得光滑如鏡表面。

36-3-2 粗度 Ra

又稱中心線平均粗糙度,垂直距離平均值單位 μm,μ = 希臘字母。

36-3-3 粗度 Rz/Rmax

根據整個取樣長度 5 個最高點與最低點。

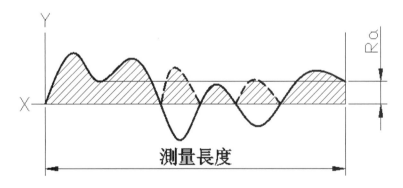

36-4 反轉表面加工符號

將表面加工符號反轉 180°，原則以朝上、朝左保持圖面淨空。若表面傾斜不好放置時，也可標註導線或尺寸線上。

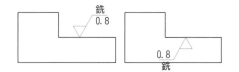

36-5 熔接符號

將 2 金屬件利用加熱或加壓方式達到接合，用以表示金屬接合資訊稱為熔接符號。

36-5-1 顯示

依清單選擇銲道是在箭頭的哪一位置：1. 箭頭邊、2. 對邊、3. 兩邊。

A 箭頭邊

銲接在箭頭邊施工，訊息在參考線下方。

B 對邊

銲接在箭頭所指另一邊施工，訊息在參考線上方。

C 兩邊

銲接會在箭頭的 2 邊施工，訊息會出現在參考線 2 側。

36-5-2 符號類型

銲接種類很多有有專屬符號。實務上,銲接 2 金屬件有
強度要求,必須先適當開槽,讓銲料滲透。

正方形槽	斜對槽	喇叭斜對槽	喇叭 V 形槽
J 形槽	斜面對接槽	U 形槽	V 形槽
雙重 V 形槽	雙重 U 形槽	雙重斜對槽	雙重 J 形槽
圓角	角翻邊	端部翻邊	插塞
沿縫熔接	點(浮凸)熔接	嵌釘	背面
表面			

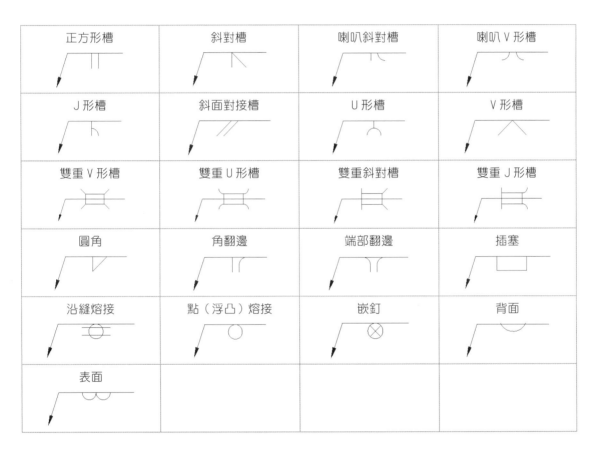

36-5-3 結束符號

當銲道不美觀時,會以銼刀或手動切割器修飾一下,由清
單選擇銲道修整方式。

以術語第一字母代表作業。

A C-鑿平作業（Chipping）

銲道表面以鑿子加工。

B G-研磨作業（Grindind）

銲道表面以砂輪研磨加工。

C M-切削作業（Machining）

銲道表面以工具機切削加工。

D R-滾製作業（Rolling）

銲道表面以滾子滾壓加工。

E H-鎚擊作業（Hammering）

銲道表面以鐵鎚鎚打加工。

36-5-4 熔接表面形狀符號

依清單選擇銲道的表面形狀：1. 齊平、2. 凹面、3. 凸面，下圖左。

36-5-5 大小與數字

設定銲道喉深或強度及數量。喉深＝銲料由槽面深入銲接件的厚度，不包含凸出表面。數量欄位僅能使用：▢插塞、▱沿縫熔接、◠點（浮凸）熔接、▱嵌釘、▱背面、▱表面。

坦白說很難理解這裡指的數量是什麼。

36-5-6 長度與間距

設定間斷銲接距離。前面數字＝銲道長度，後者＝無銲道距離，例如：100-50，下圖右。

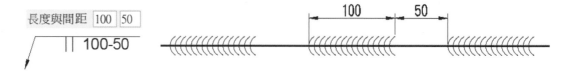

36-5-7 角度與根部

　　將 2 對頭工件進行開槽角度（A）及根部距離（B），確保銲料填入又稱開槽銲。常用在鈑厚超過一定厚度，就要適度開槽，例如：厚度 T＝6，開槽 3。

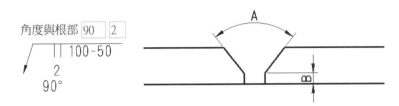

36-5-8 縮寫

　　說明銲道銲接方法位於尾叉右方，沒有特別要說明，尾叉會省略。由清單選擇：AC（電弧切割）、CAC-A（空氣碳弧切割）或 BB（焊料硬焊）…等，下圖左。

36-5-9 文字

　　於欄位輸入資訊，2 處以上銲接相同時，建議使用使選項，例如：加註左右對稱。

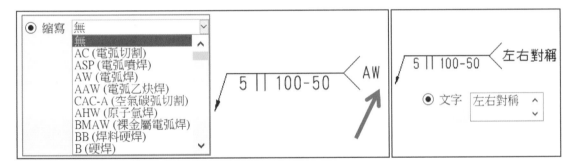

36-5-10 全周

　　基線及引線折角處有一空心圓，指整個周圍輪廓都必須銲接，下圖左。

36-5-11 現場熔接

　　以黑色三角旗表示，旗桿底部位於基線與引線折角處，指示現場銲接作業，下圖右。

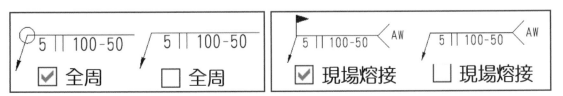

36-5-12 交錯

2 物件呈 T 型銲接，2 側的跳銲銲道不互相對齊，顯示為 2 邊及符號類型為圓角才可使用此選項。實務上，銲道在相同邊，變形量比較大，有些人員會比較傾向交錯焊接。

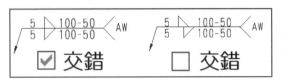 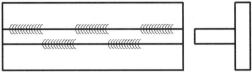

37

Toolbox 零件號球

以圓形＋數字符號，稱為零件號球。比較高竿工程師使用**引線**指令製作，但還是有不少使用者是用指令圓＋數字註記當作零件號球，甚至將零件號球納入資料庫整齊排序。

使用 Toolbox－零件號球，只要選好零件再放置**零件號球**的起始、終點位置即可，適用 Professional 或 Enterprise。

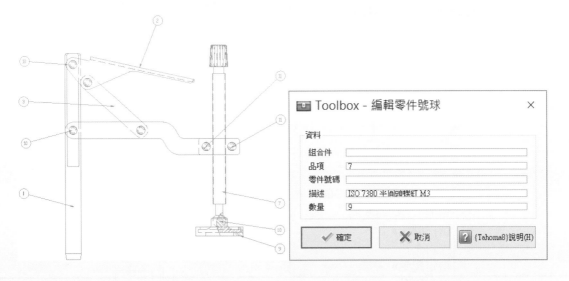

37-1 插入 ♫

在工程圖上點選零件，會自動插入帶有箭頭及數字的圓形符號，不必像以前使用引線指令且人力核對零件表的編號及輸入。

在此之前必須設定 Toolbox－設定的註記選項，選取自動增量、計算項次功能。

預設插入的零件號球線條顏色為黃色，如欲更改也要到 Toolbox－設定處理。

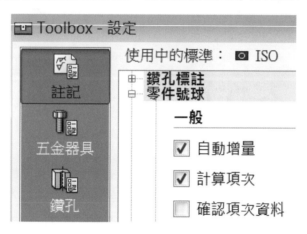

37-1-1 先睹為快，零件號球

步驟 1 選擇圖元

步驟 2 指定起點

步驟 3 指定終點

點選零件的邊線，點選零件外任意 1 點。

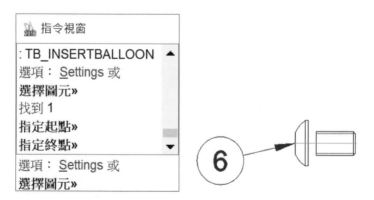

37-2 編輯

編輯插入工程圖的零件號球,提供輸入組合件、品項、零件名稱...等。也可變更零件號球的編號、描述及數量。

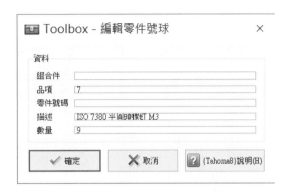

37-2-1 組合件

組合件中可在此欄位輸入組合件名稱,例如:A01-底座組。

37-2-2 品項

手動變更零件號球的編號,例如:1→4。

37-2-3 零件號碼

這裡指的是料號,實務上每個零件會獨立編號,像是身分證字號。

37-2-4 描述

輸入資料增加對零件辨識度,例如:只輸入六角螺帽,會讓其他人無法判斷規格,那麼就該輸入 M10 六角螺帽。

37-2-5 數量

輸入擁有相同屬性的零件數量。

筆記頁

38

Toolbox 零件表

零件表（Bill of Mateiral，BOM）用來記錄每個零件的編號、名稱、數量及材料…等。一般會以重要性排列，重要者在前，標準件在後，例如：螺絲、螺帽、墊圈…等。組合圖一定要包含零件表、零件號球及組裝尺寸…等。

若零件表位於標題欄上方，編號由下而上，新增項目比較方便繼續增加。若零件表在其他區域或獨立圖頁，那麼排序順序就應該由上而下。

零件表編輯操作與鑽孔表格編輯相同，不贅述，適用 Professional 或 Enterprise。

零件表			
品項	零件號碼	描述	數量
1		墊圈 ISO 4759/3 - M16	3
2		六角螺帽 ISO 8674 - M12 x1.75	2

38-1 產生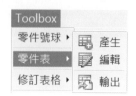

零件號球產生於工程圖後，才可插入零件表，與 SolidWorks 用法相同。

38-1-1 先睹為快，零件表

預設表格插入點為位於左上角，要改至其他角落須在 1.Toolbox－設定→2.表格→3.鑽孔表格→4.固定錨點，下圖左。

步驟 1 TB_CREATEBOM 或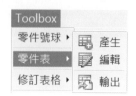

步驟 2 指定左上角的插入

點選圖面任 1 點。

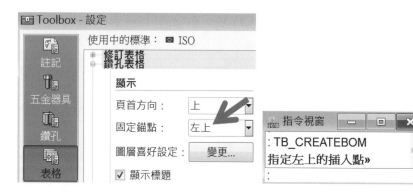

38-2 輸出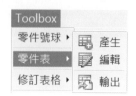

將產生的零件表輸出 2 種常用的文字檔：1.有分隔符號(*.txt)、2.逗點分隔(*.csv)。TXT 檔會以 TAB 字元分隔每個文字欄位；CSV 檔會以逗號（,）分隔。

Toolbox 修訂表格

修訂表格常被用來追蹤修改版本、修改零件以及記錄原因,讓企業不因人員流動,使設計變更沒有被留下紀錄。

使用 Toolbox 修訂表格,插入的修訂符號和修訂表格他們能互相對應,不用怕會對不起來,適用 Professional 或 Enterprise。

修訂表格				
區域	修訂	描述	日期	已核准
	1		03/09/2017	
	2		03/09/2017	
	3		03/09/2017	
	4		03/09/2017	

39-1 插入表格

插入修訂表格用來追蹤修改的文件記錄，表格會以圖塊顯示。

39-1-1 區域

將工程圖分割成數個方塊區域，在視窗輸入工程圖修訂的位置。

39-1-2 修訂

加入新修訂時會自動編號。可修改這編號，若使用重新索引修訂表格，自行變更的修改會被自動編號覆寫。

39-1-3 日期

指定修訂日期。系統預設會自動抓取電腦顯示日期，也可自行在欄位中變更。

39-1-4 描述

在描述欄位輸入造成修訂原因，可避免時間太久忘記或離職沒有交代，導致無人清楚原因為何，例如：零件材質變更為黃銅，所以標示處的公差加大。

39-1-5 已核准

輸入核准這項修訂的人員。

39-2 插入修訂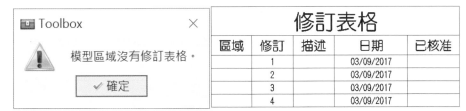

增加其他修訂，一樣在 Toolbox－加入修訂視窗中輸入相關資料。必須包含主修訂表格才可以插入新修訂。

Toolbox	×
⚠ 模型區域沒有修訂表格。	
✓ 確定	

修訂表格				
區域	修訂	描述	日期	已核准
	1		03/09/2017	
	2		03/09/2017	
	3		03/09/2017	
	4		03/09/2017	

39-3 插入修訂符號 ⚠

修訂符號以三角形內含有數字，數字表示修訂次數，只要選擇放置位置即可。

指令視窗	
: TB_ADDREVISIONSYMBOL	▲
指定目的地»	▼
:	

39-4 編輯表格

對已插入的修訂表格進行編輯、重新排序、刪除…等。

指令視窗	—	□	×
: TB_EDITREVISIONTABLE			▲▼

預設: 結束(X)
選項： 編輯修訂(E), 重新產生修訂表格(R), 重新索引修訂表格(I), 刪除修訂(D), 刪除修訂表格(T) 或 結束(X)
指定選項»|

39-4-1 編輯修訂（E）

變更修訂表格的區域、修訂編號、描述...等及符號編號。

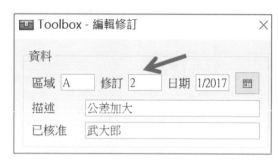

步驟 1 TB_EDITREVISIONTABLE 或 🖺

步驟 2 編輯修訂（E）＝E

步驟 3 指定修訂

點選表格上要變更的編號。

步驟 4 進入 Toolbox－編輯修訂視窗

在修訂欄位輸入新編號。

39-4-2 重新產生修訂表格（R)

將偏移的表格重新對正及順序排序。

修訂表格				
區域	修訂	描述	日期	已核准
	1		03/09/2017	
	3		03/09/2017	
	2		03/09/2017	
	4		03/09/2017	

修訂表格				
區域	修訂	描述	日期	已核准
	1		03/09/2017	
	2		03/09/2017	
	3		03/09/2017	
	4		03/09/2017	

39-4-3 重新索引修訂表格（I）

將順序不連續的表格重新排序。

修訂表格				
區域	修訂	描述	日期	已核准
	4		03/09/2017	
	1		03/09/2017	
	3		03/09/2017	
	2		03/09/2017	

修訂表格				
區域	修訂	描述	日期	已核准
	1		03/09/2017	
	2		03/09/2017	
	3		03/09/2017	
	4		03/09/2017	

39-4-4 刪除修訂（D）

刪除表格中其中一列的修訂，列刪除後所對應的符號同時也會刪除。

修訂表格				
區域	修訂	描述	日期	已核准
	1		03/09/2017	
	2		03/09/2017	
	3		03/09/2017	
	4		03/09/2017	

修訂表格				
區域	修訂	描述	日期	已核准
	1		03/09/2017	
	2		03/09/2017	
	3		03/09/2017	

筆記頁

40

Toolbox 設定－註記

本章說明 Toolbox 插入工程圖文字設定，包含：鑽孔標註、零件號球、表面加工符號、熔接符號、中心線控制，適用 Professional 或 Enterprise。

40-1 鑽孔標註

本節說明鑽孔標註的設定,包含鑽孔符號、計算孔數量。

40-1-1 符號

以 ANSI 標準以符號表示尺寸,例如:深度▽,錐孔∨...等。

40-1-2 傳統

以文字表示尺寸。選擇傳統時有另外的說明及加入 Ø 選項。

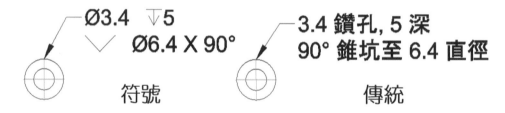

40-1-3 計算鑽孔

是否將相同鑽孔加上數量,可以不用人工計算。

40-1-4 說明

是否增加一欄完整名稱而不是只有詳細尺寸（箭頭所示）。

5.5 貫穿鑽孔
9.5 柱孔, 3.3 深　　5.5 貫穿鑽孔
M5 圓柱頭螺釘柱孔　9.5 柱孔, 3.3 深

40-1-5 加入 Ø

是否在數值前加 Ø。

Ø5.5 貫穿鑽孔　　5.5 貫穿鑽孔
Ø9.5 柱孔, 3.3 深　9.5 柱孔, 3.3 深

40-1-6 圖層喜好設定

本節在 Toolbox 設定－圖層介紹。

40-2 零件號球

設定零件號球的標註，例如：號碼增量、箭頭大小、文字字型...等。

40-2-1 自動增量

標註過程會自動排序符號，不用查找編號到第幾號，建議☑不要再人工作業。

40-2-2 計算項次

零件號球過程會自動計算相同數量，否則自行輸入數量，例如：有 3 個彎管會加上 3X。

40-2-3 確認項次資料

插入零件號球過程，開啟 Toolbox－編輯零件號球視窗，可新增或修改零件表資料。

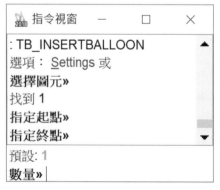

40-2-4 形狀（預設圓形）

依清單選擇號球形狀：1. 無、2. 圓形、3. 剖半圓形...等。

40-2-5 大小（預設 1 個字元）

依清單選擇號球大小，可容納多少個字元，取決於文字大小。

40-2-6 堆疊(預設否)

在導線產生多個堆疊式號球，清單提供 5 種選擇：1. 否、2. 上、3. 下、4. 右、5. 左。

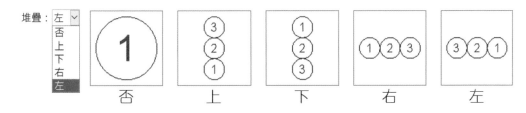

40-2-7 導線

是否顯示零件號球與零組件的連接線。

40-2-8 箭頭類型

依清單選擇導線連結箭頭形狀：1. 建築記號、2. 方形、3. 填實的方型...等。

建築記號	方形	填實方型	封閉	封閉空白
封閉填補	空心三角形	填實三角形	點	空心點
小點	小空心點	整數	傾斜	開啟
開啟 30 度	原點指標	原點指標 2	右側角度	

40-2-9 箭頭大小

導線連接至零組件的箭頭大小。

40-3 表面加工符號

設定表面加工符號的導線及文字大小。

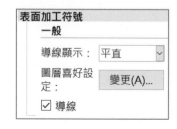

40-3-1 導線顯示

啟用導線，依清單選擇：1. 直線、2. 彎折，下圖左。

40-3-2 導線

是否要在表面加工符號上加入導線，下圖右。

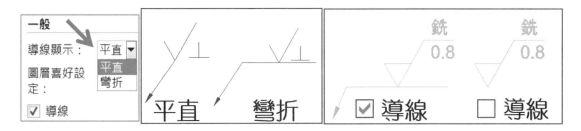

40-4 熔接符號

設定熔接符號的導線及文字大小。

40-4-1 導線連接於符號

依清單選擇文字固定在導線哪一側：1. 最近端、2. 左、3. 右。比較不好理解最近端，如果游標點選第 2 點在第 1 點左側，文字內容會在導線箭頭左側。

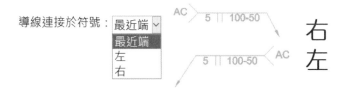

40-5 中心線控制

設定中心線的延伸距離、顯示樣式，下圖左。

40-5-1 延伸量

設定中心線延伸距離，取消自動調整大小才可使用，CNS 以延伸 2～3mm 最佳，下圖右。

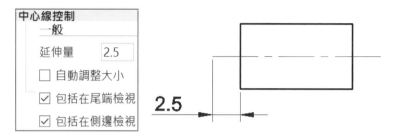

40-5-2 自動調整大小

在圖頁上是否依視圖比例自動調整中心線比例。

40-5-3 包括在尾端檢視

視圖方向為近側或遠側時，是否自動加入中心線，建議☑不必再花時間繪製，下圖左。

40-5-4 包括在側邊檢視

視圖方向為側視時，是否自動加入中心線，建議☑不必再花時間繪製，下圖右。

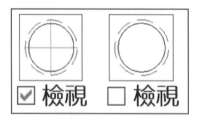 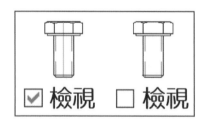

Toolbox 設定－五金器具、鑽孔

本章介紹**五金器具**及**鑽孔**,工程圖是否建立為圖塊或是自動跳出零件資訊視窗。由於五金器具和鑽孔的設定內容相同,僅以螺栓與螺釘說明,其餘不贅述,適用 Professional 或 Enterprise。

41-1 五金器具－螺栓與螺釘

設定插入螺栓與螺釘是否要為圖塊或以啟用零件表資料。

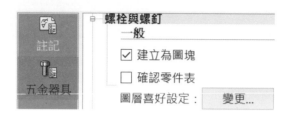

41-1-1 建立為圖塊

插入五金器具與鑽孔是否建立為圖塊，實務上，製作為圖塊，設計過程只要點選任何位置，就會全部選取。否則，還要花費額外時間查看框選圖元時是不是有漏掉，下圖左。

41-1-2 確認零件表

插入五金器具中的零件執行確認後，會出現 Toolbox－確認零件表資料視窗，可變更 Toolbox 描述或輸入零件號碼，下圖右。

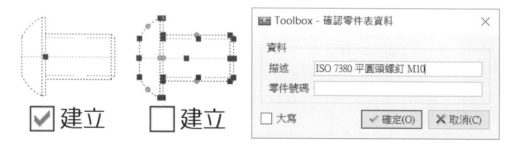

42

Toolbox 設定－表格

由於預設表格樣式不會剛好符合我們要的,也不要插入到工程圖後事後修改,並不是一勞永逸的做法。

在 Toolbox 設定－表格可以對修訂表格、鑽孔表格、零件表進行頁首方向、固定錨點、符號形狀.... 等初始設定,像 Solidworks 範本,適用 Professional 或 Enterprise。

42-1 修訂表格

設定修訂表格插入工程圖中的設定，分為 3 部分：1. 顯示、2. 文字、3. 雜項。

42-1-1 顯示：頁首方向

選擇插入表格時標頭位置是在上方或下方，實務上，都以標題在上方為主。

42-1-2 顯示：固定錨點

設定插入修定表格的起始位置，依清單選擇：1. 左上、2. 右上、3. 左下、4. 右下。

42-1-3 顯示：顯示標題

插入表格時是否顯示標題（箭頭所示）。

42-1-4 文字：變更大小寫

不管在 Toolbox－加入修訂視窗中的描述、已核准欄位輸入大寫或小寫，表格插入完成後會依設定的樣式強制變更。

A 未變更

對輸入的文字不進行任何變更（箭頭所示）。

B 句子大小寫

不管輸入的是大寫或小寫，插入表格後的字母，就像文章句子一樣。

C 小寫

在 Toolbox－加入修訂視窗輸入大寫，強制變更為小寫（箭頭所示）。

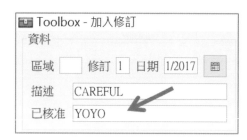

D 大寫

在 Toolbox－加入修訂視窗輸入小寫，應該為字首強制變更為大寫（箭頭所示）。

E 將每個字變成大寫

承上節，在 Toolbox－加入修訂視窗輸入小寫，強制變更為大寫。

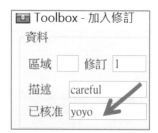

42-1-5 符號形狀（預設三角形）

依清單選擇修訂符號形狀，CNS 標準建議維持預設三角形，下圖左。

42-1-6 符號控制

更改形狀，並設定是否 1. 繼續使用新符號、2. 全部變更，下圖右。

Ⓐ 繼續使用新符號

用於設定後的所有新修訂符號。之前插入的符號會在重新產生修訂表格時才會套用。

Ⓑ 全部變更

編輯重新產生修訂表格，所有符號形狀會套用新的形狀。

42-1-7 修訂控制

設定修訂符號內編碼為 1. 數字、2. 字母，實務上，以數字為主。

Ⓐ 變更所有修訂

是否更新現有修訂，否則重新產生表格，以新表格套用新的設定，舊表格樣式不便。

42-1-8 多個圖頁樣式

設定修訂表格是否只在 1 個圖頁上或在每個圖頁上是獨立的。

多個圖頁樣式
◉ 在圖頁1上 ○ 獨立

Ⓐ 在圖頁 1 上

僅產生在 1 個圖頁上，若其他圖頁產生表格，會和第一次表格相同，類似複製表格。

Ⓑ 獨立

在多圖頁上產生屬於自己獨立的表格，不與其他相關聯。

42-2 鑽孔表格

設定鑽孔表格插入工程圖中的設定，分為 3 部分：1. 顯示、2. 文字、3. 雜項，本節僅說明雜項內容，其餘不贅述。

42-2-1 雜項：範本

依清單選擇鑽孔表格顯示的座標位置，要為幾個空間軸向：1. XY、2. XYZ。

42-2-2 雜項：精度

選擇在表格內標示的鑽孔位置為幾位小數位數，清單提供至 8 位數。

42-2-3 雜項：原點指標

設定原點在表格位置：1. 左上、2. 右上、3. 左下、4. 右下。

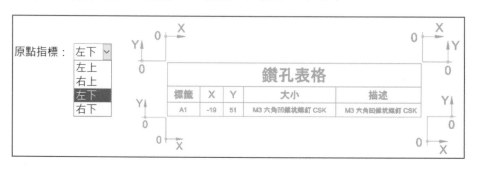

42-2-4 雜項：顯示鑽孔描述

是否顯示鑽孔表格的描述，實務上，建議將此選項啟用，可直接從描述欄位判斷大小。

鑽孔表格			
標籤	X	Y	描述
A1	-2	15	M3 六角凹錐坑螺釘 CSK

☑ 顯示

鑽孔表格		
標籤	X	Y
A1	-2	15

☐ 顯示

筆記頁

Toolbox 設定－圖層

　　繪圖過程反覆切換圖層→指令最為人詬病，大量且反覆人工作業，毫無效率可言。很多人在列印後才發現圖層沒改到，再回到電腦作業，紙張浪費就算了，重點很沒效率，但繪圖者通常是無心的，比較不好的結果挨罵。

　　使用 Toolbox 圖層設定，避免犯這種無意義錯誤，由系統自動依圖元類型切換圖層。視窗右方的**新增、刪除**欄位與先前章節相同，不贅述，適用 Professional 或 Enterprise。

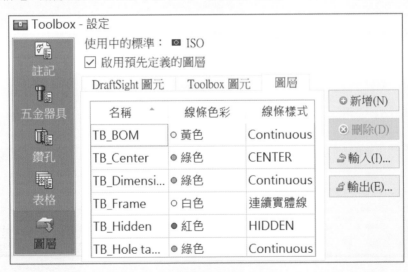

43-1 啟用預先定義的圖層

選取或清除是否啟用預先定義的圖層。

43-2 DraftSight 圖元

使用功能表、工具列 Icon 或指令視窗輸入指令的圖元，可依不同圖元類型選擇屬於自己的圖層，例如：剖面線，使用 Hatch 圖層，線條色彩為青色，線寬為 0.18mm，與 Solidworks 自動化圖層的概念相同，下圖左。

不用每次先切圖層，有時又會忘了切換，事後再修改圖層。

43-3 Toolbox 圖元

規劃所有 Toolbox 圖元的圖層，依不同圖元類型規劃不同圖層、線條色彩…等，例如：熔接符號使用 TB-Dimensions 圖層，線條樣式使用連續實線，線寬為 0.18mm。

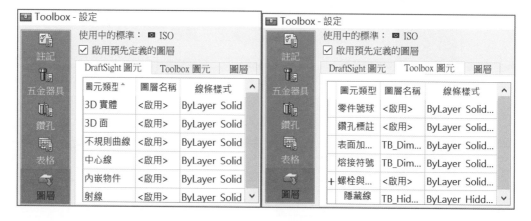

43-4 圖層

建立圖層清單給 DraftSight 圖元、Toolbox 圖元設定使用，應該要完成這部分規劃。依據不同圖層進行線條色彩、線條樣式及線寬調整，由右方新增、刪除欄位加入或移除。

43-5 輸入 ◈

將儲存在外部的 Toolbox 圖層（＊.TBL）設定載入至目前電腦，可部署於同事的作業環境，使每個使用者設定一致。也可防止不小心更改到設定，還可以重新載入。

43-6 輸出 ◈

將 Toolbox 圖層（＊.TBL）設定儲存至外部位置，避免重新安裝或系統不正常，導致花了很長時間規劃及建立的資料必須重頭來過。

筆記頁

44

DraftSight 下載與安裝

本章詳細介紹 DraftSight 下載與安裝，DraftSight 於 2010 年中推出至今，業界使用率除了 AutoCAD 外，早就勝過其他 2D CAD，原因除了免費，就是取得容易。

話雖如此，DraftSight 還是有很多資訊或許讓您覺得不知如何是好，例如：DraftSight 網路版安裝必須要對應伺服器，或 DraftSight Professional 要透過申請。

看到本章代表已經準備導入 DraftSight，要多人使用對你的幫助會得到加乘效益。先介紹下載方式，一步步教你安裝與啟用 DraftSight。

本章學習效率很高，用過 eDrawings 一定不陌生，可以加深專業度，不會有看不懂章節，因為很多類似。

44-1 網路取得 **DraftSight** 位置

網路是科技媒介，官網下載最常見，安裝每個人都會，只要下一步就安裝成功。DraftSight 採跨平台設計，支援 Windows、Mac 以及 Linux，特別支援 64 位元，完封複雜工程圖效率。

到網路搜尋 DraftSight 得到許多下載關聯，這些關聯都會連結到 DraftSight 官網，常見 3 個載點：1.官方網站、2.SolidWorks 美國原廠、3.SolidWorks 專門論壇。

44-1-1 DraftSight 官方網站（www.draftsight.com）

由 上 方 網 址 會 對 應 到 www.3ds.com/products-services/draftsight-cad-software，點 Download Draftsight 進入下載頁面。

Download DraftSight 2018 SP0 now:

Download DraftSight
2018 for Windows
64bit

Download DraftSight 2018 for
Windows 32bit

Download DraftSight 2018
for Mac (beta)

Download DraftSight 2018
for Fedora (beta)

Download DraftSight 2018
for Ubuntu (beta)

44-1-2 SolidWorks 美國原廠（www.solidworks.com）

由 SolidWorks 美國原廠網站右下角：1.Downloads、2.Free CAD Tools、3.Free 2D Tools 都可下載 DraftSight。.

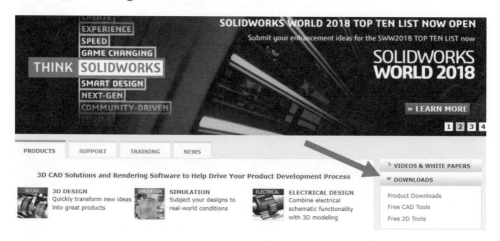

 Free CAD Tools

網頁放了許多 Dassault 提供免費軟體或教學連結：1.DraftSight、2.Solidworks Explorer、3.MySolidworks、4.eDrawings。

由於 DraftSight 最多人下載，所以將他排在最左上角，一進入畫面就可以看到了。

44-1-3 SolidWorks 論壇（www.solidworks.org.tw）

這麼好的軟體，SolidWorks 論壇當然不缺席，左上方第 3 個標籤即可連結到下載頁面。

44-1-4 在自己公司網站

將公司網站貼上下載圖示，讓同事用最快方式取得。當最新版發行時，只需通知下載，或與客戶之間的推廣，讓公司運作最有效率，不僅建立公司形象，也得到即時解決方案。

44-1-5 取得 DraftSight 官方下載連結圖示

到 DraftSight 官網 Promote On Your Stie 頁面：www.3ds.com/products-services/draftsight/promote-on-your-site/。

提供 HTML 語法，連結 DraftSight 下載圖示到你們公司網頁，或 EMAIL 簽名檔。有橫也有直，有動畫圖示也有 EMAIL 簽名檔，其實圖片解析度不高，是為了網頁流量。

選擇你想要的圖示把 HTML 語法加到網頁上即可。

44-2 下載 DraftSight

本節說明下載會發現相當容易，由於檔案僅 190MB 左右，且安裝時間不到 2 分鐘，甚至立即作業，部署安裝只要隨身碟即可。安裝過程不需要繁複驗證資料，好比說硬碟序號、網路卡號、索取金鑰…等，甚至不用破解，只要輸入正確 EMAIL 進行啟用。

44-2-1 進入 DraftSight 下載頁面

頁面是英文並非所有人會耐心會看完，不過這些敘述已經算少了。真不想閱讀英文，你可以在網頁上右鍵→翻譯成中文（繁體）就會幫你翻譯，接下來介紹頁面敘述。

A DRAFTSIGHT FREE CAD SOFTWARE DOWNLOAD

DraftSight 是真的免費。見到 Free 還是很多人不太敢下載，難以置信這麼好用竟然不用錢一定騙人，會不會用一段時間向我收費呀！這是許多公司不敢用的主因，實在可惜。

DraftSight® - Free* CAD software for your DWG files

DraftSight lets professional CAD users, students and educators create, edit and view DWG files. DraftSight runs on Windows®,

Download DraftSight
2018 for Windows
64bit

B 下載 DraftSight 2018

選擇對應作業系統，全世界使用率最高 Windows 64 位元，所以下載圖示擺最上面。由以下方塊可得知支援 Windows、Mac、Linux（Fedora、Suse、Mandriva、Ubuntu），不過 Mac 和 Linux 目前還是 Beta。

44-2-3 OK

點選 Download 方塊後，頁面顯示 Licenses 許可和訂閱服務協議畫面，看到這畫面不必緊張，你也不會看這內容對吧，往下拉點選 OK，即可開始下載。

9. CANADIAN LICENSES

If Licensee licensed this product in Canada, Licensee agrees to the following:
The parties hereto confirm that it is their wish that this Agreement, as well as other documents relating hereto, including Notices, have been and shall be written in the English language only.
Les parties aux présentes confirment leur volonté que cette convention de même que tous les documents y compris tout avis qui s'y rattache, soient rédigés en langue anglaise.

UPDATED : October 31, 2016

OK　　　　Cancel

44-2-4 下載中

檔案僅 180MB 左右，下載頻寬相當大，至於語言方面不需擔心，因為 DraftSight 內建 20 種語言可用。

44-3 安裝 DraftSight

會發現安裝容易且迅速。要安裝代理伺服器網路（Proxy Server），請 MIS 協助。

44-3-1 解壓縮下載的檔案

下載後 DraftSight 為 EXE 執行檔，快點 2 下自動解壓縮隨即進行安裝。

A 大量部署安裝

每個人安裝都要解壓縮，浪費每個人時間。直接將 DraftSight64.EXE 解壓縮，可減少安裝時間，適合大量部署安裝。點選 DraftSight64 右鍵→解壓縮至此。得到 DraftSight 安裝內容→點選🐻安裝。

44-3-2 選擇此產品的使用許可

選擇單套使用許可或網路使用許可。

A 單套使用許可

也就是單機版安裝，最多人使用也最簡單的方式。DraftSight 技術手冊會說不適用大量部署，例如：50 人教室安裝在 SERVER 大家使用，或是一台台安裝，這部分也沒太大問題。

B 網路使用許可

如果選擇下方網路使用許可，安裝更多 DraftSight。

如果不懂如何用網路版安裝，就單機安裝就好，否則會出現下列訊息。

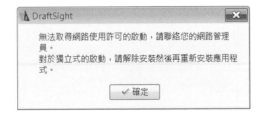

44-3-3 接受合約

合約內容與授權相同。

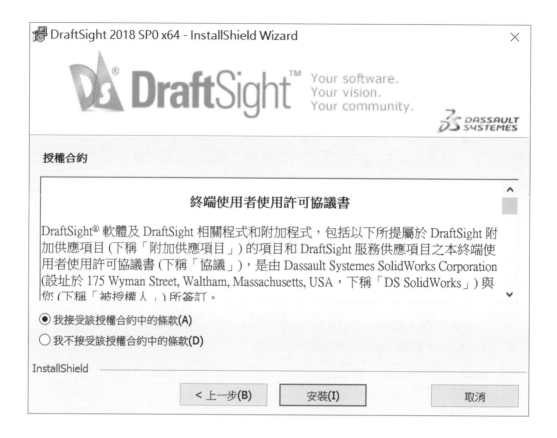

44-3-4 開始安裝/完成並開啟 DraftSight

接下來開始安裝 DraftSight，安裝速度非常快約 3 分鐘。若是 SSD 固態硬碟，安裝速度更快，不到 40 秒→按下完成→退出安裝程式，立即開啟 DraftSight。

C:\Program Files\Dassault Systemes\DraftSight\bin\setup\i386swactwiz.exe

44-4 啟用 **DraftSight**

由於第一次進入 DraftSight 前，會要求接受使用許可授權書，下圖左。

44-4-1 啟動 DraftSight

系統會出現註冊訊息要求輸入 EMAIL 啟動，利於達梭統計。會傳送郵件給你，1. 點選超連結→驗證電子郵件→完成啟動。

A 電子郵件地址/重新輸入電子郵件地址

輸入有效 MAIL。系統會寄信給你來驗證 MAIL 有效性。MAIL 要為有效格式，否則會出現錯誤，例如：SolidWorks@123→啟動。

B 行業/國家

由清單選擇目前的行業利於達梭統計。大郎切換為 Taiwan，讓達梭知道台灣使用者很多，並重視台灣市場。

C 啟動

輸入完全後→啟動，先出現感謝啟動 DraftSight 視窗，並說明會寄驗證啟用信給你
→✅。

44-4-2 接收啟用信（DraftSight Activation）

承上節，收到信後點選 click here。萬一不理會這封信，每次使用前會出現點選啟用郵件或重新註冊的訊息，換句話說無法進入 DraftSight。

44-4-3 啟動成功

承上節，會連結至 DraftSight 網站，由頁面看出已成功啟用（Your Activation Was Successful），下圖左。啟用後，下回進入 DraftSight 不會出現重新啟動視窗。

44-4-4 自動傳送效能報告

進入 DraftSight 後，會出現是否回饋效能報告到 SolidWorks，下圖右。

44-4-5 歡迎信件

系統會再寄一封歡迎信件，Welcome DraftSight User，邀請你參加 DS 社群。

Welcome DraftSight User
activation@draftsight.com (activation@draftsight.... 新增連絡人 2012/11/30
收件者: service@solidworks.org.tw;

Welcome to DraftSight!

You've joined more than one million other users that have embraced DraftSight as their 2D CAD product. You have been registered under the following email address: service@solidworks.org.tw

44-5 完成 **DraftSight** 啟用程序

完成啟動程序會有 3 項作業：1. 進入 DraftSight、2. 系統會發一封歡迎信、3. 新版本推出告知。

　　　　　　✉ 1.DraftSight Activation
　　　　　　✉ 2.Welcome DraftSight User
　　　　　　✉ 3.DraftSight New Release Available

44-5-1 進入 DraftSight

啟動後會自動進入 DraftSight。第一次啟動，DraftSight 系統會發一封 Welcome DraftSight User。

44-5-2 新版本推出告知

當有新版本推出時會主動發送 MAIL 告知重大訊息給用戶。

DraftSight New Release Available
DraftSight (info@draftsight.com) 新增連絡人
收件者: service@solidworks.org.tw;

Dear DraftSight User:

It's a pleasure to announce the availability of a new release of DraftSight, V1R1.3, and installation guide.

We hope you enjoy this new release.

Don't forget to share DraftSight with your colleagues!

Thank you,

The DraftSight Team

44-5-3 註冊的好處

不必擔心註冊後會找麻煩，DraftSight 只是要統計使用情形，並定期發佈最新消息。

44-5-4 要網路連線啟動

安裝完成→開啟 DraftSight，網路斷線會出現訊息，提醒網路是否被防火牆阻隔→✔，以下對網路存取管理員視窗發生原因進行介紹。

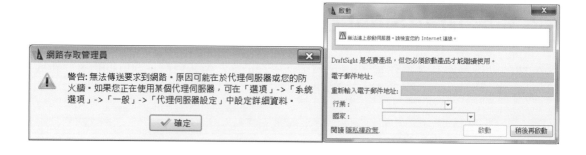

44-5-5 檢查電子郵件已確認註冊

承上節，要求註冊。是：進入啟動視窗，下圖左。否：退出 DraftSight，無法繼續使用 DraftSight，下圖右。

44-5-6 無法繼續使用 DraftSight

承上節，應該不能說無法使用，正確說法是無法使用工具列與下拉式功能表。我們建議能早點啟用就啟用，不要拖到試用期後又急著使用。所有過程還重來 1 次，徒增麻煩。

44-5-7 DraftSight 三階段啟動

有 3 個時段要求你啟動，分別是：1. 30 天內、2. 6 個月後、3. 12 個月後，這制度是紀錄使用者是否長時間持續使用，而非使用或啟動一次而已。

A 第 1 階段 30 天時間倒數

以下是 30 天倒數第 22 天進行輸入資料作業。超過 30 天沒啟動會出現以下視窗，提醒試用期已結束，必須啟動 DraftSight 才能繼續使用→✔️，會跳開 DraftSight，下圖左。

B 第 2 階段 第 6 個月要求啟動

第 1 次啟動後，第 6 個月進入 DraftSight，要你進行第 2 次啟動，啟動後出現訊息。

C 第 3 階段 第 12 月要求啟動

第 2 次啟動後，第 12 個月進入 DraftSight，系統要你進行第 3 次啟動。

44-5-8 可以用電腦將時間往前移嗎？

沒辦法。30 天計算機制不是單純電腦時間，是由設計師寫計數器在程式裡面。

44-5-9 還原系統

坊間很多人是靠系統還原方式來滿足 30 天使用期限到來。由於啟用僅需輸入 EMAIL，所以還是乖乖輸入正確的 EMAIL 繼續使用 DraftSight。

44-5-10 系統無法進入造成錯誤

原則上與有沒有啟動無關，還是一勞永逸啟動比較保險。本例是大郎測試未啟動造成系統錯誤，只要啟動又恢復 DraftSight 正常運作，這是具體錯誤與讀者分享。

44-6 簡單移除 DraftSight

當然也有移除需求，該需求除了不想繼續使用外，也包含重新安裝，特別是用起來怪怪的，這部份屬於 Windows 教學與 DraftSight 無關。

很多人問起，要如何完全移除而非解除安裝，DraftSight 不像 SolidWorks 可以完全移除，這部分就是移除進階技巧。

44-6-1 控制台解除安裝程式

移除最常到 1. 控制台→2. 解除安裝程式→3. 點選 DraftSight 圖示右鍵→4. 解除安裝，移除時間不到一分鐘，也不會出現訊息。

44-6-2 解除安裝的檔案

承上節，系統會刪除 C:\Program Files\Dassault Systemes\DraftSight\。

44-6-3 系統保留先前規劃與設定

控制台解除安裝程式只移除主程式，不會移除規劃與設定，進行相同版本重新安裝，可保留先前系統設定，不會覆蓋成為預設設定。

例如：C:\Users\武大郎\AppData\Roaming\DraftSight\1.2.265，是 DraftSight 2017 預設規劃檔案的路徑，作業系統並不會把這些檔案移除。

44-7 完全移除 **DraftSight**

　　承上節，移除主程式後，系統規劃與設定資料夾，分佈在 C 槽與登錄檔中，要完全移除所有設定，要進行以下作業，刪除 DraftSight 作業不須重新開機。

44-7-1 刪除 C:\Users\[username]\AppData\Roaming\DraftSigh

　　該資料夾紀錄 DraftSight 重要設定，其中 18.0.1145 資料夾是安裝 DraftSight 2018。不同版本代碼會不同，例如：DraftSight V1R1.2，資料夾代碼 1.2.163。

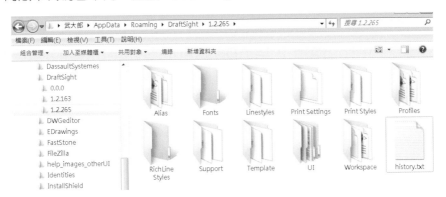

　　該代碼放置在 C:\Program Files\Dassault Systemes\DraftSight\Default Files\version.XML，例如：DraftSight 2018 代碼為 18.0.1145。

```
version.xml - 記事本                          —    □    ×
檔案(F)  編輯(E)  格式(O)  檢視(V)  說明(H)
<?xml version="1.0" encoding="utf-8"?>
<settings>
    <group name="Product">
        <setting type="QString" value="18.0.1145"
name="version" />
    </group>
</settings>
```

44-7-2 刪除 Dassault Systemes 資料夾

　　C:\ProgramData\Application Data\Dassault Systemes，資料夾只有 ProxyServer Config.XML，還是刪了吧，因為這篇要完整刪除檔案。

44-7-3 刪除 C:\ProgramData\Dassault Systemes\DraftSight

承上節，檔案內容一樣還是刪了吧，未來 DraftSight 會不會在這放其他檔案，這是有可能的呀！

44-7-4 刪除 C:\Program Files\Dassault Systemes\DraftSight

裡面空無一物，僅有資料夾！

44-7-5 刪除 DraftSight 登錄檔

承上節，刪除 DraftSight 資料夾，還要進入登錄編輯程式，刪除 4 個地方。1. Windows 左下角開始→2. 搜尋視窗輸入 regedit→3. regedit，進入登錄編輯程式視窗。可以見到五大資料夾，個別進行刪除作業。

把 DraftSight 相關資料夾刪除，不過要留意別刪其他地方，否則只能重裝作業系統。

44-7-6 HKEY_CLASSES_ROOT

展開該資料夾刪除以下路徑：

HKEY_CLASSES_ROOT\DraftSight.Application

HKEY_CLASSES_ROOT\DraftSight.Application1

44-7-7 HKEY_CURRENT_USER

刪除以下路徑：HKEY_CURRENT_USER\Software\Dassault Systemes\DraftSight。

44-7-8 HKEY_LOCAL_MACHINE

刪除以下路徑：HKEY_LOCAL_MACHINE\SOFTWARE\Dassault Systemes\DraftSight。

44-7-9 移除 DraftSight 使用時機

並非重新安裝 DraftSight 都要到完全移除的階段，除非重新安裝還是無法解決 DraftSight 使用上的問題，例如：介面完全失效。

44-7-10 免自訂介面

這大郎常遇到過內心很反感，可能無意動到了些什麼，SolidWorks 從來沒有這樣問題。到 V1R4.0 以後這類問題不再發生，要避免以上問題，盡量不要自訂介面。

44-8 重新安裝

重新安裝是個想法，可分升級或原版次重裝，無論如何不須重啟 DraftSight。

44-8-1 安裝過程避免安裝檔案遺失

安裝過程遇到提醒視窗，說明相關檔案必須關閉並進行以下設定。

A 自動關閉並嘗試重新啟動應用程式

系統自動關閉表列的程式並繼續安裝。

B 請勿關閉應用程式（必須重新開機）

系統繼續安裝，雖然說要重開機，實測結果不必重開機也可使用 DS。

44-8-2 管理員身分

C 槽作業與登錄程式都要管理員身分，萬一不是會出現視窗，安裝或移除無法繼續。不必移除程式也可直接更新，安裝過程會自動移除舊版 DraftSight，並完成升級安裝。

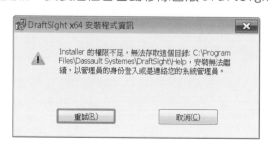

44-8-3 系統會保留先前舊版的規劃設定

升級或降版本會蓋過先前舊版本的登錄設定（例如：環境或快速鍵），因為直接升級 DraftSight 還是會保留先前就有的設定，除非完整移除 DraftSight 後再進行升級作業。

44-8-4 保留舊版的 DraftSight

保留舊版程式以便不時之需，例如：新版本對你來說某些部份沒比較好，你還可以將新版移除，安裝回舊版本，例如：保留 DraftSight 2017 與 2018 版本，下圖左。

44-8-5 轉移協助

移除舊版 2017→安裝新版 2018，第一次啟動會出現轉移協助視窗，讓你將舊版設定檔覆蓋到新安裝的資料夾中。由於移除的 2017 版本，關於設定的資料夾會被保留，這時安裝新版 2018 是不同的資料夾，所以協助轉移就顯得重要，你可以不要把舊版的設定檔轉移。

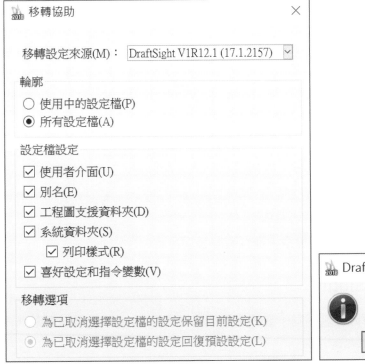

44-9 修復/刪除 DraftSight

重新執行安裝程式，進入修復/刪除 DraftSight 視窗。該視窗可修復錯誤或快速刪除主程式（不包含登錄檔）。

44-9-1 修復

進行修復 DraftSight 遺失的檔案、捷徑或登錄項目。

44-9-2 移除 DraftSight

這項作業與控制台解除安裝相同，或許會覺得這樣移除 DraftSight 比較快。

已經成功地解除 DraftSight 2017 SP3 x64 的安裝。

InstallShield Wizard 已成功地移除了 DraftSight 2017 SP3 x64。按一下「完成」退出精靈。

InstallShield

完成(F)

44-10 雙版本 DraftSight

可否安裝雙版本 DraftSight，答案是肯定的，沒有要先安裝舊版在安裝版的分別。

44-10-1 進階查出最新版本

安裝程式的檔案名稱皆為 DraftSight，無法在安裝檔案內容看出版本，在 🔲 右鍵→內容→詳細資料可以看出，產品版本 17.3，下圖右。

🔲 DraftSight.exe - 內容

一般 相容性 數位簽章 安全性 詳細資料 以前的版本

屬性	值
描述	
檔案描述	Setup Launcher Unicode
類型	應用程式
檔案版本	17.3.80.0
產品名稱	DraftSight 2017 SP3 x64
產品版本	17.3.0080

📄 DraftSight 2017 SP0
📄 DraftSight 2017 SP1.0
📄 DraftSight 2017 SP2
📄 DraftSight 2017 SP3
📄 DraftSight 2018 sp0

44-11 DraftSight 系統需求

以下針對 DraftSight 2018 列出系統最低要求，為了更好效能，提高配備到建議需求。以軟體演進來看，最小需求一定會被淘汰，例如：Windows XP 不會再支援，這樣 DraftSight 會更能專心發展更有效率的 DraftSight。

以最近的例子，2017 年 2 月，DraftSight 2017 不再支援 VISTA。

44-11-1 DraftSight 系統需求表

	建議需求
Windows X64	Windows 7、8、10
Mac	v10.7 (Lion)
Linux	
CPU	Intel Core 2 Duo AMD Athlon X2 Dual-Core
記憶體	8GB
硬碟容量	1G 以上空間
顯示卡	獨立顯卡或專業繪圖卡
螢幕	22 吋或以上
滑鼠	3 件式（含滾輪）
網路	必須

44-11-2 作業系統

DraftSight 是以 Windows X64 為主，主要支援 Windows 7 或 8。64 位元作業系統不能安裝 32 位元 DraftSight，反之亦然。DraftSight 是極少數 CAD 軟體支援 Linux Fedora。

44-11-3 中央處理單元 CPU

全世界 2 大家 CPU 製造商，分別為 INTEL、AMD，強烈推薦 INTEL，因為浮點運算與 SSE 指令集支援項目最多，也適合科學運算。

44-11-4 記憶體 RAM

主流記憶體 DDR4 8G 最基本容量，圖面複雜會占用大量記憶體。

44-11-5 硬碟

硬碟容量現在沒人計較，目前硬碟容量動輒 3T 以上，講的是速度。

44-11-6 顯示卡

顯示卡專門處理圖形顯示，分擔 CPU 負擔。顯示卡分遊戲與專業繪圖卡，最大差別在用途，DraftSight 是專業繪圖卡唯一選擇。

如何分辨專業繪圖卡帶來的價值－就是憑感覺。用滑鼠滾輪拉近/拉遠、尺寸標註工程圖，會不會 Lag 可以知道遊戲與專業繪圖卡差異。

44-11-7 螢幕

螢幕 24 吋最好，因為左邊有工作窗格，24 吋讓繪圖區域真正具 22 吋視覺效果。繪圖區域大可減少平移、拉近拉遠作業，也讓眼睛減少辨識圖形負擔。

筆記頁